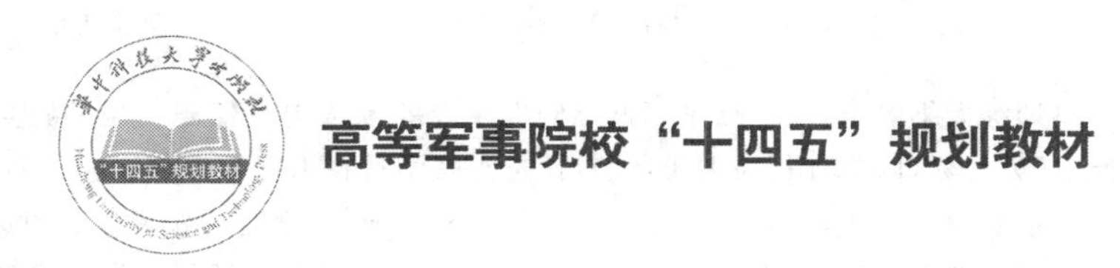

高等军事院校“十四五”规划教材

机械识图

主　编◎刘治宏

副主编◎孔凡宝　李　巍　田　铖　潘　磊

杨国丽　江北大　王　宁

U0362912

華中科技大學出版社

http://www.hustp.com

中国·武汉

内 容 简 介

本书根据新的军事训练大纲要求，结合陆军军械维修保障专业预选士官任职岗位的特点规律，以“正确识读机械图样与技术要求”为目标，以“识图”为主线，针对预选士官学员在识图知识与技能方面就任岗位的需要，结合编者多年教学经验精心编写而成，适合士官院校及训练机构20～60学时的相关专业预选士官学员使用。

本书内容包括机械图样基本知识、基本几何体三视图的识读、组合体三视图的识读、典型零件图样表达方法识读、常用件的识读、零件图的识读、装配图的识读等。本书采用最新颁布的《技术制图》和《机械制图》国家标准，各项任务均有配套的跟踪训练，与教材紧密结合、相互对应，注重基础知识与基本技能的训练，突出学员空间思维能力的训练以及解决实际问题能力的培养。

本书既可作为在校学员的使用教材，又可作为相关技术人员的参考书。

图书在版编目(CIP)数据

机械识图/刘治宏主编．—武汉：华中科技大学出版社，2021.6
ISBN 978-7-5680-6756-0

Ⅰ．①机…　Ⅱ．①刘…　Ⅲ．①机械图-识别　Ⅳ．①TH126.1

中国版本图书馆CIP数据核字(2021)第103752号

机械识图
Jixie Shitu

刘治宏　主编

策划编辑：张　毅
责任编辑：刘　静
封面设计：孢　子
责任监印：朱　玢
出版发行：华中科技大学出版社(中国·武汉)　电话：(027)81321913
武汉市东湖新技术开发区华工科技园　邮编：430223
录　　排：华中科技大学惠友文印中心
印　　刷：湖北大合印务有限公司
开　　本：787mm×1092mm　1/16
印　　张：15.75
字　　数：422千字
版　　次：2021年6月第1版第1次印刷
定　　价：48.00元

本书若有印装质量问题，请向出版社营销中心调换
全国免费服务热线：400-6679-118　竭诚为您服务
版权所有　侵权必究

前言 QIANYAN

机械识图是预选士官学员必须掌握的一门技术。此前，机械识图课程教学一直沿用2007年总装备部通用装备保障部组织编写的《机械制图》教材（含许多旧标准），由于教学层次与职业技术学员不同，在教学实施过程中，遇到了一些困难，又由于近年来国家标准更新较多，所以迫切需要修订编写新的适用于预选士官学员的机械识图课程教材。

本书以2017年12月学校制定的预选士官学员“机械识图实训”课程教学计划为依据，以相当于中专（或高中）毕业文化程度为起点，根据教学对象基础知识水平相对较低的实际特点编写，力求使教材通俗易懂，大部分投影图附加立体图，并在每章末编有小结，以便于学员自学和复习。本书采用国家颁布的与本课程有关的各种最新标准，考虑到学员在学习和今后工作的需要，编者特在附录中编有部分常用新标准，供学员们查阅。本书适用于教学时数为20～60小时的军械维修保障预选士官学员各专业机械识图课程教学，亦可作为其他军械技术人员的学习参考书。

本书将读图、绘图贯彻始终，突出读图能力的训练，以培养学员的读图、绘图能力，实践能力和创新精神。

本书引用了现行最新国家标准，借鉴了最新出版的有关专著，吸收了近年来机械识图与制图课程建设、教学改革和教材建设的成功经验。

本书由刘治宏主编，参加编写的有孔凡宝、李巍、田铖、潘磊、杨国丽、江北大、王宁。

由于编者水平有限，且时间仓促，书中难免会有不足和错误，恳请批评指正。

编　者

2021年3月

目录 MULU

绪　论

1．“机械识图”课程的作用

国家现代化建设离不开机械制造业的发展，武器装备现代化更是军队现代化的重要标志之一。在机械制造业（包括武器装备制造）中，从机械或武器的设计、制造、装配、检测到使用、维修，以及国内外的技术交流等，都要用到机械图样。因此，人们通常把工程图样（包括机械图样）称为工程界的“技术语言”。“机械识图”就是研究机械图样图示原理、绘图方法、看图方法以及有关标准和规则的一门课程。各类各级相关工程技术人员（包括军械技术人员）必须通过学习“机械识图”课程来掌握这种技术语言。

2．“机械识图”课程的学习目的和要求

“机械识图”课程是一门重要的技术基础课，旨在训练并培养学员阅读和绘制机械图样的能力和形象思维能力，以为后续专业课程的学习、训练以及毕业后的装备保障工作打好基础。通过对“机械识图”课程的学习，学生应达到以下要求。

（1）掌握正投影法的基本原理和作图方法。

（2）能够看懂一般零件图和较简单的装配图。

（3）了解并执行与本课程有关的各种国家标准及其他有关规定。

（4）具有一定的形象思维能力（空间想象能力、空间构思能力和空间分析能力）。

（5）树立严肃认真的工作态度，养成耐心细致的工作作风。

（6）培养创新精神和实践能力，以及规范化理念和标准化意识。

3．“机械识图”课程的学习方法

本课程是一门既有理论又重实践的课程，学生在学习时应采用理论联系实际的学习方法，并注意下列几点。

（1）对正投影的基本理论，特别是物体和视图之间的联系，要透彻理解、牢固掌握。

（2）对布置的各种作业，要认真地、创造性地按时独立完成。在完成作业的过程中，必须运用正投影法的原理，正确使用绘图工具，采取规范、正确的作图步骤和作图方法，严格遵守国家标准的有关规定，耐心细致，一丝不苟。

（3）在学习过程中，要特别注意将画图和看图相结合、将实物和图样相结合，通过反复训练“看物画图、由图想物”，以及多画、多看、多想，逐步提高形象思维能力（空间想象能力、空间构思能力和空间分析能力）。

第1章 制图的基本知识

本章着重介绍国家标准《技术制图》和《机械制图》中的图纸幅面和格式、比例、字体、图线、尺寸注法，常用绘图工具的使用方法，几何作图的基本方法，平面图形的分析和抄画等制图基本知识。

1.1 国家标准《技术制图》和《机械制图》的基本规定

机械图样是现代生产中的重要技术文件。为了便于管理和交流，国家市场监督管理总局发布了国家标准《技术制图》和《机械制图》，对图样的内容、格式和表达方法等做了统一规定。《技术制图》是一项基础技术标准，在内容上具有同一性和通用性，涵盖机械、电气、建筑、航空、冶金、化工、交通运输等各技术行业；《机械制图》是机械行业制图标准，是图样绘制与使用的“准绳”，工程技术人员必须严格遵守《机械制图》有关规定。

“GB/T ”为推荐性国家标准的代号(推荐性国家标准一般来说是必须执行的标准)，一般简称国标。G是“国家”一词汉语拼音的第一个字母，B是“标准”一词汉语拼音的第一个字母，T是“推”字汉语拼音的第一个字母。在“GB/T 17451—2008”(《技术制图 图样画法 视图》)中，“17451”表示该标准的编号，“2008”表示该标准发布的年号。

一、图纸幅面和格式(GB/T 14689—2008)

(一) 图纸幅面的尺寸和代号

绘制图样时，优先采用的图纸幅面有五种：A0、A1、A2、A3、A4。各种图纸幅面的短边和长边分别用 B 和 L 表示。图纸幅面的代号和相应的尺寸如表1-1所示。

表1-1 图纸幅面的代号和相应的尺寸 (mm)

幅面代号	A0	A1	A2	A3	A4
$B \times L$	841×1 189	594×841	420×594	297×420	210×297
a	25				
c	10			5	
e	20		10		

(二) 图框格式

每张图纸均应按表1-1中的尺寸用粗实线画出图框线。有装订边图纸的图框格式如图1-1(a)、(b)所示，周边有 a(装订边)和 c 两种，一般采用A4幅面竖装或A3幅面横装。无装订边图纸的图框格式如图1-1(c)、(d)所示，周边只有 e 一种。

(三) 标题栏(GB/ T 10609.1—2008)

每张图样应有标题栏，使用单位通常事先印制在图纸上。标题栏一般由更改区、签字区、其

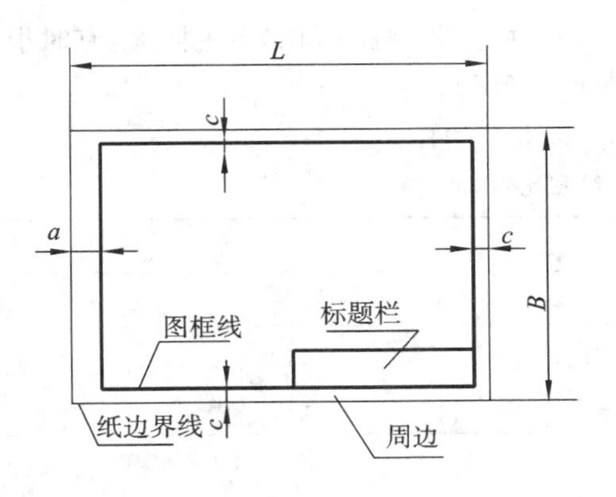

(a) 有装订边图纸（X型）的图框格式

(b) 有装订边图纸（Y型）的图框格式

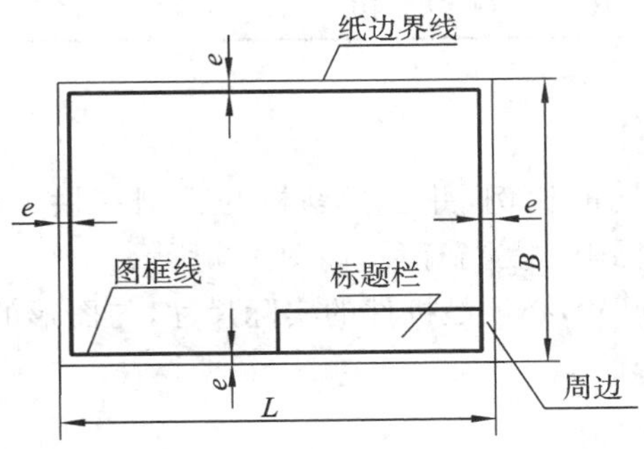

(c) 无装订边图纸（X型）的图框格式

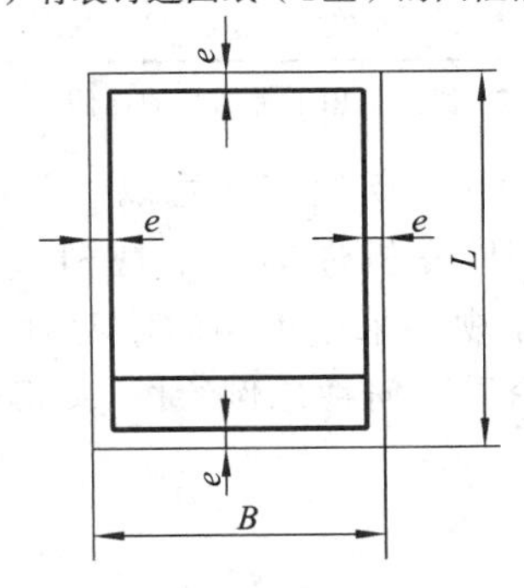

(d) 无装订边图纸（Y型）的图框格式

图 1-1　图纸的图框格式

他区、名称及代号区组成。为学员练习时方便，我们建议在做各种绘图作业时，按图 1-2 所示的格式和线型绘制作业用标题栏，填写零件或作业名称、比例、重量、材料及制图人姓名、区队、班等。

标题栏的位置一般按图 1-2 所示的方式配置在图框的右下角。标题栏中文字的书写方向要与看图的方向一致。

标题栏的外框用粗实线绘制，内格用细实线绘制。

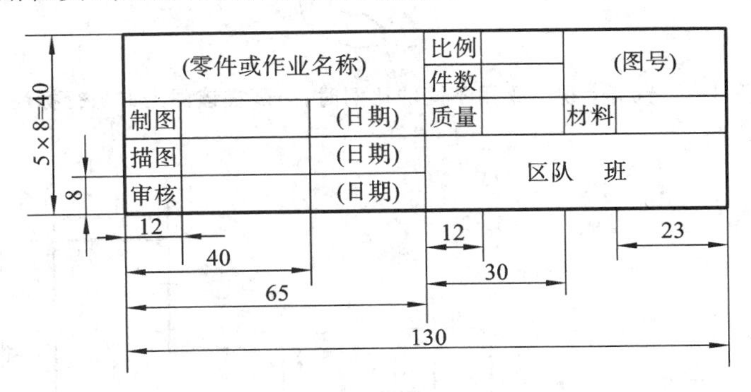

图 1-2　标题栏的格式和尺寸

二、比例(GB/T 14690—1993)

比例是指图中图形与其实物相应要素的线性尺寸之比。

画图时，根据机件的大小和结构的复杂程度，有时把图形画得和实物一样大，有时根据需要进行放大或缩小，以达到图样清晰和合理利用图纸的目的。

绘制图样时，只允许选用表 1-2 中规定的比例，常用的比例为 1∶1。

表 1-2　绘图比例

种类	比例
原值比例	1∶1
放大比例	2∶1　5∶1　1×10^n∶1　2×10^n∶1　5×10^n∶1 (2.5∶1)　(4∶1)　(2.5×10^n∶1)　(4×10^n∶1)
缩小比例	1∶2　1∶5　1∶10　1∶1×10^n　1∶2×10^n　1∶5×10^n (1∶1.5)　(1∶1.5×10^n)　(1∶2.5)　(1∶3)　(1∶4)　(1∶6) (1∶2.5×10^n)　(1∶3×10^n)　(1∶4×10^n)　(1∶6×10^n)

注：n 为正整数，优先选用不带括号的比例。

绘图中使用比例时应注意以下两点。

(1) 绘制同一机件的各个视图一般采用相同的比例，并在标题栏的比例一栏中填写，如 1∶1。当某个视图采用不同的比例时，必须在该图上方另行标注，如图 1-3 所示。

(2) 无论采用何种比例绘图，图形上标注的尺寸，必须是机件的实际尺寸，与图形的大小无关，如图 1-4 所示。

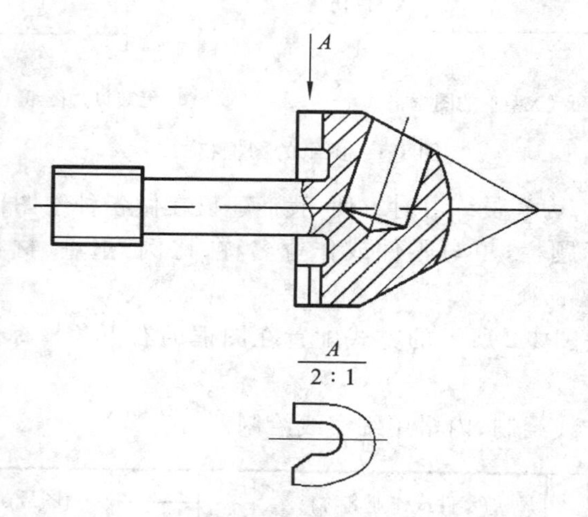

图 1-3　当某个视图采用不同的比例时，必须在该图上方另行标注

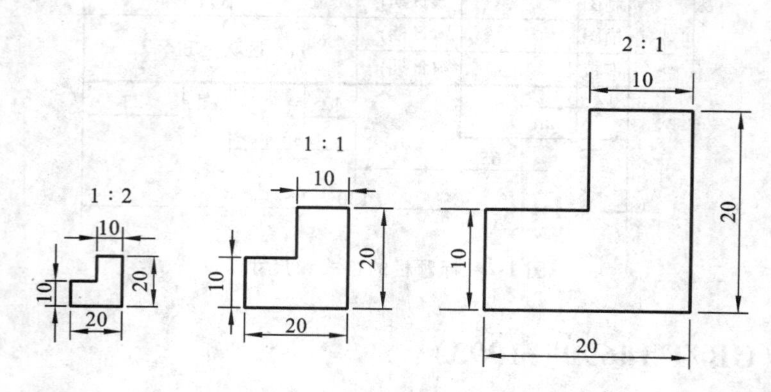

图 1-4　用不同比例画出的同一机件的尺寸标注

三、字体(GB/T 14691—1993)

图样上除了要表达物体形状的图形外，还要用数字和文字，以说明物体的大小、技术要求和其他内容。

为了减少差错，保证生产的顺利进行，《技术制图 字体》(GB/T 14691—1993)规定，图样中书写字体必须做到：字体工整、笔画清楚、间隔均匀、排列整齐。

字体的高度(用 h 表示)代表字体的号数。字体高度的工程尺寸系列为 20 mm，14 mm，10 mm，7 mm，5 mm，3.5 mm，2.5 mm，1.8 mm 八种。汉字只采用前六种，且宽度一般为高度的 $1/\sqrt{2}$。

汉字应写成长仿宋体，并采用国家正式公布推行的简化字。汉字示例如图 1-5 所示。

10号字

字体工整　笔画清楚

间隔均匀　排列整齐

7号字

横平竖直注意起落结构均匀填满方格

5号字

技术制图机械电子汽车航空船舶土木建筑矿山井坑

3.5号字

螺纹齿轮端子接线飞行指导驾驶舱位挖填施工引水通风闸阀坝棉麻化纤

图 1-5　汉字示例

拉丁字母、阿拉伯数字、罗马数字有直体与斜体之分，常用的是斜体，斜体字的字头向右倾斜，与水平线约成 75°角，如图 1-6 所示。

用作指数、分数、极限偏差、注脚等的数字及字母，一般采用小一号字体。各种字体的组合示例如图 1-7 所示。

字母和数字分 A 型和 B 型。A 型字体的笔画宽度(d)是字高(h)的 1/14。建议采用 B 型字体，B 型字体的笔画宽度(d)是字高(h)的 1/10。在同一张图样上，字母和数字只能选用一种字体。

四、图线(GB/T 17450—1998，GB/T 4457.4—2002)

绘图时应采用国家标准规定的图线型式和画法。国家标准《技术制图 图线》(GB/T

ABCDEFGHIJKLMN

OPQRSTUVWXYZ

abcdefghijklmn

opqrstuvwxyz

0123456789

I II III IV V

VI VII VIII IX X

图 1-6 拉丁字母、阿拉伯数字、罗马数字示例

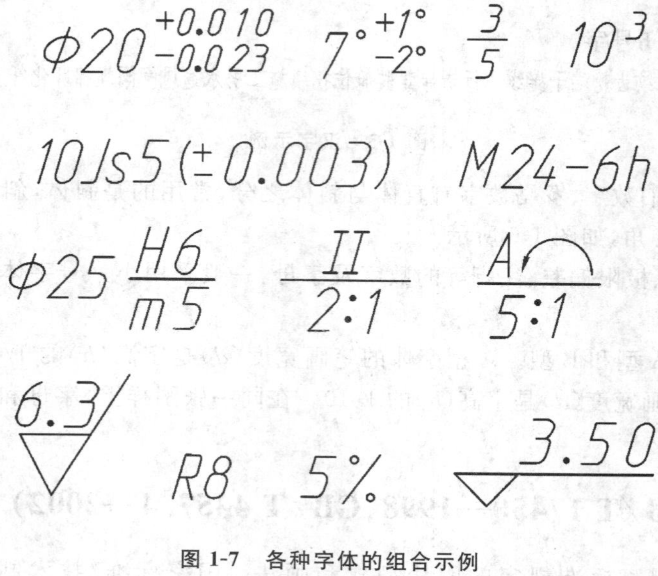

$\phi 20^{+0.010}_{-0.023}$ $7^{\circ}{}^{+1^{\circ}}_{-2^{\circ}}$ $\frac{3}{5}$ 10^{3}

10Js5(±0.003) M24-6h

$\phi 25\frac{H6}{m5}$ $\frac{II}{2:1}$ $\frac{A}{5:1}$

6.3 R8 5% 3.50

图 1-7 各种字体的组合示例

17450—1998)规定了 15 种基本线型。根据基本线型及其变形,机械图样中规定了 9 种图线,如表 1-3 所示。

在机械图样上采用粗、细两种线宽,它们之间的比例为 2 : 1。所有线型的宽度 d 按图样的类型和尺寸大小应在 0.13、0.18、0.25、0.35、0.5、0.7、1、1.4、2(单位:mm)数系中选择。在同一图样中,同类图线的宽度应一致。虚线、点画线和双点画线的线段长度和间隔应各自大致相等。

(一) 图线型式及应用

各种图线的名称、型式、代号及在图上的主要用途如表 1-3 和图 1-8 所示。

表 1-3 图线型式及其一般应用(根据 GB/T 4457.4—2002)

线型名称	图线型式	一般应用
粗实线	————————	可见轮廓线、可见棱边线、螺纹牙顶线及齿顶圆(线)
细实线	————————	尺寸线、尺寸界线、剖面线、指引线、过渡线
细虚线	- - - - - - - -	不可见轮廓线、不可棱边线
粗虚线	— — — — — —	允许表面处理的表示线
细点画线	—·—·—·—	轴线、对称中心线、分度圆(线)、孔系分布的中心线
粗点画线	—·—·—	限定范围表示线
细双点画线	—··—··—	相邻辅助零件的轮廓线、可动零件的极限位置的轮廓线、成形前轮廓线、轨迹线、中断线
波浪线	～	断裂处边界线、视图与剖视图的分界线
双折线	—\/—	断裂处边界线、视图与剖视图的分界线

(二) 图线画法

(1) 同一图样中同类图线的宽度应基本一致。虚线、点画线和双点画线的线段长度和间隔应各自大致相等。国家标准没有规定各线段的长度和间隔,一般可按图 1-9 所示的尺寸绘制。

(2) 绘制圆的对称中心线时,圆心应为线段的交点;点画线和双点画线的首、末端应是线段,而不是短画;中心线应超出轮廓线 2～5 mm,如图 1-10 所示。

(3) 在较小的图形上绘制细点画线或双点画线有困难时,可用细实线代替细点画线或双点画线,如图 1-11 所示。

(4) 几种图线重合时,重合部分只需画作用比较重要的一种图线,图线选用的先后顺序为:可见轮廓线(粗实线);不可见轮廓线(虚线);对称中心线(细点画线)和辅助用的轮廓线(细双点画线);尺寸界线、剖面线(细实线)。

(5)虚线与粗实线、虚线与虚线、虚线与细点画线相接处的画法如图 1-12 所示。从图 1-12 中可以看出以下几点。

①粗实线与虚线相交和虚线与虚线相交时,应为线段相交,不留空隙。

②当同一圆弧被分为粗实线和虚线两个部分时,在中心线与虚线之间留出空隙。

③同一条直线段被分为粗实线和虚线两个部分时,粗实线和虚线交接处留出空隙。

④圆弧与直线相切,且都用虚线表示时,虚线圆弧画到切点处留出空隙,再画直线部分。

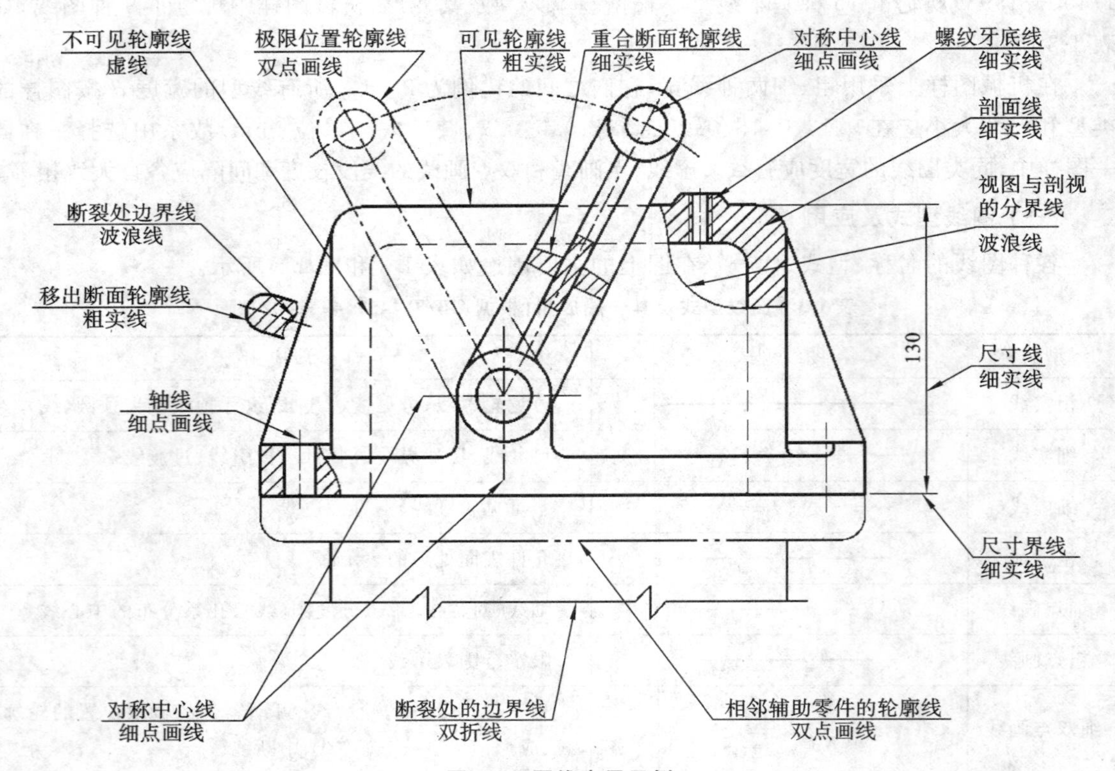

图 1-8 图线应用示例

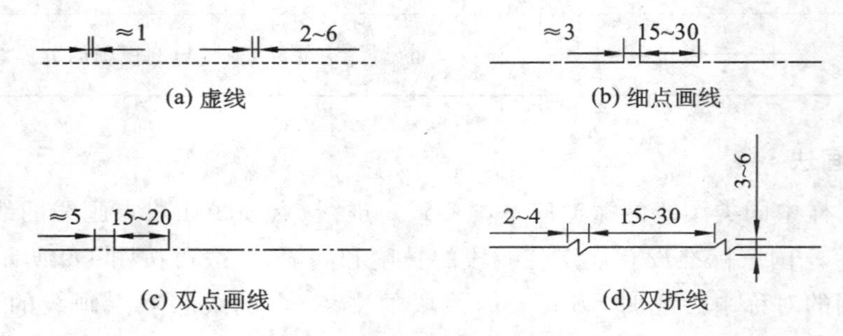

图 1-9 各种线段的长短和间隔

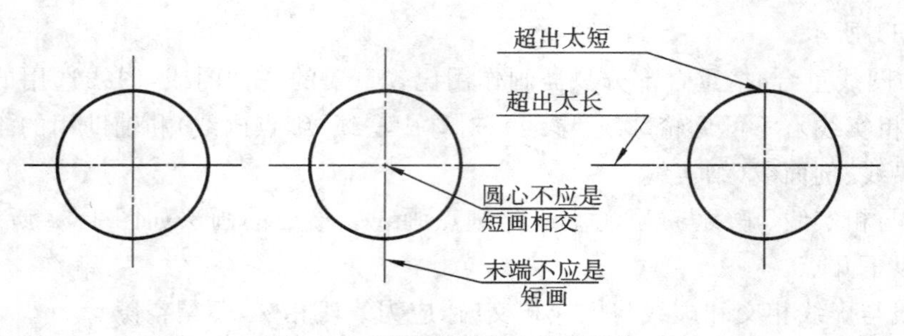

图 1-10 圆的对称中心线的画法

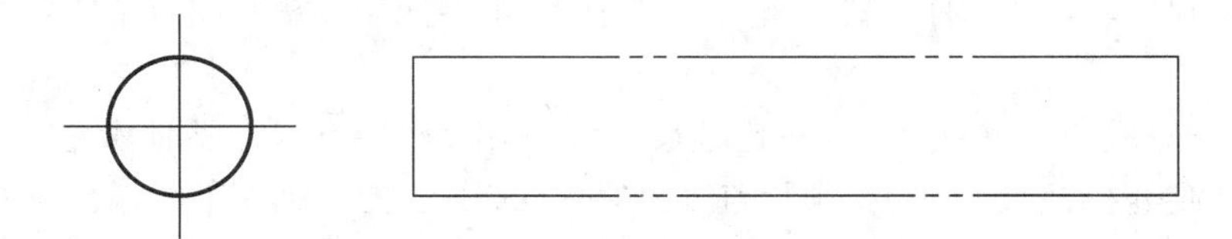

图 1-11 用细实线代替细点画线和双点画线

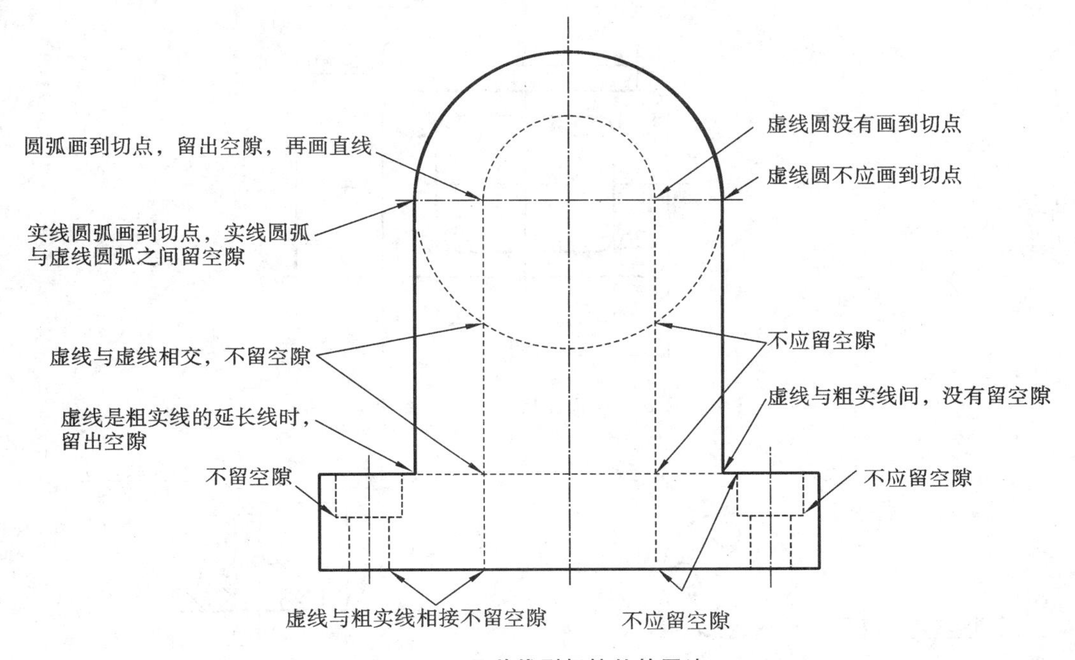

图 1-12 几种线型相接处的画法

五、尺寸注法(GB/T 4458.4—2003,GB/T 16675.2—2012)

图形只能表达机件的形状，机件的大小必须通过标注尺寸才能确定。可见，标注尺寸是一项极为重要的工作，必须严肃认真、一丝不苟、严格遵守《机械制图 尺寸注法》(GB/T 4458.4—2003)、《技术制图 简化表示法 第2部分：尺寸注法》(GB/T 16675.2—2012)中的有关规定，做到正确、齐全、清晰和合理。

(一) 基本规则

(1) 机件的真实大小应以图样上所注的尺寸数值为依据，与图形的大小和绘图的准确度无关。

(2) 图样中(技术要求和其他说明)的尺寸以毫米为单位时，不需要标注单位符号(或名称)，如果采用其他单位，则应注明相应的单位符号(或名称)。

(3) 图样中所注的尺寸为该图样所表示机件的最后完工尺寸，否则应另加说明。

(4) 机件的每一尺寸一般只标注一次，并应标注在反映该结构最清晰的图形上。

(二) 基本要素

一个完整的尺寸一般应包含尺寸界线、尺寸线、尺寸数字等内容，如图 1-13 所示。

1. 尺寸界线

尺寸界线表示所标注尺寸的起止，用细实线绘制，并应由图形轮廓线、轴线或对称中心线处引出，也可直接利用轮廓线、轴线或对称中心线作尺寸界线，如图 1-13 中的“45”、图 1-14 中的“ϕ50”。

尺寸界线一般应与尺寸线垂直，并超过尺寸线终端 2～4 mm，必要时才允许倾斜，如图1-15所示；在光滑过渡处标注尺寸时，必须用细实线将轮廓线延长，从它们的交点处引出尺寸界线，如图 1-15 所示。

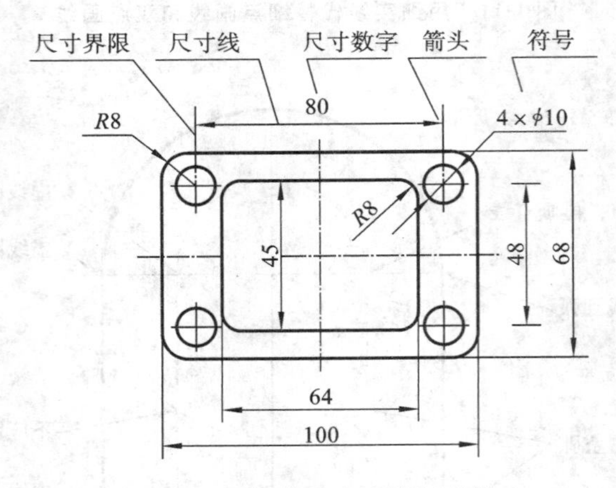

图 1-13　标注尺寸的基本要素

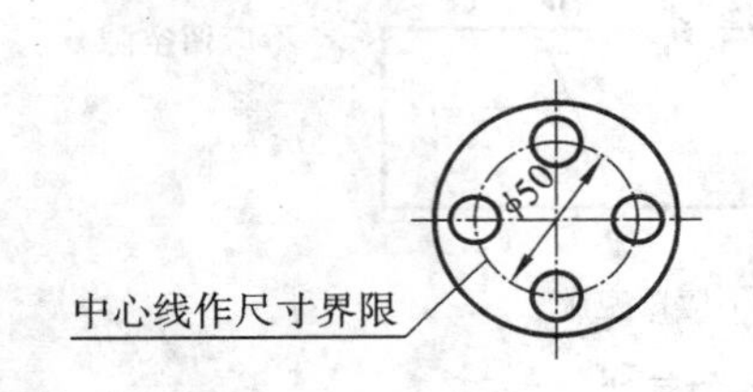

图 1-14　用中心线作尺寸界线

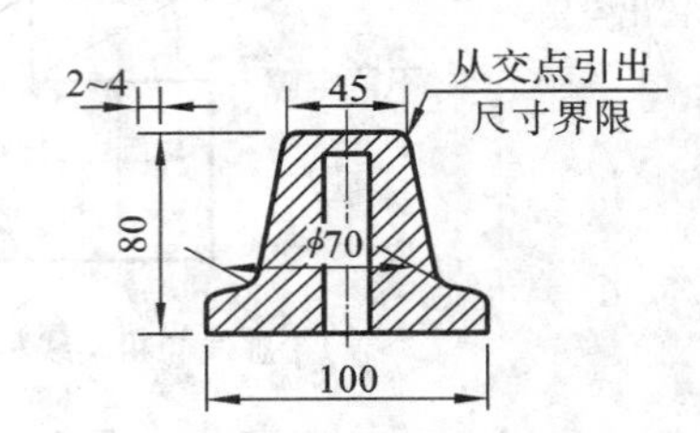

图 1-15　尺寸界线的画法

2. 尺寸线

尺寸线必须用细实线单独绘制，不能用其他图线代替，也不得与其他图线重合或画在其延长线上；标注线性尺寸时，尺寸线必须与所标注的线段平行；尺寸线与轮廓线或尺寸线与尺寸线之间的距离不应小于 5 mm，如图 1-16 所示。

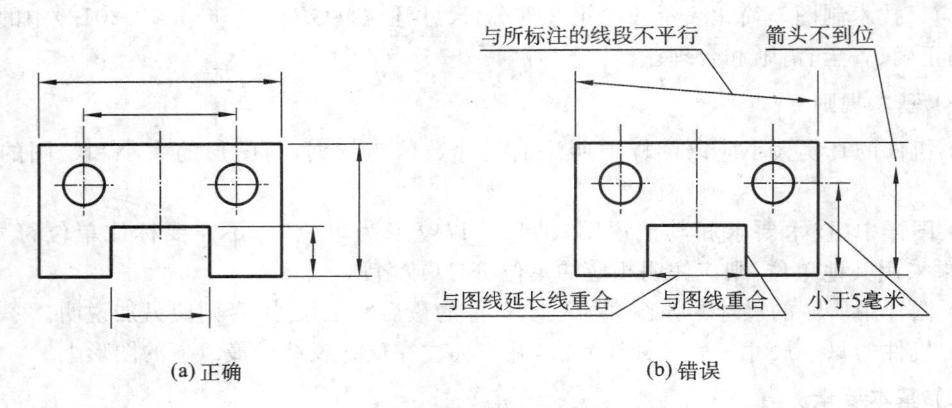

图 1-16　尺寸线的画法

尺寸线终端可以有两种形式：箭头和斜线。

箭头的形式如图 1-17(a)所示，适用于各种类型的图样。斜线用细实线绘制，斜线的方向和画法如图 1-17(b)所示。终端采用斜线形式时，尺寸线与尺寸界线必须相互垂直。通常机械图样的尺寸线终端画箭头，土建图的尺寸线终端画斜线。

根据《技术制图 简化表示法 第 2 部分：尺寸注法》(GB/T 16675.2—2012)，也可以简化为单边箭头。

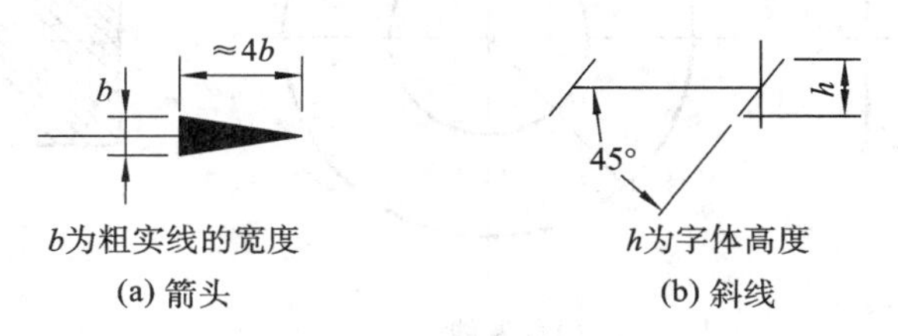

图 1-17 尺寸线终端

3. 尺寸数字

尺寸数字是表示尺寸大小的数值，一般注写在尺寸线的上方(水平尺寸线)、左边(垂直尺寸线)，也可注在尺寸线的中断处，如图 1-13、图 1-18 所示。线性尺寸数字字头的方向，一般按图 1-19(a)所示的方法注写，即尺寸线水平时，尺寸数字字头朝上；尺寸线竖直时，尺寸数字字头朝左；尺寸线倾斜时，尺寸数字字头仍保持朝上趋势。尽可能避免在图示 30°范围内标注尺寸，当无法避免时，用细实线引出标注为好，如图 1-19(b)所示。

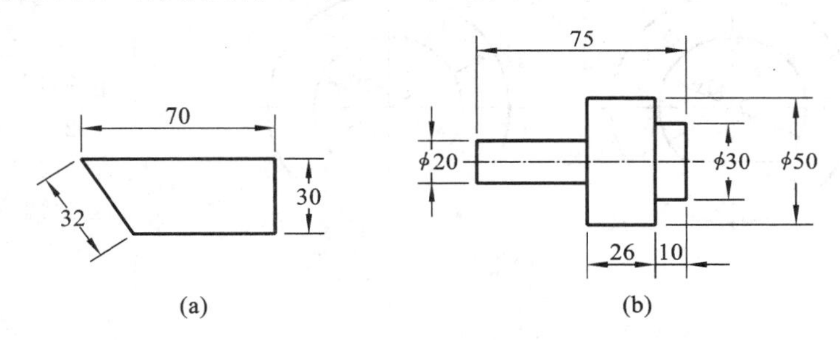

图 1-18 线性尺寸的第一种注法

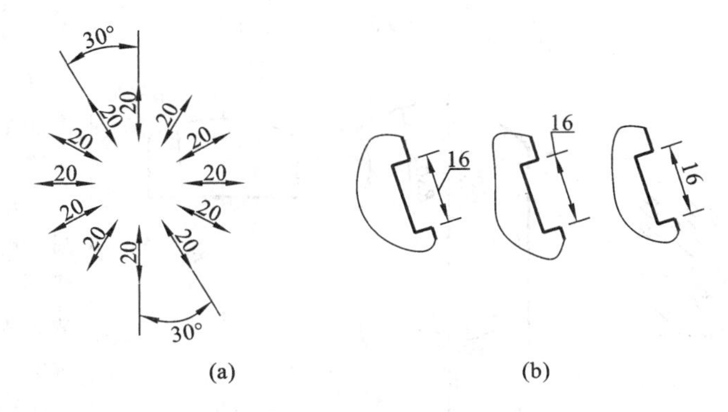

图 1-19 线性尺寸的第二种注法

对于非水平方向的尺寸，数字也可按图 1-18 所示的方法，水平地注写在尺寸线的中断处。但在同一张图样中，应尽可能采用一种注法。

尺寸数字不可被任何图线通过，当无法避免时可将该图线断开，如图 1-20 所示。

4. 常用尺寸注法

常用尺寸注法如表 1-4 所示。

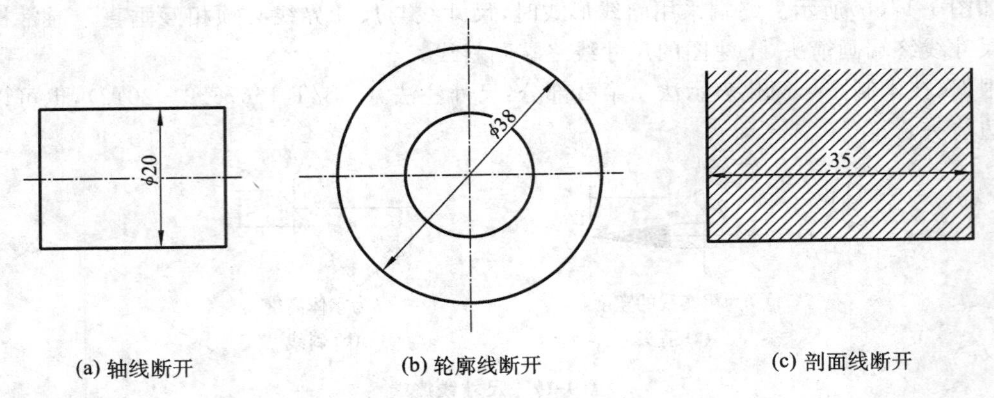

(a) 轴线断开　　(b) 轮廓线断开　　(c) 剖面线断开

图 1-20　尺寸数字不可被图线穿过

表 1-4　常用尺寸注法

项目	图例	说明
圆的直径	φ30　φ20　φ30　φ20	(1) 整圆或大于半圆的弧标注直径，在尺寸数字前加注符号“ϕ”。 (2) 在圆形图面上注圆的直径尺寸，尺寸线应通过圆心，终端应画成箭头
圆弧的半径	R10　(a)　R80　R100　(b)	(1) 半圆及小于半圆的弧标注半径，在尺寸数字前加注符号“R”。 (2) 半径尺寸必须注在画圆弧的图上，尺寸线要通过圆心，指到圆弧的尺寸线终端必须画成箭头，如图(a)所示。 (3) 圆弧的半径过大或在图纸范围内无法标出其圆心位置时的注法如图(b)所示

续表

项目	图例	说明
球面的直径或半径	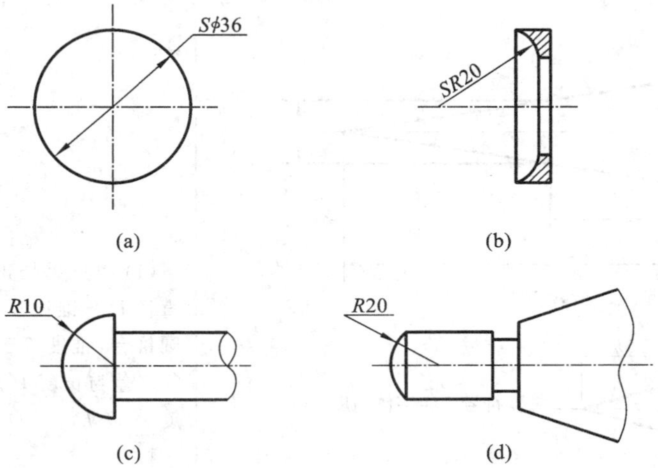 Sϕ36 (a) SR20 (b) R10 (c) R20 (d)	（1）整球及大于1/2的球，标直径；等于或小于1/2的球，标半径；并在符号“ϕ”或“R”前加注符号“S”，如图(a)、(b)所示。 （2）对于铆钉的头部、轴及手柄的端部，允许省略“S”，如图(c)、(d)所示
角度	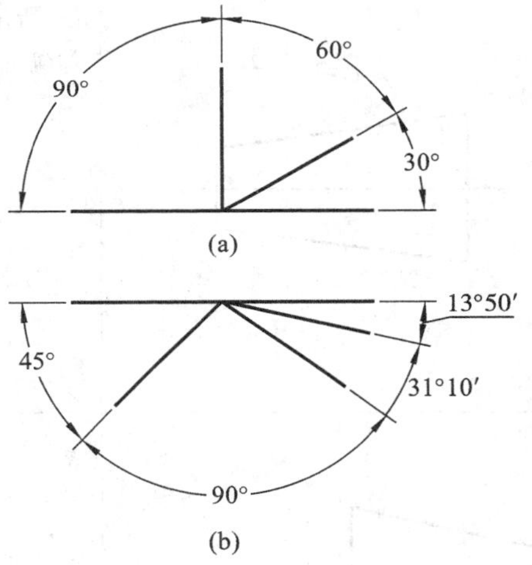 60° 90° 30° (a) 13°50′ 45° 31°10′ 90° (b)	（1）标注角度尺寸时，尺寸界线应沿径向引出，尺寸线应画成圆弧，尺寸线的圆心为该角的顶点，如图(a)所示。 （2）角度的数字一律写成水平方向，且注写在尺寸线的中断处。 必要时也可图(b)所示的方式标注
小尺寸	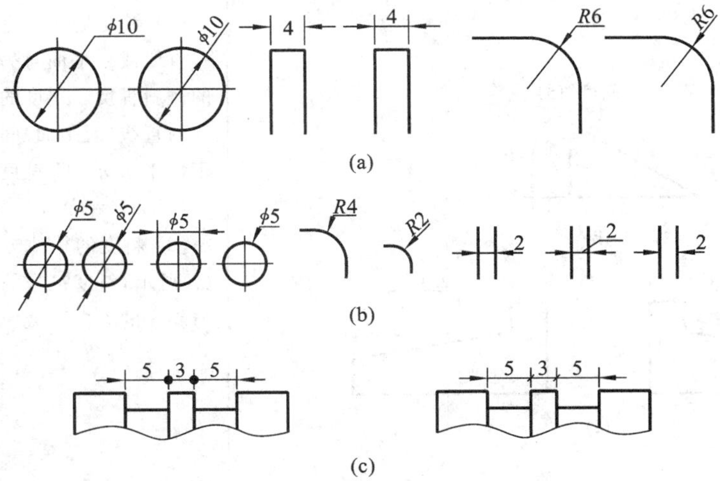 ϕ10 ϕ10 4 4 R6 R6 (a) ϕ5 ϕ5 ϕ5 ϕ5 R4 R2 2 2 2 (b) 5 3 5 5 3 5 (c)	（1）当没有足够的位置画箭头或写数字时，可有一个布置在外面，如图(a)所示。 （2）位置更小时箭头和数字都可布置在外面，如图(b)所示。 （3）标注一连串小尺寸时，可用小圆点或斜线代替箭头，但两端箭头仍应画出，如图(c)所示

续表

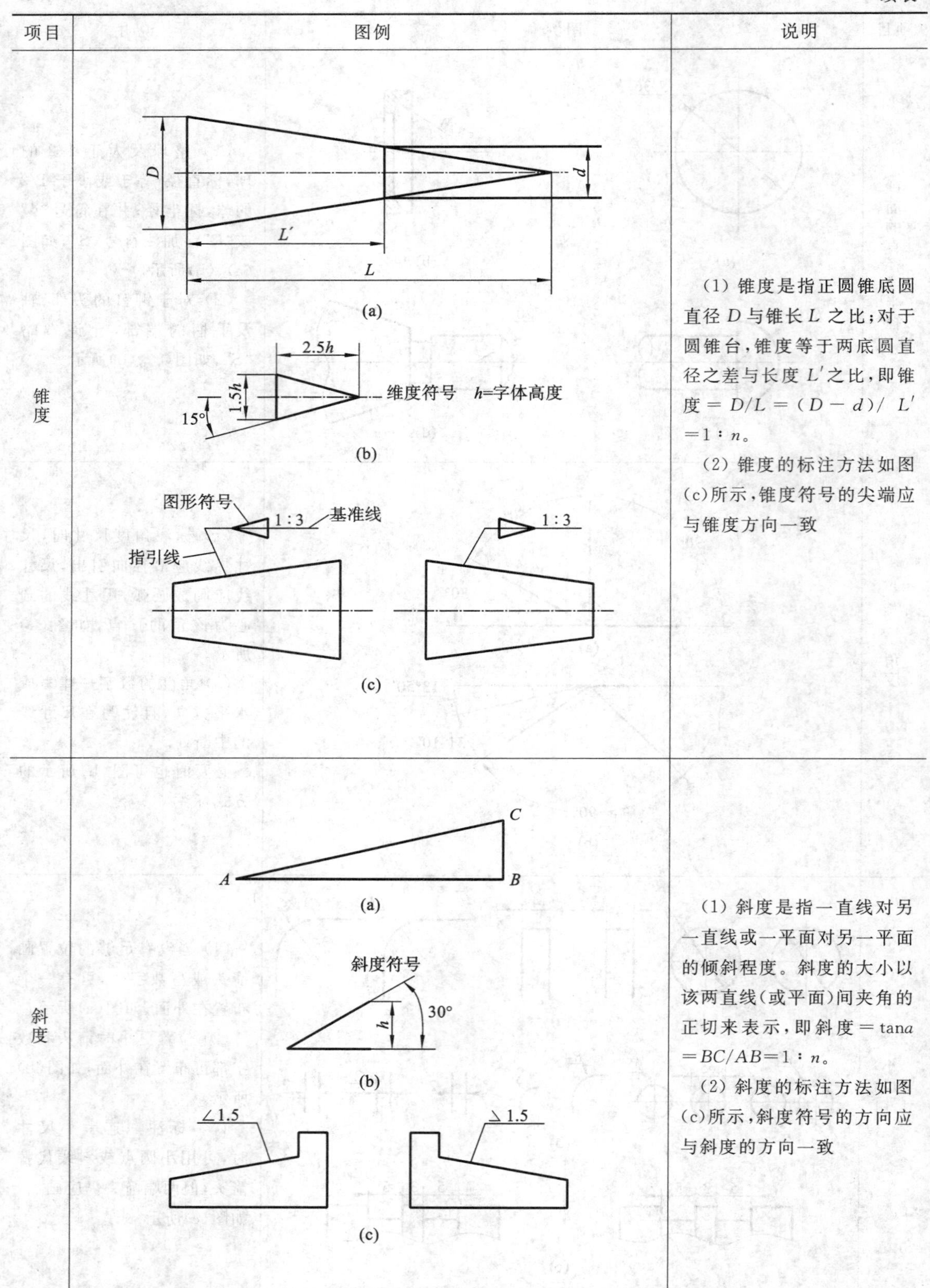

项目	图例	说明
锥度	(a) (b) (c)	(1) 锥度是指正圆锥底圆直径 D 与锥长 L 之比；对于圆锥台，锥度等于两底圆直径之差与长度 L' 之比，即锥度 $= D/L = (D-d)/L' = 1:n$。 (2) 锥度的标注方法如图(c)所示，锥度符号的尖端应与锥度方向一致
斜度	(a) (b) (c)	(1) 斜度是指一直线对另一直线或一平面对另一平面的倾斜程度。斜度的大小以该两直线(或平面)间夹角的正切来表示，即斜度 $=\tan\alpha = BC/AB = 1:n$。 (2) 斜度的标注方法如图(c)所示，斜度符号的方向应与斜度的方向一致

续表

项目	图例	说明
板状零件厚度的注法	*t*13	标注仅用一个视图表示的板状零件(其厚度全部相同)的厚度时,可在尺寸数字前加注符号“*t*”

1.2 绘图工具及其使用

学习制图,不仅要学习制图的理论,还要学习绘图的技能,并学会正确使用绘图工具的方法。善于使用和维护绘图工具是将图形画得又快又好的一个重要因素。

一、图板

图板(见图1-21)是绘图时用来贴图纸的木质垫板。图板的板面平整光滑,它的左右两边称为导边,必须平直。使用时,不要在图板上写字、削铅笔,并防止图板受潮,以保持板面整洁和平坦。

二、丁字尺

丁字尺(见图1-21)是呈“丁”字形状的长尺,由尺头和尺身组成。丁字尺主要用来画水平线。画水平线时,使尺头紧靠图板左边(不可松动或歪斜),左手按住尺身,右手握铅笔沿着尺身工作边由左往右画。

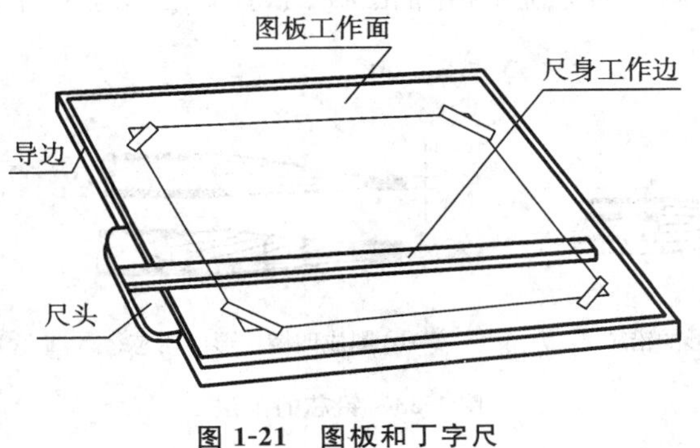

图1-21 图板和丁字尺

三、三角板

一副三角板有两块:45°的和30°(60°)的。

三角板常用来与丁字尺配合,作已知直线的平行线或垂直线。

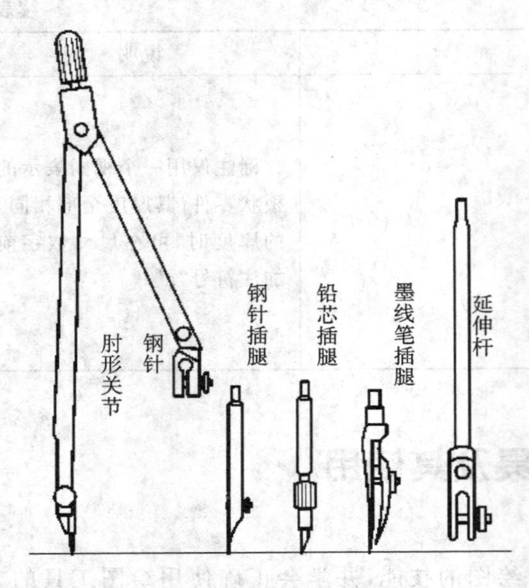

图 1-22 圆规及其附件

四、圆规

圆规用来画圆及圆弧。

图 1-22 所示是一支常用的圆规。它的上端为手柄，下边有两条腿，一条腿上装有钢针，另一条腿上具有肘形关节，上面可以装置不同的插腿——墨线笔插腿、铅芯插腿、钢针插腿，利用它们可分别画墨线圆、铅笔圆或将圆规当分规(等分线段和从尺上量取尺寸)使用。

用圆规画圆时，先将两腿分开，右手握圆规手柄，左手食指协助将针尖轻插入圆心位置，然后匀速顺时针转动圆规即可。

如果所画的圆很小，则可调节肘形关节，使圆规两腿稍向内倾；如果所画的圆很大，则要装上延伸杆，将插腿装在延伸杆上使用，并应使圆规两腿垂直于纸面。

五、铅笔

绘图铅笔一般都做成六棱形，它的一端印有铅芯的硬度符号。铅芯的硬度分别用“H”和“B”表示，“H”表示硬，“B”表示软，“H”或“B”前面的数字越大，表示铅芯越硬或越软。一般用 2H 铅笔画底稿，用 HB 铅笔加深细线或写字，用 B 或者 2B 铅笔加深粗线。

削铅笔时，要先从没有硬度标记的一端削起，以保留它的硬度标记，便于使用时识别。削去的部分长 25～30 mm，铅芯露出 8 mm 左右。对于打底稿、画细线或写字用铅笔，铅芯削成圆锥形，如图 1-23(a)所示；对于加深粗线用铅笔，铅芯削成四棱柱形，如图 1-23(b)所示；圆规用铅芯可削成图 1-23(c)所示的形状。

为了保持图面清洁，画图前应洗手，并把图板、丁字尺、三角板擦干净。

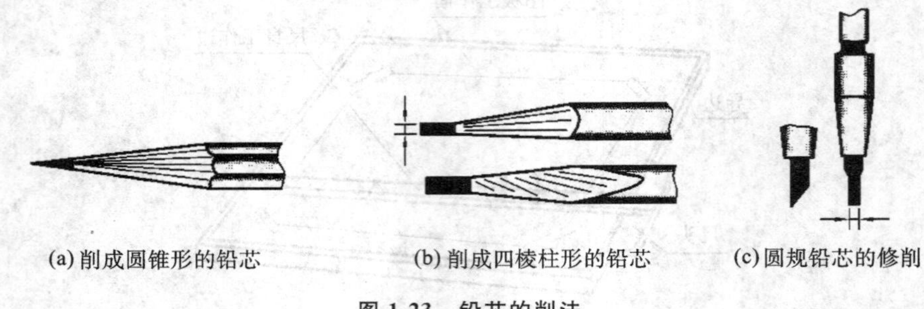

(a) 削成圆锥形的铅芯　(b) 削成四棱柱形的铅芯　(c) 圆规铅芯的修削

图 1-23 铅芯的削法

1.3 几何作图

几何作图就是不经计算，用绘图工具画出所需要的图形。在画机件的图形时，常会遇到等分线段、等分圆周、作正多边形、圆弧连接等几何作图问题。熟练掌握几何作图的方法对提高画图速度和保证图面质量起到重要的作用。

一、线段的等分法

表 1-5 表示了线段的五等分作法，线段的任意等分法与此类似。

表 1-5 线段的五等分法

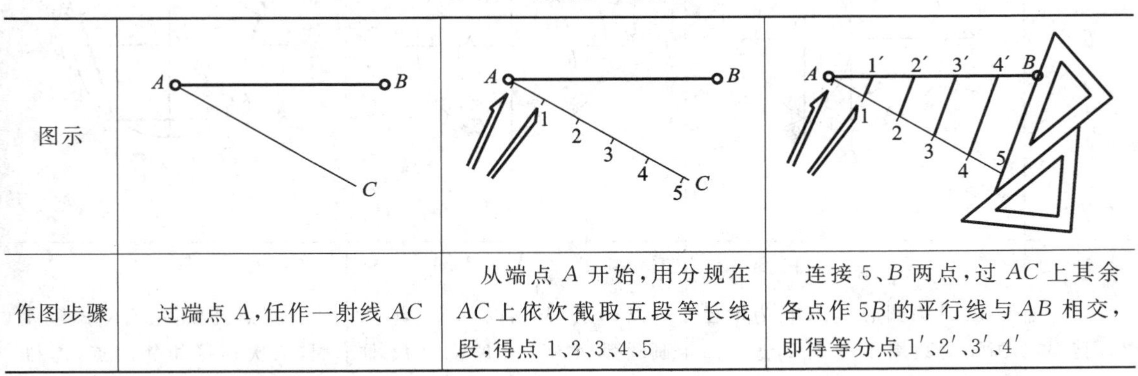

图示			
作图步骤	过端点 A，任作一射线 AC	从端点 A 开始，用分规在 AC 上依次截取五段等长线段，得点 1、2、3、4、5	连接 5、B 两点，过 AC 上其余各点作 $5B$ 的平行线与 AB 相交，即得等分点 1′、2′、3′、4′

二、圆周的等分及作正多边形

表 1-6 所示为圆周六等分及圆内接正六边形的作法。

表 1-6 圆周六等分及圆内接正六边形的作法

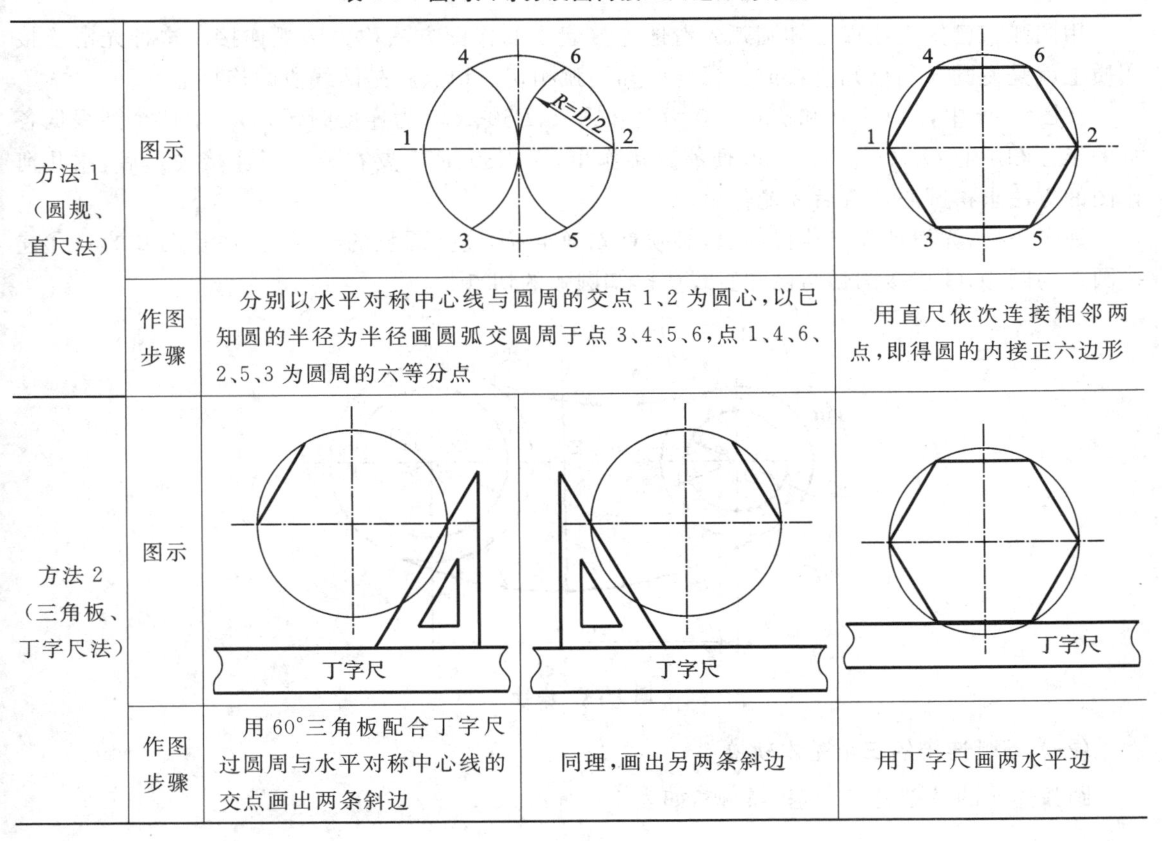

方法 1（圆规、直尺法）	图示			
	作图步骤	分别以水平对称中心线与圆周的交点 1、2 为圆心，以已知圆的半径为半径画圆弧交圆周于点 3、4、5、6，点 1、4、6、2、5、3 为圆周的六等分点		用直尺依次连接相邻两点，即得圆的内接正六边形
方法 2（三角板、丁字尺法）	图示			
	作图步骤	用 60°三角板配合丁字尺过圆周与水平对称中心线的交点画出两条斜边	同理，画出另两条斜边	用丁字尺画两水平边

表 1-7 所示为圆周五等分及圆内接正五边形的作法。

表 1-7　圆周五等分及圆内接正五边形的作法

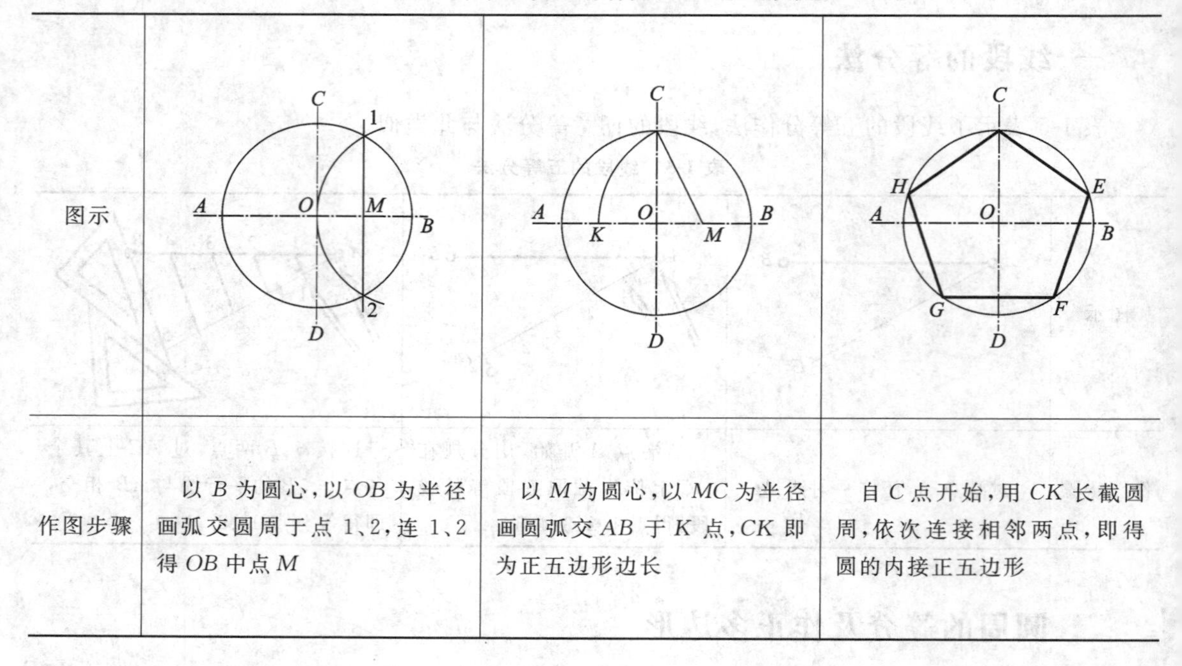

图示			
作图步骤	以 B 为圆心，以 OB 为半径画弧交圆周于点 1、2，连 1、2 得 OB 中点 M	以 M 为圆心，以 MC 为半径画圆弧交 AB 于 K 点，CK 即为正五边形边长	自 C 点开始，用 CK 长截圆周，依次连接相邻两点，即得圆的内接正五边形

三、圆弧连接

用圆弧将已知直线或已知圆弧光滑地连接起来的作图方法称为圆弧连接。这种光滑连接实质上就是使圆弧与已知直线或圆弧与已知圆弧相切。切点就是两线段的连接点。

在图 1-24 中，$\phi30$、$\phi40$ 和 $\phi20$、$\phi30$ 为已知圆弧，$R30$、$R75$ 为连接圆弧，因为前四个圆根据各自的半径和圆心 O_1、O_2 及尺寸 60 便能直接作出，而 $R30$、$R75$ 要在分析了连接关系后，用几何作图的方法求得圆心位置后才能作出。

为了正确、光滑地作出连接圆弧，必须首先确定：①连接圆弧的半径（往往是已知的）；②连接圆弧的圆心；③连接圆弧与已知直线或已知圆弧的切点。

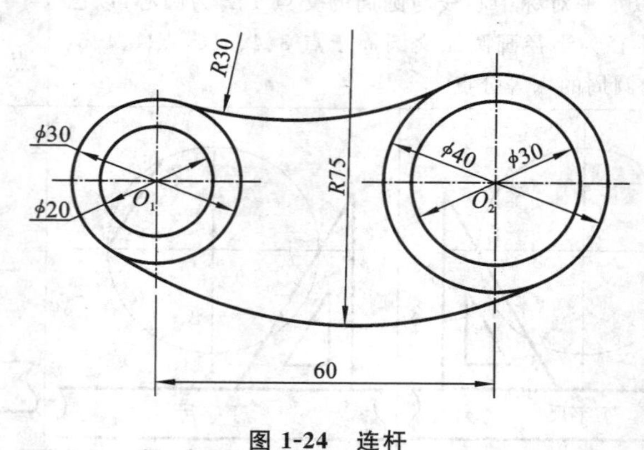

图 1-24　连杆

（一）圆弧连接的三个基本轨迹

圆弧连接的基础是三个基本轨迹，如表 1-8 所示。

表 1-8 圆弧连接的三个基本轨迹

类别	与定直线相切的圆心轨迹	与定圆外切的圆心轨迹	与定圆内切的圆心轨迹
图例	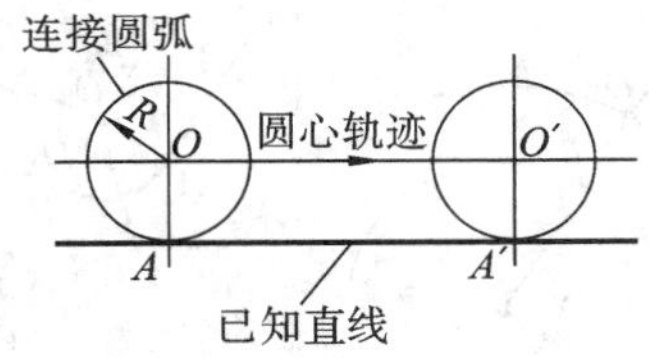	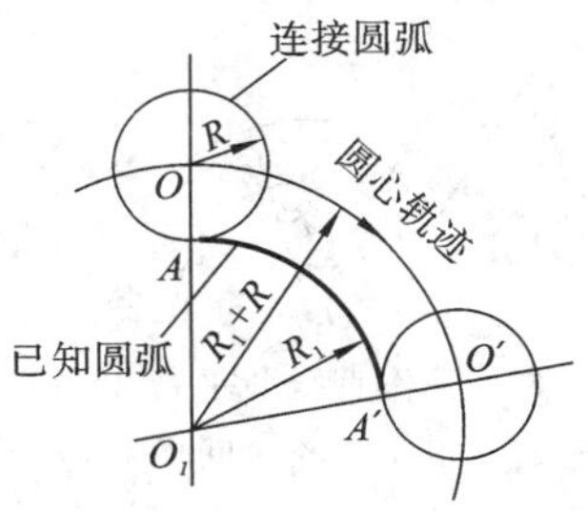	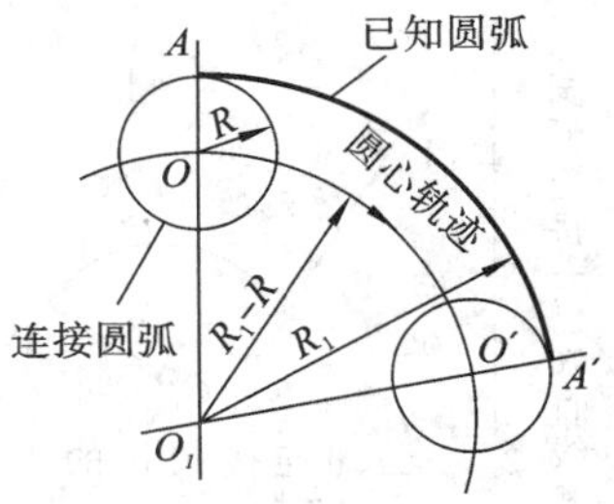
连接弧圆心的轨迹及切点位置	与已知直线相切，半径为 R 的动圆的圆心轨迹，是与已知直线平行，距离为 R 的直线。 切点：过圆心作已知直线垂线的垂足	与半径为 R_1 的已知圆弧外切，半径为 R 的动圆的圆心轨迹，是以已知圆弧圆心 O_1 为圆心，以 $R+R_1$ 为半径的圆。 切点：两圆心 O_1、O 的连线与已知圆弧的交点	与半径为 R_1 的已知圆弧内切，半径为 R 的动圆的圆心轨迹，是以已知圆弧的圆心 O_1 为圆心，以 R_1-R 为半径的圆。 切点：两圆心 O_1、O 连线的延长线与已知圆弧的交点

(二) 圆弧连接的几种情况及作图步骤

表 1-9 所示为用圆弧连接两已知相交直线。

表 1-10 所示为用圆弧连接一已知直线和一已知圆弧。

表 1-11 所示为用圆弧连接两已知圆弧。

表 1-9 用圆弧连接两已知相交直线

	两直线成钝角	两直线成锐角	两直线成直角
用 R 为半径的圆弧连接两相交直线Ⅰ、Ⅱ	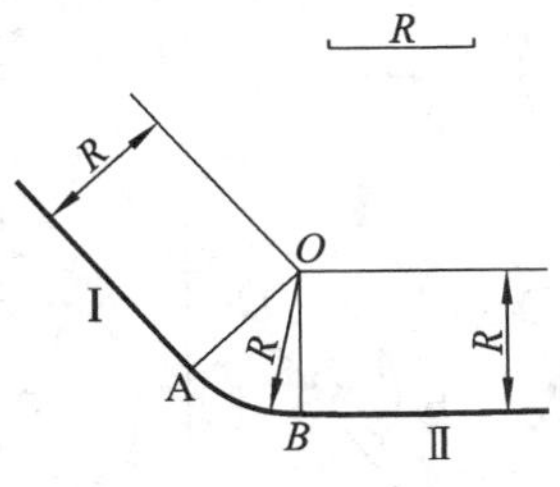	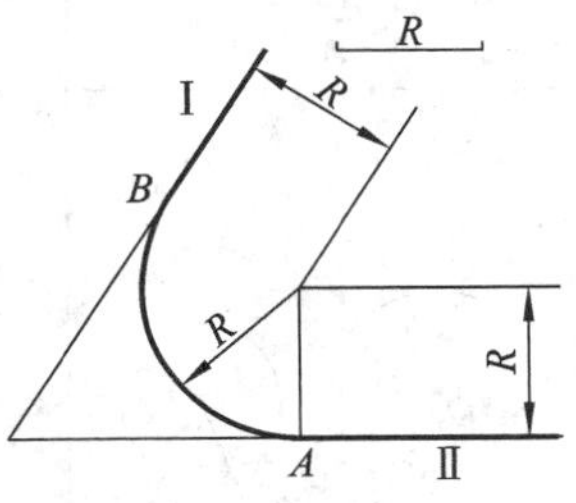	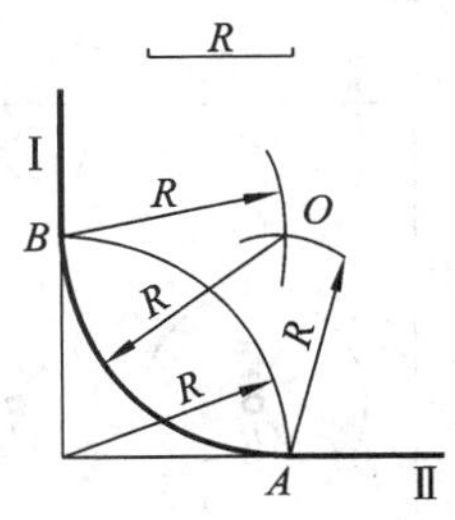
作图步骤	(1) 在角的内侧，分别作与已知直线Ⅰ、Ⅱ距离为 R 的平行线，交点 O 即为连接圆弧的圆心。 (2) 从 O 点分别作Ⅰ、Ⅱ的垂线，垂足 A、B 即为切点。 (3) 以 O 为圆心，以 R 为半径在 A、B 之间画圆弧		(1) 以角顶为圆心，以 R 为半径画圆弧，与Ⅰ、Ⅱ相交，得切点 A、B。 (2) 分别以 A、B 为圆心，以 R 为半径画圆弧，交点 O 即为连接圆弧的圆心。 (3) 以 O 为圆心，以 R 为半径，在 A、B 之间画圆弧

表 1-10　用圆弧连接一已知直线和一已知圆弧

名称	已知条件和作图要求	作图步骤		
圆弧连接一已知直线和一已知圆弧	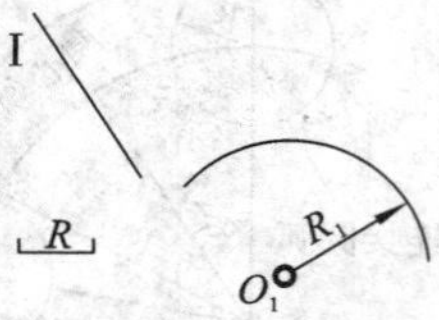 已知连接圆弧的半径 R，将此圆弧切于直线Ⅰ和外切于圆心为 O_1、半径为 R_1 的圆弧	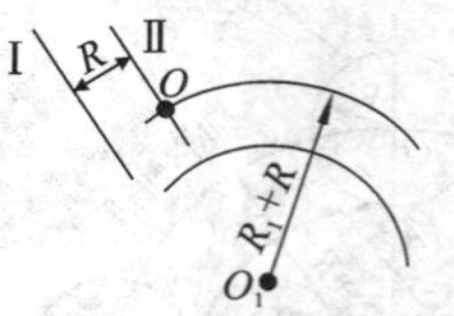 (1) 先作直线Ⅱ平行于直线Ⅰ，二者之间的距离为 R；再作已知圆弧的同心圆（半径为 $R+R_1$）与直线Ⅱ相交于 O	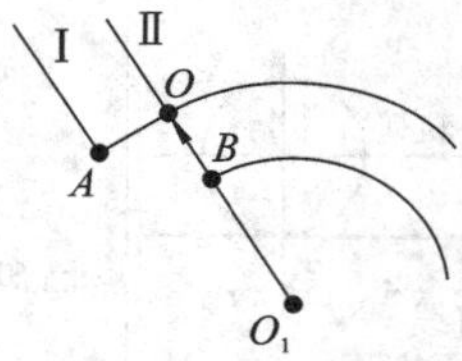 (2) 作 OA 垂直于直线Ⅰ，垂足为 A；连 O、O_1 交已知圆弧于 B，A、B 即为切点	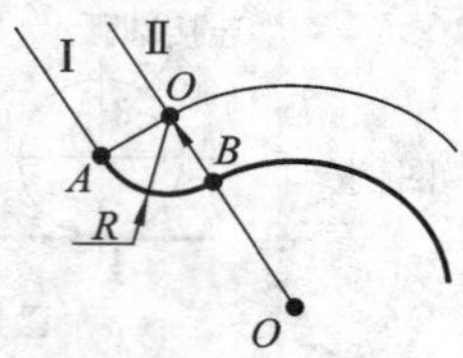 (3) 以 O 为圆心，以 R 为半径作圆弧，连接直线Ⅰ和圆 O_1 于 A、B，即完成作图

表 1-11　用圆弧连接两已知圆弧

名称	已知条件和作图要求	作图步骤		
外切	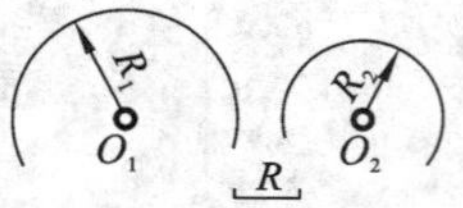 已知连接圆弧的半径为 R，将此圆弧同时外切圆心分别为 O_1、O_2，半径分别为 R_1、R_2 的圆弧	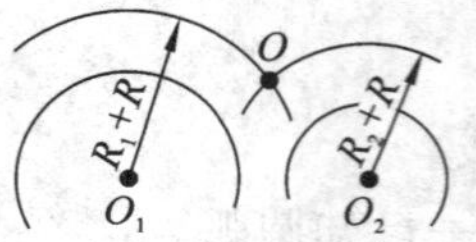 (1) 分别以 $R+R_1$、$R+R_2$ 为半径，以 O_1、O_2 为圆心，作同心圆弧相交于 O	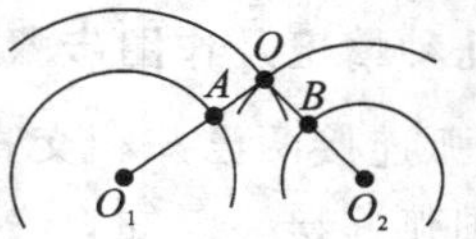 (2) 连 O、O_1 交已知圆弧于 A，连 O、O_2 交已知圆弧于 B，A、B 即为切点	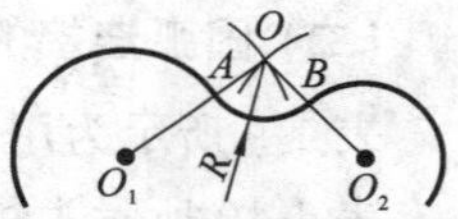 (3) 以 O 为圆心，以 R 为半径作圆弧，连接两已知圆弧于 A、B，即完成作图
内切	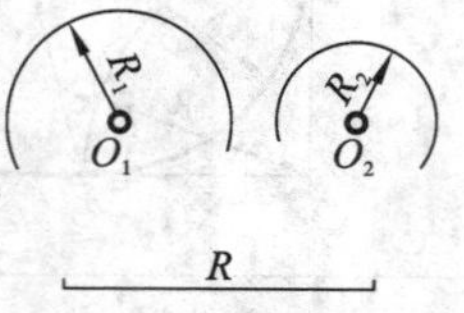 已知连接圆弧的半径为 R，将此圆弧同时内切圆心分别为 O_1、O_2，半径分别为 R_1、R_2 的圆弧	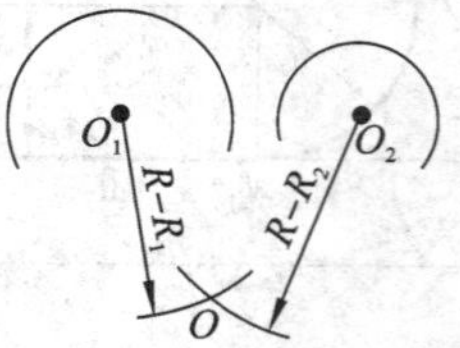 (1) 分别以 $R-R_1$、$R-R_2$ 为半径，以 O_1、O_2 为圆心，作同心圆弧相交于 O	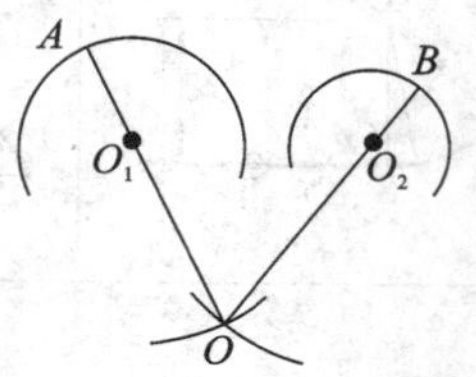 (2) 连 O、O_1 交已知圆弧于 A，连 O、O_2 交已知圆弧于 B，A、B 即为切点	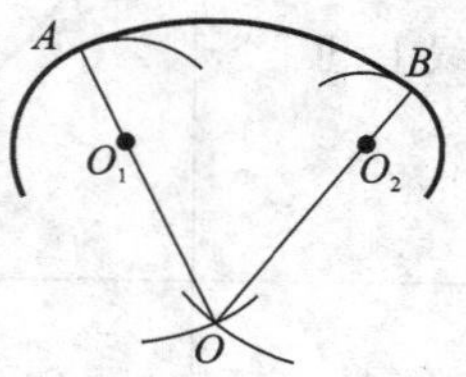 (3) 以 O 为圆心，以 R 为半径作圆弧，连接两已知圆弧于 A、B，即完成作图

续表

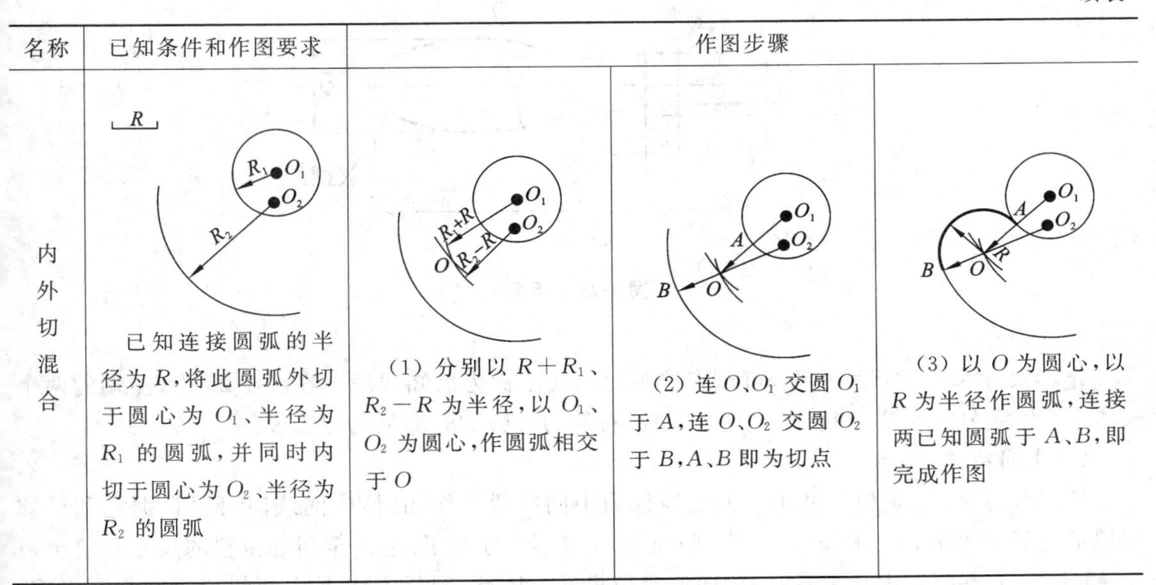

名称	已知条件和作图要求	作图步骤		
内外切混合	已知连接圆弧的半径为 R，将此圆弧外切于圆心为 O_1、半径为 R_1 的圆弧，并同时内切于圆心为 O_2、半径为 R_2 的圆弧	（1）分别以 $R+R_1$、R_2-R 为半径，以 O_1、O_2 为圆心，作圆弧相交于 O	（2）连 O、O_1 交圆 O_1 于 A，连 O、O_2 交圆 O_2 于 B，A、B 即为切点	（3）以 O 为圆心，以 R 为半径作圆弧，连接两已知圆弧于 A、B，即完成作图

四、平面图形的分析及画法

如图 1-25 所示，平面图形一般都是由一些直线段、曲线及若干封闭图形组合而成的。画图前，应先对该图形上注出的尺寸、各线段的连接关系及各封闭图形间的相互关系进行分析，定出作图步骤，再画图。只有这样，才能既快而又正确地把平面图形画出来。

(一) 平面图形的尺寸分析

平面图形中的尺寸按作用可以分为两类：定形尺寸（或大小尺寸）和定位尺寸。

1. 定形尺寸

确定图形各部分形状大小的尺寸称为定形尺寸。例如，说明直线段的长度、圆的直径、圆弧的半径、角度的大小等的尺寸都是定形尺寸。图 1-25 中的 $R48$、$R40$ 及 $\phi10$、22、$\phi16$、$\phi24$ 都是定形尺寸。

2. 定位尺寸

确定图形各部分之间相对位置的尺寸称为定位尺寸。例如，说明直线段、圆（或圆弧）的圆心或某个图形在整个平面图形当中位置的尺寸都是定位尺寸。

要确定相对位置，就必须有基准。所谓尺寸基准，就是指标注尺寸的起点。对于平面图形来说，常用的尺寸基准是对称图形的对称中心线、较大的圆的中心线或较长的直线段。在图 1-25中，在上、下方向上，以对称中心线作为尺寸基准，弧 $R8$ 的圆心就在这条中心线上。

$\phi24$ 是确定弧 $R48$ 圆心的一个定位尺寸（上、下方向）。在左、右方向上，以图示基准作为尺寸基准注出的尺寸有 8、22 和 75（确定弧 $R8$ 的圆心）。

必须指出，有时某个尺寸既是定形尺寸又是定位尺寸，如图 1-25 中的尺寸 $\phi24$ 既是确定手柄粗细的定形尺寸，又是确定圆弧 $R48$ 圆心的一个定位尺寸。尺寸 22、8 也是这样。

(二) 平面图形的线段分析

按所具备尺寸数量的不同，平面图形中的线段（或圆弧）在画图时的先后顺序也不一样。因此，常把线段分为三类：已知线段、中间线段和连接线段。

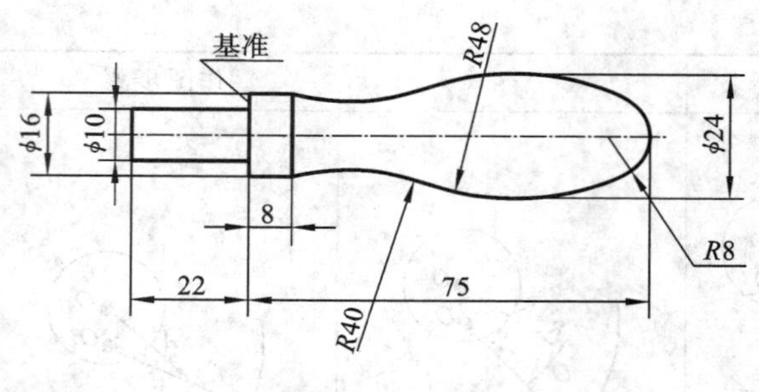

图 1-25　手柄

1. 已知线段

定形尺寸和定位尺寸齐全,可以直接画出的线段称为已知线段。在图 1-25 中,左端的两个长方形(直径 φ10、长 22 和直径 φ16、长 8)和右端的圆弧 *R*8,都是已知线段。

2. 中间线段

定形尺寸齐全、定位尺寸不全的线段称为中间线段。作图时,中间线段可以根据它和已知线段的连接关系画出。在图 1-25 中,圆弧 *R*48 定形尺寸有了,但确定圆心位置的尺寸只给出一个 φ24(上、下方向),尚缺少左、右方向的定位尺寸。因此,圆弧 *R*48 是中间线段。它与圆弧 *R*8 内切,先画出圆弧 *R*8,才能画出圆弧 *R*48。

3. 连接线段

只有定形尺寸,没有定位尺寸的线段称为连接线段。作图时,连接线段可以根据它和已知线段的连接关系画出。在图 1-25 中,圆弧 *R*40 只有定形尺寸,圆心的定位尺寸一个也没有注出。因此,圆弧 *R*40 是连接线段。它过一定点(宽为 8 的长方形右顶点),又和圆弧 *R*48 外切,根据这些条件,定出圆心的位置,才可以画出圆弧 *R*40。

(三)平面图形的画图步骤

(1) 分析图形,作出基准线。根据尺寸确定哪些是已知线段,哪些是中间线段,哪些是连接线段。

(2) 画出已知线段。

(3) 根据各种连接方法(参看表 1-9 至表 1-11)作出中间线段和连接线段。

(4) 检查,擦去作图辅助线,描深图线。

(5) 标注尺寸。

图 1-25 所示手柄图形的尺寸分析和线段分析如前所述,它的画图步骤如表 1-12 所示。

表 1-12　手柄图形的作图步骤

步骤	图示
(1) 画中心线和已知线段的轮廓,以及相距为 24 的两根范围线	

续表

步骤	图示
(2) 确定中间线段圆弧 $R48$ 的圆心 O_1 及 O_2	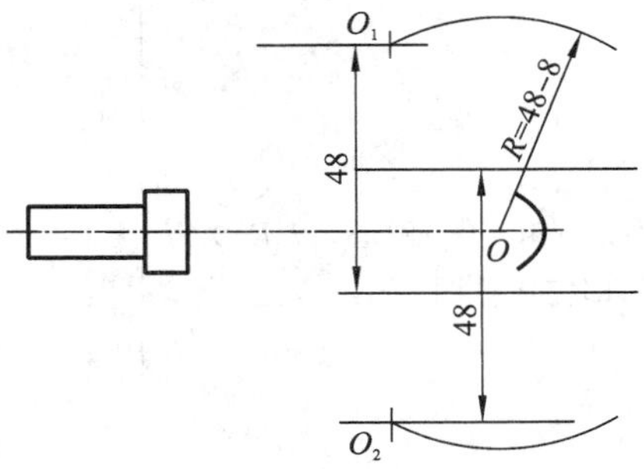
(3) 确定中间线段圆弧 $R48$ 和已知圆弧 $R8$ 的切点 A、B,并以 48 为半径画圆弧	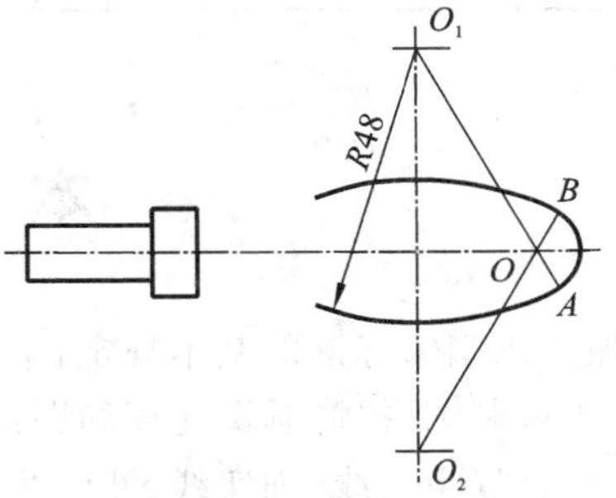
(4) 确定连接圆弧 $R40$ 的圆心 O' 和 O''	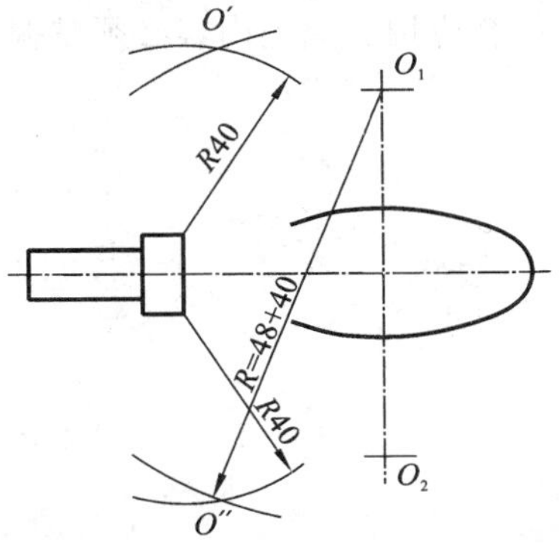
(5) 确定 $R40$ 和 $R48$ 的切点 C、D	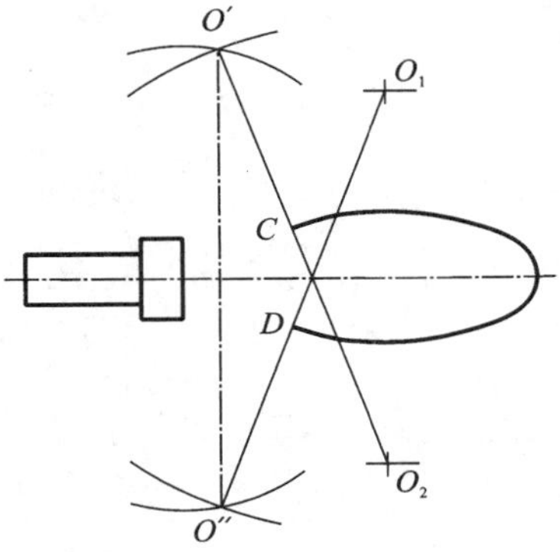

续表

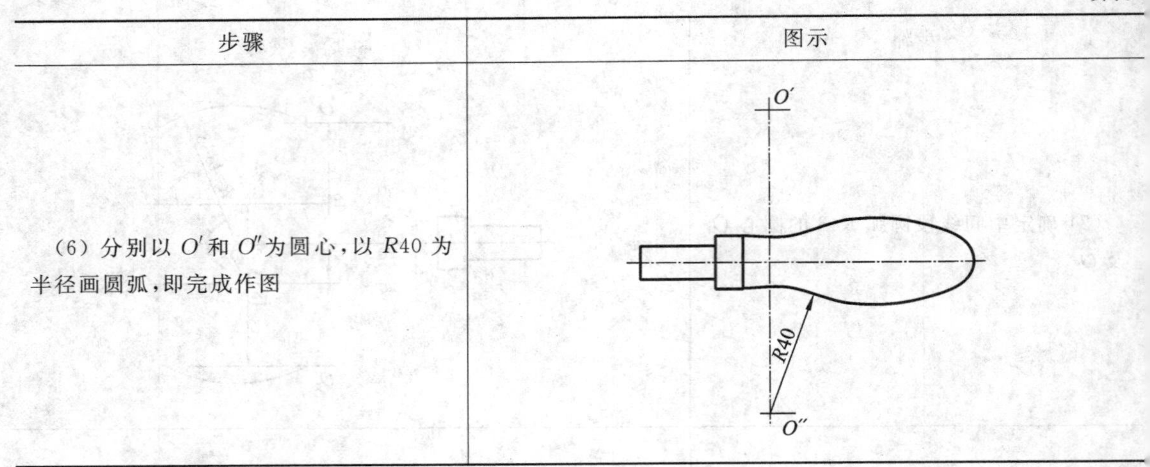

步骤	图示
(6) 分别以 O' 和 O'' 为圆心，以 $R40$ 为半径画圆弧，即完成作图	

本章小结

了解机械制图国家标准的基本规定，学会正确使用常用的绘图工具，掌握几何作图的基本技能，是学好机械制图、提高画图速度和图面质量的必要前提。

几种主要图线（粗实线、细实线、波浪线、虚线、细点画线、细双点画线）的型式及其应用、尺寸注法、正六边形的画法、圆弧连接是本章的重点，而平面图形的分析与画法，则是本章所讲的知识、技能的综合应用。上述内容必须掌握。

第2章　投影作图基础

本章叙述的机械制图图形的绘制原理和方法，为本课程的重点内容，是掌握绘图方法和看图技能的基础。

2.1　投影法和三视图

一、投影法的基本知识

(一) 投影法的概念

怎样把一个物体在图纸上表示出来呢？人们根据物体被光照射后，在地面或墙上产生影子的现象，创造了绘制工程图样的方法——投影法。如图2-1所示，投影法就是将一组光线通过物体投射到预设平面上而得到图形的方法。光线出发点S称为投影中心；光线称为投影线；预设平面P称为投影面；在P面上所得到的图形称为投影图，简称投影。

(二) 投影法的分类

工程上常用的投影法有中心投影法和平行投影法两种。

1. 中心投影法

投影线汇交于一点的投影法称为中心投影法（见图2-2）。用中心投影法得到的投影称为中心投影。由于用中心投影法所得投影的大小随物体离投影面距离的变化而变化，所以中心投影法不运用于绘制机械制造施工图，而用于绘制建筑制图中的透视图。

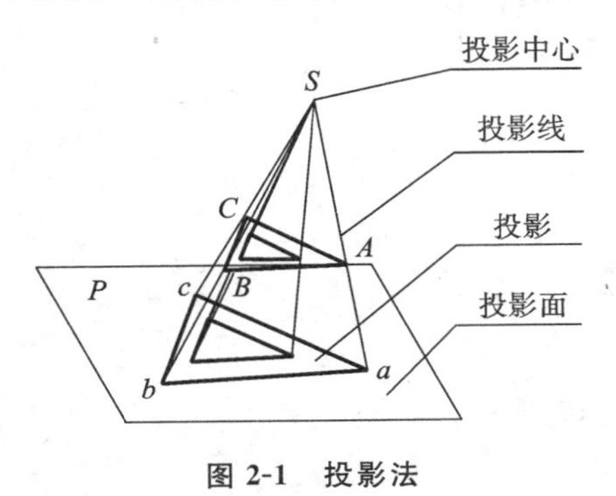

图2-1　投影法

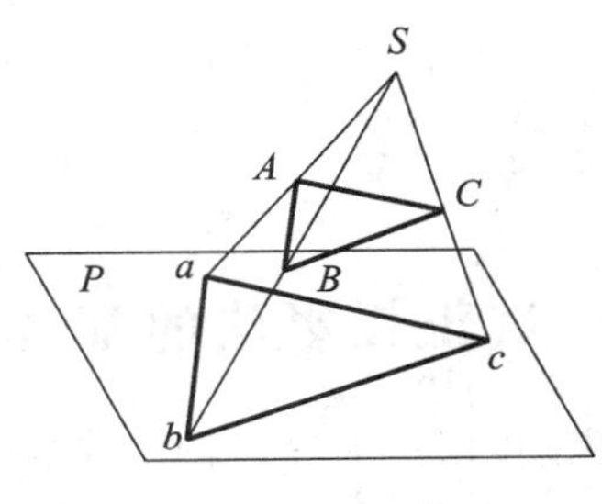

图2-2　中心投影法

2. 平行投影法

投影线互相平行的投影法称为平行投影法（见图2-3）。用平行投影法所得到的投影称为平行投影。

根据投影线与投影面夹角的不同，平行投影法又可分为斜投影法（见图2-3(a)）和正投影法（见图2-3(b)）两种。当平行的投影线倾斜于投影面时，所得到的投影称为斜投影。当平行的投影线垂直于投影面时，所得到的投影称为正投影。

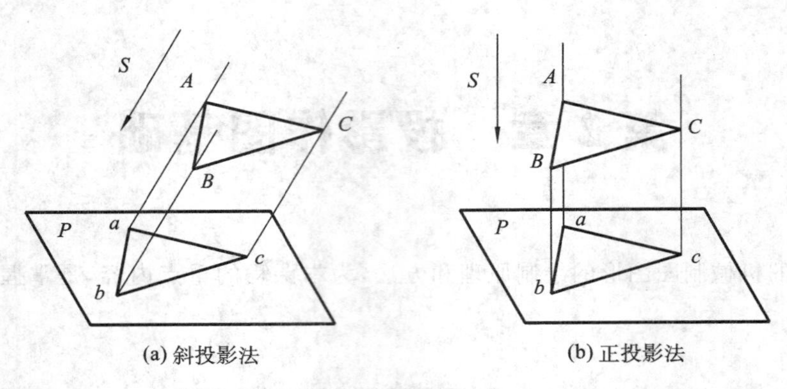

(a) 斜投影法　　(b) 正投影法

图 2-3　平行投影法

由于正投影能如实地表达物体的形状和大小，度量性好，作图又比较方便，因此正投影法适用于机械制图。在后面叙述中，如果没有特殊说明，则所说的投影都是指用正投影法得到的图形。

在制图中，我们并不是用任何光线来照射，而是把我们的视线看作平行的投影线，将物体放置于眼睛和投影面之间，故物体的正投影在制图中也被称作视图（见图 2-4）。

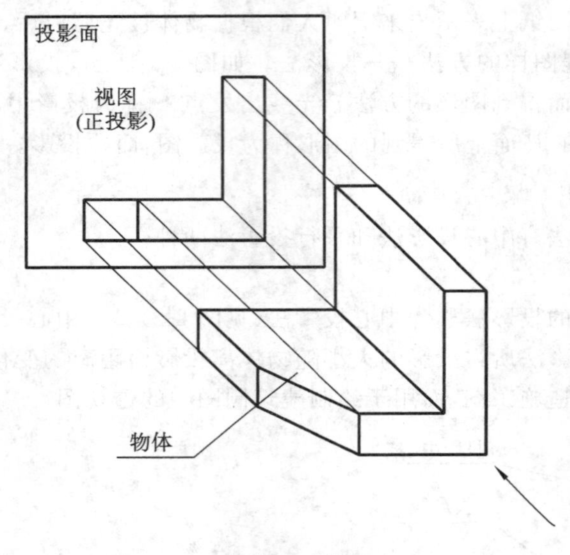

图 2-4　视图

二、正投影法的基本特性

正投影法的投影特性有多个，但最基本、最重要的为以下三个。

1. 真实性

如图 2-5(a)所示，当直线、平面曲线或平面平行于投影面时，直线或平面曲线的投影反映实长，平面的投影反映真实形状，这种特性称为真实性。

2. 积聚性

如图 2-5(b)所示，当直线或平面、曲面（如柱面）垂直于投影面时，直线的投影积聚成一点，平面或曲面的投影积聚成直线或曲线，这种特性称为积聚性。

3. 类似性

如图 2-5(c)所示,当直线、曲线或平面倾斜于投影面时,直线或曲线的投影仍为直线或曲线,但小于实长。平面图形的投影小于真实图形的大小,但两者边数、凹凸状态、曲直及平行关系等保持不变,这种特性称为类似性,这种投影称为原形的类似形。

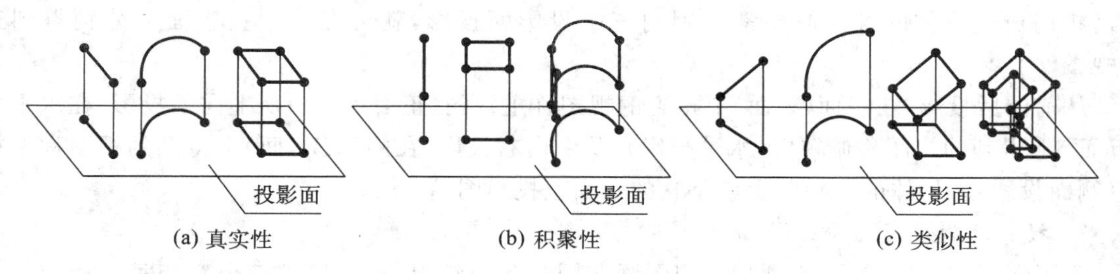

图 2-5 正投影法的基本特性

三、三视图的形成及对应关系

图 2-6 中所示的是四个不同的物体,但它们在同一个投影面上的投影相同。可见,只有物体的一面投影往往不能反映物体的真实形状。任何物体都有长、宽、高三个方向的尺寸,通常规定:物体左右之间的距离为长(X);前后之间的距离为宽(Y);上下之间的距离为高(Z)。为了清楚地表达物体的形状和大小,一般需要用三个不同方向的投影图来表示。

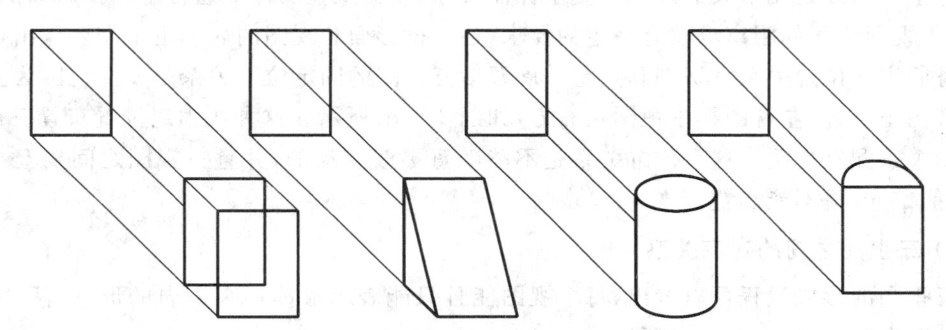

图 2-6 不同的物体在同一投影面上得到相同的投影

(一)三视图的形成

1. 建立三投影面体系

如图 2-7 所示,设置三个互相垂直的投影面,构成三投影面体系。

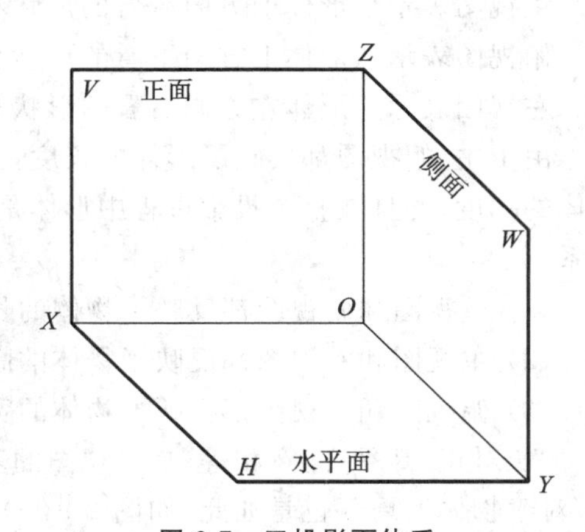

图 2-7 三投影面体系

在三个投影面中,直立在观察者正对面的投影面称为正立投影面,简称正面,用字母 V 标记;水平位置的投影面称为水平投影面,简称水平面,用字母 H 标记;右侧的投影面称为侧立投影面,简称侧面,用字母 W 标记。三个基本投影面也可以分别简称为 V 面、H 面和 W 面。

三个投影面的交线 OX、OY、OZ 称为投影轴(简称 X 轴、Y 轴、Z 轴)。三根投影轴互相垂直相交于一点 O,称为原点。以原点 O 为基准,可沿 X 轴方向度量长度尺寸和确定左右位置,沿 Y 轴方向度量宽度尺寸和确定前后位置,沿 Z 轴方向度量高度尺寸和确定上下方位或高低位置。

2. 分面进行投影

如图 2-8(a)所示，我们把形体正放在三投影面体系当中。所谓正放，就是把形体上的主要表面或对称平面放置于平行于 V 面的位置。形体的位置一经放定就不得再做任何变动。然后将组成此形体的各几何要素分别向三个投影面投影，就可在三个投影面上分别得到三个视图。

从前向后投影，在正面(V 面)上得到的视图称主视图(正面投影)；从上向下投影，在水平面(H 面)上得到的视图称俯视图(水平投影)；从左向右投影，在侧面(W 面)上得到的视图称左视图(侧面投影)。形体的三视图也就是它的三面正投影图。

3. 投影面的展开摊平

为了便于加工时看图，必须把三视图画在同一张图纸上，这就要把三个互相垂直相交的投影面展开摊平成一个平面。摊平方法如图 2-8(b)所示。正面(V 面)保持不动，将水平面(H 面)绕 X 轴向下旋转 90°与正面(V 面)成一平面(共面)；将侧面(W 面)绕 Z 轴向右旋转 90°，也与正面(V 面)成一平面(共面)。展开后的三个投影面就在同一张图纸平面上了，如图 2-8(c)所示。

投影面展开摊平后，Y 轴一分为二，分布在两处，分别用 Y_H(属 H 面)和 Y_W(属 W 面)表示。

理论上投影面是无限大的。为了便于标注尺寸等，在工程图样上通常不画投影面的边线和投影轴，各视图之间的距离也没有一定的要求，各个投影面和视图的名称也不需要注出，可由三视图本身固定的位置关系来识别和判定。展开后三视图的固定位置关系是以主视图为主，俯视图在主视图正下方，左视图在主视图正右方，如图 2-8(d)所示。这种按固定位置布置三视图，称为按投影关系配置视图。这个位置关系是不能随意更改变动的，并且三视图之间要互相对齐、对正，不能错开，更不能倒置。

(二) 三视图之间的对应关系

由三视图的形成过程可以看出，每个视图能且只能表示形体一个方向的形状、两个方向的尺寸以及四个方位，如图 2-9(a)所示。

主视图表示从形体前方向后看的形状和长度、高度方向的尺寸以及左、右、上、下四个方位。

俯视图表示从形体上方向下看的形状和长度、宽度方向的尺寸以及左、右、前、后四个方位。

左视图表示从形体左方向右看的形状和宽度、高度方向的尺寸以及前、后、上、下四个方位。

由于主、俯视图都反映了形体的长度，主、左视图都反映了形体的高度，俯、左视图都反映了形体的宽度，并且在整个投影过程中形体是保持不动的，所以三视图之间始终保持以下的对应关系。

(1) 主视图和俯视图都反映了物体的长度，而且长对正。

(2) 主视图和左视图都反映了物体的高度，而且高平齐。

(3) 俯视图和左视图都反映了物体的宽度，而且宽相等。

“长对正、高平齐、宽相等”是三视图的基本投影规律。这个投影规律对于物体的整体是如此，对于物体的局部也是如此，如图 2-9(b)所示。在绘图和看图时，必须严格遵守这个投影规律。在应用这个投影规律作图时，还要注意物体的上、下、左、右、前、后六个方位与三视图的对应关系，如图 2-9(c)所示。特别是由俯视图和左视图所反映的前后位置关系最容易弄错，这是由于 H、W 两投影面在展开摊平时按不同方向转过了 90°。俯视图的下边和左视图的右边都反

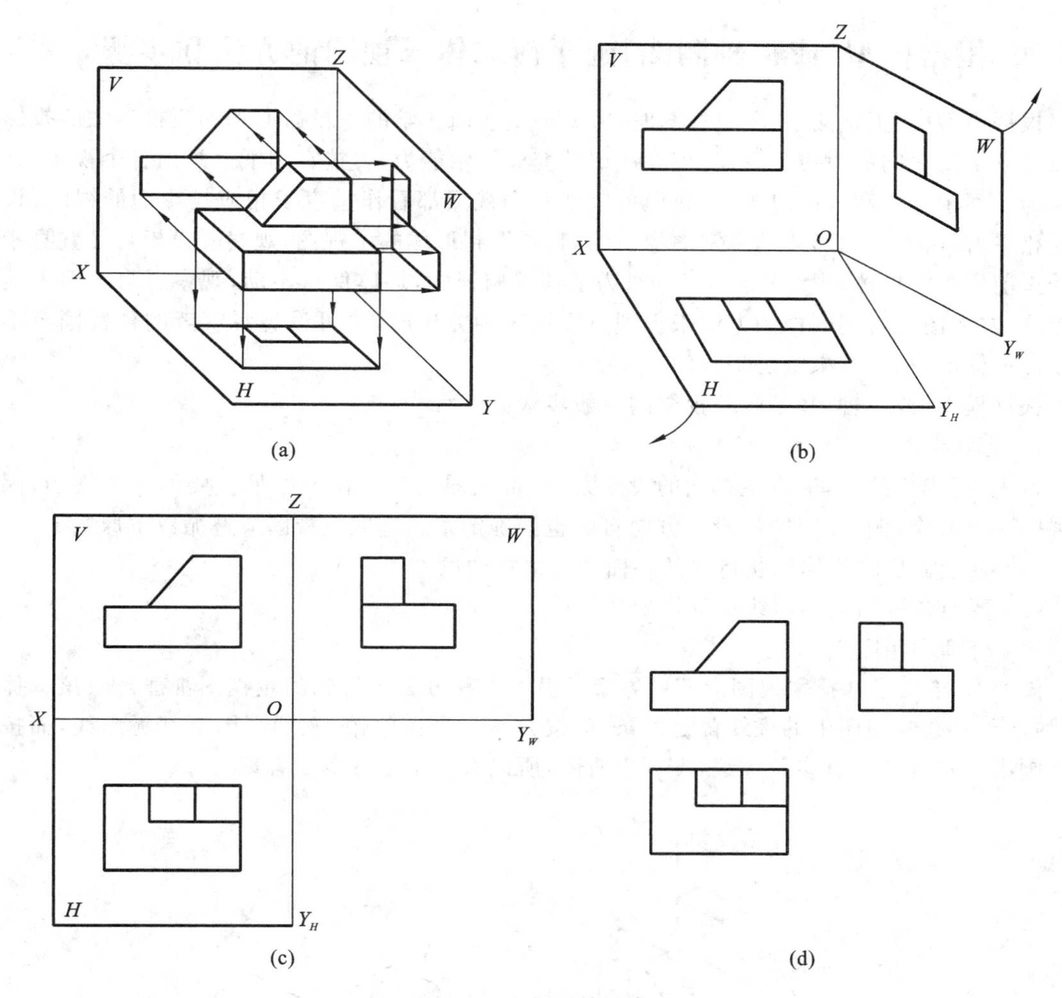

图 2-8 三视图的形成

映了形体的前方，俯视图的上边和左视图的左边都反映了形体的后方。因此，在俯、左视图上量取宽度时，不但要保证量取的数值一致，还要保证量取的起点和方向一致。

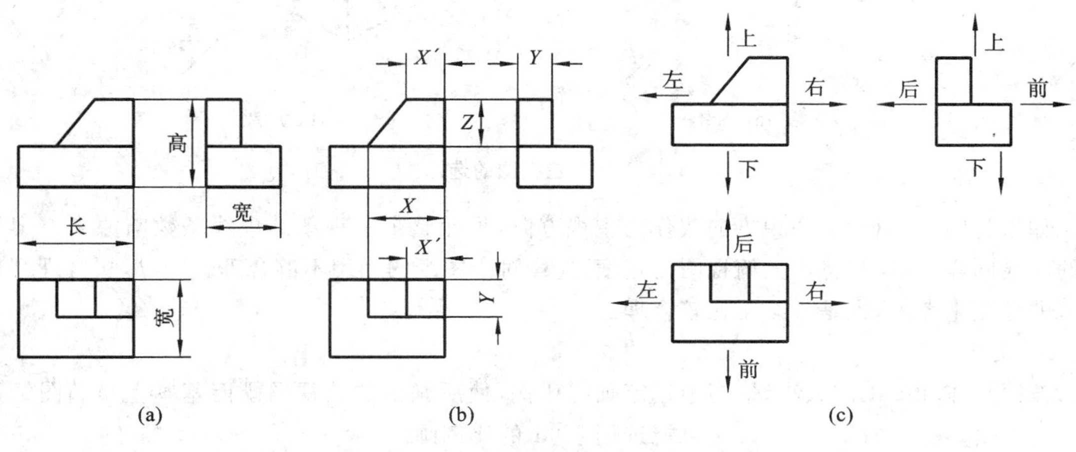

图 2-9 三视图间的长、宽、高及方位关系

四、根据模型(或正轴测图)画平面立体三视图的方法和步骤

根据模型(或正轴测图)画三视图时,需要根据前面所学的正投影原理和正投影法的投影特性以及三视图之间的对应关系,将理性认识转变成图示能力,直接在图纸上画出各个视图。

为了便于画图和读图时想象,我们可以把每个视图都看作垂直于相应投影面的视线(设视线互相平行)所看到的形体的真实图像。例如,要得到形体的主视图,观察者设想自己置身于形体的正前方观察形体,视线垂直于 V 面;为了获得俯视图,形体保持不动,观察者自上而下地俯视形体;左视图也可用同样的方法来得到。应用这种方法时,也可设想观察者的位置固定不动而改变形体的位置,结果也是一样的。

根据模型(或正轴测图)画三视图的一般步骤如下。

1. 选取视图

首先,把模型放正,选定主视图的投影方向,主视图是三个视图中最重要的一个视图,因为主视图一旦确定,俯、左视图的投影方向自然也就确定了。选取主视图应遵循以下原则。

(1) 将最能反映物体形状特征的一面作为主视图的方向。

(2) 要使各视图上的虚线尽可能少。

(3) 合理利用图纸。

图 2-10 给出了选择主视图的两种方案。虽然两种方案所得到的主视图都能反映该物体的形状特征,且在主视图上的虚线都是两条,但按方案 1 画出的俯、左两视图上都无虚线,而按方案 2 画出的左视图上有多条虚线,不利于看图,所以方案 1 比方案 2 合理。

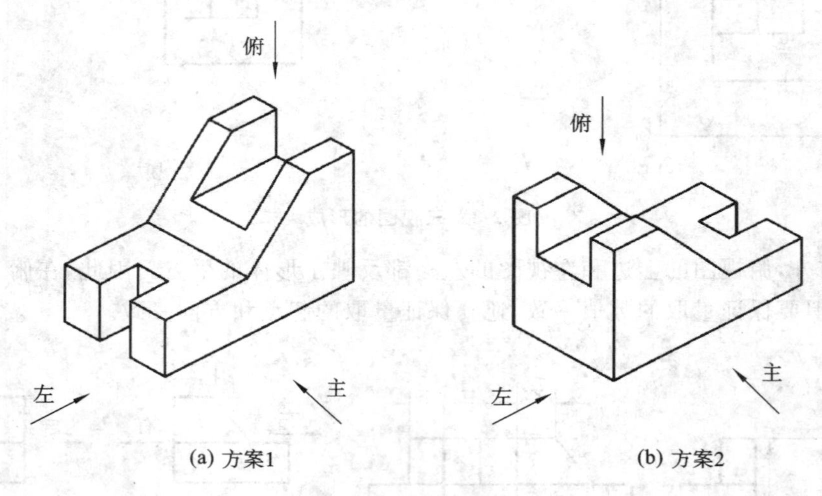

(a) 方案1　　(b) 方案2

图 2-10　主视图的选择

如果将图 2-10(a)的左视方向改作为主视方向,虽然整个三视图的虚线条数与原来方案所得的虚线同样多,但它将加大俯视图的宽度,这样对于图纸的利用不够合理。所以,从合理利用图纸的角度来考虑,也是方案 1 比较合理。

2. 定比例

按照物体和图纸的大小,恰当地选定画图比例,使所画出的三视图既能基本上布满图纸又不显得拥挤。为了看图方便,应尽可能选用 1∶1 的比例画图。

3. 画三视图底稿

画底稿时,一般用 H 铅笔。这里以图 2-10(a)所示的选择方案为例来说明画该物体三视图

的方法和步骤，如表 2-1 所示。

4. 检查、加深

检查所画的三视图有无差错，如果有差错，则应及时改正。在确信无差错后，可用 HB 或 B 铅笔自上而下、自左而右地加深粗细不同的线条。

表 2-1 画三视图底稿的方法和步骤

方法和步骤	图示
(1) 以画主视图为主，同时根据三视图的对应关系，把左、俯视图上反映与主视图同一要素的轮廓线一起画出	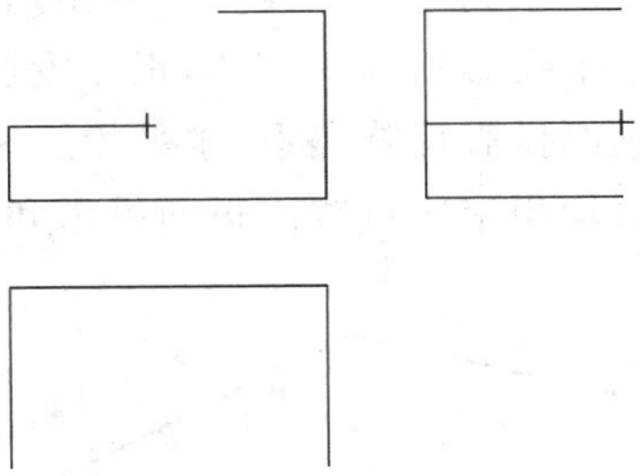
(2) 在各视图中画出具有积聚性投影的那些表面，对于斜面宜先画出投影为斜线的视图	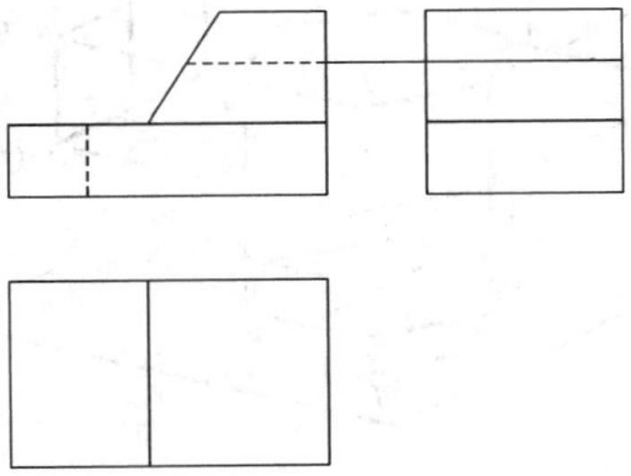
(3) 根据某视图上具有积聚性投影的线条，画出其他视图上与之对应的实形或类似形，并擦去多余线条，补全三视图，检查并加深	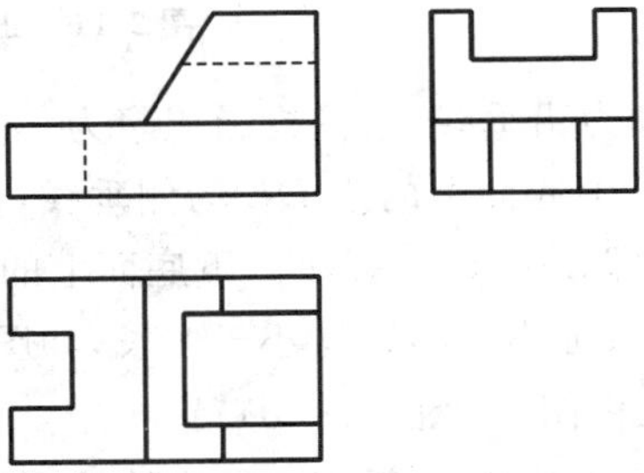

2.2 基本几何体的视图

基本几何体通常分为平面立体和曲面立体两大类。表面都由平面构成的体称为平面立体，表面由曲面或平面与曲面构成的体称为曲面立体。

一、平面立体的三视图

平面立体主要有棱柱、棱锥等。它们的表面都由棱面和底面组成，各面之间的交线称为棱线。

(一)棱柱

在一个平面立体中,若各棱面的交线互相平行,而上、下底面平行且全等,则该平面立体称为棱柱。棱柱有直棱柱(侧棱与底面垂直)和斜棱柱(侧棱与底面倾斜)之分。底面为正多边形的直棱柱称为正棱柱。

1. 棱柱的三视图

(1) 空间及投影分析。

图 2-11(a)所示为一正六棱柱。它由六个棱面和两个底面组成。它的上、下两底面均为水平面,它们的水平投影均反映实形,正面投影和侧面投影分别积聚成直线。棱柱前后棱面为正平面,它们的正面投影反映实形,水平投影和侧面投影积聚成一直线。棱柱的其他棱面均为铅垂面,水平投影均积聚成直线。正面投影和侧面投影均为类似形。

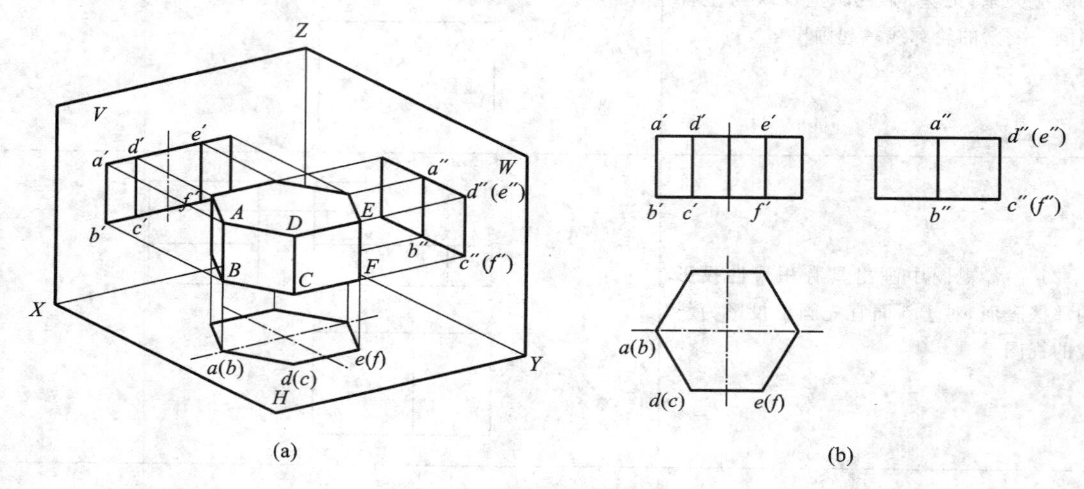

图 2-11 正六棱柱体的三视图

棱线 AB 为铅垂线,水平投影积聚为一点 $a(b)$,正面投影和侧面投影均反映实长,即:$a'b'=a''b''=AB$。上底面上的边 DE 为侧垂线,侧面投影积聚成一点 $d''(e'')$,水平投影和正面投影均反映实长,即 $de=d'e'=DE$。下底面上的边 BC 为水平线,水平投影反映实长,即 $bc=BC$,正面投影 $b'c'$ 和侧面投影 $b''c''$ 均小于实长,如图 2-11(a)所示。其余棱线,也可照此分析。

(2) 画三视图(见图 2-11(b))。

画棱柱三视图时,一般应先画出棱柱下底面的各个投影,然后取棱柱的高,再画出上底面的各个投影,最后用直线(棱线)连接上、下底面的对应顶点,即可完成三视图。

各种形状的直棱柱在机件中用得较多,如常见的 V 形铁、导轨以及各种型钢,都属于直棱柱。图 2-12 中列出了四种直棱柱的三视图,供学员自行进行投影分析。

从以上图例中可以看出,直棱柱都是由两个全等多边形底面以及均是矩形的棱面所围成的立体。

直棱柱三个视图的特征是:一个视图有积聚性,反映棱柱形状特征;而另两个视图都是由实线或虚线组成的矩形线框。

画各种棱柱的三视图时,应先画出三个视图的中心线、轴线,用以作为画图的基准线,再画有积聚性的即能反映棱柱特征的视图,接着按视图间的投影关系完成其他两面视图。

*2. 棱柱表面上点的投影

正棱柱各棱线、棱面均为特殊位置线、面,所以都有积聚性投影。因此,棱柱表面上点的投

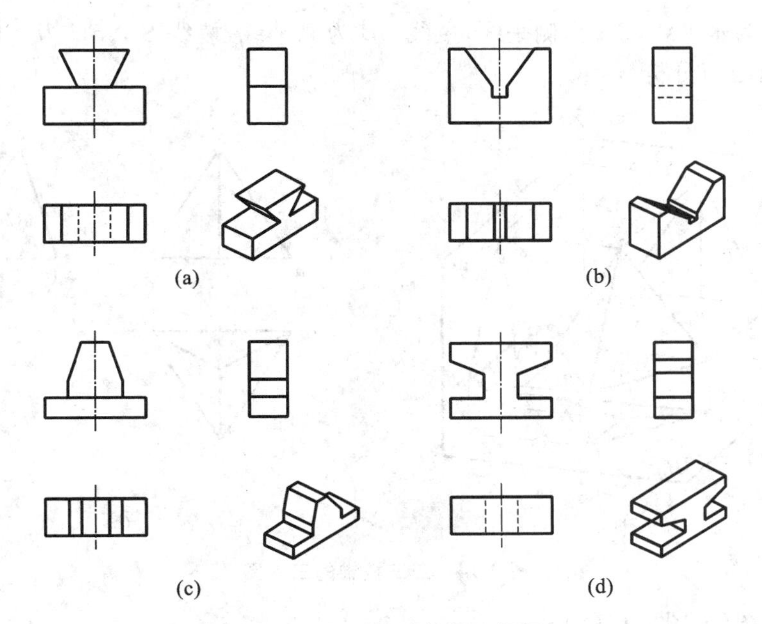

图 2-12 四种直棱柱的三视图

影可利用积聚性特点进行作图。如图 2-13 所示，已知正六棱柱棱线 AB 上 M 点的正面投影 m'，需求出该点的水平投影 m 和侧面投影 m''。由于 AB 为铅垂线，它的水平投影有积聚性，所以 M 点的水平投影 m 与点 $a(b)$ 重合；而 M 点的侧面投影 m'' 必在棱线 AB 的侧面投影 $a''b''$ 上，且与 m' 同高。若已知正六棱柱棱面 $ABCD$ 上点 N 的正面投影 n'，要求它的水平投影 n 和侧面投影 n''，做法如下。因为 $ABCD$ 为铅垂面，它的水平投影 $a(b)(c)d$ 积聚成一直线段，所以 N 点的水平投影 n 必在该直线段上。根据 n' 和 n 两个投影就可求出 N 的侧面投影 n''。

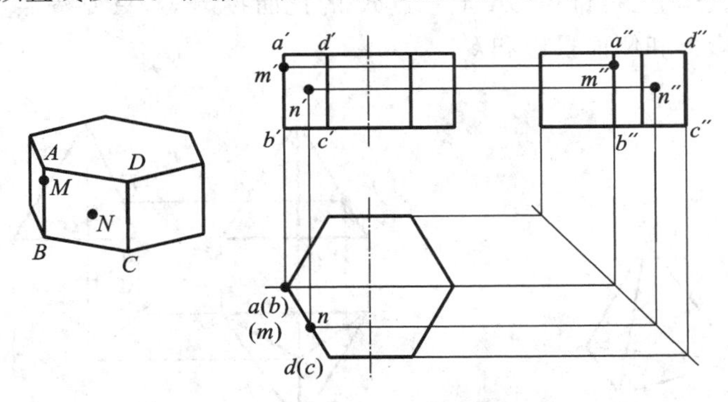

图 2-13 棱柱表面上取点

（二）棱锥

在一个平面立体中，底面是多边形，各棱面均为有一个公共顶点的三角形，这样的平面立体称为棱锥。当棱锥底面为正多边形，各棱面是全等的等腰三角形时，称为正棱锥。

1．棱锥的三视图

（1）空间及投影分析。

图 2-14(a)所示为一正三棱锥。它由底面△ABC 和三个棱面△SAB、△SAC、△SBC 围成。底面△ABC 为一水平面，所以它的水平投影△abc 反映实形。棱面△SAB、△SBC 是一般位置平面，它们的各个投影均为类似形。棱面△SAC 为侧垂面，它的侧面投影 $s''a''(c'')$ 积聚成一直

线。边 AB、BC 为水平线，CA 为侧垂线，棱线 SB 为侧平线，棱线 SA、SC 为一般位置直线，它们的投影特征可自行分析。

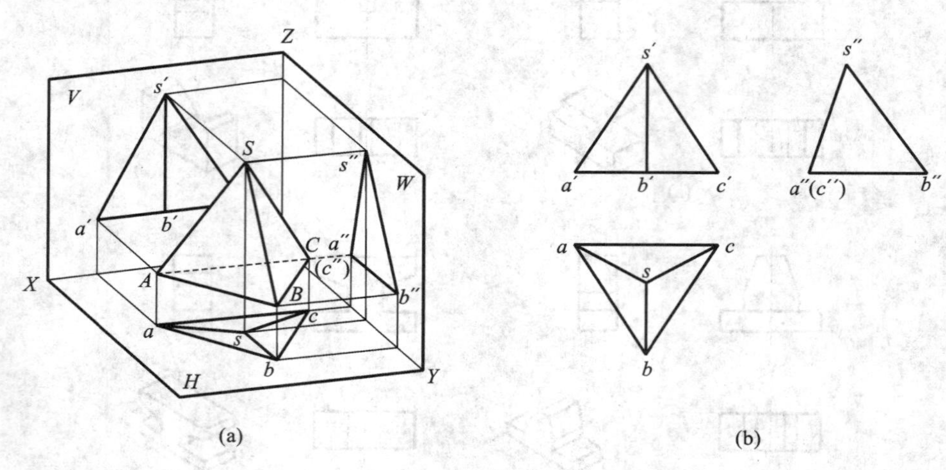

图 2-14　正三棱锥的三视图

(2) 画三视图(见图 2-14(b))。

画棱锥三视图时，一般应先画出底面的各个投影，然后定出锥顶 S 的高并画出各个投影，再用直线(棱线)将它与底面多边形各顶点的同面投影连接起来，即可完成三视图。

*2. 棱锥表面上点的投影

组成棱锥的棱线和棱面，在一般情况下，对投影面处于倾斜位置，此时，棱线上点的投影可利用"点在直线上，其三面投影必在直线的同面投影上"的原理直接作出；棱面上点的投影常利用辅助直线作出。也有些棱面对投影面处于特殊位置，此时，可利用平面的积聚性投影作图。

如图 2-15 所示，已知三棱锥棱 SA 上一点 K 的正面投影 k'，只要按照点的投影规律，即可作出 K 点的水平投影 k 和侧面投影和 k''。

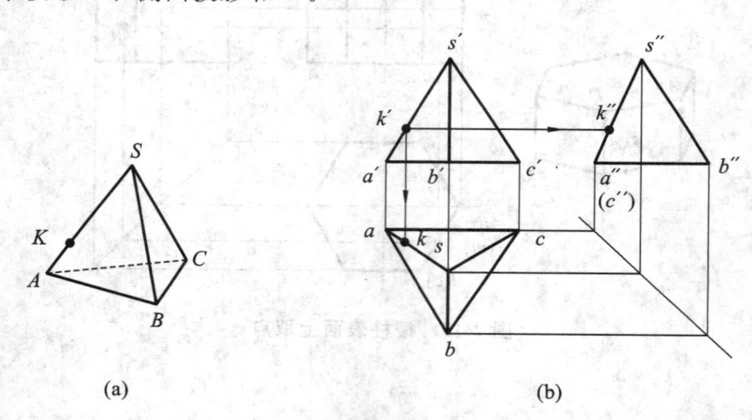

图 2-15　三棱锥棱上点的投影

如图 2-16、图 2-17 所示，已知三棱锥棱面上点 M 的正面投影 m'，求 M 点的其他两投影，可用以下两种方法作图。

方法 1：过平面上的两个已知点作辅助线，如图 2-16(a)上的 S、M 两点，具体作图步骤如下。

(1) 过 s' 和 m' 作直线，交 $a'b'$ 于 d'。

(2) 由 d'，在 ab 上求出 d。

(3) 连 sd，由 m' 在该线上可求出 m。

(4) 由 m' 和 m 求出 m''。

方法 2：过已知点作平面上已知直线的平行线，如图 2-17(a)上的 DM 平行于 AB。具体作图步骤如下。

(1) 过 m' 作 $a'b'$ 的平行线，交 $s'a'$ 于 d'。

(2) 由 d'，在 sa 上求出 d。

(3) 过 d 作 ab 的平行线，由 m' 在该线上求出 m。

(4) 由 m' 和 m 求出 m''。

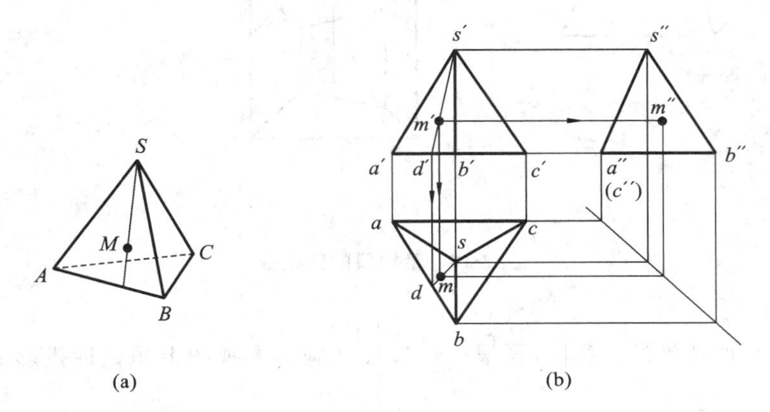

图 2-16 作过已知两点的辅助线作图

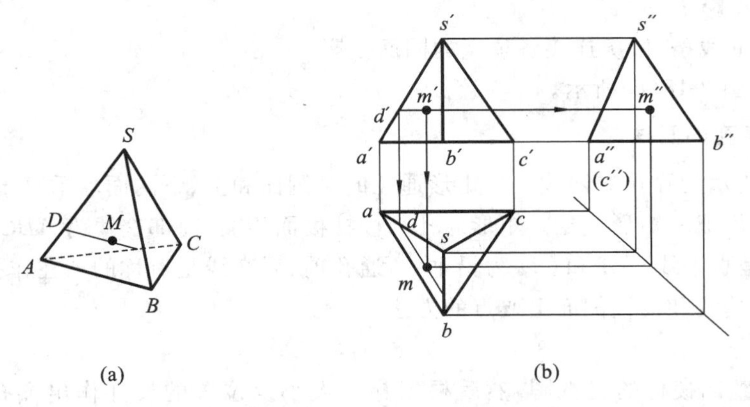

图 2-17 作平行于已知直线的辅助线作图

*二、带有平面切口或穿孔平面立体的三视图

平面立体被平面切割或穿孔后，就出现了斜面、缺口、凹槽以及孔洞等结构。画带切口或穿孔的平面立体的三视图时，在掌握了完整平面立体三视图画法的基础上，综合应用点、线、面的投影规律以及在直线和平面上取点的方法，就能正确画出切口或穿孔的投影。

(一) 棱锥切口的画法

图 2-18(a)所示为带切口的四棱锥。切口 $ABCD$ 是一个正垂面，所以它的正面投影为一直线段；AB、CD 为正垂线，所以它们的正面投影积聚为两个点。切口平面 $ABCD$ 的四个顶点均在四棱锥的棱线上。

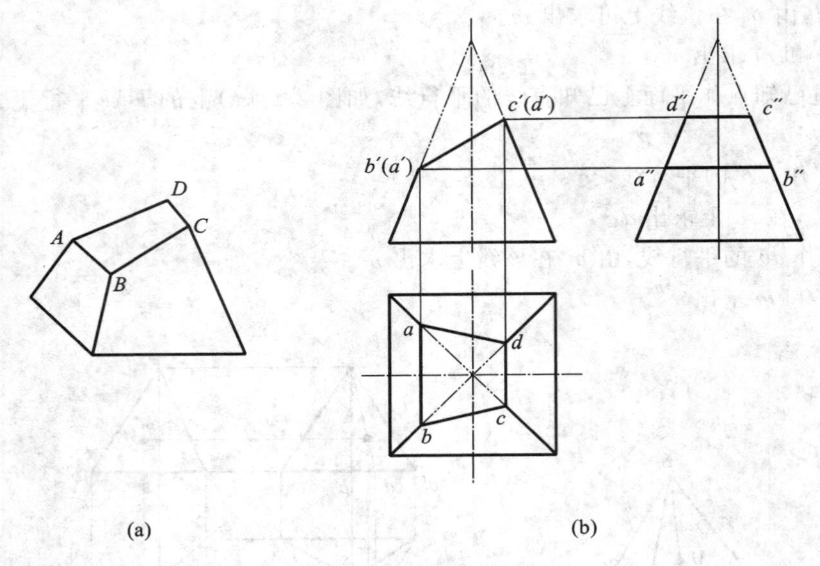

图 2-18　带切口的四棱锥

作图方法如下。

(1) 画出完整四棱锥的三视图，再根据切口尺寸画出主视图上积聚性投影 $a'(b')c'(d')$ 的直线段。

(2) 根据“点在直线上，其三面投影必在直线的同面投影上”的规律，求出各顶点水平投影 a、b、c、d 和侧面投影 a''、b''、c''、d''。

(3) 擦去辅助线条，依次连接各顶点的同面投影。

作图结果如图 2-18(b)所示。

(二) 棱柱穿孔的画法

图 2-19(a)所示为穿孔的四棱柱。矩形通孔的两侧面和上、下两面均垂直于正面，所以矩形孔的正面投影积聚成一矩形线框。矩形通孔与棱柱棱面相交，前部交线为 $ABCDEF$，其中 AB、BC 和 DE、EF 是水平线，AF 和 CD 为铅垂线，通孔前、后交线是对称的。在作孔口与棱柱侧面交线时可采用在棱线和棱柱侧面上取点的方法。

作图方法如下。

(1) 画出完整四棱柱的三视图，然后根据穿孔大小及位置的尺寸作出穿孔在主视图中的投影。

(2) 由于孔口与棱柱侧面交线就在四棱柱棱面上，它的水平投影与积聚成四边形的棱柱棱面的投影重合，所以俯视图上仅需要画出两条表示穿孔两侧面积聚性投影(不可见)的虚线。

(3) 根据孔口与棱柱侧面交线的正面投影和水平投影，求出孔口交线的侧面投影。穿孔上、下表面的侧面投影积聚成直线段，线上 $c''(a'')$ 和 $d''(f'')$ 点是虚、实的分界点。后面交线与前面对称画出。

(4) 擦去辅助线条。

作图结果如图 2-19(b)所示。

三、曲面立体的三视图

常见的曲面立体是回转体。它们是由一母线绕固定轴回转形成的，母线回转到任意位置时

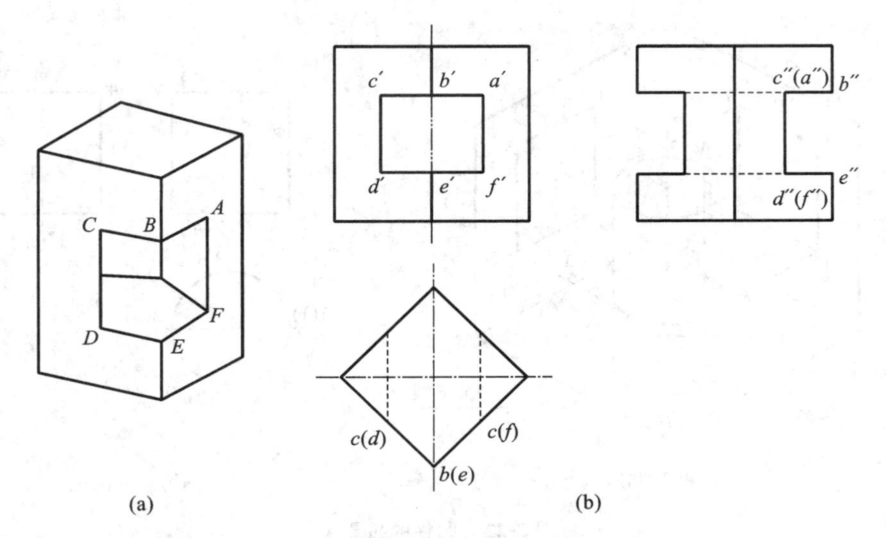

图 2-19　穿孔四棱柱的三视图

称为素线。

回转体主要有圆柱、圆锥、球等，如图 2-20 所示。它们由回转面或回转面和平面围成，因此在投影面上表示回转体就是把组成立体的回转面或平面和回转面表示出来。

(一) 圆柱

1. 圆柱面的形成

圆柱由圆柱面和顶圆形平面、底圆形平面（即上、下底面）围成。圆柱面可看作一直母线 AA 绕与它平行的回转轴 OO 回转形成的曲面，如图 2-21 所示。

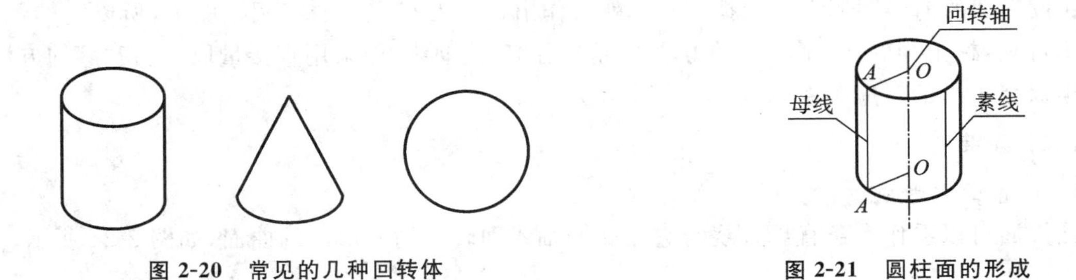

图 2-20　常见的几种回转体

图 2-21　圆柱面的形成

2. 圆柱的三视图

图 2-22(a)表示了把圆柱轴线放置成铅垂线时的投影情况，图 2-22(b)是这个圆柱的三视图。

当圆柱的轴线是铅垂线时，圆柱面上所有素线都是铅垂线，因此圆柱面的水平投影具有积聚性，积聚成一个圆，圆柱面上所有点和线的水平投影都积聚在这个圆周上。由于圆柱的上、下底面是水平面，它们的水平投影反映实形，都重合于这个圆上。上、下底面的正面投影和侧面投影都积聚成水平直线段。圆柱面在正面和侧面的投影，都仅需画出其轮廓素线的投影。在正面投影上，画出的是轮廓素线ⅠⅠ和ⅢⅢ的投影 $1'1'$和 $3'3'$。在侧面投影上，画出的是轮廓素线ⅡⅡ和ⅣⅣ的投影 $2''2''$和 $4''4''$。它们分别是圆柱面左右、前后四条转向（或极限位置）素线在正面和侧面上的投影。也就是说 $1'1'$和 $3'3'$是前半圆柱面和后半圆柱面两条分界线的投影，它们在侧面投影中与轴线重合不需要画出；而 $2''2''$和 $4''4''$是左半圆柱面和右半圆柱面的分界线，它们在正面投影中与轴线重合也不需要画出。

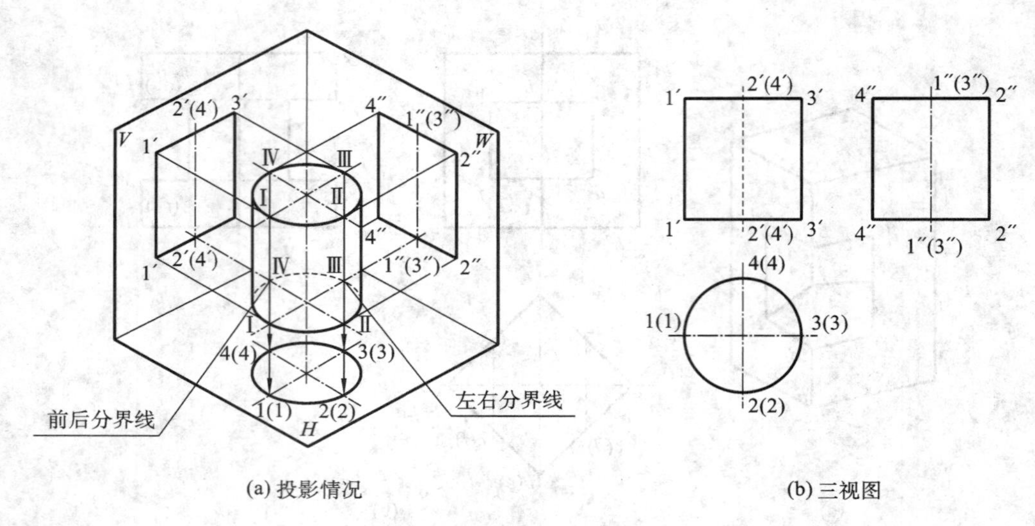

(a) 投影情况　　(b) 三视图

图 2-22　圆柱的投影

因此，圆柱三个视图的特征是：一个视图为具有积聚性投影的圆，圆柱面上所有的点、线都积聚在该圆周上；而另两个视图都是由轮廓素线和上、下底面投影（直线段）所围成的矩形线框。

画圆柱的三视图时，首先应画出对称中心线和轴线，再画出投影具有积聚性的圆，然后根据投影规律画出圆柱轮廓素线的投影和上、下底面的投影。

*3. 圆柱面上点的投影

在圆柱面上求点的投影，可利用圆柱面对某一投影面的投影具有积聚性的特点进行作图。如图 2-23(a)所示，已知圆柱面上点 C 的正面投影 c'，求该点的水平投影和侧面投影。因 C 点在圆柱表面上，故它的水平投影 c 必在圆周上。又因 c'没有括号，是可见的，所以 C 点的水平投影 c 在投影圆的前半圆周上。根据 c'和 c 就可作出 c''。因 C 点在右半圆柱面上，所以它的侧面投影不可见，标记为(c'')。作(c'')的方法亦可不用 45°辅助线，而采用直接量取“宽相等”的方法，但必须保持投影的对应关系，如图 2-23(b)所示。

(二) 圆锥

1. 圆锥面的形成

圆锥面可以看作一条直母线绕与它相交的轴线回转一周所形成的曲面，如图 2-24 所示。

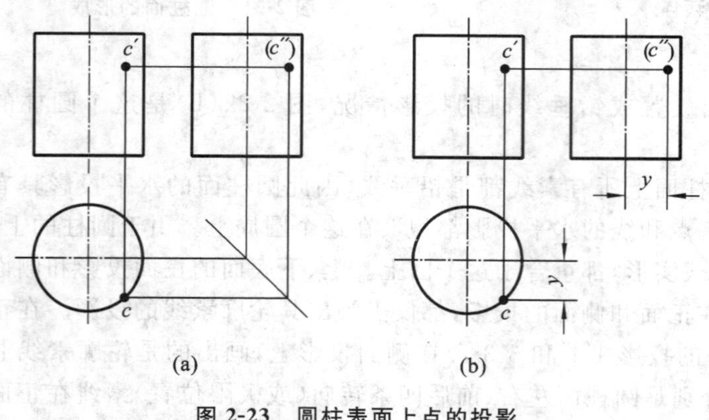

(a)　　(b)

图 2-23　圆柱表面上点的投影

图 2-24　圆锥面的形成

2. 圆锥的三视图

如图 2-25(a)所示，当圆锥轴线为铅垂线时，底面为水平面，它的水平投影反映实形(圆)，正面投影和侧面投影积聚成水平直线。圆锥面的正面投影，需要画出圆锥面最左、最右两条轮廓素线 SⅠ、SⅢ在正面上的投影 $s'1'$、$s'3'$。圆锥面的侧面投影，需画出圆锥面上最前、最后两条轮廓素线 SⅡ、SⅣ在侧面上的投影 $s''2''$、$s''4''$。圆锥面的水平投影没有积聚性，但与底面的水平投影重合。

因此，圆锥体三个视图的特征是：一个视图为圆，它是圆锥面与底面交线的投影，另两个视图都是由轮廓素线和底面投影（直线段）所围成的等腰三角形。

图 2-25(b)所示是圆锥的三视图。画圆锥三视图时，首先要画出对称中心线和轴线，然后画出底面的投影圆，再在轴线上量取锥顶的高，最后分别画出轮廓素线的投影，即完成圆锥的三视图。

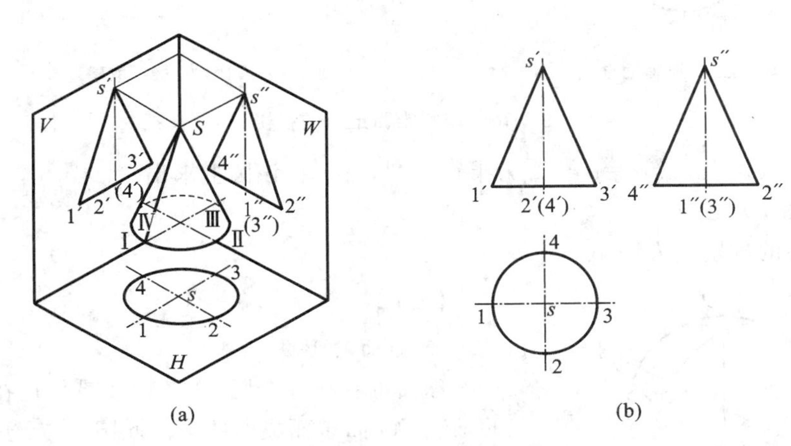

图 2-25 圆锥的投影

*3. 圆锥面上点的投影

由于圆锥面的三个投影均没有积聚性，所以圆锥面上点的投影需借助辅助线或辅助圆来作出。例如，已知圆锥面上 A 点的正面投影 a'，求其水平投影 a 和侧面投影 a''时，可用以下两种方法作图。

方法 1：取辅助直线（见图 2-26(a)）。

把 A 和锥顶 S 相连，延长 SA 交底圆于 B 点。

因为 a'可见，所以素线 SB 位于前半圆锥面上，B 点在前半底圆上。

作图步骤如下。

(1) 过 $s'a'$ 作直线，交底圆正面投影于 b'。

(2) 由 b'在底圆水平投影的前半圆周上求出 b。

(3) 连 sb，由 a'在该线上求出 a。

(4) 由 a' 和 a 求出 a''（也可由 b，在底圆的侧面投影上求出 b''，连 $s''b''$；由 a'，在 $s''b''$上求出 a''）。

(5) 判别可见性，由于圆锥面的水平投影是可见的，所以 a 也可见。因为 A 点在左半圆锥面上，所以 a''也是可见的。

方法 2：取辅助圆（见图 2-26(b)）。

过 A 点在圆锥面上作一垂直于锥轴的水平圆。

作图步骤如下。

(1) 过 a'作轴线的垂线，与圆锥面的正面投影交于 b'、c'（$b'c'$即为过 A 点的水平圆的正面投影，且为其直径实长）。

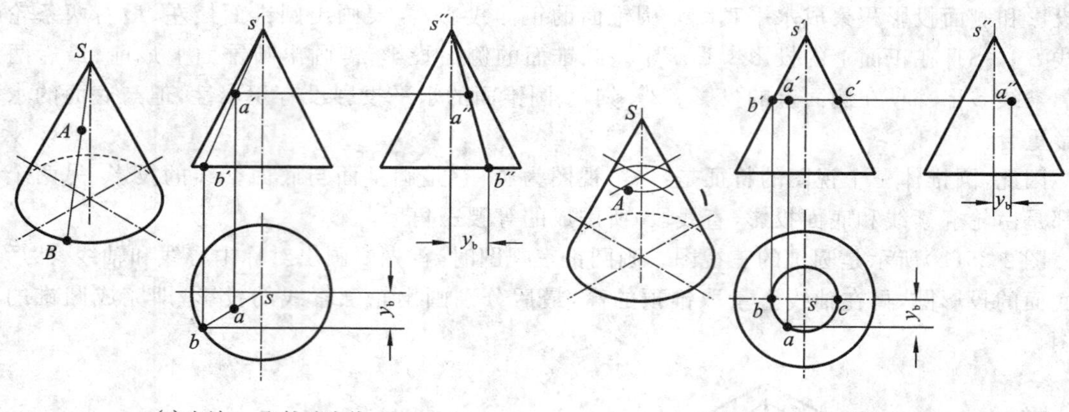

图 2-26 作圆锥面上点的投影

(2) 在水平投影上，以 $sb=b'c'/2$ 为半径画圆，由 a' 在该圆上求出 a。

(3) 由 a' 和 a 求出 a''。

(4) 可见性的判别同方法 1。

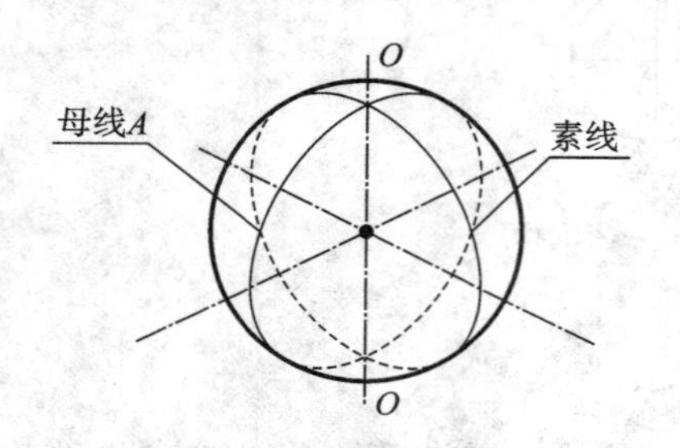

图 2-27 球面的形成

(三) 球

1. 球面的形成

球面可看作一个圆 A 绕通过圆心且在同一平面上的轴线 OO 回转而成的曲面。此圆 A 为母线，母线圆在任意位置即为素线圆。球面的形成如图 2-27 所示。

2. 球的三视图

图 2-28(a)所示，球的三个投影均为圆，且圆的直径都与球的直径相等。但三个投影面上的圆是球不同方向的轮廓素线的投影，正面上的圆是平行于正面的最大圆 A(为球面前后表面的分界圆)的投影，水平面上的圆是平行于水平面的最大圆 B(为球面上、下表面的分界圆)的投影，侧面上的圆是平行于侧面的最大圆 C(为球面左右表面的分界圆)的投影。

因此，球的三个视图是三个等直径但所表示的意义不同的圆，它们均不具有积聚性。

图 2-28(b)所示是球的三视图。画球的三视图时，先画出对称中心线，以确定球心的三个投影位置，再画出三个与球直径相等的圆。在三视图上对三个最大的分界圆 A、B、C 的投影做了标记，读者可自行分析。

*3. 球面上点的投影

由于球面的三个投影都没有积聚性，且球面上也不存在直线，所以不可能利用积聚性或作辅助直线的方法来作图。但球面是回转面，可利用作辅助圆的方法作出球面上点的投影。如图 2-29 所示，已知球面上 A 点的正面投影 a'，要求作 A 点的水平投影 a 和侧面投影 a''。方法是过 A 点作平行于投影面的辅助圆。一般可用以下两种方法作图。

方法 1:过 A 点作水平辅助圆(见图 2-29(a))。

作图步骤如下。

(1) 过 a' 作水平线交球的正面投影于 b'、c'($b'c'$ 为水平辅助圆的正面积聚性投影，且为其直径实长)。

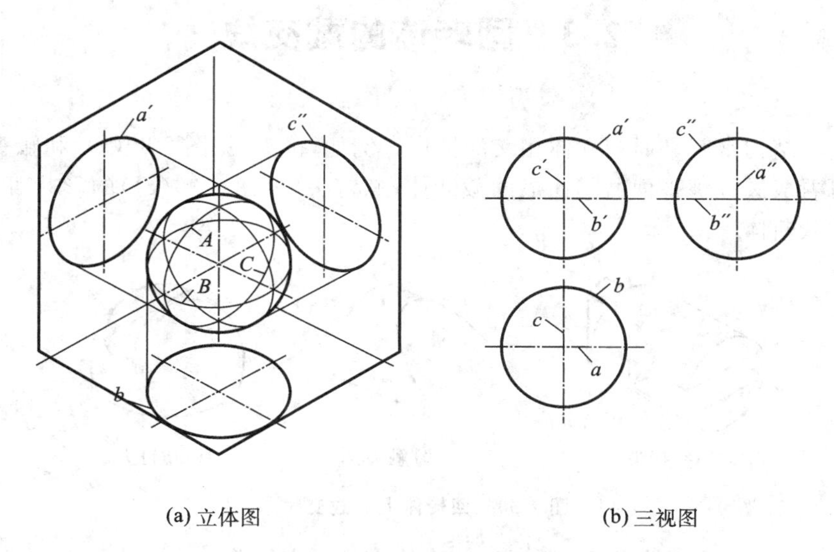

(a) 立体图　　(b) 三视图

图 2-28 球的投影

(2) 在水平投影上，以球面水平投影的圆心为圆心，以 $b'c'$ 为直径画圆（此圆即为水平辅助圆的水平投影，反映实形），根据点的投影规律，由 a' 在该圆上求出 a。

(3) 由 a' 和 a 求出 a''。

(4) 由于 a' 可见，并位于主视图左上四分之一圆内，可知 A 点在前半个球面的左上方，故 a 和 a'' 均可见。

方法 2：过 A 点作正平辅助圆（见图 2-29(b)）。

作图步骤如下。

(1) 以球面正面投影的圆心为圆心，以圆心到 a' 的距离为半径画圆（此圆即为正平辅助圆的正面投影，反映实形），交水平中心线于 b'。

(2) 由 b' 在球的水平投影轮廓圆上求出 b，过 b 作 X 轴平行线（正平辅助圆的积聚性投影），根据点的投影规律，由 a' 在该线上求出 a。

(3) 由 a' 和 a 求出 a''。

(4) 可见性的判别同方法 1。

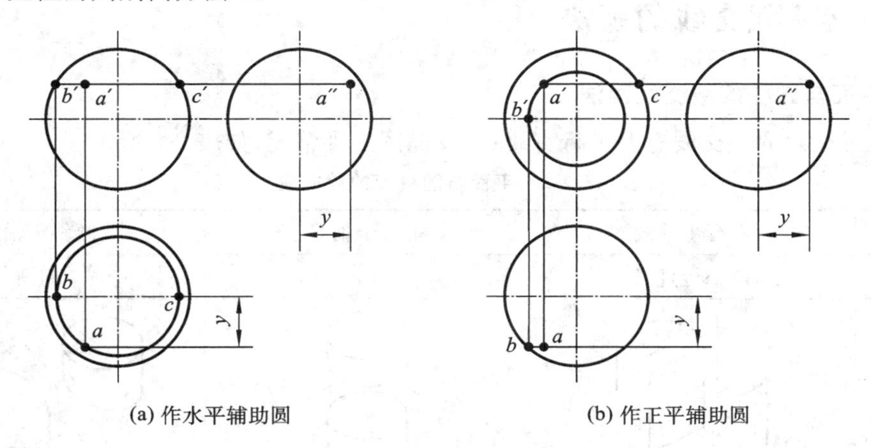

(a) 作水平辅助圆　　(b) 作正平辅助圆

图 2-29 球面上点的投影

2.3 回转体的截交线

机件的形状结构常有平面与立体相交的情形。例如，接头（见图 2-30(a)）和触头（见图 2-30(b)）的形状可看成圆柱被平面截切而成的截断体；螺钉头（见图 2-30(c)）的形状可看成球被平面截切而成的截断体。

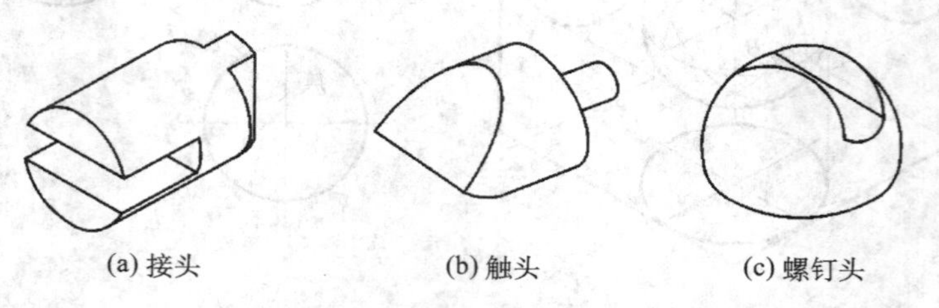

(a) 接头　(b) 触头　(c) 螺钉头

图 2-30　回转体上的截交线

与立体相交的平面称为截平面，截平面与立体表面的交线称为该立体的截交线。曲面立体中曲面的截交线一般是平面曲线，特殊情况是两直线段。

一、回转体截交线的基本特性

截交线的形状虽然有多种，但均具有以下两个基本特性。

(1) 截交线为封闭的平面图形。

(2) 截交线既在截平面上，又在立体表面上，是截平面与立体表面的公有线，截交线上的点均为截平面与立体表面的共有点。

截交线是立体表面与截平面的公有线，因此求截交线实质上就是求截平面与立体表面的公有线；而线是由无数个点组成的，直线段又是由它的两端点决定的，所以求截交线也是求截平面与立体表面的公有点。

由于武器上的截交线往往是由特殊位置平面与圆柱、圆锥、球等回转体相交而形成的截交线，因此我们重点讨论特殊位置平面与这三种回转体相交而形成的截交线的画法。

二、回转体截交线的画法

(一) 平面与圆柱的截交线画法

平面与圆柱面的截交线有两平行直线、圆及椭圆三种情况，如表 2-2 所示。

表 2-2　平面与圆柱面的截交线

截平面位置	平行于轴线	垂直于轴线	倾斜于轴线
截交线形状	两平行直线	圆	椭圆
立体图	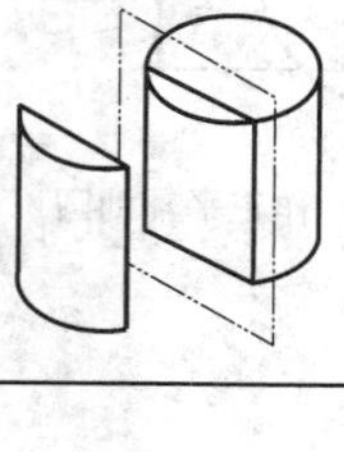	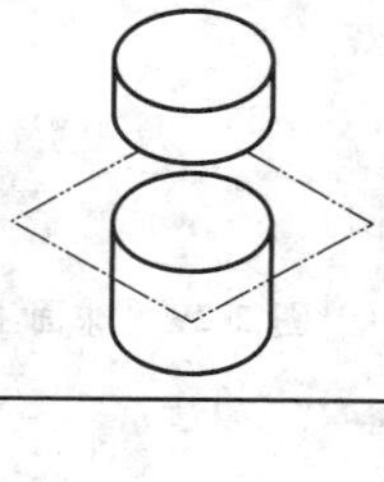	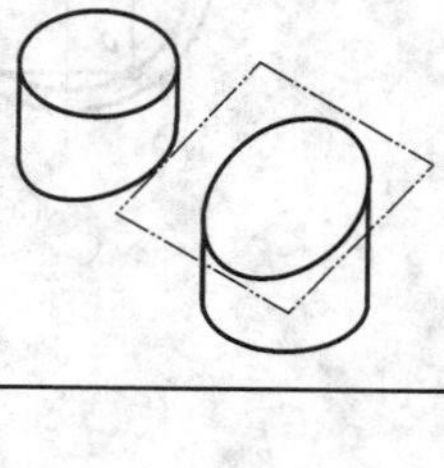

续表

截平面位置	平行于轴线	垂直于轴线	倾斜于轴线
投影图	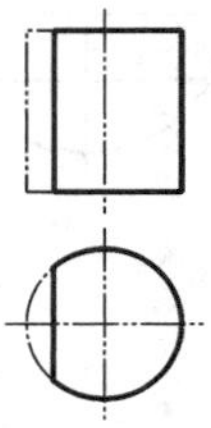	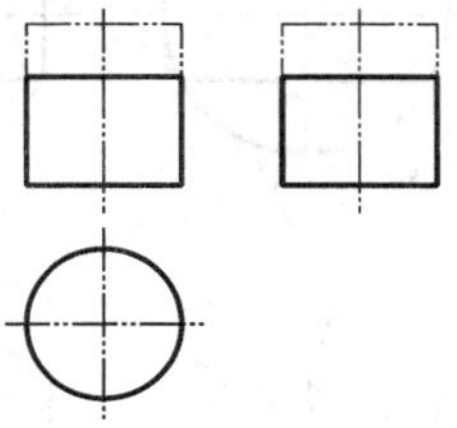	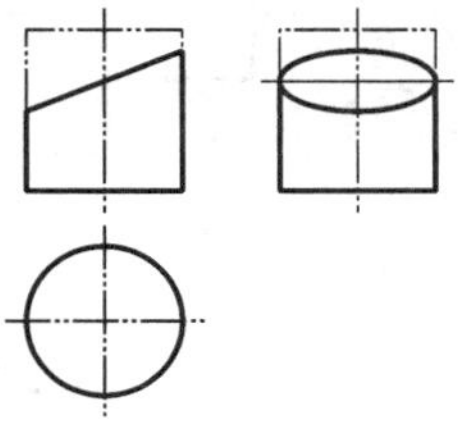
说明	正面投影两直线段重合，水平投影积聚成两点，侧面投影反映实长	正面、侧面投影积聚成两直线段，水平投影反映实形（圆）	正面投影积聚成一直线段，水平、侧面投影为类似形（椭圆）

当截交线为两平行直线和圆时，可根据投影特征直接作出它们的三面投影。

当截交线为椭圆时，可利用圆柱面投影的积聚性，作出截交线椭圆上一系列点的投影，然后将这些点光滑连接成椭圆。

[例 2-3-1] 圆柱上、下各切去一块，已知主视图和左视图，如图 2-31(a)所示，求作俯视图。

(1) 空间及投影分析。

由图 2-31(a)可以看出，圆柱上、下被切的两块，是由与轴线平行的截平面 P、Q 和一个与轴线垂直的截平面 T 切出的（由于上、下两块对称，这里只分析被截平面 P 和截平面 T 切去的一块）。截平面 P、Q 与圆柱面的截交线是两平行线，截平面 T 与圆柱面的截交线是圆弧。

由于截平面 P 为水平面，所以截交线的正面投影积聚在 p' 上；由于圆柱面的侧面投影具有积聚性，所以截交线的侧面投影都积聚在圆周上；截交线的水平投影应该是反映实形的两平行直线段。由于截平面 T 是一侧平面，所以截交线的正面投影积聚在 t' 上，侧面投影为一段圆弧，水平投影应该是一段具有积聚性的直线段。

(2) 作图。

①作出完整的圆柱俯视图。

②分别根据 $1'2'$、$1''2''$ 和 $3'4'$、$3''4''$ 作出 12 和 34。

③根据 $2'5'4'$ 和 $2''5''4''$ 作出 254。

作图结果如图 2-31(b)所示。

作图时应注意以下两点。

(1) 从主视图上看出圆柱的前、后轮廓线没有切割，所以俯视图上的圆柱轮廓线仍然完整。

(2)画 254 时不要与轮廓线连接，254 的宽度与左视图上 $1''3''$ 直线段相等。

[例 2-3-2] 在圆柱上开出一方形槽，已知主视图和左视图，如图 2-32(a)所示，求作俯视图。

(1) 空间及投影分析。

由图 2-32(a)可看出，方形槽由两个与轴平行的截平面 P、Q 和一个与轴线垂直的截平面 T 切出。截平面 P、Q 与圆柱面的截交线是两条平行直线，截平面 T 与圆柱面的截交线是圆弧。

由于截平面 P、Q 均为水平面，所以截交线的正面投影分别积聚在 p' 和 q' 上；由于圆柱面的侧面投影具有积聚性，所以截交线的侧面投影都积聚在圆上；截交线的水平投影应该是反映实形的两平行直线段。由于截平面 T 是一侧平面，所以截交线的正面投影积聚在 t' 上；侧面投影为两段圆弧，水平投影应该是具有积聚性的直线段。

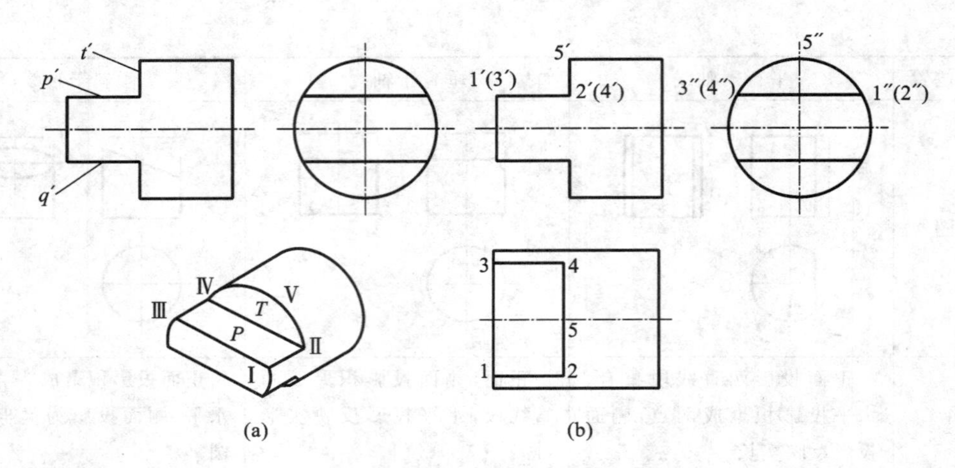

图 2-31 圆柱上、下切去两块

(2) 作图。

①作出完整的圆柱俯视图。

②分别根据 1′2′、1″2″和 3′4′、3″4″作出 12 和 34。

③根据 2′5′6′和 2″5″6″作出 256。

④擦去 12、34 外侧的线条。

作图结果如图 2-32(b)所示。

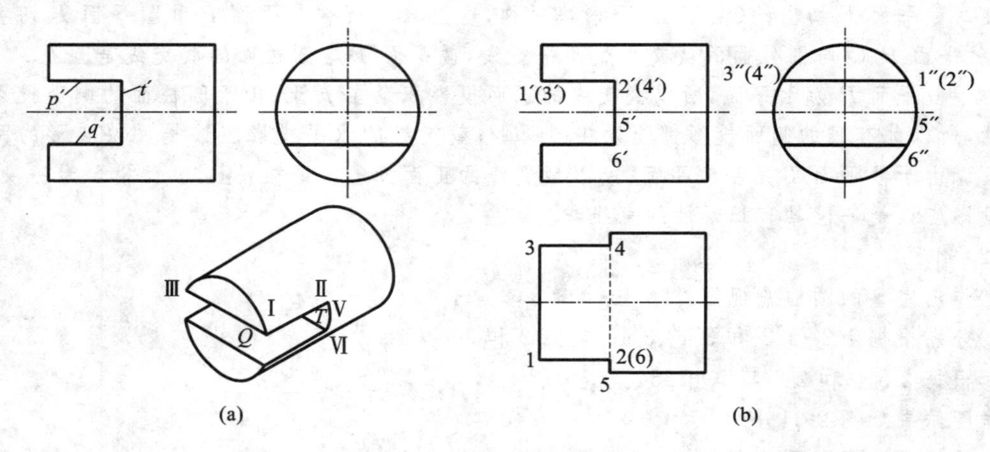

图 2-32 圆柱上开一方形槽

作图时应注意以下两点。

(1) 从主视图上看出圆柱前、后轮廓线有一段被切割掉，所以俯视图上的圆柱轮廓不完整。

(2)由于截平面 T 的贯通切割，俯视图上形成一条贯通的实、虚线段。

[例 2-3-3] 在圆筒上、下各切去一块，已知主视图和左视图，如图 2-33(a)所示，求作俯视图。

(1) 空间及投影分析。

本题与例 2-3-1 相似，只不过是把圆柱改成了圆筒。这时截平面 P、Q、T 不仅与外圆柱表面有截交线，而且与内圆柱表面有截交线，因此产生了两层截交线。

(2) 作图。

①按例 2-3-1 作图步骤作出俯视图。

②分别根据6′7′、6″7″和8′9′、8″9″作出67和89。

③擦去6与8间的多余线条。

作图结果如图2-33(b)所示。

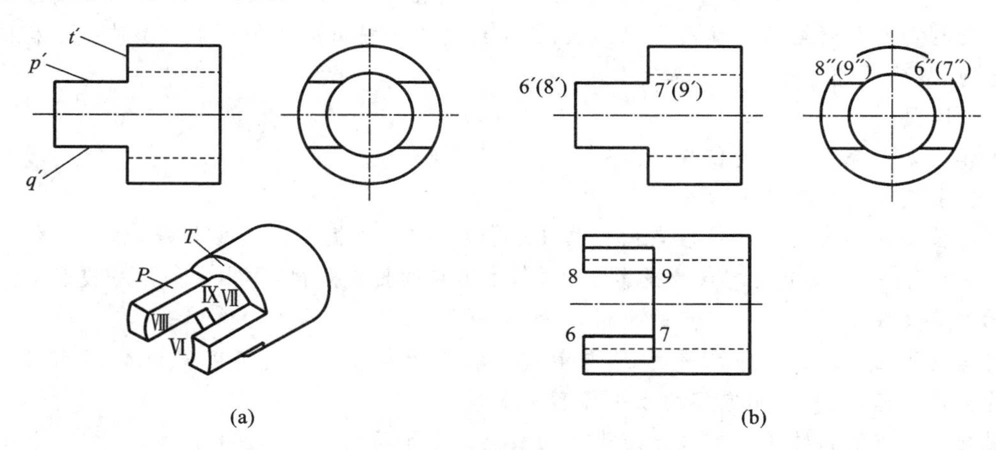

(a)　　(b)

图2-33　圆筒上、下切去两块

作图时应注意：由于内圆柱面被截平面P截切，Ⅵ与Ⅷ之间圆柱左端面的投影不存在了，所以要擦去6与8间的线段。

［例2-3-4］　在圆筒上开出一方形槽，已知主视图和左视图，如图2-34(a)所示，求作俯视图。

(1) 空间及投影分析。

本题与例2-3-2相似，这时截平面P、Q、T不仅与外圆柱表面有截交线，而且与内圆柱表面有截交线，因此也产生了两层截交线。

(2) 作图。

作图方法和步骤与例2-3-2、例2-3-3相似，作图结果如图2-34(b)所示。

作图时应注意：由于圆筒中间是空的，因此截平面P、Q与内圆柱面形成的截交线的水平投影(虚线)之间不应有连线，即8与10之间应中断。

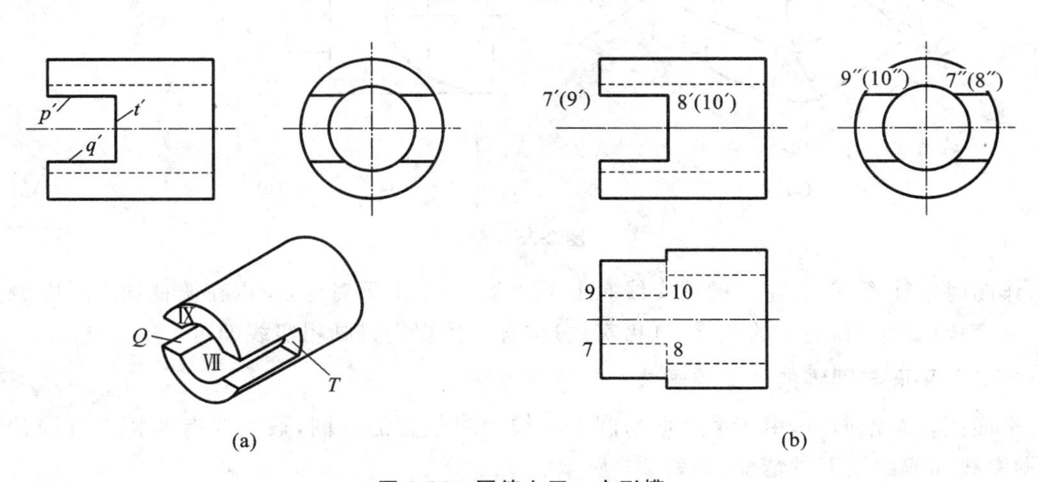

(a)　　(b)

图2-34　圆筒上开一方形槽

*［例2-3-5］　已知触头的主视图和左视图，如图2-35(a)所示，求作俯视图。

(1) 空间及投影分析。

触头由一个被正垂面 P、Q 切割的大圆柱和一个完整的小圆柱组成。由于正垂面 P、Q 上下对称地切割半个圆柱，所以截交线的正面投影积聚在两条斜线上，截交线的侧面投影分别重合在大圆柱面有积聚性的侧面投影(圆)上，截交线的水平投影应该是两条重影的半个椭圆。作俯视图时，只需作出上半个椭圆即可。

(2) 作图。

①作出两个完整圆柱的俯视图。

②作截交线上特殊点的投影。

定出截交线上最前点和最后点的投影 $1'$、$1''$和 $2'$、$2''$，根据点的投影规律，作出它们的水平投影 1、2；定出截交线上最高点的投影 $3'$和 $3''$，根据点的投影规律，作出它的水平投影 3。

③作截交线上若干个一般点的投影。

用辅助平面法。任作一水平面 T，与截交线相交于点Ⅳ、Ⅴ，便可以得到 $4'$、$5'$和 $4''$、$5''$，根据点的投影规律，便可作出它们的水平投影 4、5。

用同样的方法再作出截交线上若干个一般点的水平投影。

④判断可见性，连接点。

由于触头上方截交线的水平投影是可见的，所以用粗实线光滑地顺次连接这些点，如 1、4、3、5、2。

作图结果如图 2-35(b)所示。

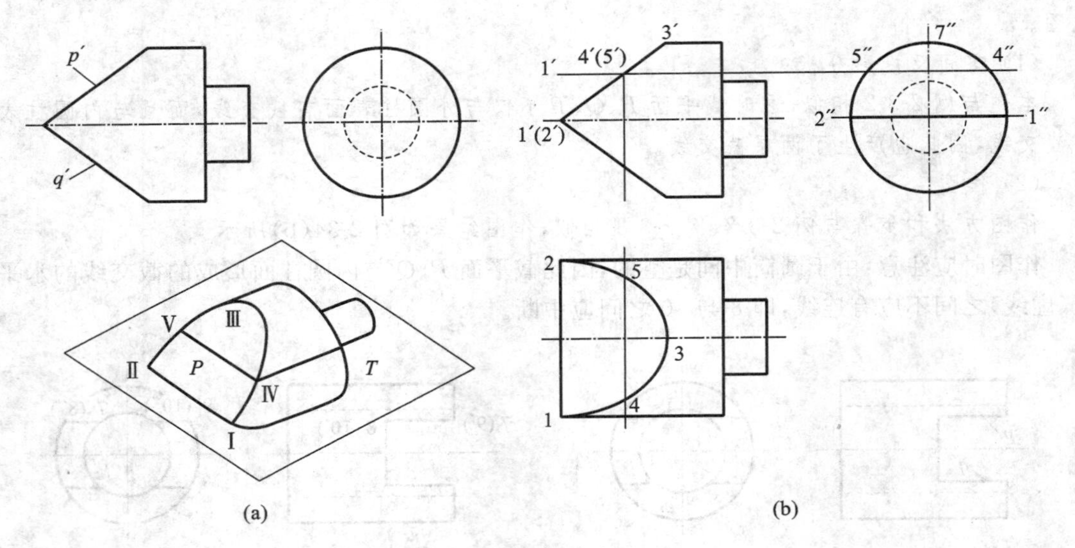

图 2-35 触头

作图时应注意：触头左边的截交线有上下两条，由于上下对称，所以在俯视图上反映触头下方的截交线(虚线)和上方的截交线(粗实线)重合。按规定只画粗实线即可。

*(二) 平面与圆锥的截交线画法

平面截切圆锥面时，由于截平面与圆锥轴线相对位置的不同，截交线有两相交直线、圆、椭圆、抛物线和双曲线五种情况，如表 2-3 所示。

当截交线是两直线时，只要求出截交线与圆锥底圆的两个交点，然后与锥顶连直线即可。

当截交线是圆时，只要在截交线有积聚性投影的视图上量出截交线圆的半径，然后在圆锥投影为圆的视图上以该圆的圆心为圆心，以截交线圆的半径为半径作圆即可。

当截平面是投影面垂直面且截交线是椭圆、抛物线或双曲线时，可由截交线有积聚性的投影，按已知圆锥面上点的一个投影求作另两个投影的方法，作出截交线上一系列点的投影，再顺次光滑连接即可。

表 2-3　平面与圆锥面的截交线

截平面的位置	过锥顶	垂直于锥轴	与锥轴斜交且与所有素线均相交	与锥轴斜交又平行于任一素线	平行于锥轴
截交线的形状	两相交直线	圆	椭圆	抛物线	双曲线
立体图					
投影图					

［例 2-3-6］　圆锥体 S 被一正平面 P 截切，已知俯视图和左视图及主视图的圆锥体轮廓，如图 2-36 所示，完成主视图上截交线的投影。

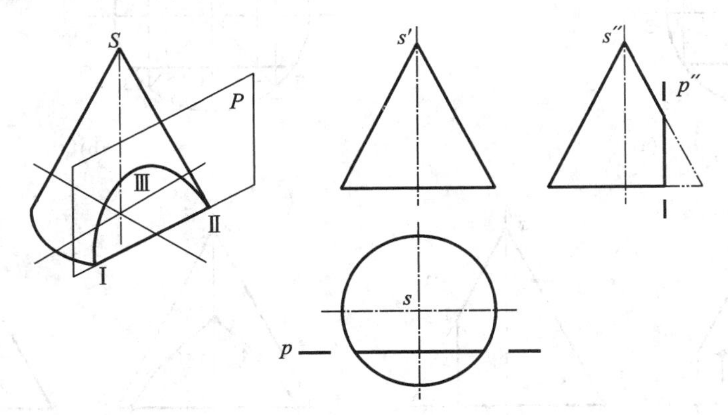

图 2-36　正平面截切圆锥

(1) 空间及投影分析。

截平面 P 平行于正面，即与圆锥体轴线平行，截交线为一双曲线。

截交线的水平投影和侧面投影分别为积聚在 p 和 p'' 上的一直线段，它的正面投影应该为反映实形的一条双曲线。

(2) 作图。

①作截交线上特殊点的投影，如图 2-37(a)所示。

定出截交线上最高点的投影 1 和 $1''$，根据点的投影规律，作出它的正面投影 $1'$；定出截交线上最低点的投影 2、$2''$和 3、$3''$，根据点的投影规律，作出它们的正面投影 $2'$、$3'$。

②作截交线上若干个一般点的投影。

方法1：辅助素线法(见图2-37(b))。

a. 在主视图上对称地任作两条辅助素线 SM、SN 的正面投影 $s'm'$ 和 $s'n'$ 交圆锥底圆于 $m'n'$。

b. 根据点的投影规律，在俯视图上分别作 M、N 点的水平投影 m、n。

c. 连接 sm 和 sn，分别交截交线的水平投影于点4、5。

d. 根据点的投影规律，在主视图的 $s'm'$ 和 $s'n'$ 上分别作出截交线上点Ⅳ、Ⅴ的正面投影 $4'$、$5'$。

可用同样的方法再作出截交线上若干个一般点的正面投影。

方法2：辅助平面法(见图2-37(c))。

a. 在主视图的截交线范围内，任作一辅助水平面 Q。

Q 与圆锥表面的交线为圆，该圆的正面投影为积聚在 q' 上的一直线段 $a'b'$(其长度即为圆直径)，水平投影应为反映实形的圆。

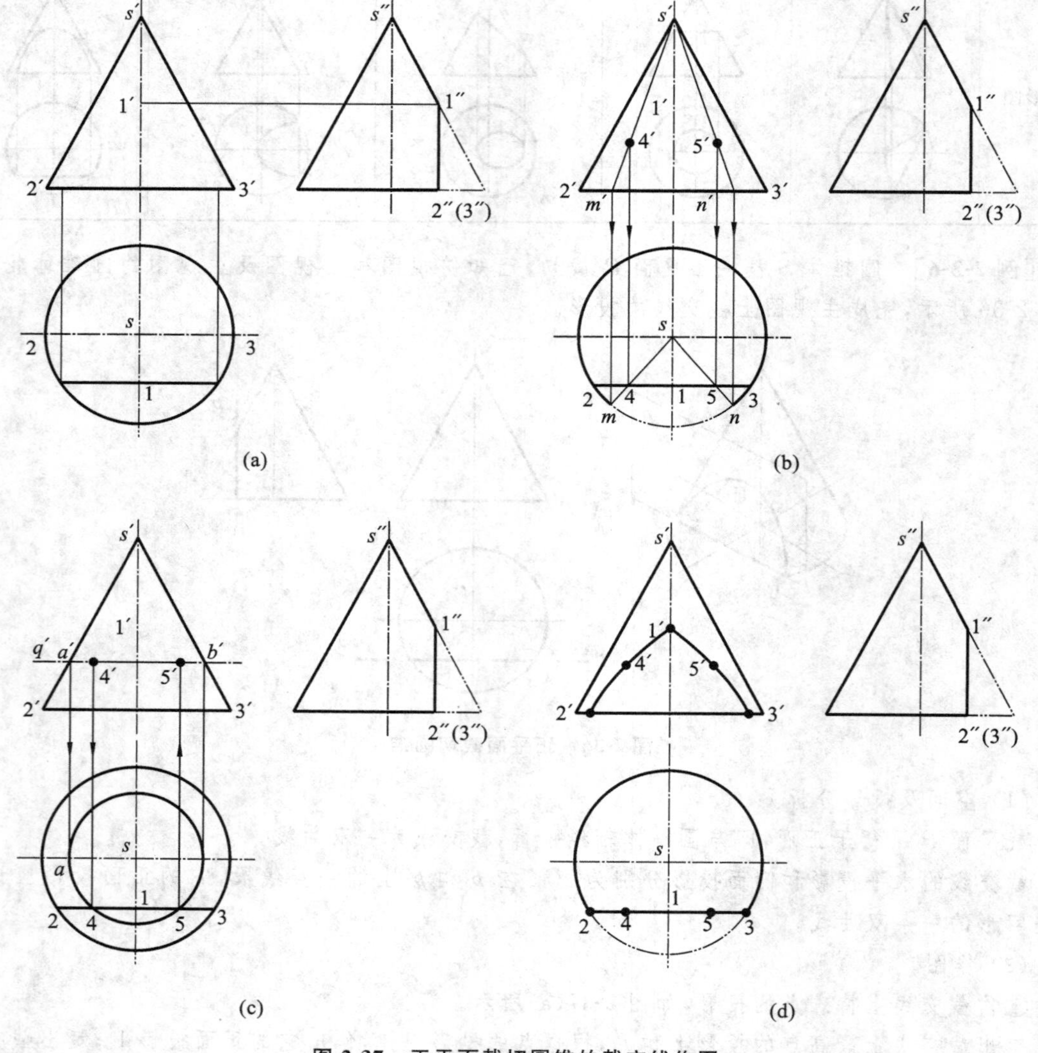

图2-37　正平面截切圆锥的截交线作图

b. 以俯视图上圆的圆心 s 为圆心，以主视图上直线段 $a'b'$ 的一半长为半径，在俯视图上作圆，交截交线的水平投影于4、5点。

c. 根据点投影规律，在主视图的直线段上作出 $4'$、$5'$ 点。

可用同样的方法再作出截交线上若干个一般点的正面投影。

③判断可见性，连点（见图 2-37(d)）。

截交线在圆锥体的前面，所以可见；用粗实线顺次光滑地连接各点，如 $2'$、$4'$、$1'$、$5'$、$3'$。

（三）平面与球的截交线画法

圆球被任意方向的平面截切后，截交线的空间形状均为圆。通常取截平面平行于某一投影面，这时的截交线在该投影面上反映实形（圆），而在其余两投影面上的投影积聚为直线段（见图 2-38），直线段的长度等于截交线圆的直径。

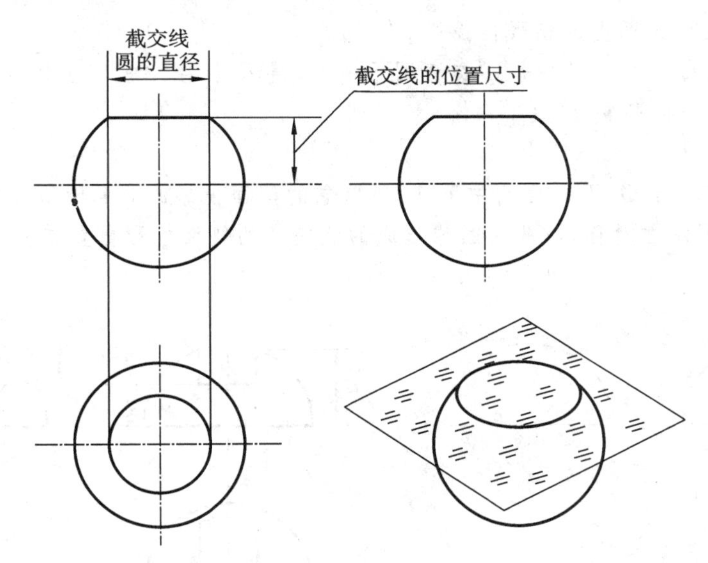

图 2-38 球被一水平面截切

[例 2-3-7] 已知螺钉头部的主视图及俯视图和左视图的轮廓，如图 2-39 所示，求作俯视图和左视图上截交线的投影。

(1) 空间及投影分析。

螺钉头部形状是由一个水平面 P 和两个侧平面 Q、T 截切圆球而形成的，截交线均为圆的一部分。

水平面 P 与圆球相截，截交线的水平投影反映实形，正面投影和侧面投影积聚成一直线段。

侧平面 Q、T 与圆球相截，截交线的侧面投影反映实形，正面投影和水平投影积聚成两直线段。

(2) 作图。

①作俯视图上的截交线，如图 2-40(a)所示。

作两侧平面 Q、T 在俯视图上的积聚性投影 q、t。

延长主视图上 P 的积聚性投影 p' 交圆于一点，得 R_1。在俯视图上，以轮廓圆的圆心为圆心，以 R_1 为半径作圆弧交 q、t 于1、2。

12 和 $\overset{\frown}{11}$、$\overset{\frown}{22}$ 便是截交线在俯视图上的投影。

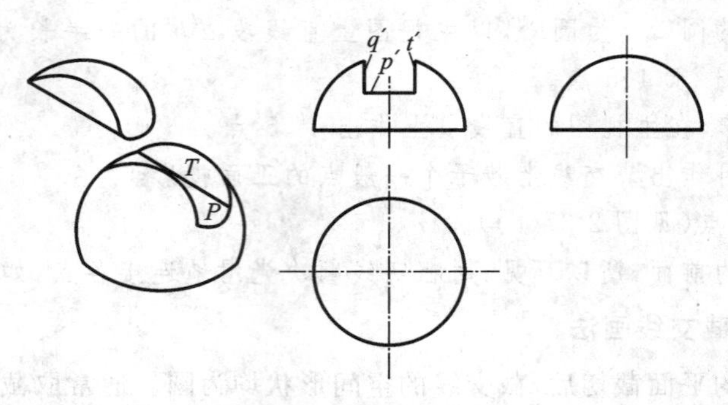

图 2-39　求螺钉头部的截交线

②作左视图上的截交线，如图 2-40(b)所示。

作水平面 P 在左视图上的积聚性投影 p''。

延长主视图上 Q 的积聚性投影 q' 交底圆于一点，得 R_2。在左视图上以轮廓半圆的圆心为圆心，以 R_2 为半径作圆弧交 p'' 于 3″、4″。

③可见性判断。

由于水平面 P 位于 Q、T 平面的中下部，所以它的侧面投影的 3″4″段不可见，应画成虚线。

由于 Q、T 平面左右对称，使截切圆球形成的截交线的侧面投影重叠在一起，所以只画可见实线。

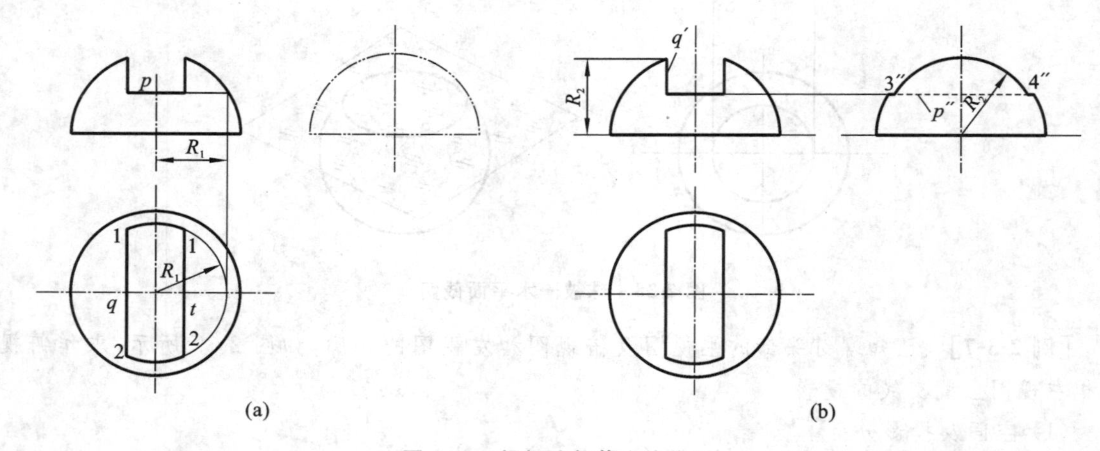

图 2-40　螺钉头部截交线作图

作图时应注意：虽然水平面 P 的侧面投影 3″4″段不可见，但点 3″、4″的外侧段可见，应画实线。

2.4　回转体的相贯线

除会出现截交线外，机件表面还会出现立体表面与立体表面的交线。立体表面与立体表面的交线称为相贯线，两形体的表面相交称为相贯，相交的两立体称为相贯体。例如，油罐(见图 2-41(a))可看成由一四棱柱和两圆柱两两相交而成，三通管(见图 2-41(b))可看成由两圆柱正交(轴线垂直相交)而成，把柄(见图 2-41(c))可看成由圆柱和圆球相交而成，它们的表面都有相贯线。

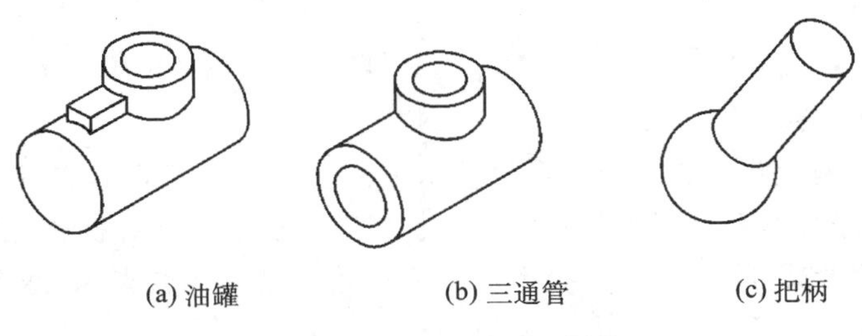

(a) 油罐　(b) 三通管　(c) 把柄

图 2-41　具有相贯线的机件

一、回转体相贯线的基本特性

两曲面立体相交时，相贯线具有以下两个基本特性。

(1) 相贯线一般为封闭的空间曲线，特殊情况下可能是平面曲线或直线。

(2) 相贯线是两立体表面的公有线，相贯线上的点是两立体表面的共有点。

由于相贯线是两立体表面的交线，所以相贯线是两立体表面的公有线，而公有线是由一系列共有点组成的，因此求相贯线的问题实质上就是求共有点的问题。

下面只介绍一些常见的回转体与回转体、三体相交的相贯线画法。

二、回转体与回转体的相贯线画法

最常见的两回转体相交有两种：圆柱与圆柱正交(圆柱轴线垂直相交)、两回转体同轴相交。

(一) 圆柱与圆柱正交

两圆柱正交时，相贯线的空间形状一般是封闭的空间曲线，特殊情况下为平面曲线。

1. 相贯线的画法

[例 2-4-1]　两个直径不相等的圆柱正交，如图 2-42 所示，求相贯线的投影。

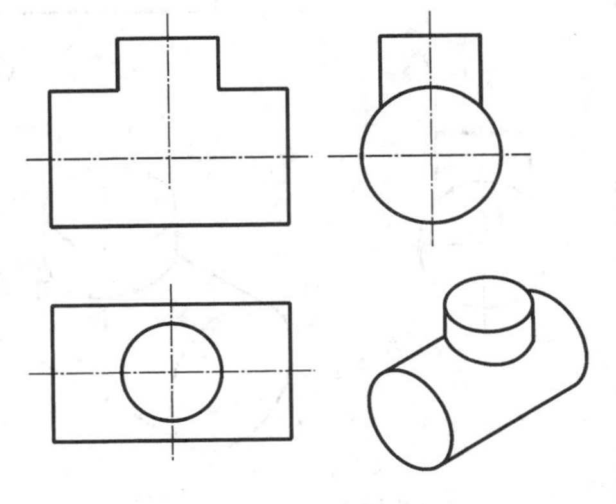

图 2-42　两不等径圆柱正交

(1) 空间及投影分析。

从图 2-42 中可看出，小圆柱轴线垂直于水平面，所以它的水平投影具有积聚性，根据相贯线为两表面公有线的性质，相贯线的水平投影一定积聚在小圆柱的水平投影圆上。同理，相贯线的侧面投影一定积聚在大圆柱侧面投影圆的一段圆弧上。因此，只需要求出相贯线的正面投影。

由于形体前后对称，所以相贯线正面投影的前半部分和后半部分重叠，因此，只需要画出相贯线正面投影的前半部分。

(2) 作图。

*方法 1:表面取点法。

表面取点法是精确地作出相贯线投影的基本方法。它是利用已知相贯线的两个具有积聚性的投影(本例为水平投影和侧面投影),在已知投影上取若干个点的投影,按照点的投影规律,求出这些点的第三面投影(本例为正面投影),然后顺次光滑地连接起来,求得相贯线的第三面投影的方法。具体做法如下。

①求相贯线上特殊点的投影,如图 2-43(a)所示。

由相贯线上最高点(也是最左点、最右点)Ⅰ、Ⅲ的水平投影 1、3 和侧面投影 1″、3″求出它们的正投影 1′、3′;由相贯线上的最低点(也是最前点)Ⅱ的水平投影 2 和侧面投影 2″求出它的正面投影 2′。

②求相贯线上若干个一般点的投影,如图 2-43(b)所示。

在俯视图和左视图上,从相贯线的前半部分投影上,左右对称地取两个点的投影 4、5 和 4″、5″。根据点的投影规律,便可求出该这两个点的正面投影 4′、5′。

可用同样的方法再求出相贯线上若干个点的正面投影。

③顺次光滑地连接 1′、4′、2′、5′、3′,如图 2-43(c)所示。

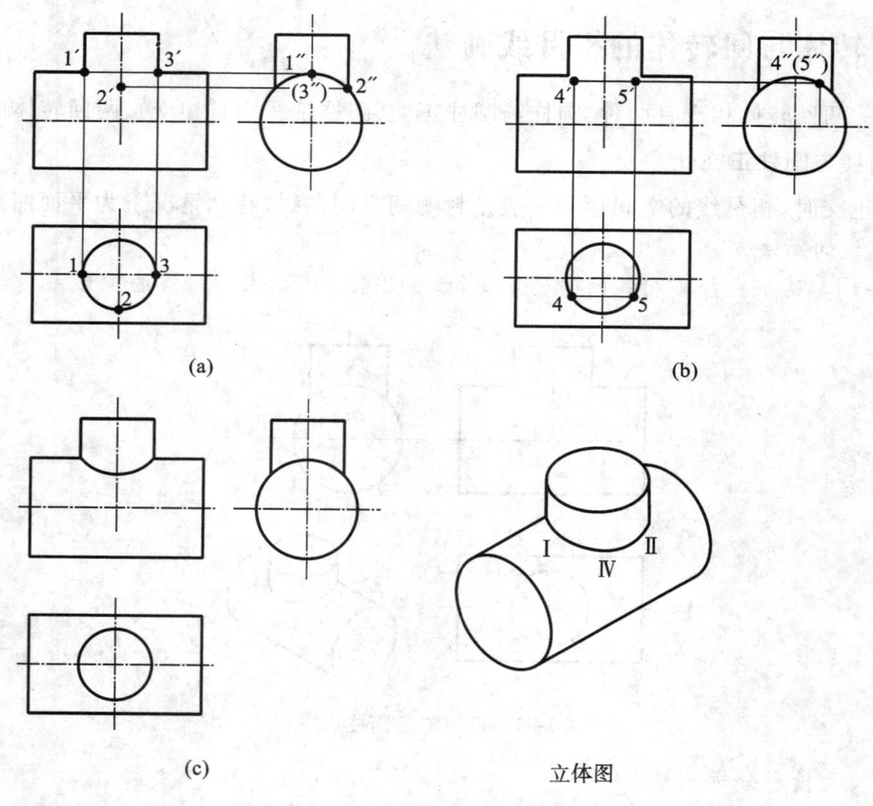

图 2-43　表面取点法求相贯线

方法 2:简化画法。

当两圆柱的直径不相等,且作图的精确度要求不高时,一般采用简化画法。

简化画法的实质就是在两圆柱的投影均为非圆投影的视图上,相贯线的投影近似地用圆弧来代替。

圆弧的半径等于大圆柱的半径；圆弧的圆心必须在小圆柱的轴线上；圆弧过两圆柱轮廓线的交点，且凸近大圆柱的轴线。

具体做法如图 2-44 所示。

①以 $R=D/2$ 为半径，以 P 点为圆心画圆弧交小圆柱轴线于 O 点。

②以 O 为圆心，R 为半径画圆弧。

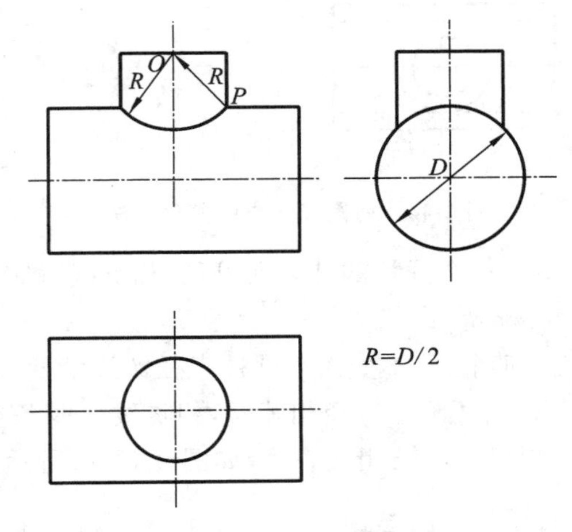

图 2-44 正交两圆柱相贯线的简化画法

［**例 2-4-2**］ 两个直径不等的圆筒正交，如图 2-45 所示，求二者相贯线的投影。

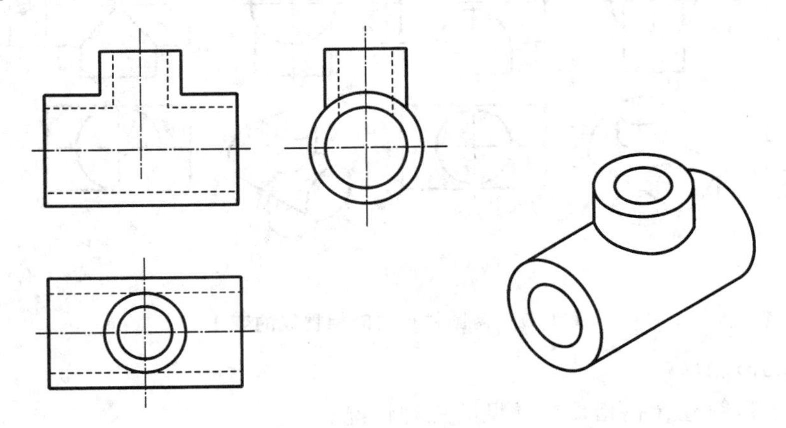

图 2-45 两圆筒正交

(1) 空间及投影分析。

两圆筒正交时，相贯线的空间及投影情况与例 2-4-1 中两圆柱正交的情况相似。由于两圆筒具有内外圆柱表面，外表面与外表面相交，内表面与内表面相交，所以圆筒内外表面均有相贯线，且互不干扰。由于内表面与内表面相交不可见，所以相贯线为虚线。

(2) 作图。

用简化画法分两步作图，结果如图 2-46 所示。

①以 $R=D/2$ 为半径，以 P 为圆心画弧交小圆筒轴线于 O 点。以 O 为圆心，以 R 为半径画画粗实线圆弧。

②以 $R=D_1/2$ 为半径，以 P_1 为圆心画弧交小圆筒轴线于 O_1 点。以 O_1 为圆心，以 R_1 为半径画虚线圆弧。

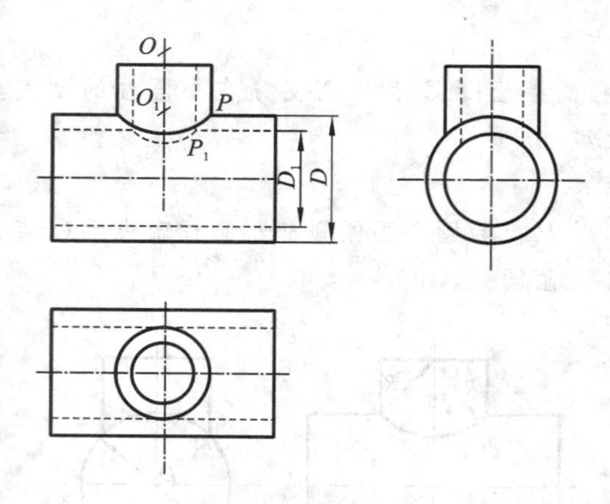

图 2-46　两圆筒正交的简化画法

注意：凡两圆柱相交，只要有一个圆柱的外表面可见，相贯线就应画成可见的粗实线。

2. 相贯线的变化趋势和特殊情况

当两圆柱正交时，若大圆柱直径 D 不变而小圆柱直径 d 逐渐变大，则相贯线的弯曲程度越来越大，如图 2-47(a)、(b)所示；当两圆柱直径相等时，相贯线从两条空间曲线变为两条平面曲线（椭圆），相贯线的正面投影积聚成两条相交直线，如图 2-47(c)所示。

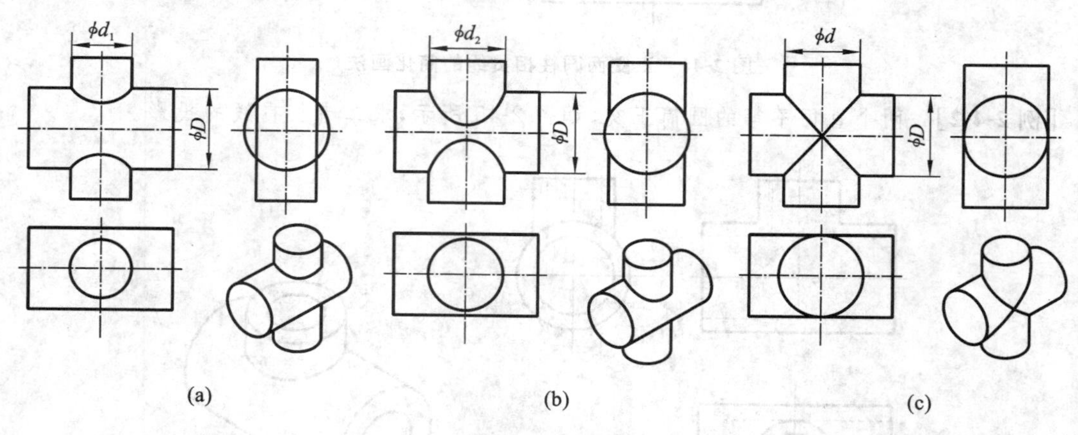

图 2-47　两圆柱正交时相贯线的变化

3. 圆柱穿孔的相贯线

图 2-48 所示是圆柱穿孔相贯线常见的三种情况。

图 2-48(a)所示是在圆柱上钻一圆柱通孔的情况。相贯线可看成直立圆柱与水平圆柱正交后，假想抽去直立圆柱形成的。相贯线的画法与例 2-4-1 相同，所不同的是应用虚线画出直立圆柱孔的轮廓素线。

图 2-48(b)所示是圆筒上钻一小圆孔的情况。小圆孔与外圆柱面的相贯线为粗实线，小圆孔与内圆柱孔表面的相贯线为虚线。相贯线的画法与例 2-4-2 相似。当用简化画法作图时，要特别注意画两条相贯线时所用的半径、圆心是不同的。

图 2-48(c)是图 2-48(b)的特殊情况，所钻小孔与圆筒内孔等直径，所以内部相贯线为两相交虚直线。

** 4. 两圆柱正交时过渡线的画法

在铸件或锻件中，由于工艺上的要求，在两个表面相交处用一个曲面圆滑地连接起来，这过

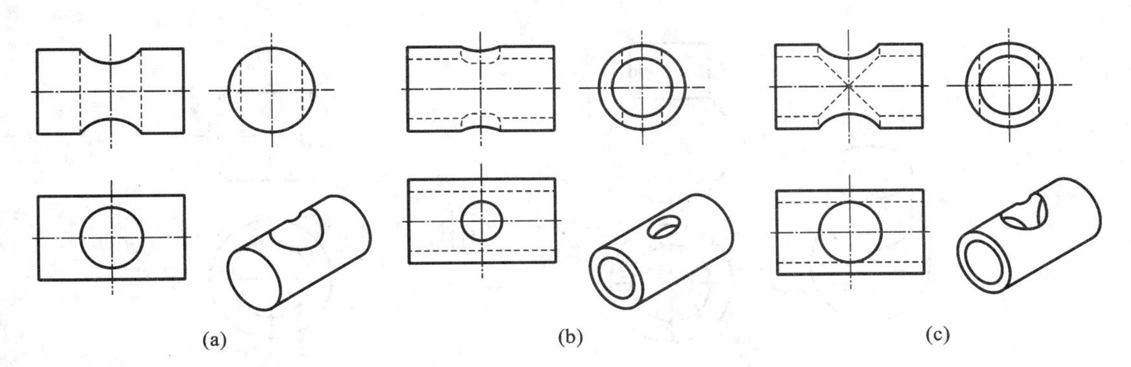

图 2-48 圆柱穿孔的相贯线

渡曲面在两圆柱素线相交处反映为圆角。有了圆角，相贯线就不明显了，但为了使看图时易区分界限，仍画出理论上的相贯线，这条线叫过渡线，现行国家标准规定画成细实线。

图 2-49(a)所示是两个直径不相等圆柱正交时过渡线的画法。图 2-49(b)是两个等直径圆柱正交时过渡线的画法。

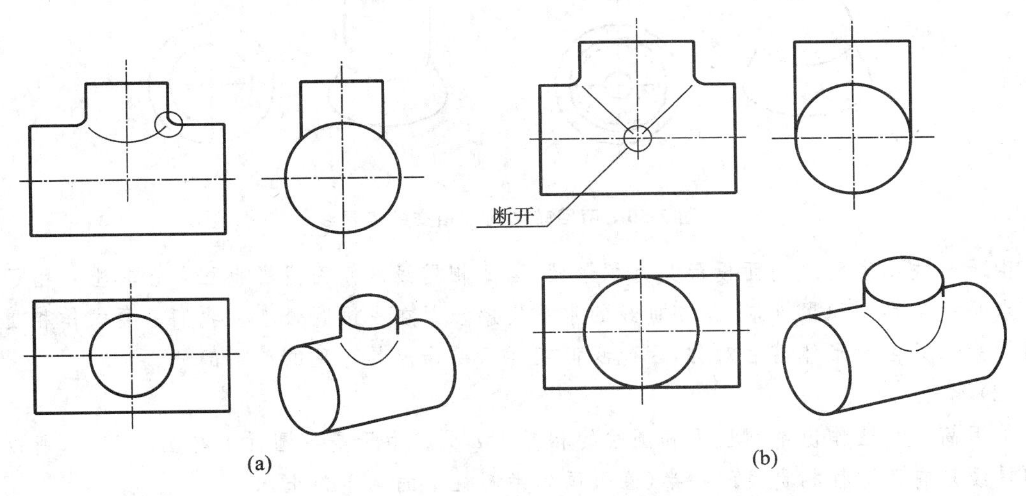

图 2-49 两正交圆柱的过渡线画法

*（二）两回转体同轴相交

两回转体同轴相交时，相贯线的空间形状为圆。在该圆垂直的投影面上的投影为一直线段，在该圆平行的投影面上的投影为圆实形，如图 2-50 所示。

*三、三体相交时相贯线的画法

在机件中，有些形体较复杂，会出现三体(或更多体)相交的情况。三体(或更多体)相交时表面相贯线的求法是:分别求出各基本形体间两两相交时的相贯线，再确定连接点，最后将各段相贯线顺次连接起来即可。

[例 2-4-3] 圆柱上有一凸块，如图 2-51(a)所示，求作圆柱与凸块的相贯线。

(1) 空间及投影分析。

由图 2-51(a)可看出，该形体由圆柱和凸块两个部分组成。凸块可看作由半圆柱 Ⅰ 和四棱柱 Ⅱ 相切叠加而成，其间无交线。因此，我们只要分别求出半圆柱 Ⅰ 和四棱柱 Ⅱ 与圆柱的相贯线，然后光滑连接起来即可。

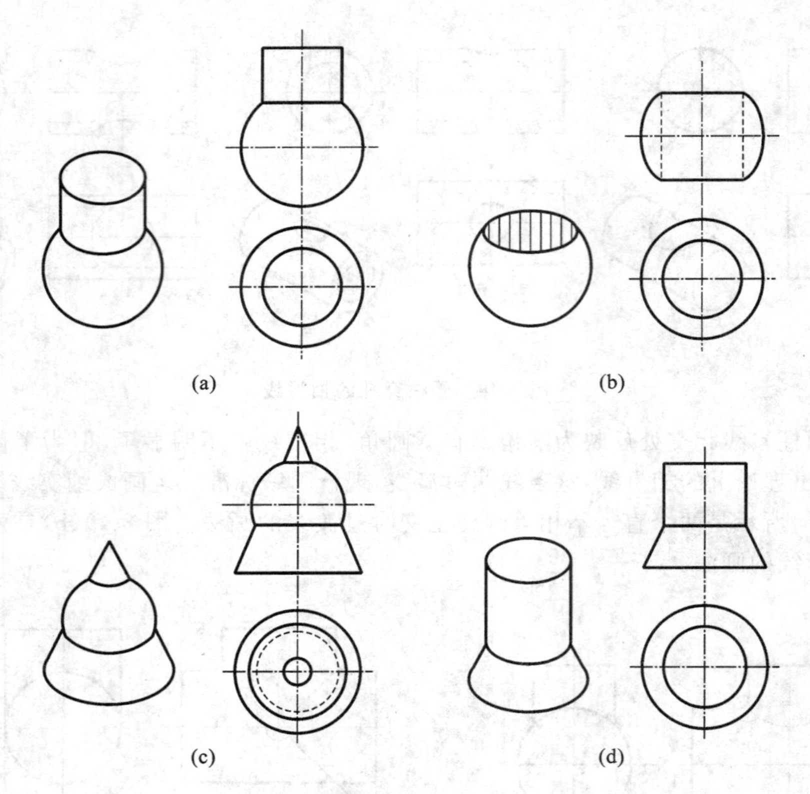

图 2-50　两回转体同轴相交的相贯线

由于凸块侧表面的侧面投影具有积聚性，因此相贯线的侧面投影也积聚在其上。由于圆柱面的水平投影具有积聚性，因此相贯线的水平投影积聚在一段圆弧上。我们只要求作相贯线的正面投影。又由于形体前后对称，因此我们实际只要作出其可见的前半部分。

(2) 作图。

①用简化画法作出半圆柱Ⅰ和圆柱的相贯线 $a'b'$。由于是半圆柱Ⅰ与圆柱相贯，所以作出的相贯线只有两圆柱相贯线的一半(圆弧画到半圆柱Ⅰ的轴线为止)。

②自 b' 点作 $b'c'$ 平行于大圆柱轴线。$b'c'$ 为四棱柱Ⅱ与圆柱的相贯线的正面投影。

作图结果如图 2-51(b)所示。

作图时注意：B 点为两段相贯线的共有点，所以 $a'b'$ 与 $b'c'$ 在 b' 点为光滑连接。

图 2-52 所示为被挖去一个槽的圆筒的三视图及轴测图。由于槽的形状与例 2-4-3 中的凸块相似，所以相贯线的作法也相似。由于圆筒有内外两个圆柱表面，所以应作出两条相贯线，其中外表面上的相贯线可见，内表面上的相贯线不可见。另外，应注意画出半圆柱孔的轮廓素线(虚线)。

[**例 2-4-4**]　求作图 2-53 所示回转体的相贯线。

(1) 空间及投影分析。

由图 2-53 可看出，该形体由一水平小圆柱与圆柱包相交而成。圆柱包可看作由半个圆球Ⅰ和等直径直立圆柱Ⅱ相切叠加而成，其间无交线。

小圆柱的上半部分与半圆球Ⅰ同轴相交，相贯线为半圆；小圆柱的下半部分与圆柱Ⅱ正交，相贯线为空间曲线。这样，我们只要分别求出它们的相贯线，然后光滑连接起来即可。

由于小圆柱在侧面上的投影具有积聚性，故相贯线的侧面投影积聚在小圆柱的积聚性投影

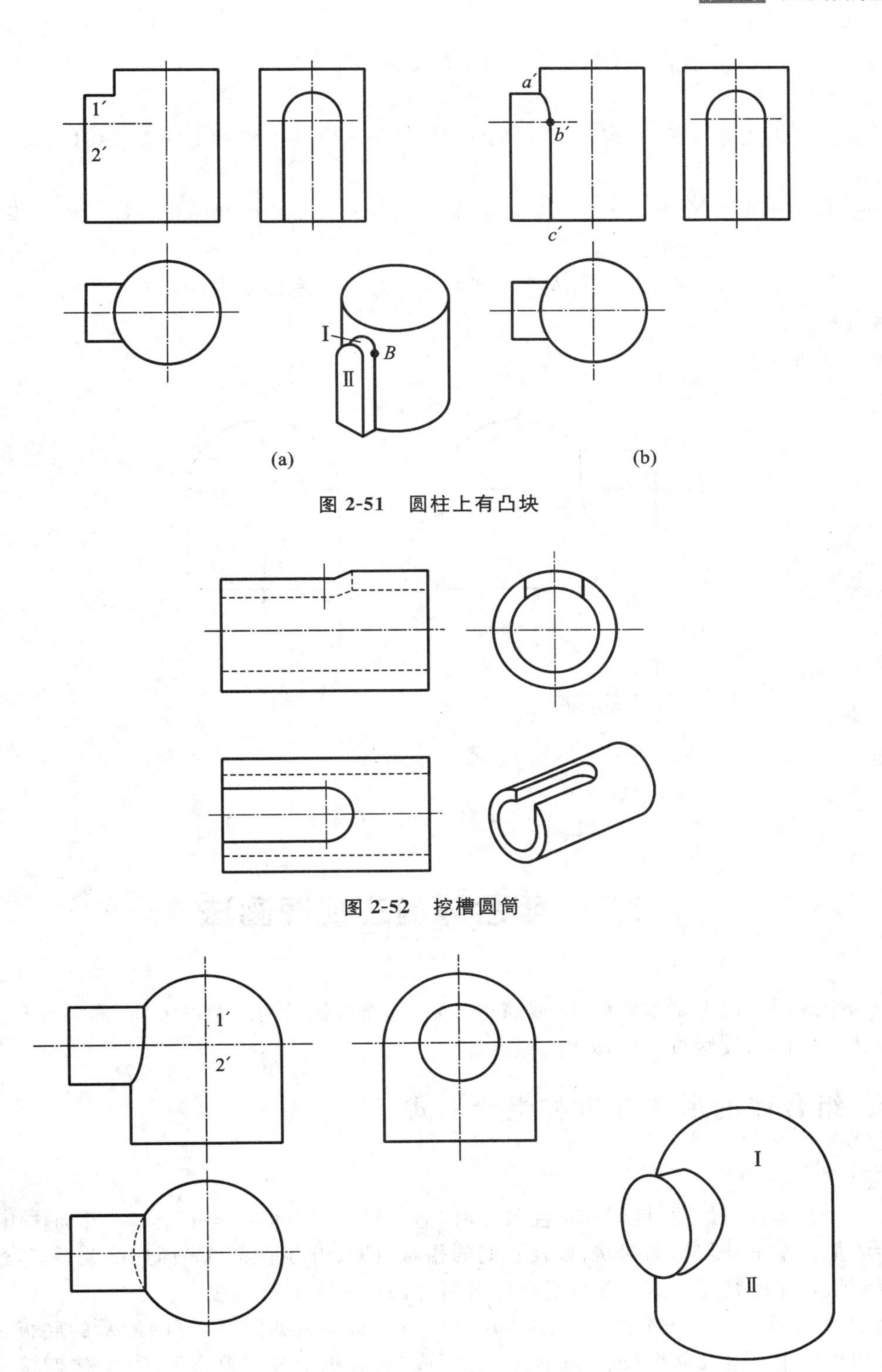

图 2-51 圆柱上有凸块

图 2-52 挖槽圆筒

图 2-53 圆柱与圆柱包相交

圆上。由于圆柱Ⅱ在水平面上的投影具有积聚性，故小圆柱的下半部分与圆柱Ⅱ的相贯线（空间曲线）积聚在圆柱Ⅱ的积聚性投影圆的一段圆弧（虚线）上。由于小圆柱和半圆球Ⅰ在水平面上的投影无积聚性，故它们的相贯线（圆）在水平面上的投影要画出。又由于形体前后对称，所以我们在主视图上只要作出相贯线的前面可见部分即可。

(2) 作图。

①在主视图上作直线段 $a'b'$。$a'b'$ 为小圆柱上半部分与半圆球Ⅰ的相贯线(半圆)的正面上的积聚性投影。

②用简化画法作 $b'c'$。$b'c'$ 为小圆柱下半部分与大圆柱Ⅱ的相贯线。B 为两段相贯线共有点,所以在 b' 点处为光滑连接。

③在俯视图上作直线段 db。db 为小圆柱上半部分与半圆球Ⅰ的相贯线(半圆)在水平面上的积聚性投影。

作图结果如图 2-54 所示。

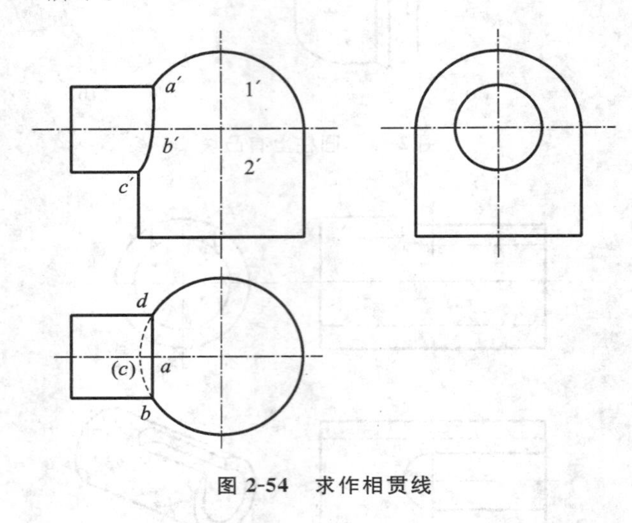

图 2-54　求作相贯线

2.5　组合体的三视图画法

由两个或两个以上基本几何体(或简单体)组合而成的较为复杂的形体,称为组合体。在前面的叙述中我们已接触过一些简单的组合体。

一、组合体的形体分析和组合形式

(一) 形体分析法

在对组合体进行绘图、读图和标注尺寸时,通常假想组合体由若干个基本几何体组合而成,进而弄清楚各基本几何体的形状,以及它们的相对位置、组合形式和表面连接关系等,最后综合起来得到组合体的视图。这种先分后合的分析方法称为形体分析法。

例如,对于图 2-55(a)所示的轴承座,可以想象分析为由如图 2-55(b)所示的底板、圆筒、支承板及肋板四个基本几何体(或简单体)组合而成,而底板上又切割出凹槽(空体四棱柱),并钻有两个圆孔(空体圆柱)。

应用形体分析法可以将复杂的问题变得简单,便于绘图、读图和标注尺寸,所以它是研究组合体的基本方法。在应用形体分析法时应注意,实际上组合体还是一个整体,所以在绘图时,各基本几何体(或简单体)衔接内部不能画线。例如,在图 2-56 中的主视图上,不能画出圆柱左轮廓素线的延伸虚线。

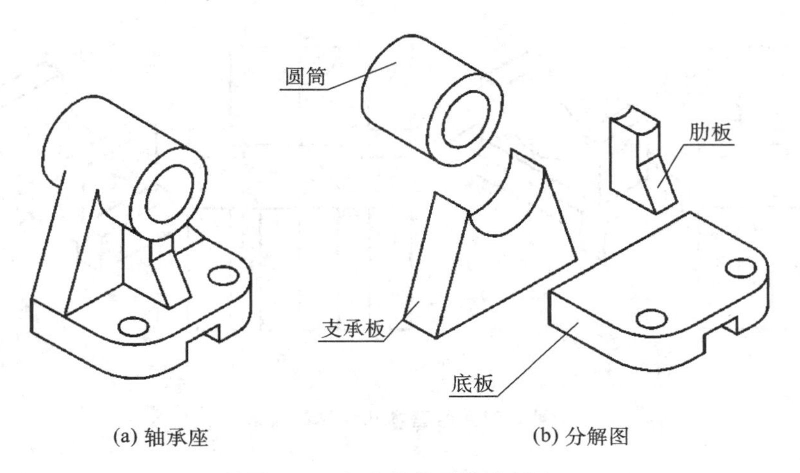

图 2-55 组合体的形体分析法

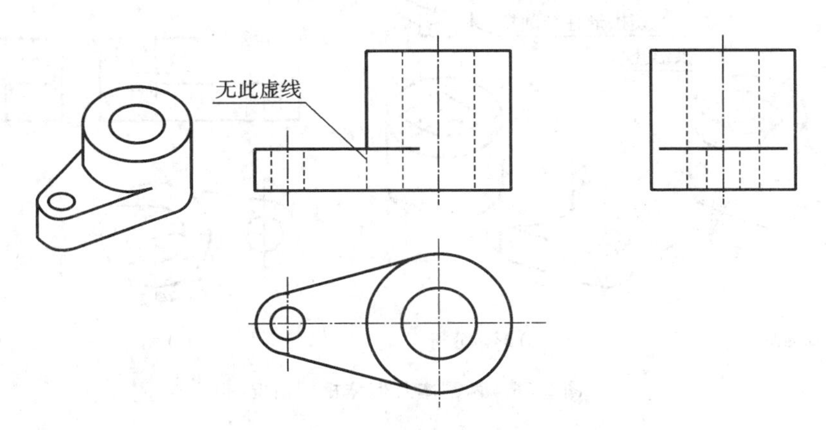

图 2-56 基本几何体衔接内部不画线

(二) 组合体的组合形式及其表面连接处的画法

组合体的组合有叠加和切割两种基本形式，而常见的是这两种基本形式的综合。

组合体各组成部分的表面有的平齐，有的不平齐，也有相切或相交等各种连接关系。

画组合体的视图时，必须注意组合体的组合形式和各组成部分表面间的连接关系。这样，在绘图时才能不多画线或漏画线。在读图时，也必须注意这些关系，这样才能想清楚整体结构形状。

(1) 当组合体上两基本几何体的表面不平齐时，在图内中间应该有线隔开。

图 2-57(a)所示组合体由带半圆槽的长方体和带槽的底板叠加而成，分界处画图时应有线隔开成两个线框。

(2) 当组合体两基本几何体的表面平齐(共面)时，中间不应有线隔开。

如图 2-57(b)所示，两个形体的前后表面是平齐的，构成一个完整的平面，这样就不存在分界线。

(3) 当组合体上两基本几何体的表面相切时，在相切处不应该画线。

图 2-58 所示组合体的外形由耳板和圆柱组成，耳板的侧面与圆柱面相切，在相切处光滑地过渡，因此在主、左视图中相切处不画线。在画三视图时，应注意两个切点 A 和 B 的正面投影 a'、b'和侧面投影 a''、b''的位置应该与水平投影 a、b 严格地遵循点的投影规律。

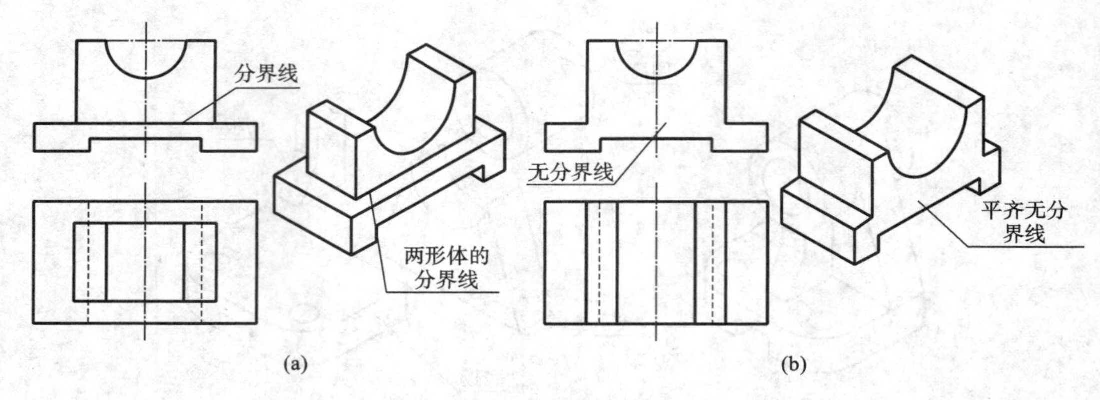

图 2-57　两基本几何体的叠加

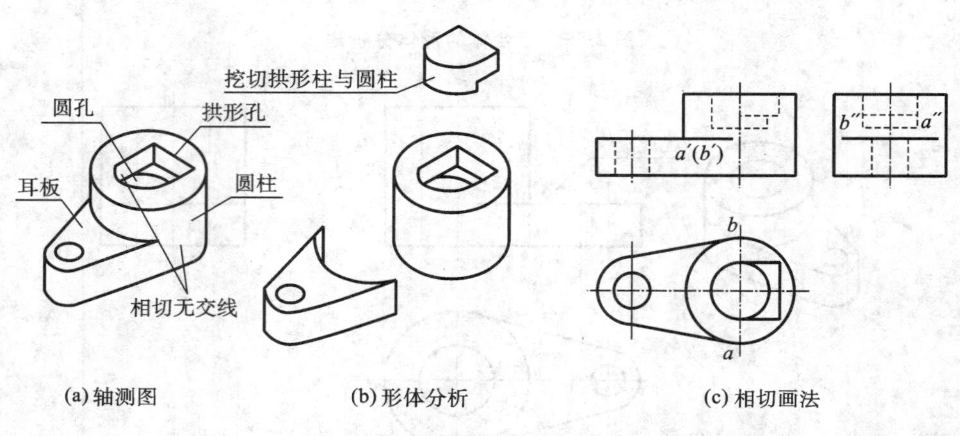

图 2-58　两基本几何体相切情况

形体上面的孔由圆孔和拱形孔组成，圆孔和拱形孔的内侧面也相切，主视图中相切处不应画线，拱形孔底面（水平面）的积聚性投影只画到圆孔轴线为止，形成拱形孔的两侧平面与圆孔的内圆柱面光滑地过渡。

(4) 当组合体上两基本几何体的表面相交时，在相交处应画出交线。

图 2-59 所示组合体的外形和孔与图 2-58 相似，但耳板的侧面与圆柱面相交，因此在主、左视图中应画出交线，形体上面的孔也由圆孔和拱形孔组成，但圆孔和拱形孔侧面相交，主视图中相交处应画出交线。

二、组合体三视图的画法

画组合体的三视图，应按一定的方法和步骤进行。现以图 2-60 所示的轴承座为例说明如下。

（一）形体分析

画三视图以前，应对组合体进行形体分析，了解该组合体是由哪些基本几何体组成的，它们的相对位置和组合形式以及表面间的连接关系是怎样的，对该组合体的形体特点有一个总体的把握，为画三视图做好准备。

轴承座可分解为圆筒、支承板、肋板、底板四个部分，支承板的左右侧面和圆筒外表面相切，肋板和圆筒相交。

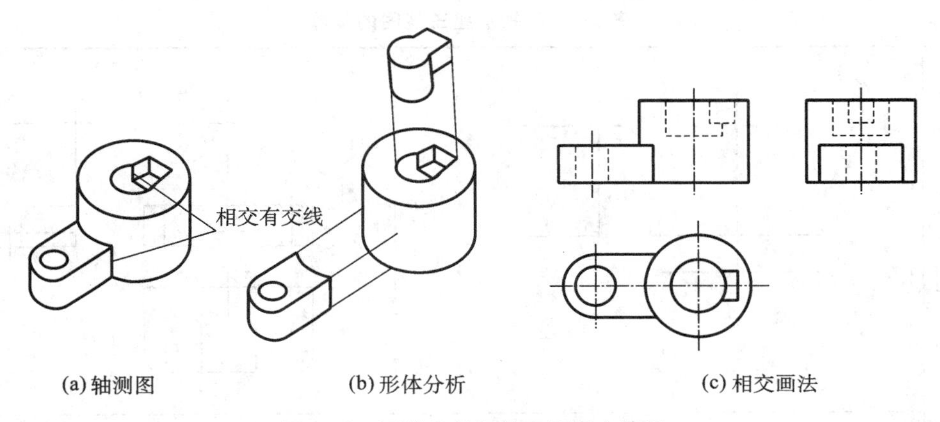

(a) 轴测图　(b) 形体分析　(c) 相交画法

图 2-59　两基本几何体表面相交情况

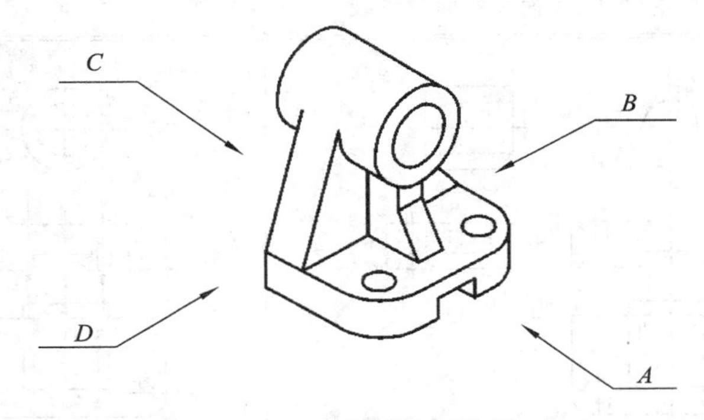

图 2-60　轴承座视图选择

(二) 视图选择

在三个视图中，主视图是最主要的视图。因为一旦主视图确定，其他视图也就确定了，所以选取好主视图非常重要。主视图一般应能较明显反映出组合体形状的主要特征，即把能较多反映组合体形状和位置特征的一面作为主视图的投影方向。选择主视图，通常要将组合体放正，尽可能使形体上的主要表面平行于投影面，以便使投影能得到实形。另外，选择主视图时，应使其他两视图上的虚线尽量少，使视图清晰。

如图 2-60 所示，在箭头所指的各投影方向中，C 向不能反映轴承座的形状特征；D 向虽能反映出轴承座的形状特征，但会使左视图上虚线很多，所以 C 向和 D 向作为主视图的投影方向都不合适。A 向和 B 向作为轴承座主视图的投影方向都比较好。我们选择 A 向来作图。

(三) 确定比例、选定图幅

视图确定后，要根据实物大小，按标准规定选择适当的比例和图幅。在一般情况下，尽可能选用 1∶1 的比例，图幅则要根据所绘制视图的面积大小以及留足标注尺寸和画标题栏的位置来确定。

(四) 布置视图位置

布图时，应根据各视图中每个方向的最大尺寸和视图间有足够的地方注全所需的尺寸，来确定每个视图的位置，使各视图匀称地布置在图幅上。

(五) 绘图步骤

轴承座的绘图步骤如表 2-4 所示。

表 2-4　画轴承座三视图的步骤

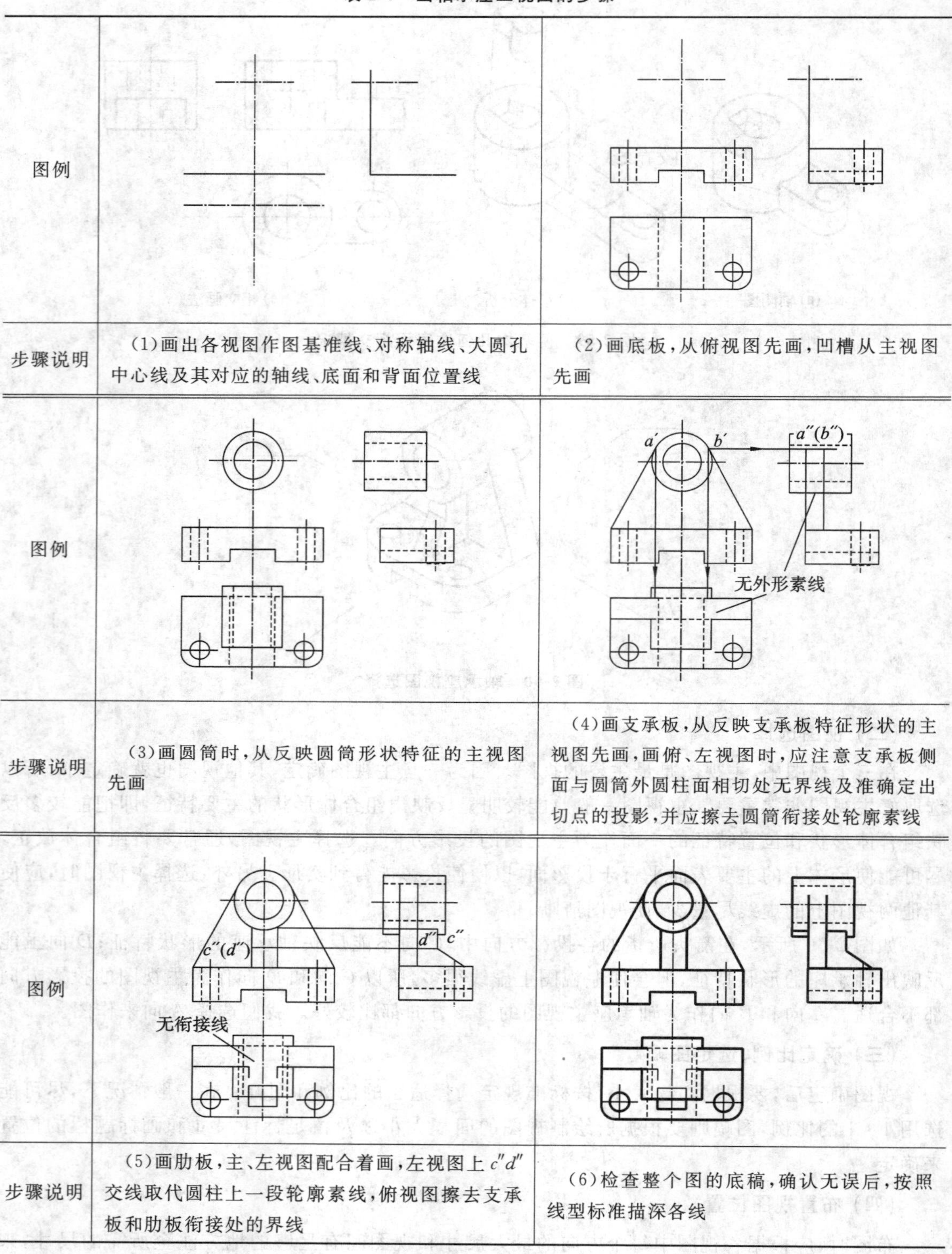

图例		
步骤说明	(1)画出各视图作图基准线、对称轴线、大圆孔中心线及其对应的轴线、底面和背面位置线	(2)画底板，从俯视图先画，凹槽从主视图先画
图例		
步骤说明	(3)画圆筒时，从反映圆筒形状特征的主视图先画	(4)画支承板，从反映支承板特征形状的主视图先画，画俯、左视图时，应注意支承板侧面与圆筒外圆柱面相切处无界线及准确定出切点的投影，并应擦去圆筒衔接处轮廓素线
图例		
步骤说明	(5)画肋板，主、左视图配合着画，左视图上 $c''d''$ 交线取代圆柱上一段轮廓素线，俯视图擦去支承板和肋板衔接处的界线	(6)检查整个图的底稿，确认无误后，按照线型标准描深各线

为了迅速且正确地画出组合体的三视图，画底稿时，应注意以下两点。

(1) 画图一般应从主视图入手。先画主要部分，后画次要部分；先画可见部分，后画不可见部分；先画圆和圆弧，后画直线。

(2) 画图时,组合体的每一个部分应按照“长对正、高平齐、宽相等”的原则,三个视图配合着画,每部分也应从反映形状特征的视图先画,而不是先画完一个视图后再画另一个视图。这样,不但可以提高绘图速度,还可避免差错。

2.6 组合体的尺寸注法

组合体的视图只能表示它的形状,组合体的大小和各组成部分之间的相对位置必须通过标注尺寸才能确定。如果尺寸有遗漏或错误,则会给生产造成困难和损失,因此,在注写尺寸时一定要认真负责,决不能草率从事、粗心大意。

在视图上标注尺寸,应做到正确、完整、清晰、合理。正确,就是指所标注的尺寸应符合国家标准《技术制图 简化表示法 第2部分:尺寸注法》(GB/T 16675.2—2012)和《机械制图 尺寸注法》(GB/T 4458.4—2003)中的规定;完整,是要求所注的尺寸齐全,即所注尺寸必须把组成零件各部分的大小及相对位置完全确定下来,不允许遗漏尺寸,也不要有重复尺寸;清晰,是要求所注尺寸安排恰当,清晰有序,不杂乱,便于看图;合理,是要求所注的尺寸既符合设计要求,又符合工艺要求。

一、基本几何体的尺寸注法

基本几何体一般要标注长、宽、高三个方向的尺寸。在图2-61中,长方体需注出长、宽、高三个尺寸,正六棱柱需标注它的对面距(或对角距)以及柱高,正四棱台需标注顶面、底面正方形和高度尺寸,才能确定它们的大小。有些回转体标注尺寸后,可减少视图。例如圆柱、圆锥、圆台等,在投影不为圆的视图上标注直径和高度,就能确定它们的形状和大小,其余视图可省略不画。圆球也只需要画一个视图,并在直径前加注字母“S”就可以了。

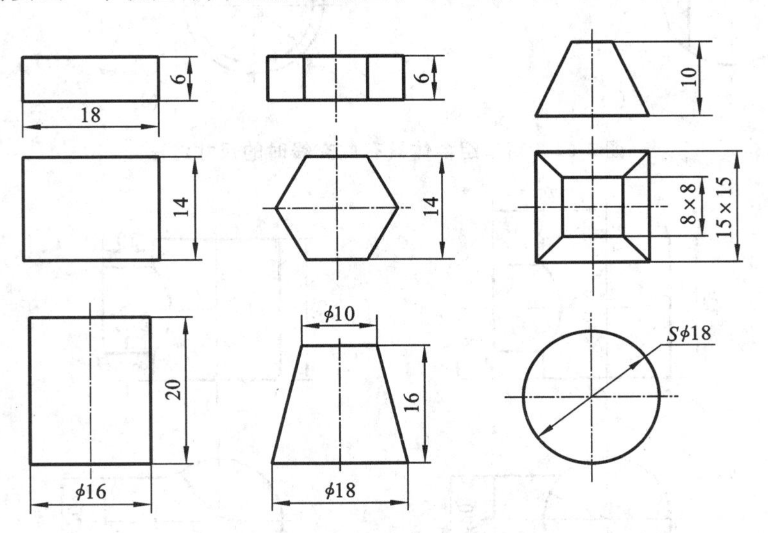

图2-61 基本几何体的尺寸注法

*二、简单组合体表面具有交线时的尺寸标注

当简单组合体表面具有交线——截交线或相贯线时,不应直接标注交线的尺寸,这是因为

截交线的尺寸是由基本几何体的大小和截平面的位置共同确定的，相贯线的尺寸是由基本几何体的大小和它们的相对位置确定的。

图 2-62 是简单组合体具有截交线时的尺寸注法。

图 2-63 是简单组合体具有相贯线时的尺寸注法。

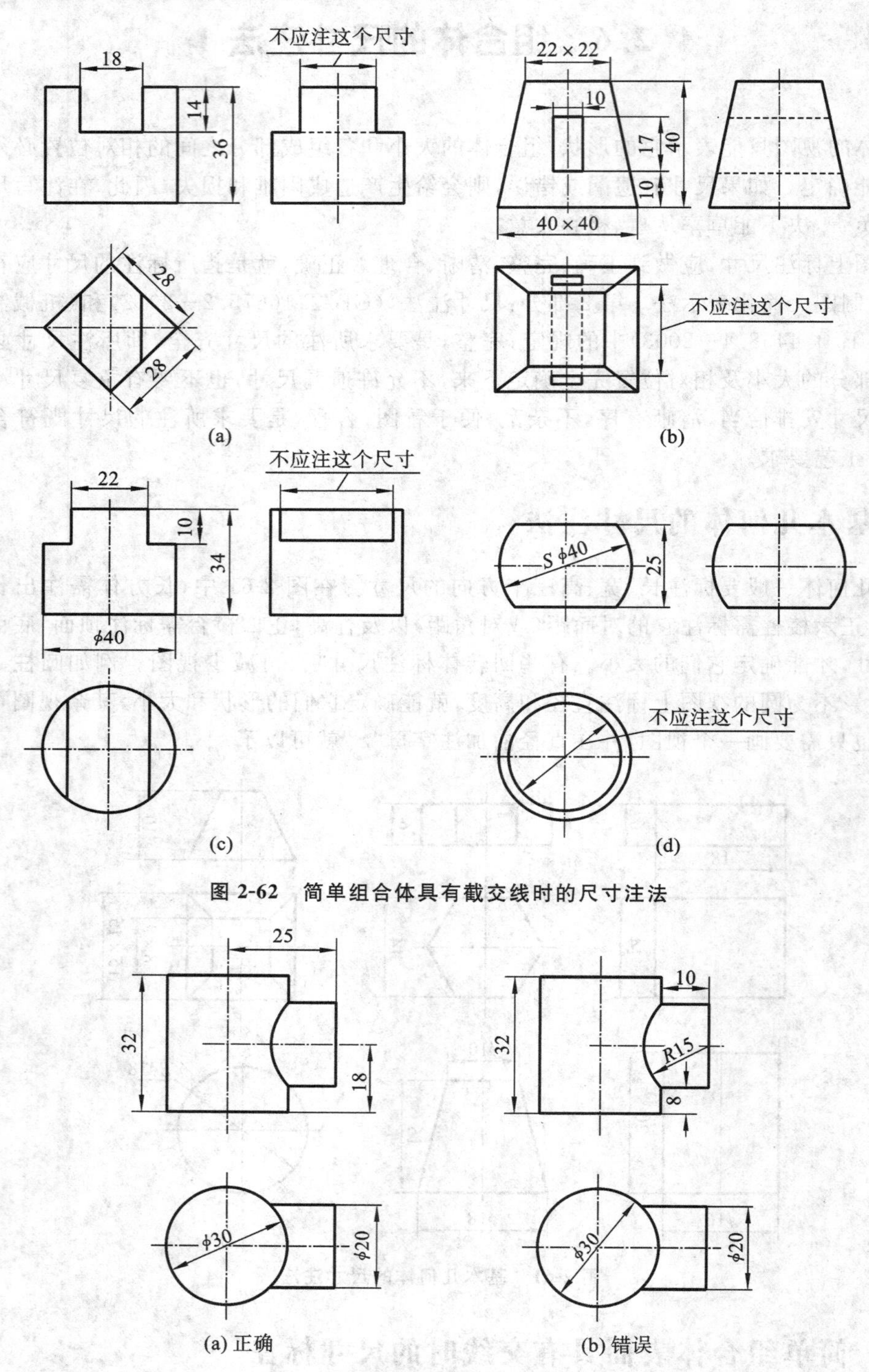

图 2-62　简单组合体具有截交线时的尺寸注法

图 2-63　简单组合体具有相贯线时的尺寸注法

三、典型结构的尺寸注法

一些典型结构的尺寸注法有一定的格式，图 2-64 中列出了其中的一部分，供标注组合体尺寸时参考。

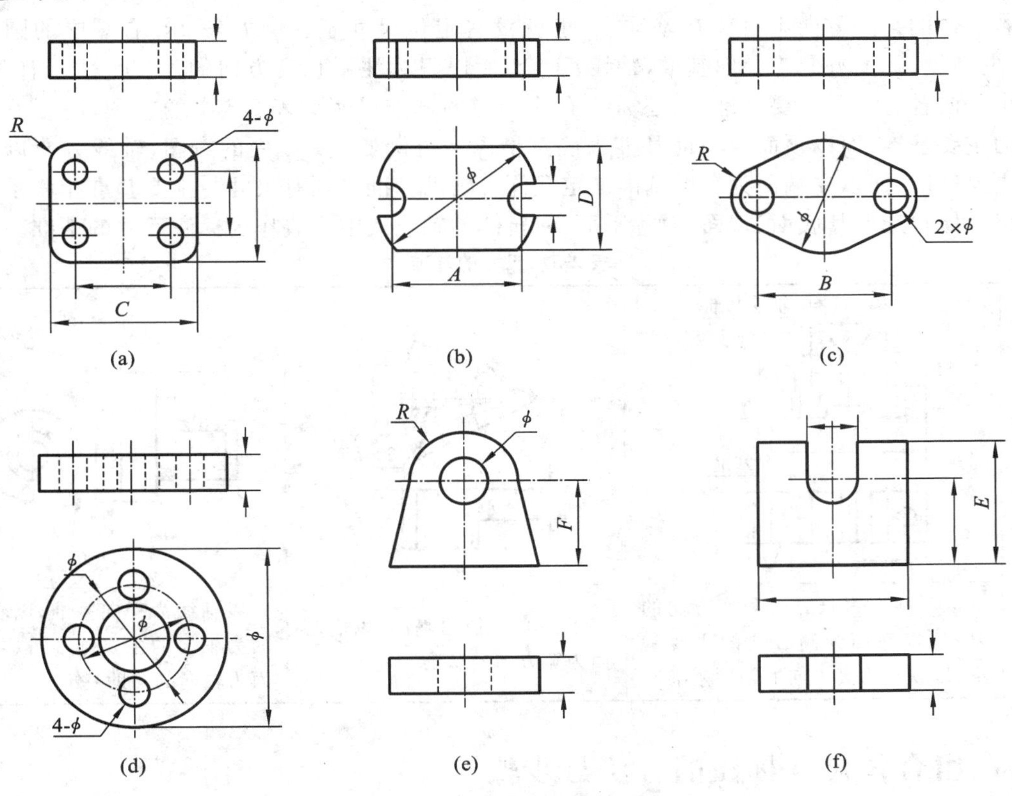

图 2-64 典型结构的尺寸注法

四、组合体的尺寸分类

组合体的尺寸可以分为三类。

1. 定形尺寸

定形尺寸是指确定组合体中基本形体形状大小的尺寸，如图 2-64(a)中的 4-ϕ、图 2-64(b)中的 ϕ 等。

2. 定位尺寸

定位尺寸是指确定组合体中基本形体之间相对位置的尺寸。

定位尺寸一般用直角坐标形式标注，如图 2-64(b)中的 A、图 2-64(c)中的 B 等。定位尺寸有时也用极坐标的形式标注，如图 2-64(d)中表示四个小圆孔与基准轴线的位置的尺寸 ϕ、表2-5 的图中两个小圆孔与基准线的位置尺寸及其分布角度等。

3. 总体尺寸

总体尺寸是指确定组合体总长、总宽、总高的尺寸。

有时，在注出了定形尺寸后，可省略某些总体尺寸，如图 2-64(a)中的 C、图 2-64(f)中的 E 等。有些总体尺寸能根据已标出的定形尺寸和定位尺寸间接得到，这时就不必再直接标注总体尺寸了。例如，在图 2-64(e)中就没有直接标总高尺寸，因为总高尺寸可由 $F+R$ 间接得到。

五、尺寸基准的确定

组合体一般具有长、宽、高三个方向的尺寸基准，尺寸基准是标注定位尺寸时的出发点。

标注每一个方向的尺寸都应先选择好基准，以便从基准出发确定各部分形体间的定位尺寸。若形体的某一方向本身就在基准上，也就没有定位尺寸了。例如表 2-5 右图中的圆柱盲孔，它的高度、宽度方向与径向基准(轴线)重合，所以只标注了长度方向的定位尺寸。有时，除了三个方向各有一个主要基准外，还需要有几个辅助基准。例如表 2-5 中的左图，高度方向以底面为主要基准，而以顶面为辅助基准来确定槽深。再例如表 2-5 中的右图，轴线方向以右端面为主要基准，而以左端面为辅助基准确定孔深。辅助基准必须有尺寸与主要基准相联系。

组合体常选取其底面、端面、对称平面、回转体的轴线或中心线作为标注尺寸的基准。

表 2-5 尺寸的基准

图例	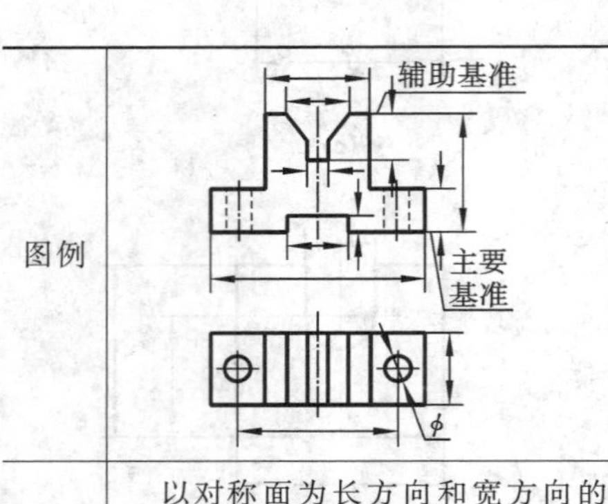	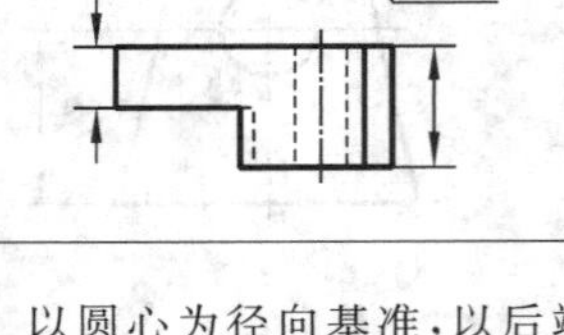	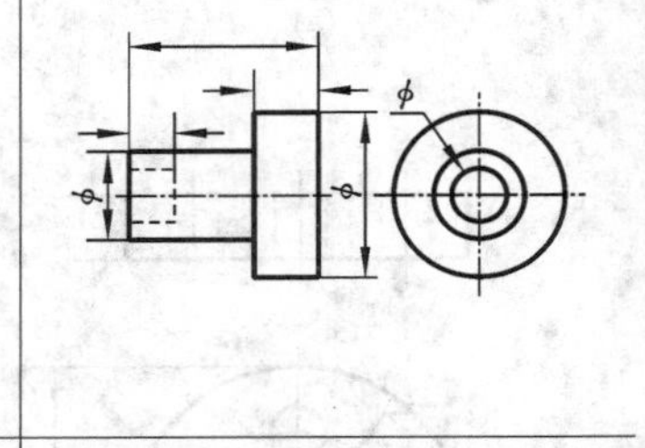
说明	以对称面为长方向和宽方向的基准，以底面为高方向的主要基准，以顶面为高方向的辅助基准	以圆心为径向基准，以后端面为宽方向的基准	以轴线为径向基准，以右端面为轴向的主要基准，以左端面为轴向的辅助基准

六、组合体尺寸标注的方法与步骤

标注组合体的尺寸时，应先进行形体分析，选择基准，注出定形尺寸、定位尺寸及所需总体尺寸，最后按三个方向检查尺寸，进行核对调整，具体步骤见表 2-6 轴承座尺寸标注示例。

表 2-6 轴承座尺寸标注示例

图例	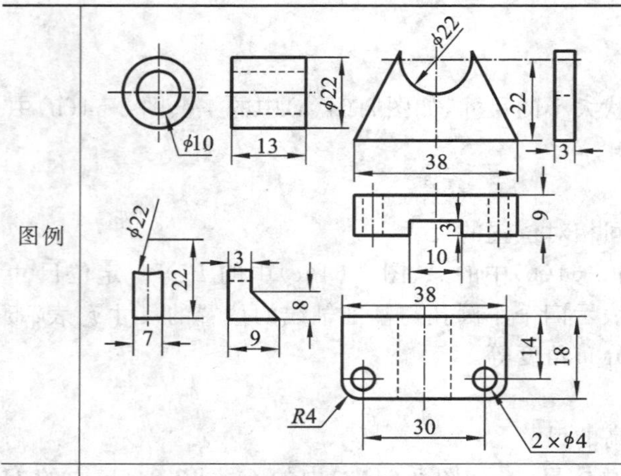	宽度方向尺寸基准 长度方向尺寸基准 高度方向尺寸基准
说明	轴承座分解为底板、支承板、圆筒和肋板四个部分，标注出这四部分的定形尺寸	选择尺寸基准：根据轴承座结构特点，长度方向以左右对称面为基准，高度方向以底面为基准，宽度方向以背面为基准

续表

图例	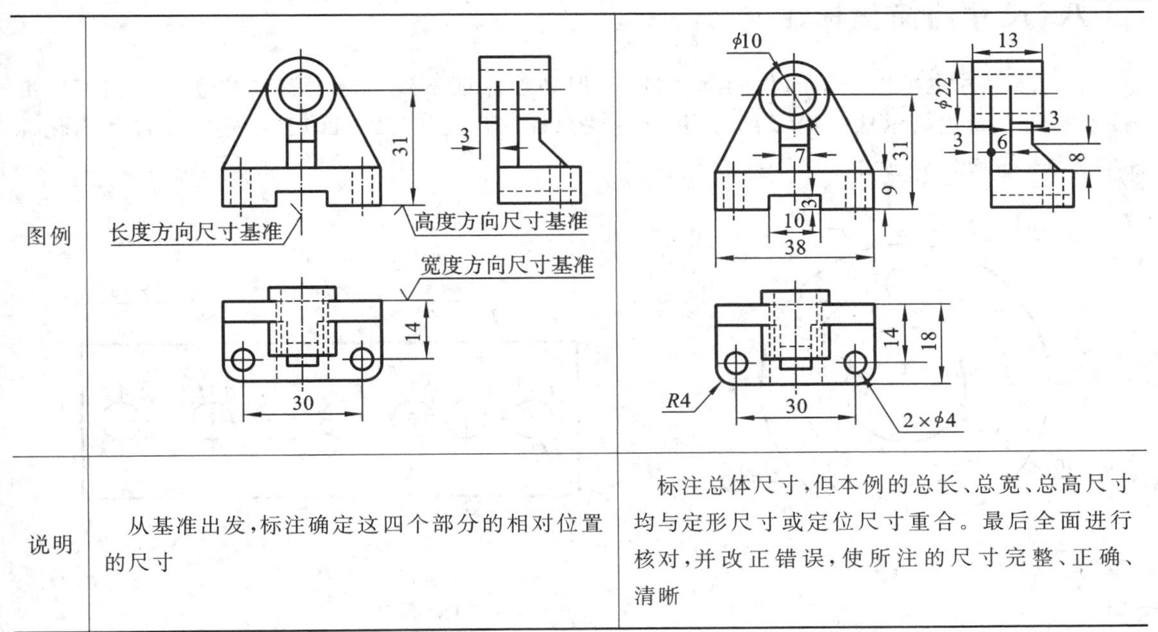	
说明	从基准出发，标注确定这四个部分的相对位置的尺寸	标注总体尺寸，但本例的总长、总宽、总高尺寸均与定形尺寸或定位尺寸重合。最后全面进行核对，并改正错误，使所注的尺寸完整、正确、清晰

七、尺寸标注应注意的问题

为使尺寸标注得清晰、合理，应注意以下问题。

(1) 尺寸应尽量标注在最能反映形体特征的视图上，如图 2-65(a)的尺寸注法合理，而图 2-65(b)的注法不合理。

(2) 同一形体的尺寸应尽量集中标注。

(3) 同一方向的尺寸，小尺寸在内，大尺寸在外。

(4) 尺寸一般不注在虚线上。

(5) 圆柱的直径尺寸尽量注在非圆视图上，而圆弧的半径必须注在反映为圆弧实形的视图上。

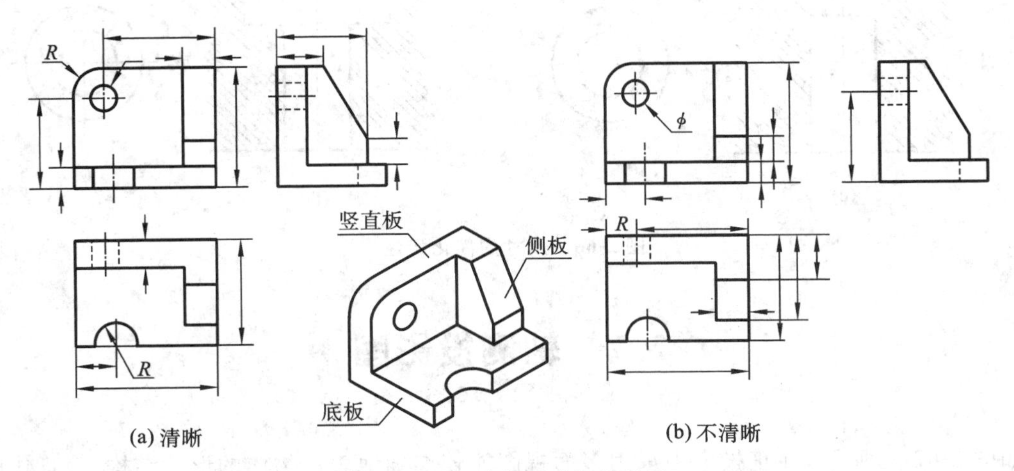

图 2-65 组合体尺寸标注示例

八、尺寸的简化标注

有时候尺寸也可以采用简化的标注方法，但必须保证不致引起误解和多意性。国家标准《技术制图　简化表示法　第 2 部分：尺寸注法》(GB/T 16675.2—2012)中规定了尺寸简化标注的方法，如图 2-66 所示。

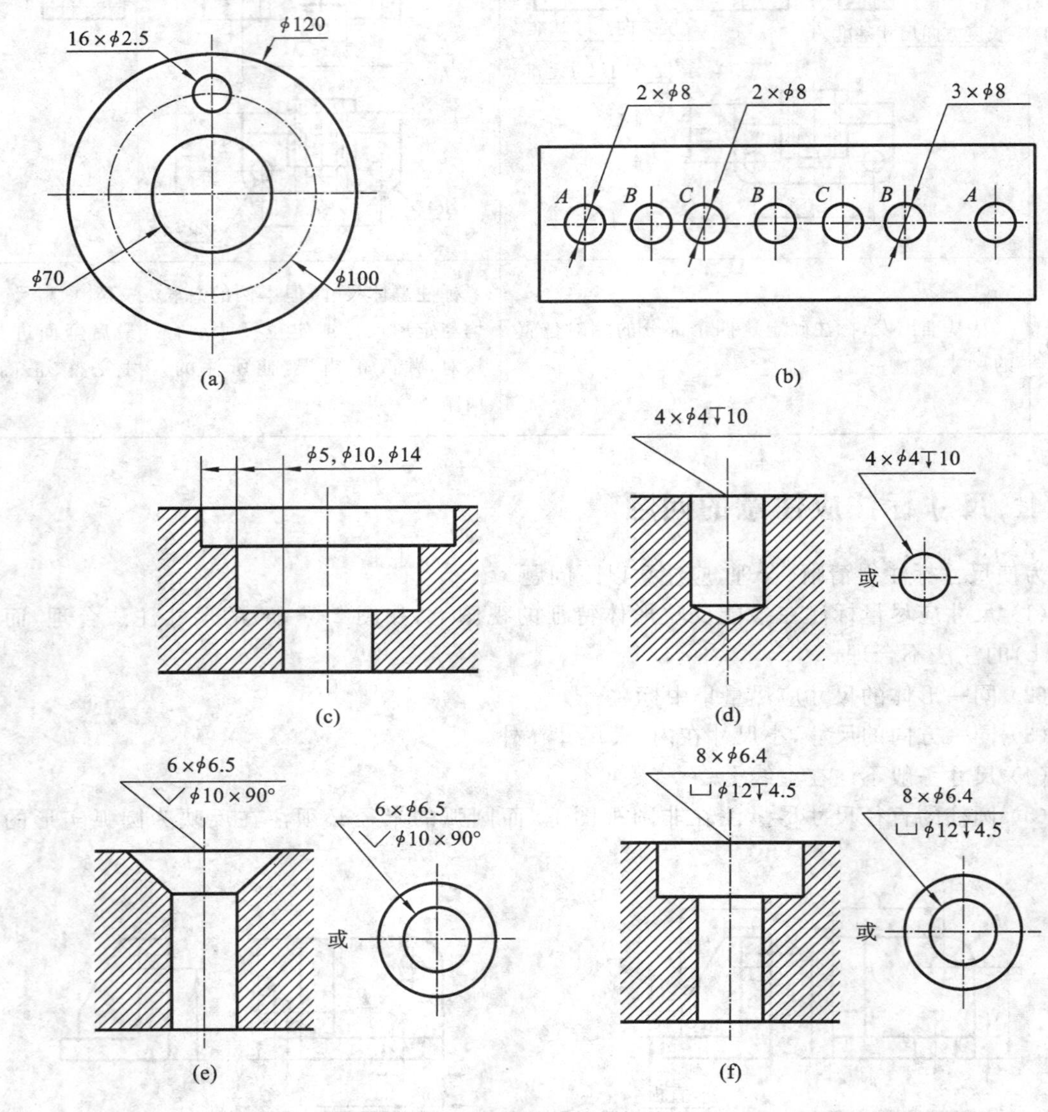

图 2-66　尺寸的简化标注

2.7　轴测投影图

如图 2-67(a)所示，在正投影中采用多面视图能较准确地表达物体的形状结构，而且作图方便，所以正投影图是工程上常用的制造图样。但是这种图缺乏立体感，有一定读图能力的人才能看懂。为了帮助看图，工程上还采用轴测投影图(简称轴测图，示例见图 2-67(b))。这种图能同时反映物体正面、顶面和侧面的形状，因此具有立体感。但它不能准确地表达物体原有的形状和大小，而且作图比较复杂，所以这种图在工程上一般作为辅助图样。

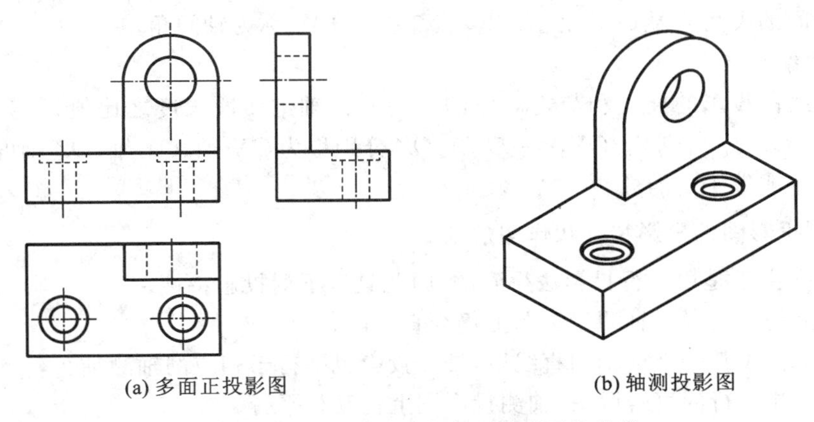

图 2-67 多面正投影图与轴测投影图的比较

一、基本知识

(一) 轴测投影图的形成

对于图 2-68 所示的长方体，在两面投影图中，正面投影只能反映长方体的长和高，水平投影只能反映长方体的长和宽，都缺乏立体感。

如果适当地设置一投影面 P_1(称轴测投影面)，使 P_1 倾斜于反映长方体长、宽、高的三根坐标轴 OX、OY、OZ。将长方体连同其直角坐标系一起向 P_1 作平行投影，此时在平面 P_1 上就得到一个能同时反映长方体长、宽、高三个方向形状的投影，并富有立体感，同时，三根坐标轴也在 P_1 上得到它们的投影 O_1X_1、O_1Y_1、O_1Z_1。这种将物体连同其直角坐标系沿不平行于任一坐标平面的方向，用平行投影法得到的单面投影图称为轴测投影图。其中，利用正投影法得到的轴测投影图是正轴测投影图，而采用斜投影法得到的轴测投影图是斜轴测投影图。

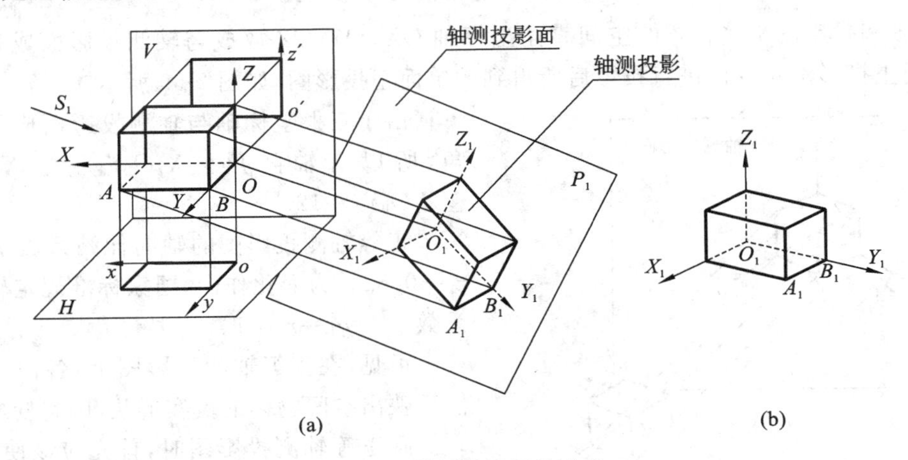

图 2-68 轴测投影图的形成

(二) 轴测投影图的轴间角和轴向伸缩系数

1. 轴测轴

空间坐标轴 OX、OY、OZ 在轴测投影上面的投影 O_1X_1、O_1Y_1、O_1Z_1 称为轴测轴，如图 2-68

(b)所示。

2. 轴间角

轴测轴之间的夹角$\angle X_1O_1Y_1$、$\angle X_1O_1Z_1$和$\angle Z_1O_1Y_1$称为轴间角。

3. 轴向伸缩系数

轴测轴上线段投影的长度和与之对应的空间坐标轴上线段长度之比值，称为轴向伸缩系数。$p_1=O_1X_1/OX$，$q_1=O_1Y_1/OY$，$r_1=O_1Z_1/OZ$分别称为OX轴、OY轴、OZ轴的轴向伸缩系数。它们是小于或等于1的数。

(三) 轴测投影图的投影特性和作图规则

轴测投影图由于是用平行投影法得到的，因此具有下列投影特性。

(1) 物体上的直线段在轴测投影图上仍为直线段。

(2) 空间平行于某一坐标轴的直线段，轴测投影也平行于相应的轴测轴。

(3) 空间互相平行的直线段，在轴测投影图上仍互相平行。

(4) 凡不平行于轴测投影面的圆，轴测投影一般为椭圆。

根据轴测投影图的投影特性可知：凡是在坐标轴上或与坐标轴平行的直线段，在作轴测投影图时可以在对应的轴测投影轴上沿着轴向直接进行作图和度量；凡是与坐标轴倾斜的直线段，在作轴测投影图时，不可以直接作图和度量。"轴测"二字即由此而来。

为了使轴测投影图清晰，在轴测投影图中一般只画出可见部分，必要时才画出不可见部分。

(四) 轴测投影图的分类

轴测投影图的种类有很多，国家标准规定一般采用三种轴测投影图：正等轴测投影图(简称正等测)，正二等轴测投影图(简称正二测)，斜二等轴测投影图(简称斜二测)。我们只介绍常用的正等轴测投影图和斜二等轴测投影图两种轴测投影图及其画法。

二、正等轴测投影图的画法

(一) 正等轴测投影图的投影特征、轴间角和轴向伸缩系数

正等轴测投影图是将物体的空间直角坐标轴OX、OY、OZ放成与轴测投影面成相同的倾角，并采用正投影法对物体进行投影后所得到的单面正投影图，如图2-69所示。

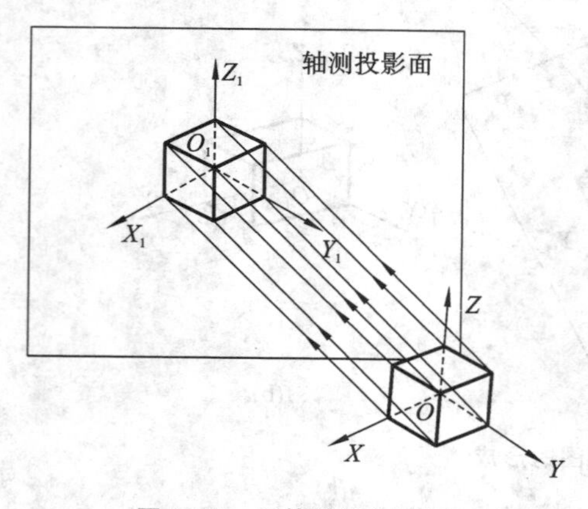

图 2-69 正等轴测投影图

由于三根坐标轴与轴测投影面成相同的倾角，所以有轴间角$\angle X_1O_1Y_1=\angle X_1O_1Z_1=\angle Z_1O_1Y_1=120°$。

正等轴测投影图的轴向伸缩系数$p_1=q_1=r_1\approx0.82$。为简化作图，国家标准规定轴向伸缩系数$p_1=q_1=r_1\approx1$。

可见，在正等轴测投影图上，各面一般都不能反映出空间物体的真实形状，圆将变成椭圆。

画正等轴测投影图时，首先应该使用30°～60°三角板配合丁字尺用细实线画出三根彼此间成120°角的轴测轴，组成正等轴测坐标系，如图2-70(a)所示。在实际作图中，根据物体的形状特征及原点的选取位置不同，为方便画图，三根轴的位置也可画成如图2-70(b)、(c)所示的形式，并可反向延伸（图中虚线所示）。作图时，通常采用轴向伸缩系数 1，使画图时沿轴向的尺寸可按实长量取。

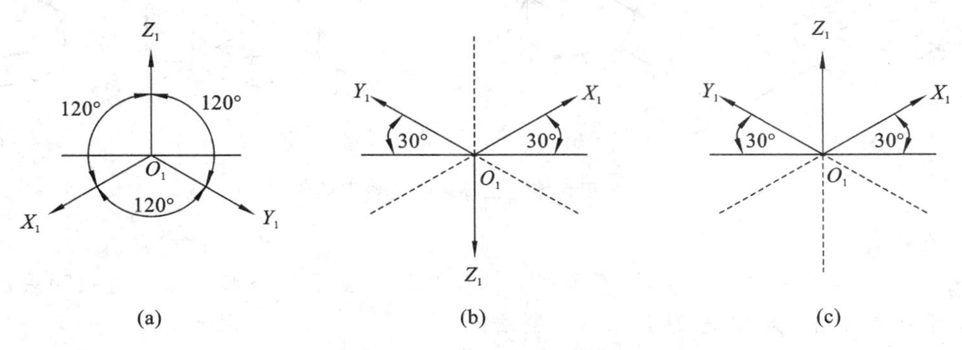

图 2-70 正等轴测投影图的轴间角

（二）平面立体正等轴测投影图的画法

1. 坐标法

将平面立体上各顶点的直角坐标位置分别移置于轴测坐标系中去，然后顺序连接各顶点，就作出了整个平面立体的轴测投影图。坐标法是画轴测投影图的基本方法。

［例 2-7-1］ 根据正六棱柱的两面视图（见图 2-71），作出正六棱柱的正等轴测投影图。

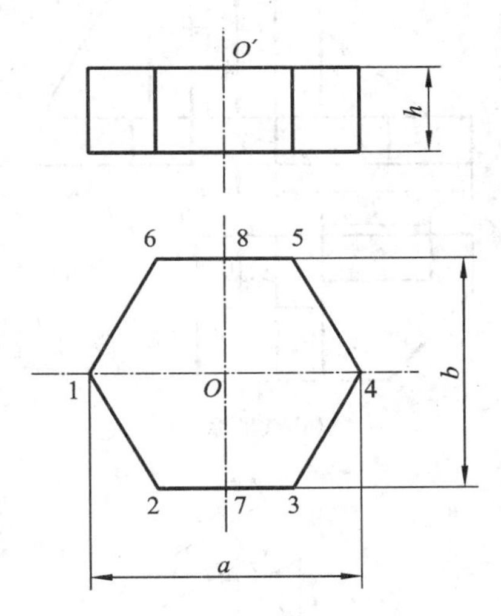

图 2-71 正六棱柱视图

（1）分析。

正六棱柱顶面、底面为正六边形，侧面为垂直于 H 面的矩形。根据正等轴测投影图的投影特点可知，在轴测投影图中顶面是可见的，底面是不可见的，为了减少不必要的作图线，先从顶面开始作图比较方便。由于正六棱柱前后、左右对称，可选取正六棱柱的对称中心为作图原点。

（2）作图。

①以 O_1 为中心点，在 X_1 轴上左右量取距离 $a/2$ 得 1_1、4_1 两点，在 Y_1 轴上前后量取距离 $b/2$ 得 7_1、8_1 两点，如图 2-72(a)所示。

②分别过 7_1、8_1 两点作 X_1 轴的平行线，并量取 $7_1 2_1 = 72$，$7_1 3_1 = 73$，$8_1 5_1 = 85$，$8_1 6_1 = 86$，连线作出六棱柱顶面的轴测投影图，再向下画出各垂直棱线，如图 2-72(b)所示。

③在各垂直棱线上分别量取高度 h，得到底面上各顶点，并连接起来，如图 2-72(c)所示。

④擦去多余的作图线条，描深，即可完成全图，如图 2-72(d)所示。

2. 叠加法

当平面立体为叠加型的组合体时，可用形体分析法将立体分解成几个基本平面立体，然后用坐标法按照它们之间的相对位置分别画出各基本平面立体的轴测投影图，并擦去不可见线条，即得到组合体的轴测投影图。

3. 切割法

当某形体为非矩形块时，可先用坐标法画出完整矩形块的轴测投影图，然后切去多余部分。

［例 2-7-2］ 根据三视图（见图 2-73(a)），作出该平面立体的正等轴测投影图。

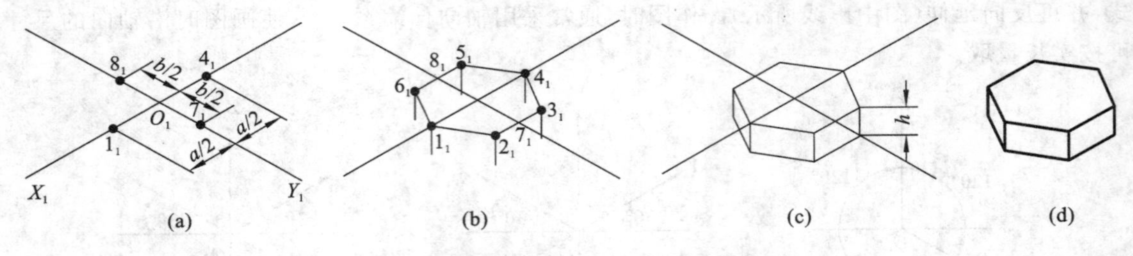

图 2-72　正六棱柱正等轴侧投影图的作图

(1) 分析。

该组合体由三个基本形体组成，可采用叠加法作图。由于三个部分都不是矩形块，为了便于画图，可先画出完整矩形块，然后采用切割法。

三个部分中底板最大，又是整个组合体的基础部分，所以应先画底板，然后逐个叠加。为了在叠加时方便量取尺寸，把底板的左边后部的上顶点选取为坐标原点。

(2) 作图。

作图步骤如图 2-73(b)、(c)、(d)、(e)、(f)所示。

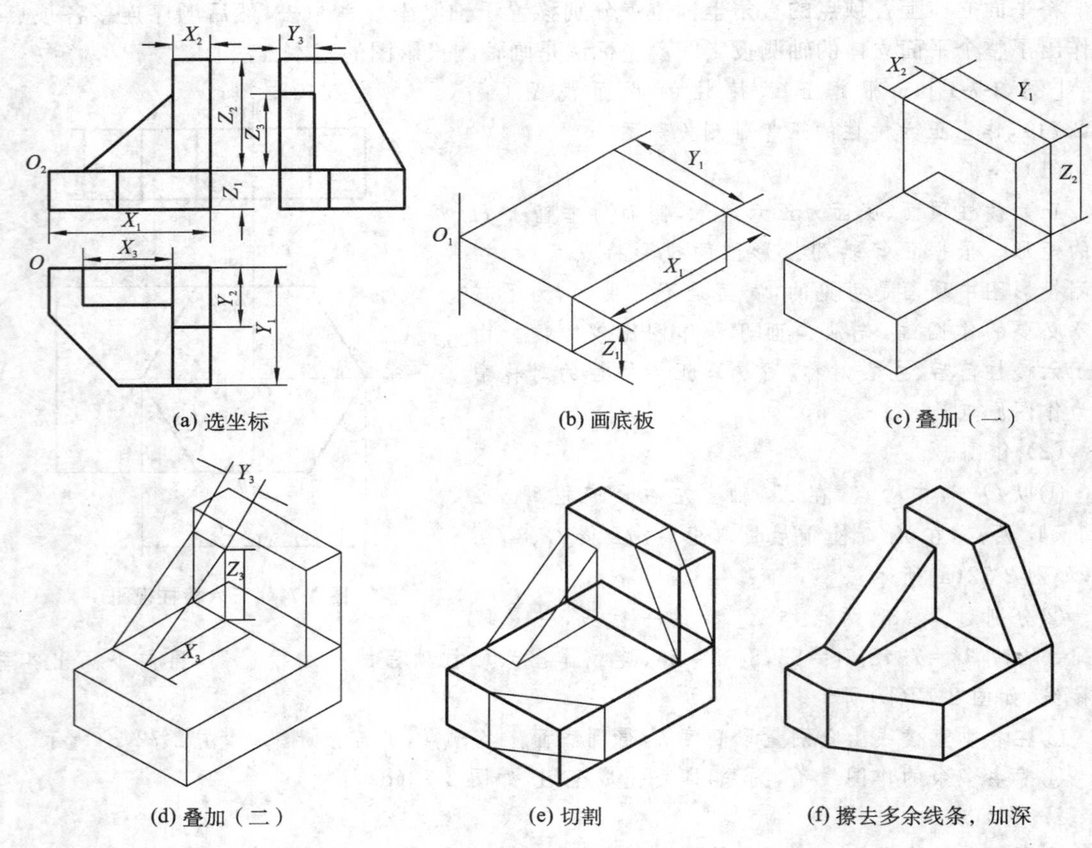

图 2-73　平面立体正等轴测投影图

(三) 圆及圆柱正等轴测投影图的画法

1. 平行于坐标面的圆的正等轴测投影图画法

作圆柱的正等轴测投影图的关键是要学会圆的正等轴测投影图——椭圆的画法。图 2-74 所示是水平圆(即平行于 XOY 面的圆)正等轴测投影图的近似画法(四心圆法)。具体做法如下。

(1) 确定 X、Y 轴的方向，并作圆的外切正方形，切点为 A、B、C、D，如图 2-74(a)所示。

(2) 作 X_1、Y_1 轴，并在轴上量取 $O_1A_1=O_1B_1=O_1C_1=O_1D_1=d/2$，如图 2-74(b)所示。

(3) 过点 A_1、B_1 分别作 X_1 轴的平行线；过点 C_1、D_1 分别作 Y_1 轴的平行线，得菱形的四个顶点 1、3、E_1、F_1。E_1F_1、13 为菱形的对角线，也是椭圆的长、短轴方向，如图 2-74(c)所示。

(4) 连接 $1C_1$（或 $3B_1$）交 E_1F_1 于 2，连接 $3D_1$（或 $1A_1$）交 E_1F_1 于 4，如图 2-74(d)所示。

(5) 分别以 1 和 3 为圆心，以 $1C_1$（或 $3D_1$）为半径作圆弧 $\overset{\frown}{A_1C_1}$ 和 $\overset{\frown}{D_1B_1}$；分别以 2 和 4 为圆心，以 $2C_1$（或 $4D_1$）为半径作圆弧 $\overset{\frown}{C_1B_1}$ 和 $\overset{\frown}{D_1A_1}$。四段圆弧在 A_1、B_1、C_1、D_1 点处为光滑连接，如图 2-74(e)所示。

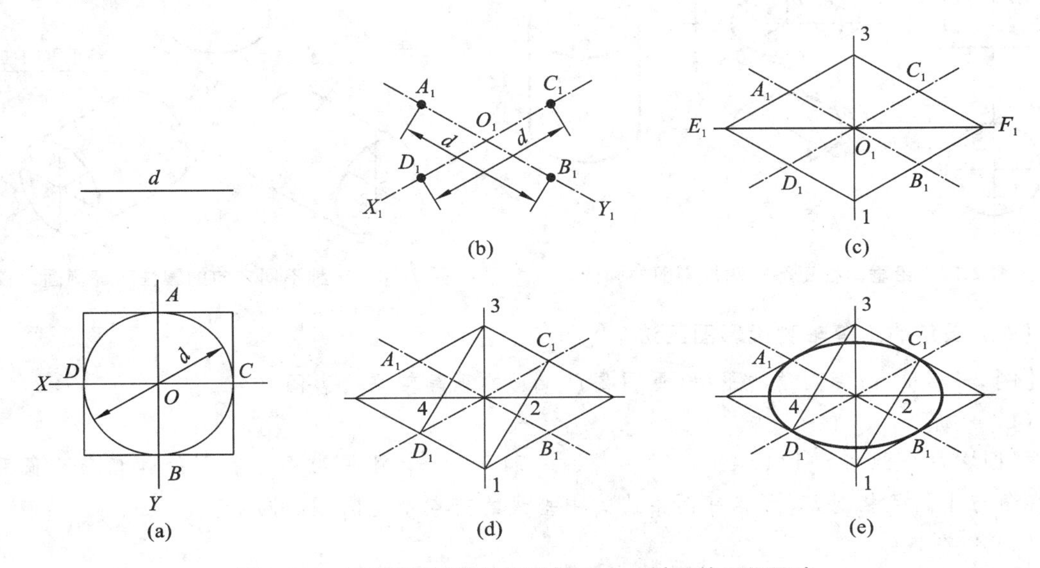

图 2-74 水平圆的正等轴测投影图——椭圆的近似画法

正平圆（平行于 XOZ 面的圆）和侧平圆（平行于 YOZ 面的圆）正等轴测投影图的作图方法与水平圆正等轴测投影图的作图方法类似，只是作正平圆的椭圆时，应在 X_1、Z_1 轴上取切点；作侧平圆的椭圆时，应在 Y_1、Z_1 轴上取切点，因而作出的椭圆长、短轴方向与水平圆的椭圆长、短轴方向也各不相同，如图 2-75、图 2-76 所示。

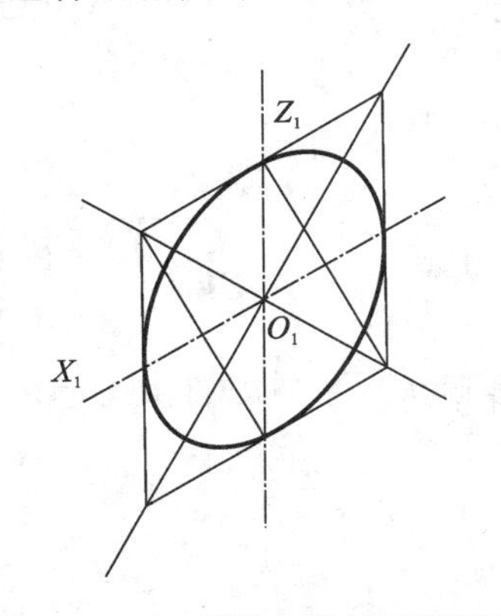

图 2-75 正平圆的正等轴测投影图

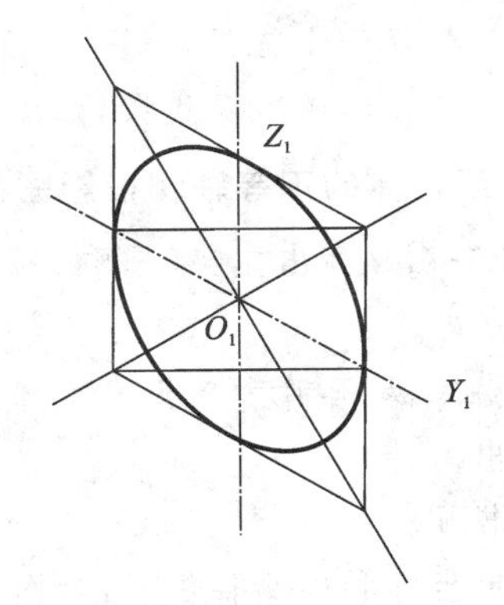

图 2-76 侧平圆的正等轴测投影图

2. 圆柱的正等轴测投影图画法

画铅垂（即轴线平行于 Z 轴）圆柱的正等轴测投影图，只要在沿 Z_1 轴方向上下画出两水平圆的正等轴测投影图——椭圆，并使两椭圆圆心间的距离为圆柱高 H，然后作它们的公切线，并擦去多余和不可见线条即可，如图 2-77 所示。

正垂(即轴线平行于 Y 轴)圆柱和侧垂(即轴线平行于 X 轴)圆柱正等轴测投影图的画法与铅垂圆柱正等轴测投影图的画法类似，只是应分别沿 Y_1 轴方向画出两正平圆的正等轴测投影图和沿 X_1 轴方向画出两侧平圆的正等轴测投影图而已，如图 2-78 所示。

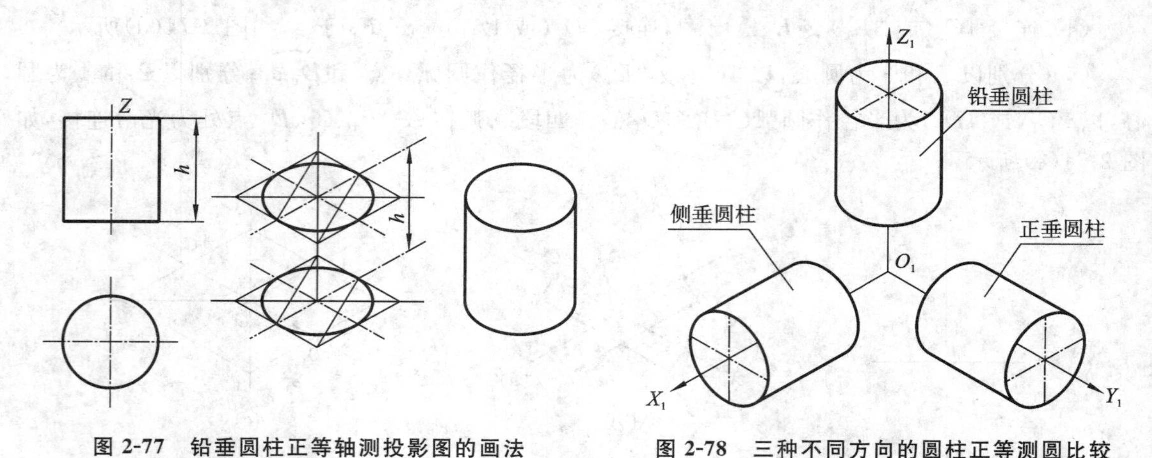

图 2-77　铅垂圆柱正等轴测投影图的画法　　图 2-78　三种不同方向的圆柱正等测圆比较

(四) 圆角的正等轴测投影图画法

[例 2-7-3]　画带圆角的平板(见图 2-79(a))的正等轴测投影图。

(1) 分析。

视图中每个圆角为 1/4 水平圆。参看图 2-74 可知，轴测投影图中菱形的钝角与大圆弧相对，锐角与小圆弧相对，菱形相邻两条边的中垂线的交点就是圆弧的圆心。

(2) 作图。

①作平板的矩形正等轴测投影图。自角顶在两条夹边上分别量取圆角半径 R 得切点 A、B、C、D，如图 2-79(b)所示。

②过切点作相应边的垂线 AO_1、BO_1、CO_2、DO_2，交点 O_1、O_2 即为顶面圆弧的圆心，沿 Z_1 轴方向从 O_1、O_2 向下量取平板高度 h，得底面的对应两圆心 O_3、O_4，如图 2-79(c)所示。

③分别以 O_1、O_3 为圆心，以 O_1B(或 O_1A)为半径画大圆弧；分别以 O_2、O_4 为圆心，以 O_2D(或 O_2C)为半径画小圆弧，如图 2-79(d)所示。

④擦去多余和不可见线条，加深。

(五) 组合体的正等轴测投影图画法

[例 2-7-4]　画出支架(见图 2-80(a))的正等轴测投影图。

(1) 分析。

支架由底板、耳片和肋板三个部分组成。它的圆柱孔和圆角可用四心圆法或过切点作垂线的方法画出。

(2) 作图。

①选定坐标和轴测轴位置，如图 2-80(a)、(b)所示。

②画出底板和耳片主要轮廓的正等轴测投影图，如图 2-80(c)所示。

③用四心圆法(或垂线法)画出耳片的外形，用垂线法画出底板的圆角，用叠加法画出肋板的轴测投影图，如图 2-80(d)所示。

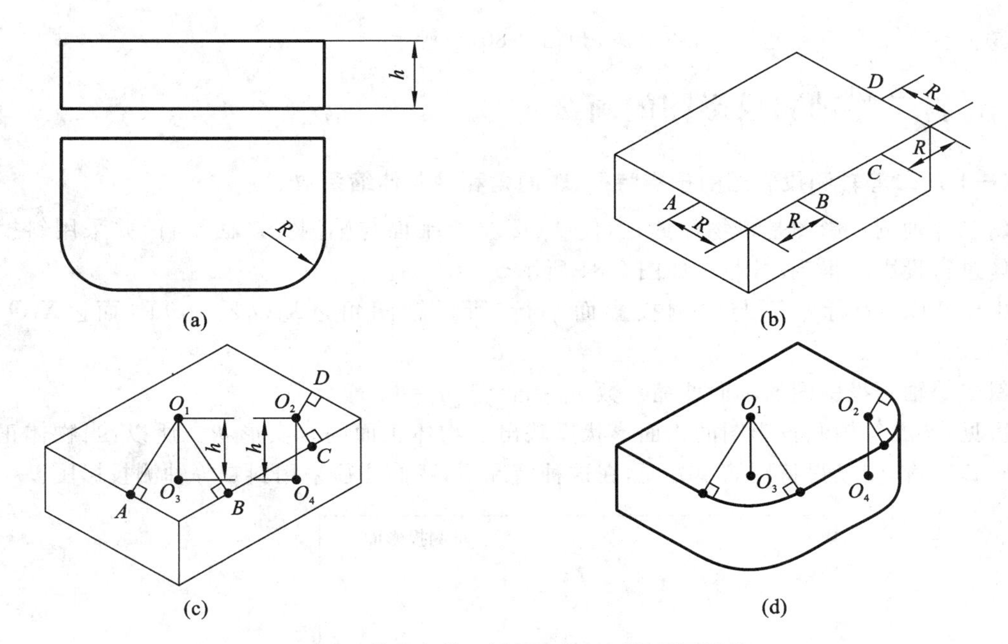

图 2-79 带圆角的平板的正等轴测投影图画法

④用四心圆法画出耳片上正垂圆柱孔和底板上两个铅垂圆柱孔的正等轴测投影图，如图 2-80(e)所示。

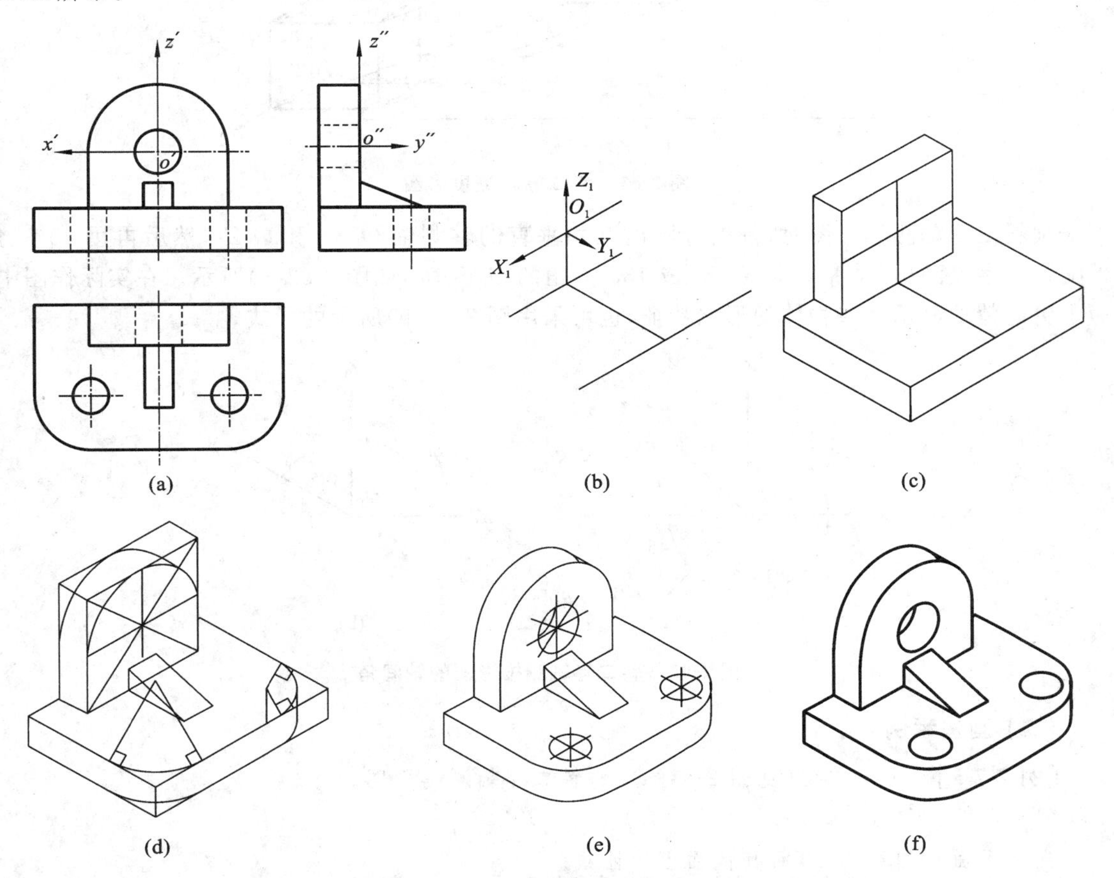

图 2-80 支架的正等轴测投影图画法

⑤擦去多余和不可见线条，并加深，如图 2-80(f)所示。

三、斜二等轴测投影图的画法

(一) 斜二等轴测投影图的投影特征、轴间角和轴向伸缩系数

斜二等轴测投影图是将物体放正，使 XOZ 坐标平面与轴测投影面平行，并采用斜投影法对物体进行投影后得到的图形，如图 2-81 所示。

由于 XOZ 坐标平面与轴测投影面平行，所以轴间角 $\angle X_1O_1Z_1=90^\circ$，而 $\angle X_1O_1Y_1=\angle Y_1O_1Z_1=135^\circ$。

斜二等轴测投影图的轴向伸缩系数 $p_1=r_1=1, q_1=0.5$。

可见，斜二等轴测投影图的正面形状反映出了物体正面的真实形状。所以，当物体正面有圆或圆弧时，作图显得特别简单方便，在这种情况下，我们往往采用斜二等轴测投影图。

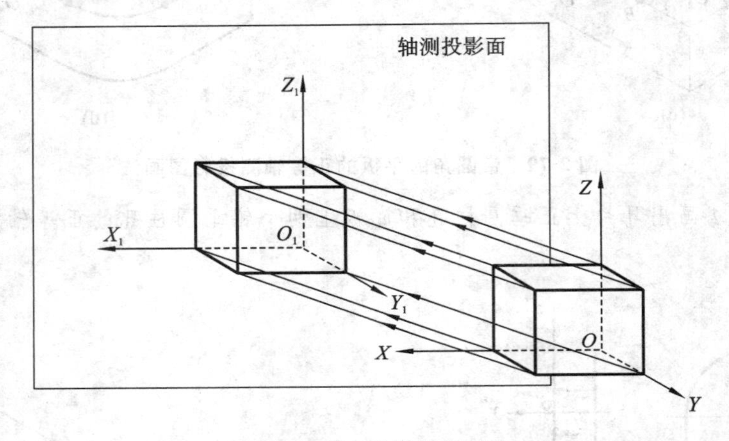

图 2-81　斜二等轴测投影图

画斜二等轴测投影图时，首先应画出互相垂直的轴测轴 O_1X_1 和 O_1Z_1，然后再用 45°三角板配合丁字尺画出与 O_1X_1 和 O_1Z_1 成 135°夹角的 O_1Y_1 轴，如图 2-82(a)所示。在实际作图中，为了更清楚地显示某些物体的形状特征，也可采用图 2-82(b)所示的形式。

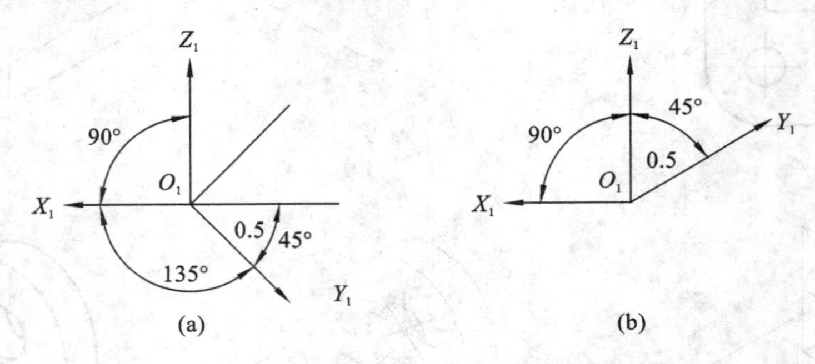

图 2-82　斜二等轴测投影图的轴间角

(二) 画法举例

[例 2-7-5]　画出支架(见图 2-83(a))的斜二等轴测投影图。

(1) 分析。

支架正面有圆和圆弧，而其他面上无曲线。

(2) 作图。

①定坐标，画出支架前端面的图形，如图 2-83(a)、(b)所示。

②沿 O_1Y_1 方向取 $O_1O_2=0.5L$，得 O_2，以 O_2 为圆心画后端面的圆、圆弧及其他图形，如图 2-83(c)所示。

③沿 O_1Y_1 方向作前后圆弧的公切线，并画出所有可见线。擦去多余线条，加深，如图 2-83(d)所示。

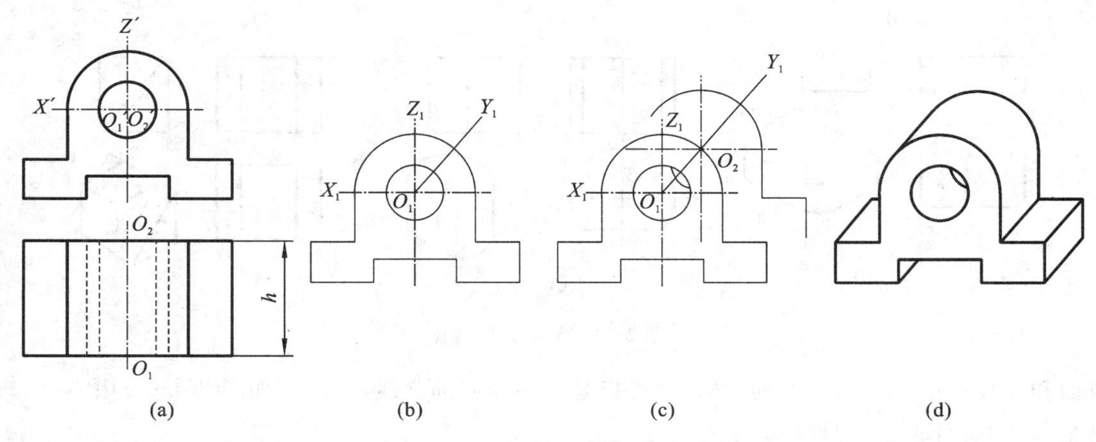

图 2-83 支架的斜二等轴测投影图画法

2.8 看组合体视图

看组合体视图是根据多面视图运用正投影的规律想象出空间组合体形状的过程。

画图是从形象到抽象，而看图则是从抽象到形象，因此看图较难以掌握。我们必须较好地掌握正投影原理及看图的基本知识、基本方法，再多加练习，反复实践，才能提高看图能力。

一、看图的基本知识

(一) 要熟悉简单体的视图，抓住特征视图

由于一些较复杂的组合体都是由基本几何体或经简单切割后的简单体组合而成的，所以我们要熟悉一些常见的简单体的视图。

图 2-84 列出了部分简单体的三视图。

在简单体中，由于直柱体的棱线或轮廓素线垂直于底面，因此，当底面平行于某投影面时，在该投影面上的视图反映底面的实形，其余两个视图的轮廓都是矩形。如果矩形内还有直线，则这些直线必符合投影面垂直线的投影特性。因此，对于柱体，应主要从反映底面实形的视图(特征视图)来判断它的形状特征。

图 2-84(a)、(b)、(c)、(d)、(e)所示均为柱体，图 2-84(f)所示不是柱体。

(二) 弄清楚视图上每一条线和每一个线框的含义

以图 2-85 为例进行分析。

(1) 视图上的每一条轮廓线，可以是物体上下列要素的投影。

①两表面的交线。它可以是物体上两平面交线的投影，如图 2-85(b)中 m_1' 是一投影面垂

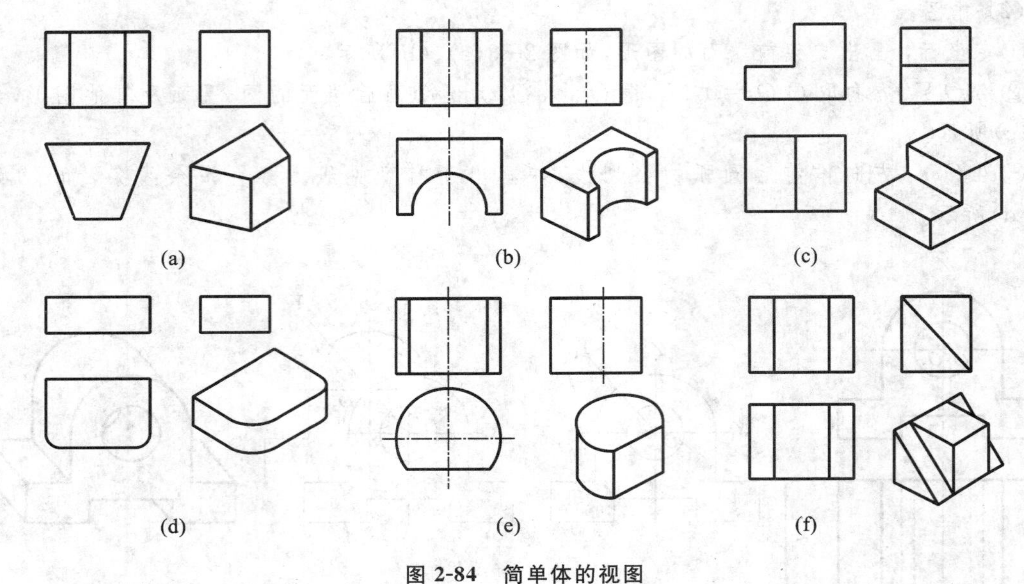

图 2-84 简单体的视图

直面和一投影面平行面交线的投影；也可以是平面与曲面交线的投影，如图 2-85(a)中 l_1'、l_2'都是平面与圆柱面交线的投影。

对于两平面的交线，有以下规律：当两平面垂直于同一投影面时，它们的交线必为该投影面的垂直线，如图 2-85(b)中铅垂面 P_1 和正平面 P_2 的交线 M_1 为铅垂线；凡不同投影面的两垂直面相交，交线必为投影面的倾斜线，如图 2-85(b)中的 M_2。

②垂直面的积聚性投影。它可以是平面的积聚性投影，如图 2-85(b)中的 p_1、p_2；也可以是曲面的积聚性投影，如图 2-85(a)中 l_3 是圆柱面的积聚性投影。

③曲面的轮廓素线的投影。例如，图 2-85(a)中 l_4'就是圆柱面轮廓素(转向)线的投影。

(2) 视图上每一个封闭线框(图线围成的封闭图形)，可以是物体上下列要素的投影。

①平面的投影。它可以是反映投影面平行面实形的投影，如图 2-85(b)中的 p'_2；也可以是投影面垂直面或倾斜面反映类似形的投影。

②曲面的投影。例如，图 2-85(a)中 s'_1、s'_5 都是圆柱面的投影。

③曲面及其切平面的投影。例如，图 2-85(a)中 s'_2 是圆柱面及其切平面的投影。

④通孔的投影。例如，图 2-85(a)中 s_3 是圆柱孔投影。

(3) 视图上任何相邻的封闭线框，可以是下列相互关系。

①两个面相交(平面或曲面)。例如，图 2-85(b)中 p'_1 和 p'_2 反映的是相交两平面，图 2-85(a)中 s'_4 和 s'_5 反映的是平面与曲面(圆柱面)相交。

②两个面错开(或其中一个是通孔)。例如，图 2-85(b)中 p'_2 和 p'_3 反映的是两正平面错开；图 2-85(a)中 s'_1 和 s'_4 反映的是平面与曲面(圆柱面)错开，s_6 和 s_3 反映的是一水平面和一通孔。

(三) 必须明确三视图中各视图与物体方位的对应关系

三视图保持着“长对正、高平齐、宽相等”的对应关系。

主、左视图的上、下表示组合体的上部和下部，主、俯视图的左、右表示组合体的左边和右边，俯视图的下方和左视图的右边表示组合体的前面，俯视图的上方和左视图的左边表示组合体的后面。由此可见，每一个视图只能表示出物体的四个方位，为了得到物体的另两个方位，必

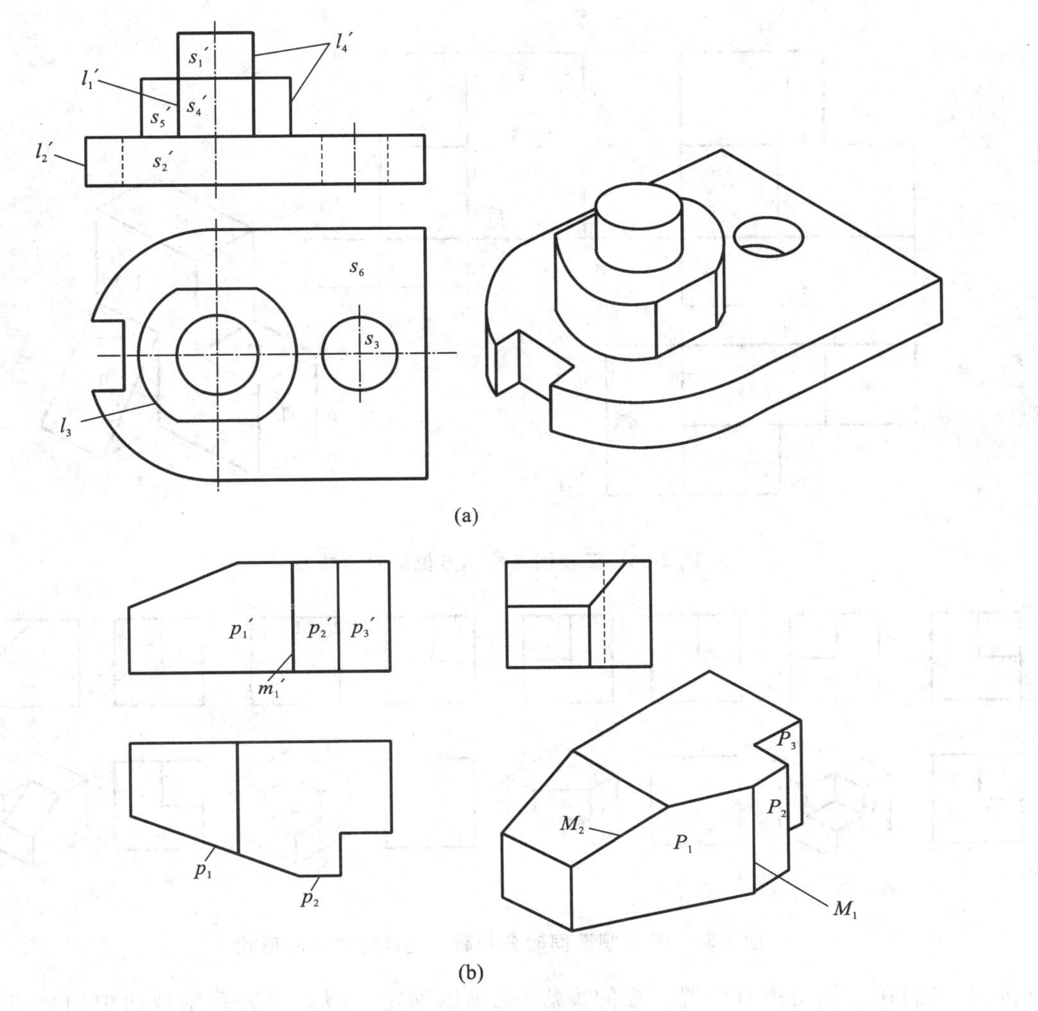

图 2-85 线和线框的含义

须按照三视图的对应关系在另两个视图中去找。

三视图与物体方位的对应关系如图 2-86 所示。在主视图中 1′、2′两个相邻面的前后关系无法确定，只有按照三视图的"三等"原则，对照俯视图或左视图，才通能确定 2′面在前，1′面在后。同样，在俯视图中 3、4 面的上、下关系，只要对照主视图，就能很快确定 3 面在上，4 面在下；在左视图中 5″、6″面的左、右关系，只要对照主视图，就能确定 5″面在右，6″面在左。

(四) 必须几个视图联系起来看

由于一个视图通常不能确定物体的形状，因此看图时，一般要把几个视图联系起来，根据投影规律进行分析、构思，才能想象出空间物体的形状。

图 2-87 所示物体的主视图均相同，图 2-87(a)、(b)、(c)的左视图亦相同，图 2-87(a)和图 2-87(d)的俯视图亦相同。但它们是不同形状(投影方向)物体的投影，因此看图时必须几个视图互相对照，同时进行分析，这样才能正确地想象出该物体的形状。

对于较复杂的物体，应该首先从最能反映该物体形状特征和位置特征的两个视图(其中一个为主视图)下手，进行分析，才能较迅速地想象出它的正确形状。

如图 2-88(a)所示，主视图中线框 1′与 2′表示的形体 Ⅰ 与 Ⅱ 哪个凸起、哪个凹进去，如果不

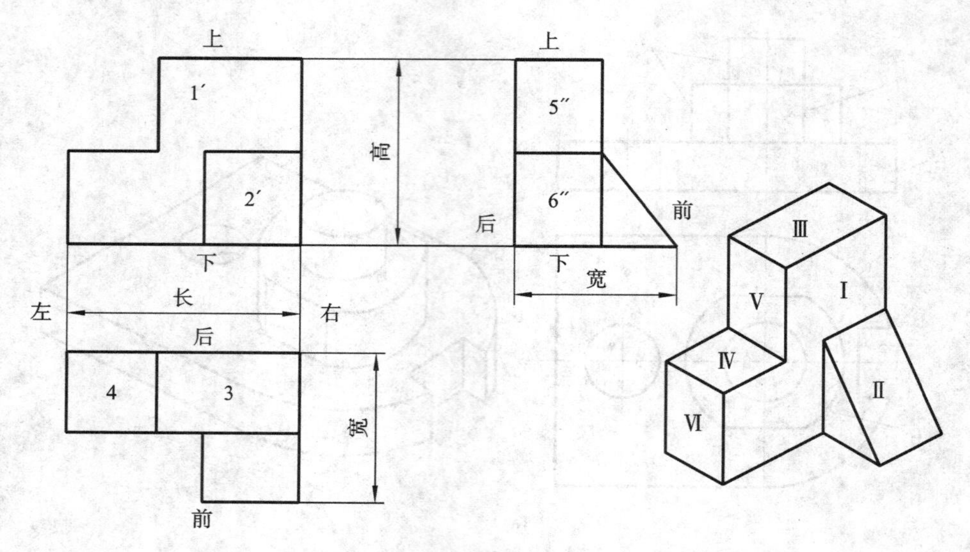

图 2-86 三视图与物体方位的对应关系

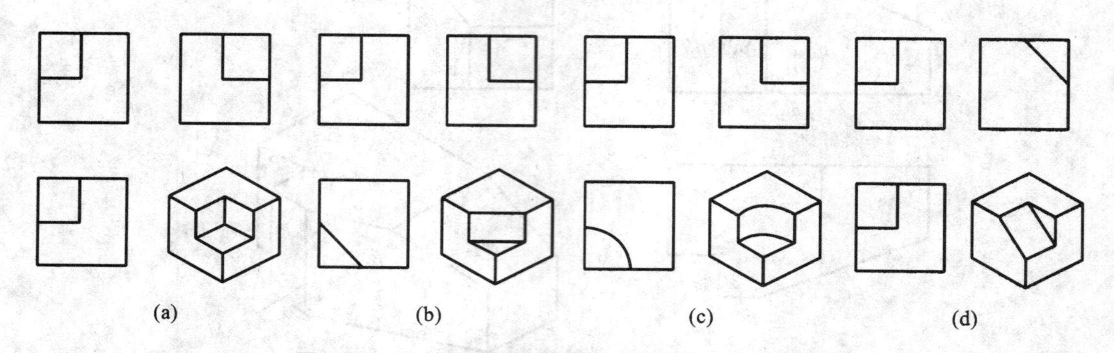

图 2-87 几个视图同时分析后才能确定物体的形状

首先联系它们在左视图中有位置特征的投影，就难以确定。假如只联系俯视图中的相应投影，则至少能表示图 2-88(b)所示的四种结构形状。如果把主、左视图配合起来识读，就能迅速确定这部分的形状和位置，如图 2-88(c)所示。

二、看图方法及举例

看图的基本方法是形体分析法。对于较复杂的切割型组合体，也常用线面分析法。

(一) 形体分析法

用形体分析法看图，就是把比较复杂的视图按线框分成几个部分，再运用三视图的投影规律，先分别想象出各部分的形状和位置，再综合起来想象出整体的结构形状。

具体步骤举例说明如下。

[例 2-8-1] 根据图 2-89(a)所示的轴承座三视图，想象出轴承座的形状。

(1) 看视图，分线框。

由主视图可知，形体可分为四个线框。将主、俯视图对应起来看，形体左、右对称，所以左右三角体肋板可作为一个形体。因此，该轴承座大体可分为三个部分。

从图中看出，组成轴承座的所有简单体均为柱体，其中主视图较明显地反映了Ⅰ、Ⅱ形体的形状特征，而左视图较明显地反映了Ⅲ形体的形状特征。

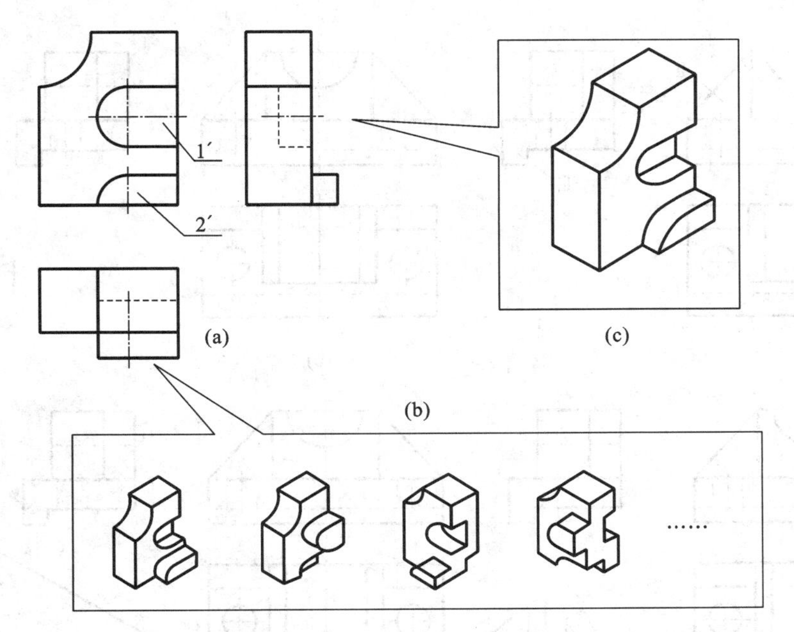

图 2-88 从最能反映物体形状特征的两个视图看起

(2) 对投影,定形体。

根据三视图的“三等”原则,分别从主视图和左视图出发,找出Ⅰ、Ⅱ和Ⅲ线框在其他视图上对应的投影,分别想象出它们的空间形状。

线框Ⅰ是在长方体上方切去半个圆柱形成的柱体,如图 2-89(b)所示。线框Ⅱ表达的是两个三角块形体(三棱柱),如图 2-89(c)所示。线框Ⅲ是在一长方体下后部又切去一长方体,并在左、右两侧钻两个圆柱孔而形成的底板,如图 2-89(d)所示。

(3) 综合起来想整体。

根据每一线框所表达的形体以及它们在视图中的相对位置关系可知,长方体轴承Ⅰ在底板Ⅲ上面中央,后面靠齐;三角块肋板Ⅱ在轴承Ⅰ的左、右两侧,且与轴承Ⅰ相接,后面靠齐,从而综合想象出轴承座的整体形状,如图 2-89(f)所示。

(二) 线面分析法

用线面分析法看图,就是运用三视图的投影规律,首先把物体被切表面分解为线、面(即线框),然后根据这些线、面的投影特性,判断它们是哪一类线、面,进而识别这些线、面的空间位置和形状,从而想象出整个物体的形状。

具体步骤举例说明如下。

[例 2-8-2] 根据图 2-90(a)所示的切割体三视图,想象出它的空间形状。

(1) 抓住特性分清面。

所谓抓住特性,就是指抓住物体上各被切面的投影特性;所谓分清面,就是指根据投影特性来确定它们各属于什么面。

①从斜线出发,判断并确定投影面垂直面切口的位置和形状。

由于斜线是投影面垂直面的投影特征之一,所以首先应从斜线出发,确定投影面垂直面。

主视图的左(右)上方有一斜线 p',对照左、俯视图,得两个边数相等的类似形线框,所以 P 是正垂面切出的梯形面,图 2-90(b)所示。

左视图的前方有一斜线 q'',对照主、俯视图,得两个边数相等的类似形线框,所以 Q 是侧垂

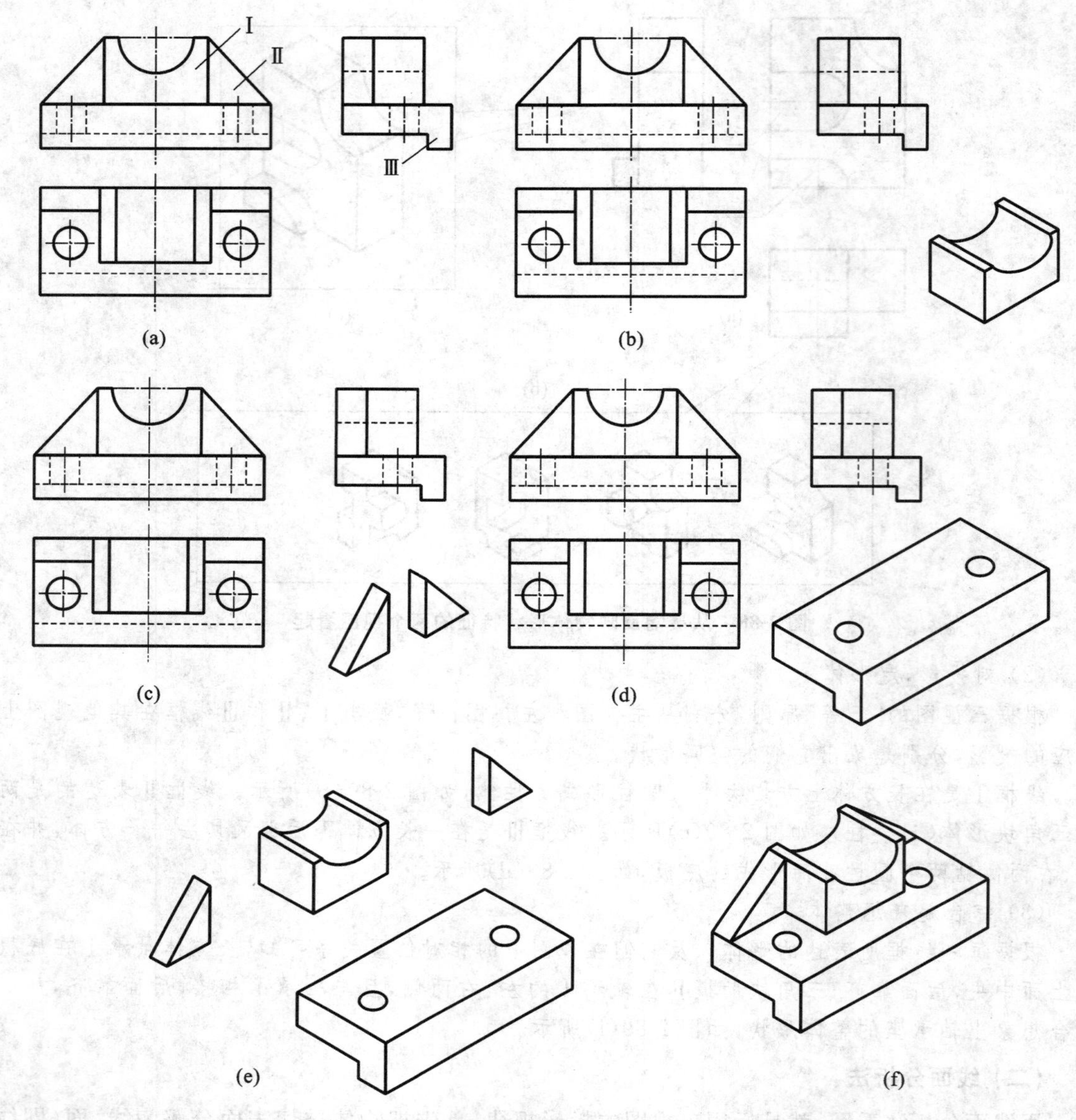

图 2-89 轴承座的看图方法——形体分析法

面切出的十边形面，图 2-90(c)所示。

俯视图中间虽也有斜线 r，但对照主、左视图可知，它是两不同投影面垂直面 P、Q 的交线——投影面倾斜线的投影。

②从坐标轴平行线缺口出发，判断并确定投影面平行面切口的位置和形状。

俯视图的前方有由三条坐标轴平行线围成的缺口，对照主、左视图，分别可得一直线、一线框。其中，X 轴平行线得到的是一矩形线框和一虚线，Y 轴平行线得到的是虚、实线组成的一梯形线框和一实线。所以，该缺口是由一正平面和两侧平面切割而成的。

(2) 综合起来想整体。

综合以上分析可看出，该切割体是在长方体的基础上，被两正垂面切去左、右上方；被侧垂面切去前上方；被一正平面和两侧平面切去前方所形成的组合体，图 2-90(d)所示。

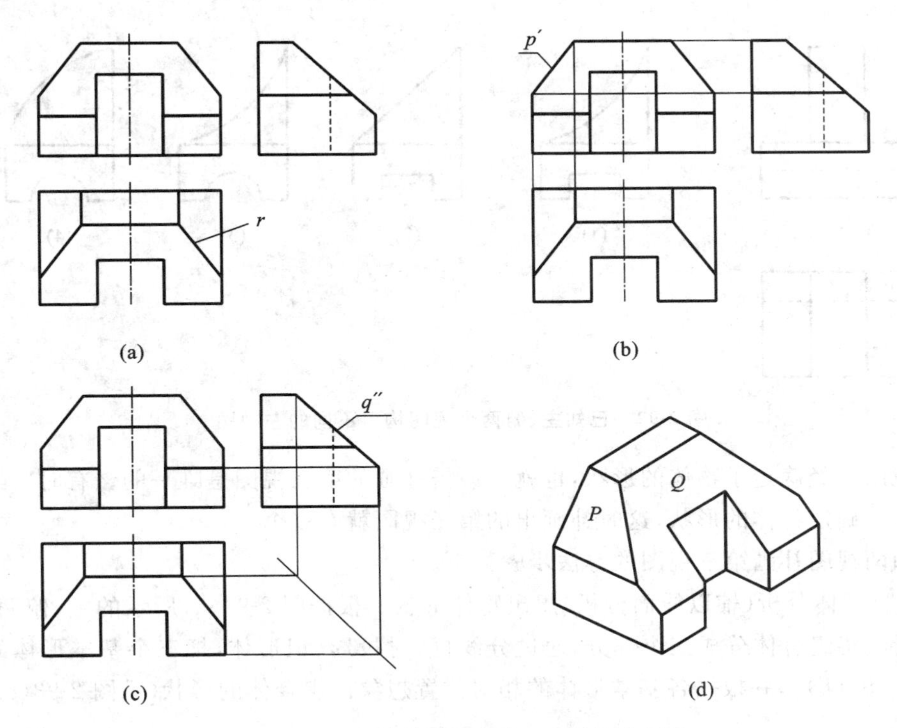

图 2-90 切割体的看图方法——线面分析法

三、看图的练习方法

要想提高看图能力，必须多看多练，反复实践。练习看图的方法主要有下列几种。

(一) 由已知一个视图或两个视图，构思多种其他视图

图 2-91 给出了相同的俯视图，构思出了五种不同的主视图(读者还可以继续构思)。

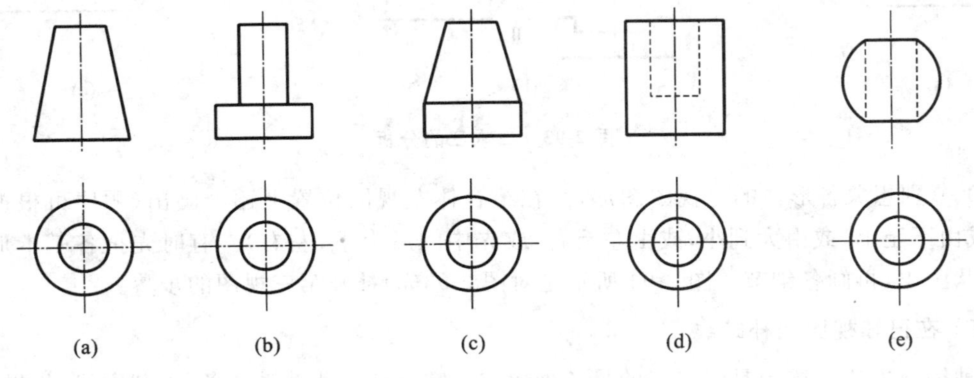

图 2-91 已知一个视图(俯视图)构思不同的主视图

图 2-92 给出了相同的主、俯视图，构思出了四种不同的左视图(读者还可以继续构思)。

(二) 由已知的两视图补画第三视图(简称“二求三”)

这种练习方法是对已知两视图进行分析，并在看懂视图、想象出物体空间形状的基础上，画出第三视图。第三视图补画得是否正确，是衡量是否已经真正看懂图形的依据。一般情况下所

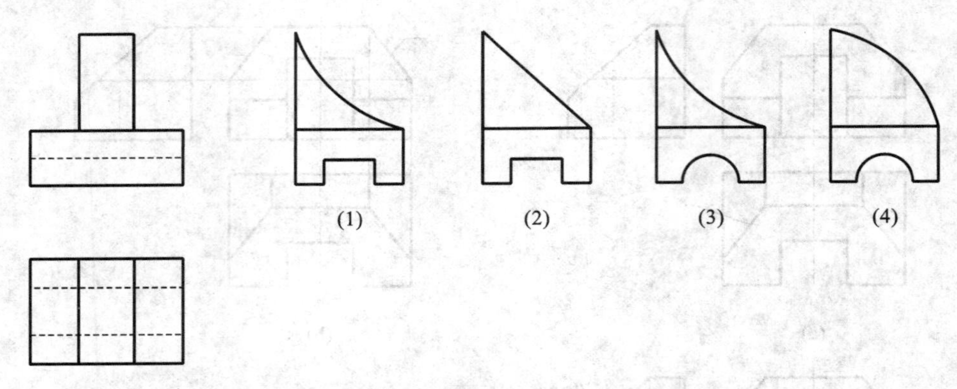

图 2-92　已知主、俯两个视图构思不同的左视图

给的两个视图已经确定了物体的形状，也就是说需补画的第三视图是唯一的。有时所给的两个视图不能唯一确定物体的形状，这时补画出的第三视图就有多个解。

由已知两视图补画第三视图的方法步骤如下。

(1) 通过形体分析(辅以线面分析)想出物体形状。根据图 2-93(a)所示的主、俯两个视图，用形体分析法将组合体分成三个部分，通过分线框、对投影、识形体，把三个基本形体的形状想出来(见图 2-93(b))，并根据各基本形体的相对位置想象出组合体的形状(见图 2-93(c))。

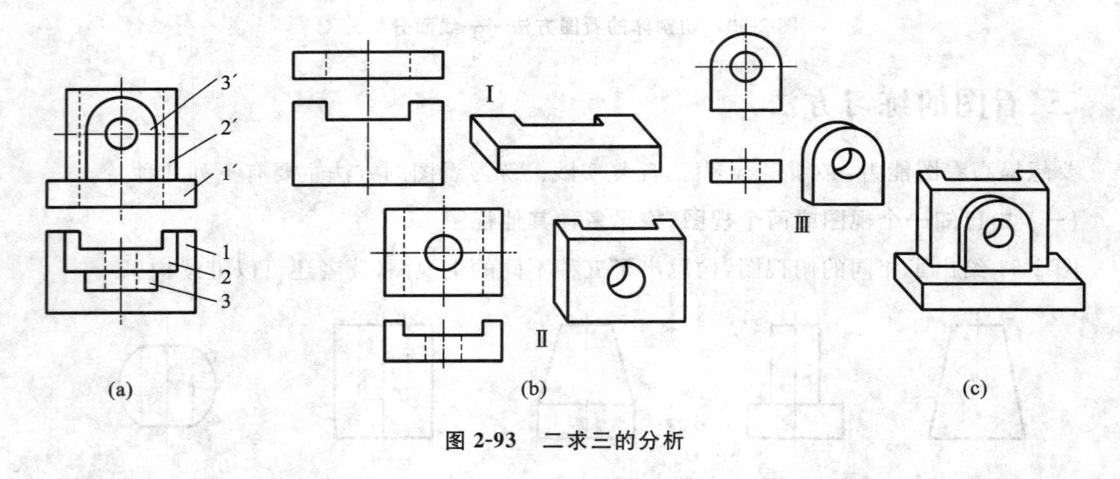

图 2-93　二求三的分析

(2) 分别想象各形体的左视图图形，并在组合体左视图位置上逐个画出(顺序可根据实际情况，或由下至上，或由大到小，或由左至右，或先中间后上下、左右)。有时先把各基本形体的主要形状画出，再画各细节。图 2-94 所示是对图 2-93(a)补画第三视图的步骤。

(三) 在已知视图上补缺线

这种练习方法实质上是二求三的另一种形式。它是把一些关键线条(如截交线、相贯线等)故意遗漏，让读者在看懂两个视图某一局部的基础上，补画出第三个视图上应该有的线。三个视图上有时都有缺线，所以，在练习时应该反复对照、分析三个视图，这样才能将缺线补齐。

表 2-7 所示是在视图上补缺线的几个例子。

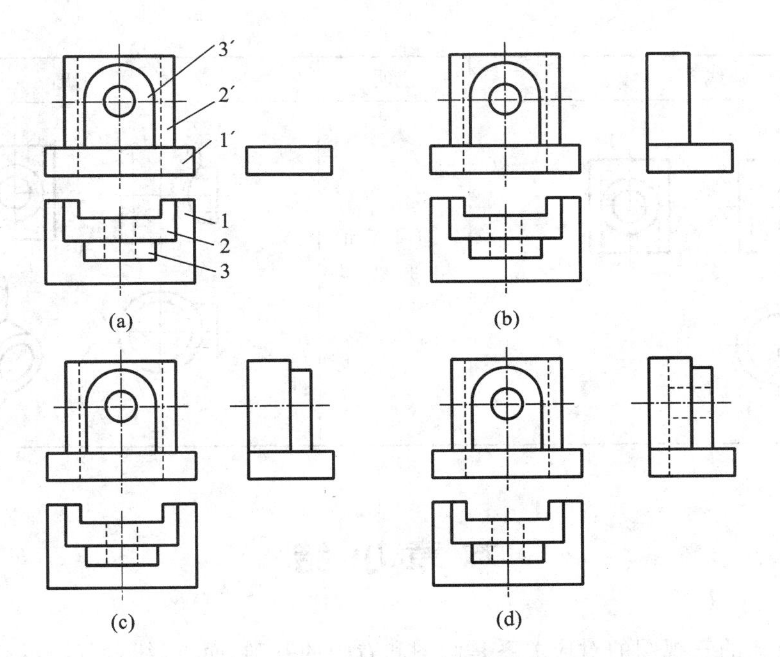

图 2-94 补画第三视图的步骤

表 2-7 在视图上补缺线

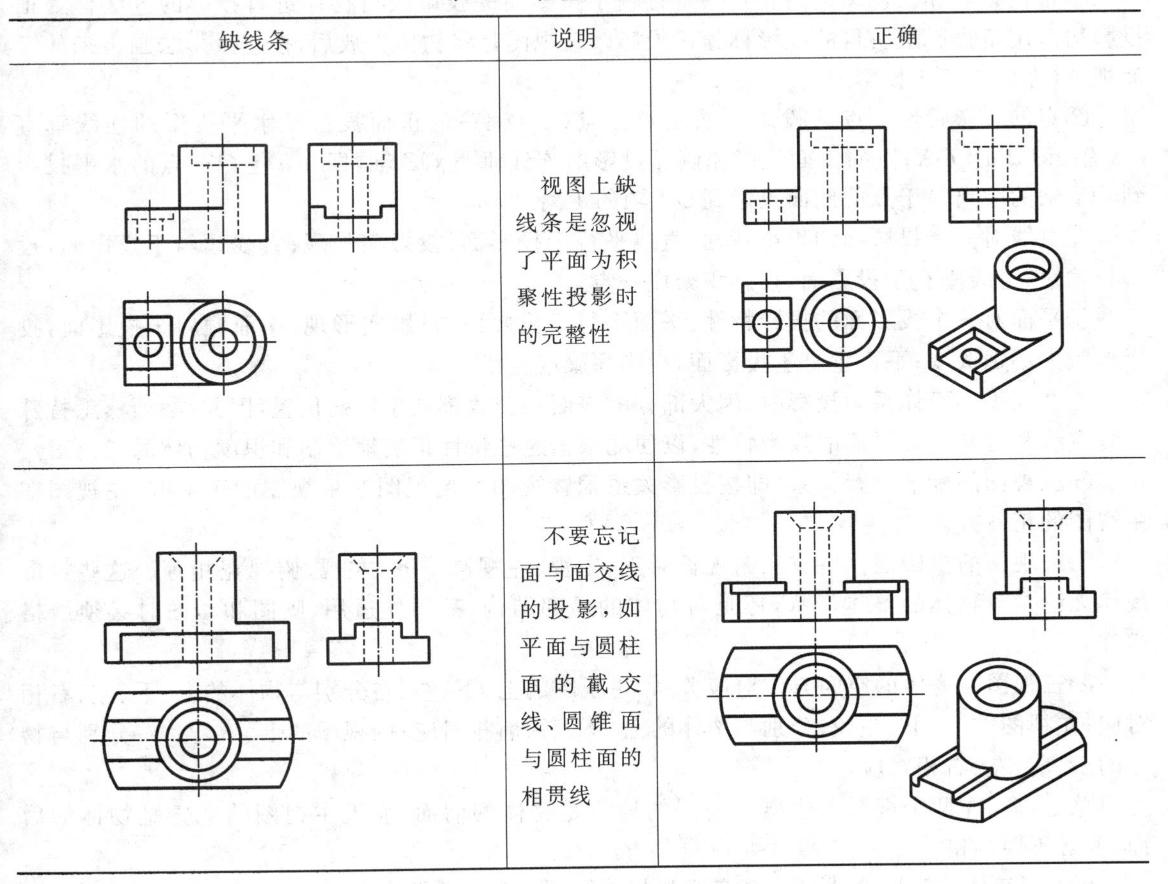

缺线条	说明	正确
	视图上缺线条是忽视了平面为积聚性投影时的完整性	
	不要忘记面与面交线的投影，如平面与圆柱面的截交线、圆锥面与圆柱面的相贯线	

续表

缺线条	说明	正确
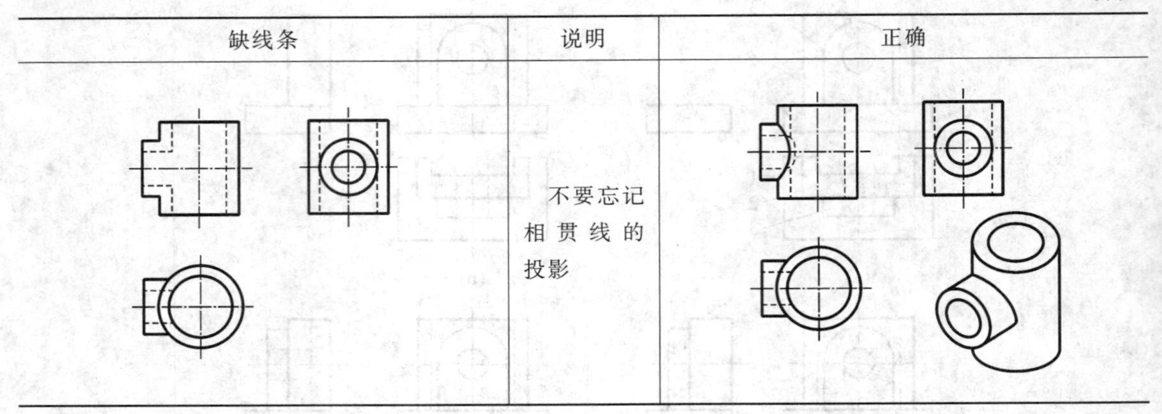	不要忘记相贯线的投影	

本章小结

(1) 本章所述的三视图的对应关系是画图和看图的基础,而点、线、面的投影规律是画图和看图的理论根据,以下几点必须很好地理解和掌握。

①正投影法和三视图。用相互平行且垂于投影面的投影线对物体进行投影的方法称为正投影法。用正投影法所得的投影称为正投影。三视图是将物体正放后,按正投影法画出来的三面视图(亦即三面正投影图)。

②点的投影特性。点的投影仍然是点。点(如点 A)的正面投影和水平投影的连线垂直 OX 轴,即 $a'a \perp OX$;点的正面投影和侧面投影的连线垂直 OZ 轴,即 $a'a'' \perp OZ$;点的水平投影到 OX 轴的距离等于点的侧面投影到 OZ 轴的距离,即 $aa_X = a''a_Z$。

③直线对一个投影面的投影特性:直线平行于投影面,投影实长现;直线倾斜于投影面,投影长缩短;直线垂直于投影面,投影积聚成一点。

④平面对一个投影面的投影特性:平面平行于投影面,投影实形现;平面倾斜于投影面,投影形状大小都改变;平面垂直于投影面,投影积聚成直线。

⑤在三投影面体系中投影时,因大部分的表面和交线都处于特殊位置,因此,必须熟悉特殊位置直线和特殊位置平面的投影特性,以便能根据这些特性正确地绘制和识读物体的三视图。

⑥三视图的标准位置关系(即按投影关系配置视图):俯视图在主视图的正下方,左视图在主视图的正右方。

⑦三视图的投影规律:主视、俯视长对正,主视、左视高平齐,左视、俯视宽相等。这些投影规律无论是对物体的整体形状,还是对物体的局部结构,都同样适用,画图和看图时必须严格遵守。

⑧三视图与物体的空间方位对应关系:主视图的上、下、左、右分别与物体的上、下、左、右相对应;左视图的上、下、左、右分别与物体的上、下、后、前相对应;俯视图的上、下、左、右分别与物体的后、前、左、右相对应。

总之,俯、左两个视图上远离主视图的地方是物体的前面,靠近主视图的地方是物体的后面,务必不要搞错。

(2) 回转体的表面交线——截交线和相贯线是本章的重要内容。

回转体的截交线是平面与回转体相交形成的表面交线,回转体的相贯线是平面立体与回转体或两回转体相交形成的表面交线。我们要求必须掌握以下内容。

①平行和垂直于圆柱轴线的平面切割圆柱得到的截交线画法。

②两圆柱正交时相贯线的简化画法，包括两等直径圆柱正交时的相贯线画法。

(3) 形体分析法是画图和看图的基本方法，应通过由物画图、由图想物、从简到繁、先易后难地反复练习，逐步掌握。

在熟悉基本形体三视图投影特征的基础上，通过画图，理解和掌握各种组合形式(相接、相切、相交、切割)的画法特点。

画图和看图时，一定要搞清楚视图中每条粗实线及虚线的投影意义(是面的积聚性投影、还是面与面交线的投影，或是曲面轮廓素线的投影)；要避免画图时多画了线或少画了线。

看组合体的视图时，一般先从表示物体形状特征最明显的主视图开始，弄清各视图之间的投影联系，按"看视图、分线框；对投影、定形体；合起来，想整体"的步骤，想出物体的形状。物体上某些切割部分不易看懂时，再运用线面分析法。

(4) 视图和尺寸是从定形和定量两个方面确定物体形状和大小的，所以在视图上标注好尺寸十分重要。组合体视图上的尺寸一般包括三大类，即定形尺寸、定位尺寸和总体尺寸。对组合体尺寸标注的基本要求是正确、完整、清晰，至于合理，将在第5章中详述。

第3章 机件形状的表达方法

在生产实际中，机件的形状是多种多样的。当机件的形状和结构比较复杂时，如果仍只用主视图、俯视图和左视图这三个基本视图，就难以正确、完整、清晰地表达机件的内、外形状。因此，国家标准《技术制图 图样画法 视图》(GB/T 17451—1998)、《技术制图 图样画法 剖视图和断面图》(GB/T 17452—1998)、《技术制图 图样画法 剖面区域的表示法》(GB/T 17453—2005)及《技术制图 简化表示法 第1部分：图样画法》(GB/T 16675.1—2012)中规定了一系列机件形状的表达方法。本章择要予以介绍。

3.1 视 图

视图是根据有关国家标准和规定用正投影法绘制的图形。在机械图样中，主视图要用来表达机件的外部结构形状，一般只画出可见部分，必要时才用虚线画出不可见部分。视图的基本表达法应遵循《技术制图 图样画法 视图》(GB/T 17451—1998)、《机械制图 图样画法 视图》(GB/T 4458.1—2002)的规定。

视图包括基本视图、向视图、局部视图和斜视图四种。

一、基本视图

为了清晰地表达机件六个方向的形状，在 H、V、W 三个基本投影面的基础上，再增加分别与 H、V、W 面平行的三个基本投影面，组成正六面体形的六面投影体系，把机件围在当中，如图 3-1 所示。

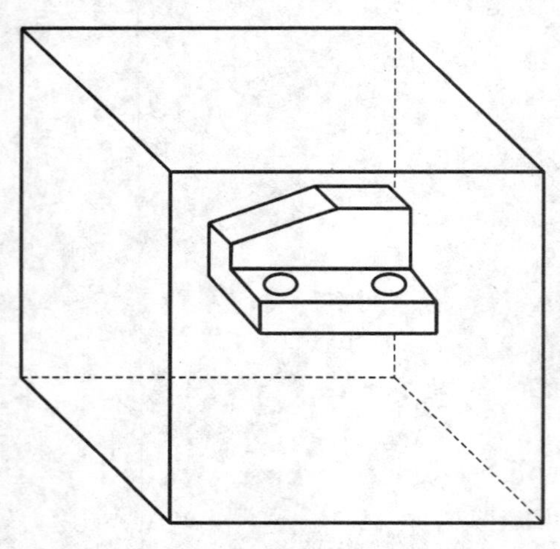

图 3-1 六面投影体系

机件在六个基本投影面上的投影，都叫基本视图。

其中由前向后投影所得的视图为主视图，由上向下投影所得的视图为俯视图，由左向右投影所得的视图为左视图，由右向左投影所得的视图为右视图，由下向上投影所得的视图为仰视图，由后向前投影所得的视图为后视图。

机件投影到六个投影面后，所得的六个基本视图按图 3-2 所示箭头方向展开摊平。

展开后六个基本视图的位置如图 3-3 所示。在同一张图纸内按上述关系配置的基本视图一律不标注视图的名称。

六个基本视图无论如何配置，都仍满足视图间的尺寸联系。当按投影关系配置(见图 3-3)时，对俯、左、右、仰视图来说，靠近主视图的一侧，表示机件的后面；远离主视图的一侧表示机件的前面。

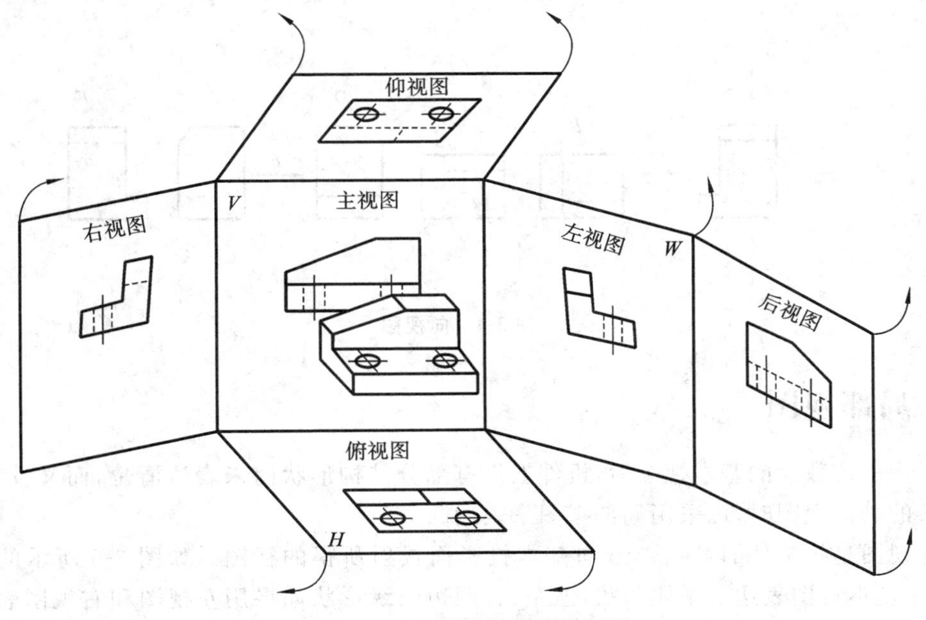

图 3-2 六个基本投影面展开图

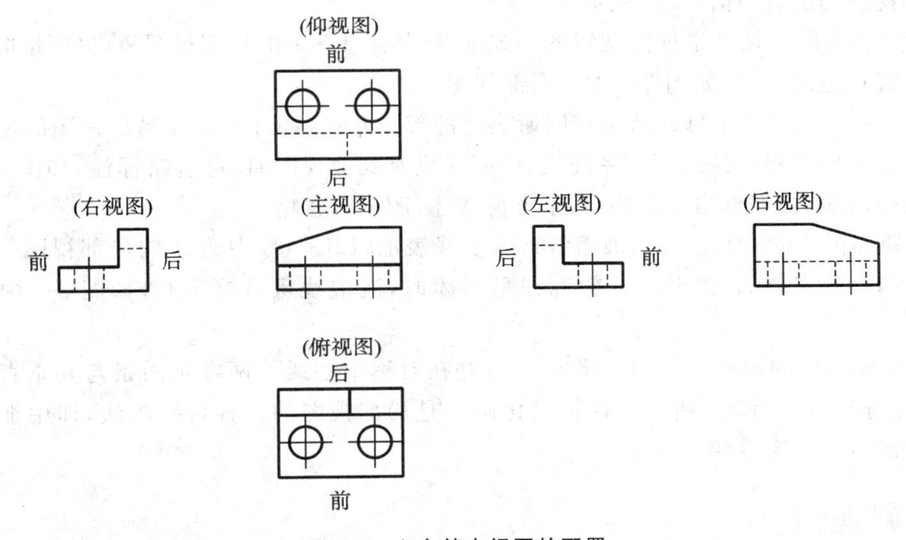

图 3-3 六个基本视图的配置

在实际应用中，在选定主视图的基础上，要根据机件的特点来选用其他视图，以完整、清晰、简便地表达机件形状为准，往往不需要画出全部六个视图。

二、向视图

向视图是可以自由配置的基本视图。为了便于读图，应在向视图的上方用大写拉丁字母标出该向视图的名称（如“B”“C”等），并在相应的视图附近用箭头指明投射方向，注上相同的字母，如图 3-4 所示。

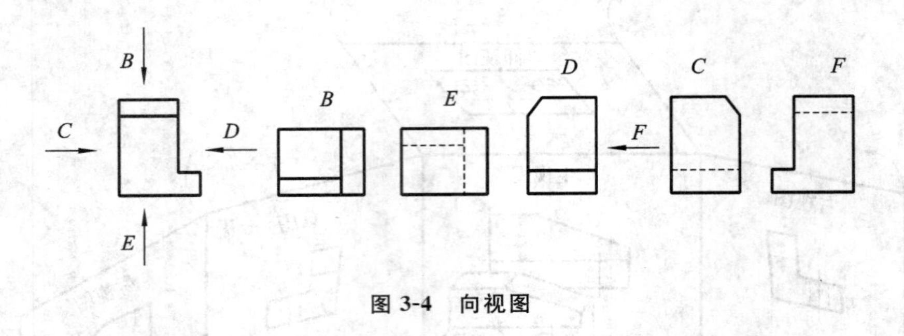

图 3-4　向视图

三、局部视图

当采用一定数量的基本视图后，机件上仍有部分结构形状尚未表达清楚，而又没有必要再画出完整的其他视图时，可采用局部视图来表达。

局部视图是将机件的某一部分向基本投影面投射所得的视图。如图 3-5 所示的机件，用主、俯两个基本视图表达了主体形状，但左、右两边凸缘形状如果用左视图和右视图表达，则显得烦琐和重复。采用 *A* 和 *B* 两个局部视图来表达两个凸缘形状，既简练又突出了重点。

局部视图的配置、标注及画法如下。

(1) 局部视图可按基本视图配置的形式配置，如图 3-5 中的局部视图 *A*；也可按向视图的配置形状配置在适当位置，如图 3-5 中的局部视图 *B*。

(2) 局部视图用带字母的箭头标明所表达的部位和投射方向，并在局部视图的上方标注相应的字母。当局部视图按投影关系配置、中间又没有其他视图时，可省略标注，如图 3-5 中的 *A* 向局部视图的箭头、字母均可省略(为了方便叙述，图中未省略)。

(3) 局部视图的断裂边界用波浪线或双折线表示，如图 3-5 中的 *A* 向局部视图。但当所表示的局部结构是完整的，图形的外轮廓线呈封闭时，波浪线可省略不画，如图 3-5 中的局部视图 *B*。

(4) 对称机件的视图可只画一半或 1/4，并在对称中心线的两端画两条与其垂直的平行细实线(对称符号)，如图 3-6 所示。这种简化画法是局部视图的一种特殊画法，即用细点画线代替波浪线作为断裂边界线。

四、斜视图

当机件上有倾斜于基本投影面的结构时，为了表达倾斜部分的真实形状，可设置一个与倾斜部分平行的辅助投影面，再将倾斜结构向该投影面投影。这种将机件向不平行于基本投影面的平面投射所得的视图称为斜视图。

斜视图的配置、标注及画法如下。

(1) 斜视图通常按向视图的配置形式配置并标注，即在视图的上方用字母标出视图的名称，在相应的视图附近用带有同样字母的箭头指明投射方向，如图 3-7(a)所示。

(2) 必要时，允许将斜视图旋转配置，并加注旋转符号，箭头方向应与旋转方向一致，如图 3-7(b)所示。旋转符号为半圆形，半径等于字体高度。表示该视图名称的字母应靠近旋转符号的箭头端，也允许在字母之后注出旋转角度。

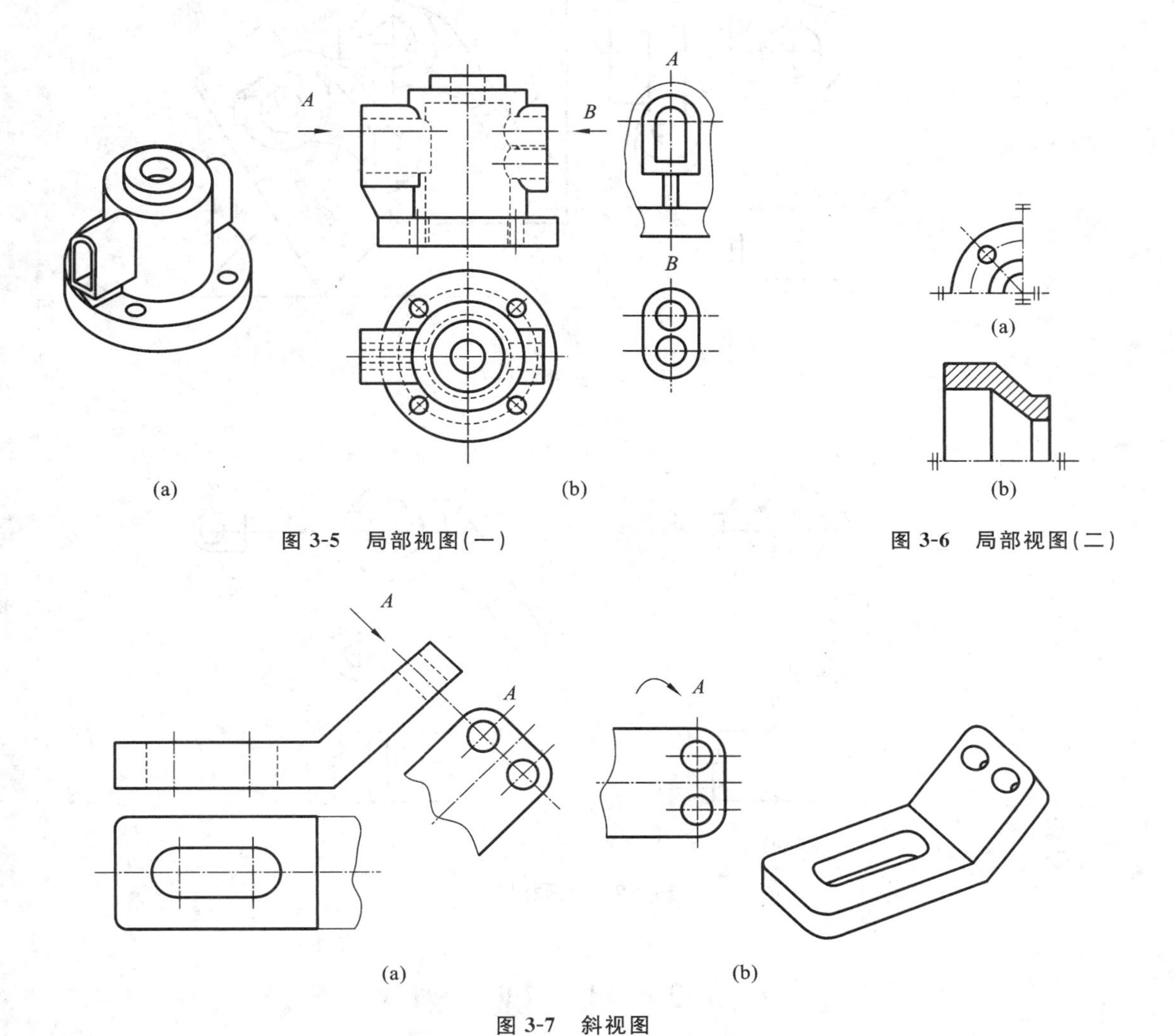

图 3-5 局部视图(一)

图 3-6 局部视图(二)

图 3-7 斜视图

五、表达方法综合应用

以上介绍了基本视图、向视图、局部视图和斜视图，在实际画图时，并不是每个机件都有这四种视图，而是根据需要灵活选用。

图 3-8(a)所示为压紧杆的三视图。由于压紧杆左端耳板是倾斜的，所以俯视图和左视图都不反映实形，画图比较困难，表达不清晰。为了清楚地表达倾斜结构，可按图 3-8(b)在平行于耳板的正垂面上作出耳板的斜视图，以反映耳板的实形。因为斜视图只是表达压紧杆倾斜结构的局部形状，所以画出耳板的实形后，用波浪线断开，其余部分的轮廓线不画出。

图 3-9(a)所示为压紧杆的一种表达方案，它采用一个基本视图(主视图)、*B* 向局部视图(代替俯视图)、*A* 向斜视图和 *C* 向局部视图表达压紧杆。为了使图面更加紧凑，又便于画图，可将 *C* 向局部视图不按投影关系配置画在主视图的右边，将 *A* 向斜视图转正画出，如图 3-9(b)所示。

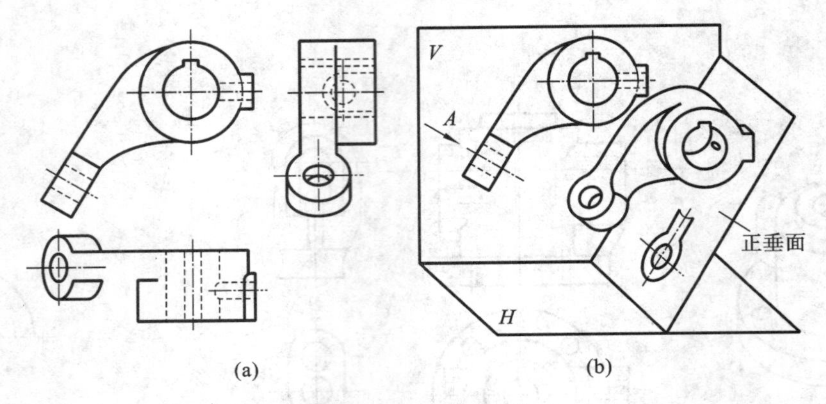

(a) (b)

图 3-8 压紧杆(一)

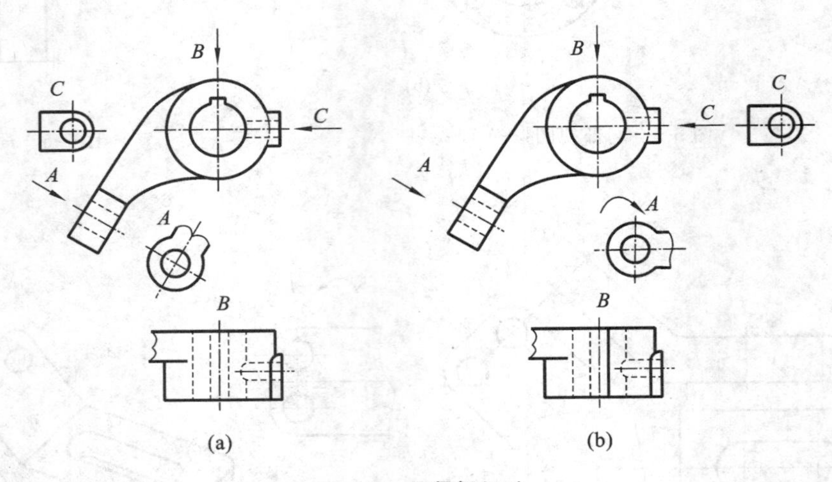

(a) (b)

图 3-9 压紧杆(二)

3.2 剖视图

一、剖视图概述

(一) 剖视图的定义

对于内部结构比较复杂的机件,如果用一般的视图来表达,在视图上就会出现许多表示机件内部形状的虚线,如图 3-10 所示,虚线和外形轮廓实线交织在一起,就使整个视图不清晰,不便于看图,也不利于标注尺寸。为了解决这一问题,国家标准《技术制图 图样画法 剖视图和断面图》(GB/T 17452—1998)和《机械制图 图样画法 剖视图和断面图》(GB/T 4458.6—2002)中规定了剖视的方法。

如图 3-11 所示,假想用剖切面剖开机件,将处在观察者和剖切面之间的部分移去,而将其余部分向投影面投影所得的图形,称为剖视图(简称剖视)。

(二) 剖视图的画法

以图 3-11 为例,在主视图上取剖视,画法如下。

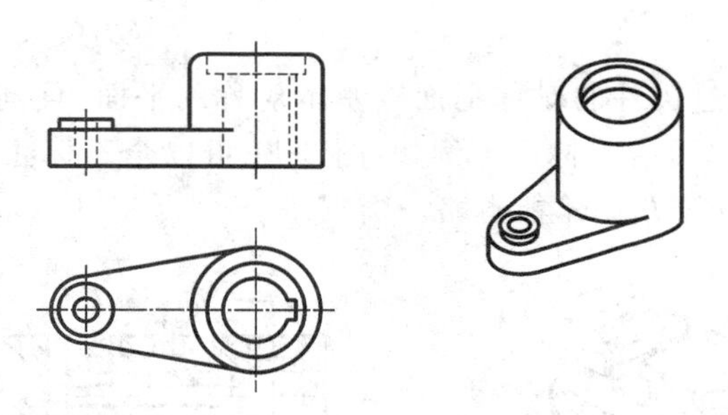

图 3-10 用虚线表示内部形状

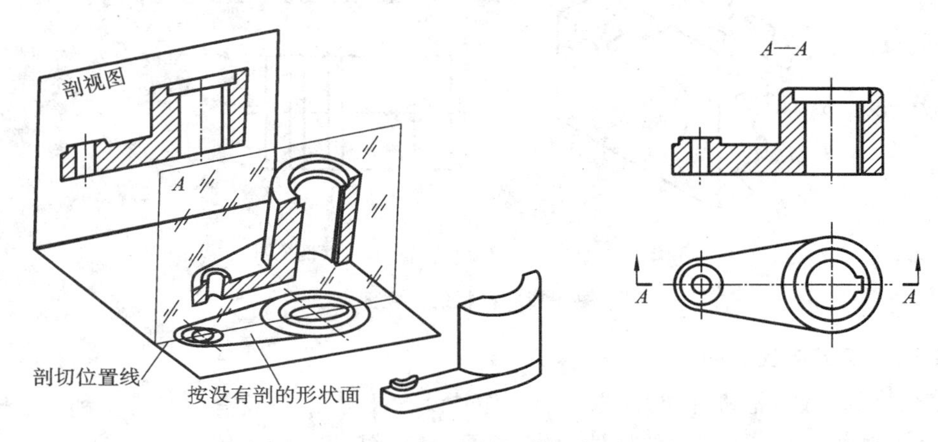

图 3-11 剖视图的画法

(1) 确定剖切面的位置。为了使主视图中的内孔变得可见并反映实际大小，剖切面 A 应平行于正面，并通过机件的对称平面和孔的轴线。

(2) 画剖视图。移去前半部分，将其余部分按投影关系画出主视图，并画出完整俯视图。

画剖视图的主视图时应注意到：原虚线变成了粗实线，后面不可见部分的虚线不画。

(3) 画剖面符号(《技术制图 图样画法 剖面区域的表示法》(GB/T 17453—2005))。在剖切面剖切到的断面上画上剖面符号，以与剖切面后面未剖切到的面区别开。本机件为金属材料，剖面符号画成与水平线成 45°的一系列细实线(细实线称为剖面线)。

(4) 标注剖切符号、箭头和名称。

(三) 剖切位置与剖视图的标注原则

为了使看图的人判断剖切面通过的位置和剖切后的投影方向，便于找出各相应视图之间的确切关系，剖视图一般都应标注，如图 3-11 所示。标注的内容如下。

(1) 剖切符号。剖切符号表示剖切位置，在起始和终了处画上粗实线，线宽为 1～1.5b，线段长约 5 mm，尽可能不与轮廓线相交。

(2) 箭头。箭头画在剖切符号的两端，且与剖切符号垂直。箭头的方向表明剖切后的投影方向。

(3) 剖视名称。剖视名称用相同的大写拉丁字母标在箭头的外侧，并在相应的剖视图上方(用相同的字母)标明剖视图名称"×—×"。

在一张图上同时有几个剖视时，应按字母顺序标出，不得重复使用同一字母。

剖视图标注的内容在下列情况下可以省略。

(1) 剖视图按投影关系配置，中间又没有其他图形隔开时，可省略箭头。例如，图 3-12 中的

$B—B$,箭头可省略。

(2) 当单一剖切面通过机件的对称平面或基本对称的平面,且剖视图按投影关系配置,中部又没有其他图形隔开时,可省略标注。例如,图 3-11 可以全不标注;图 3-12 的 $A—A$ 及其剖切符号可省略不标注,而 $B—B$ 则不能省略。

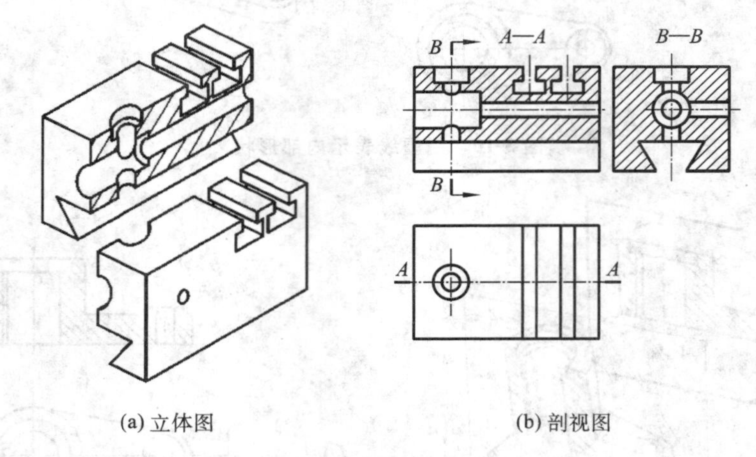

(a) 立体图　　(b) 剖视图

图 3-12　拖板的剖视图

(四) 画剖视图应注意的几个问题

(1) 剖视只是假想把机件切开,事实上机件并没有被切开,也没有被拿走一部分。因此,除剖视图外,其他视图仍应按完整的机件画出,如图 3-11、图 3-12 中的俯视图。

(2) 剖视图或视图上已表达清楚的结构形状,在其他剖视图或视图上此部分结构的投影为虚线时,一般不应画出。例如,图 3-12 中的俯视图中就不再画表示孔和槽的虚线,因为在其他两视图中已表达清楚。

没有表达清楚的结构形状,允许在其他剖视图或视图上画出少量的虚线来表达。例如,图 3-13 左视图上的虚线圆,用来表达主、俯视图上没有表达清楚的右端圆柱形凸台。

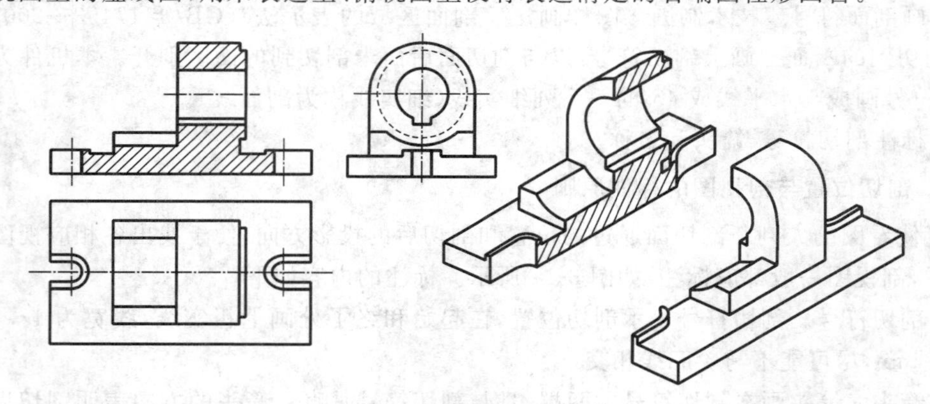

图 3-13　剖视图中的虚线

(3) 剖切面后面的可见轮廓线应全部画出,不得遗漏,如图 3-14 所示。

(4) 机件的肋、轮辐及薄壁等,纵向剖切时,都不画剖面符号,而用粗实线将它与其邻接部分分开,如图 3-15 中左视图上的肋板,这样可更清晰地显示机件各形体之间的结构;当横向剖切时,需画出剖面符号,如图 3-15 中俯视图上的肋板。

(5) 在同一金属零件的零件图中,各个剖视图的剖面线应画成间隔相等、方向相同而且与

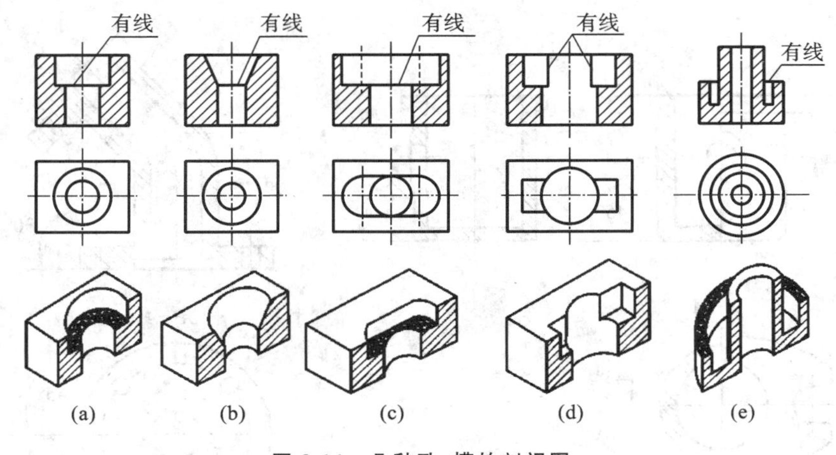

图 3-14 几种孔、槽的剖视图

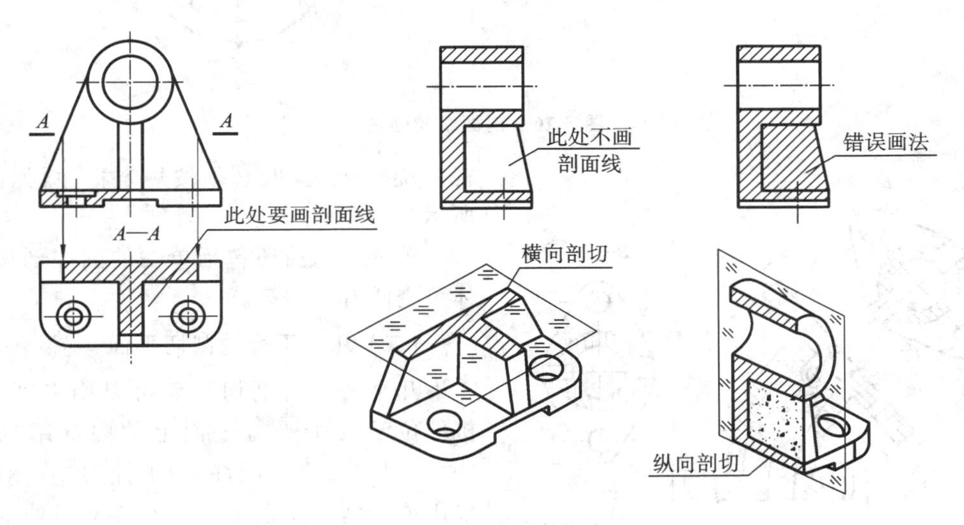

图 3-15 肋的规定画法

水平线成45°的细实线，如图3-16(a)所示。当图形中的主要轮廓线与水平线成45°或接近45°时，为保证图形清晰，该图形的剖面线应画成与水平线成30°或60°的平行线，且倾斜方向仍与其他图形的剖面线一致，如图3-16(b)所示。

二、剖切面的种类

剖视图是假想将机件剖开而得到的视图。前面叙述的剖视图都是用平行于基本投影面的单一剖切面剖切机件而得到的。由于机件内部结构形状的多样性和复杂性，常需选用不同数量、位置、范围和形状的剖切面来剖开机件，才能把机件的内部形状表达清楚。国家标准规定，根据机件的结构特点，可选择以下剖切面：单一剖切面、几个平行的剖切平面、几个相交的剖切面(交线垂直于某一投影面)。

(一) 单一剖切面

单一剖切面可以是平行于基本投影面的剖切平面，如前所述的剖视都是用这种剖切面剖开机件而得到的剖视图；也可以是不平行于基本投影面的剖切平面，如图3-17中的B—B。这种剖视图一般应与倾斜部分保持投影关系，但也可配置在其他位置。为了画图和读图方便，可把

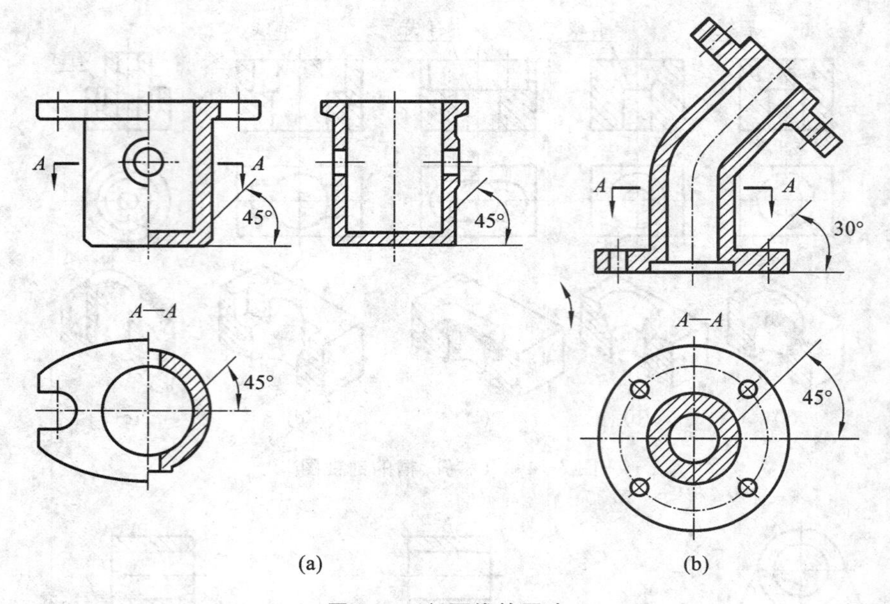

图 3-16 剖面线的画法

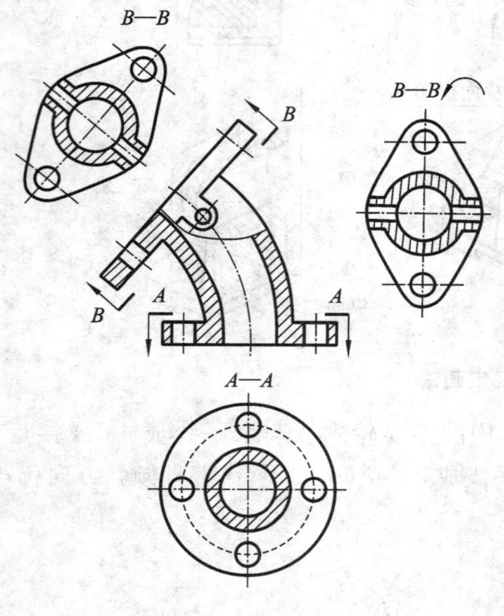

图 3-17 单一剖切面

视图旋转放正，但必须按规定标注，如图 3-17 所示。

单一剖切面还包括单一的圆柱剖切面，具体可查阅有关书籍。

(二) 几个平行的剖切平面

几个平行的剖切平面可以用来剖切表达机件位于几个平行平面上的内部结构形状。例如，图 3-18(a)所示的轴承挂架左右对称，如果用单一剖切面在机件的对称平面处剖开，则上部两个小圆孔无法剖到；若采用两个平行的剖切平面将机件剖开，可同时将机件上、下部分的内部结构表达清楚，如图 3-18(b)中的 *A*—*A* 剖视。

画这种剖视图时应注意以下三点。

(1) 因为剖切平面是假想的，所以不应画出剖切平面转折处的投影，如图 3-18(c)所示。

(2) 剖视图中不应出现不完整的结构要素，如图 3-18(d)所示的 *B*—*B*。但当两个结构在图形上具有公共对称中心线或轴线时，可各画一半，此时应以对称中心线或轴线为界，如图 3-19 所示。

(3) 必须在相应视图上用剖切符号表示剖切位置，在剖切平面的起讫和转折处注写出相同字母。

(三) 几个相交的剖切面

图 3-20 所示为一圆盘状机件，若采用单一剖切面，只能表达肋板的形状，不能反映 45°方向小孔的形状。为了在主视图上同时表达机件的这些结构，只有用两个相交的剖切面剖开机件。

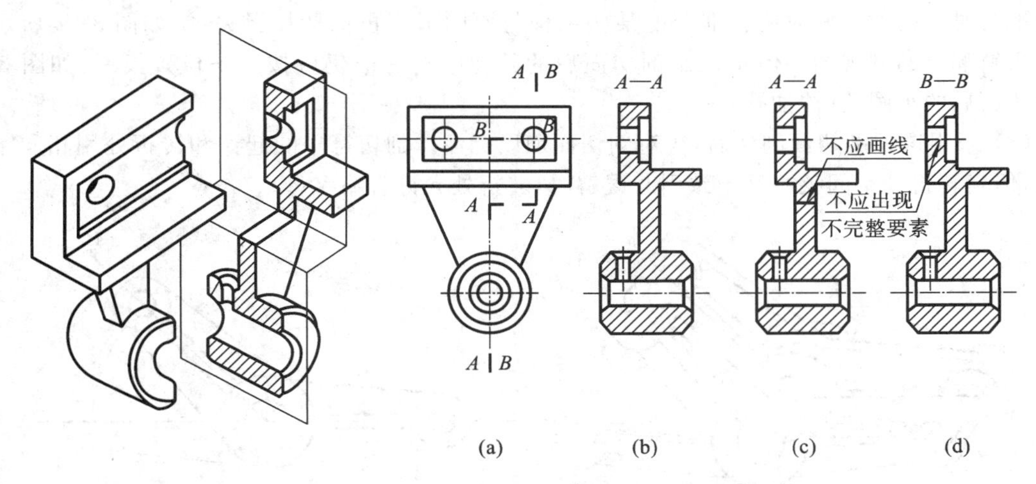

图 3-18　用两个平行的剖切平面剖切时剖视图的画法

在画剖视图时，将机件被倾斜剖切面剖开的结构及有关部分绕剖切面交线旋转到与选定的基本投影面平行时再进行投射。

图 3-21 所示是用三个相交的剖切面剖开机件来表达内部结构的实例。

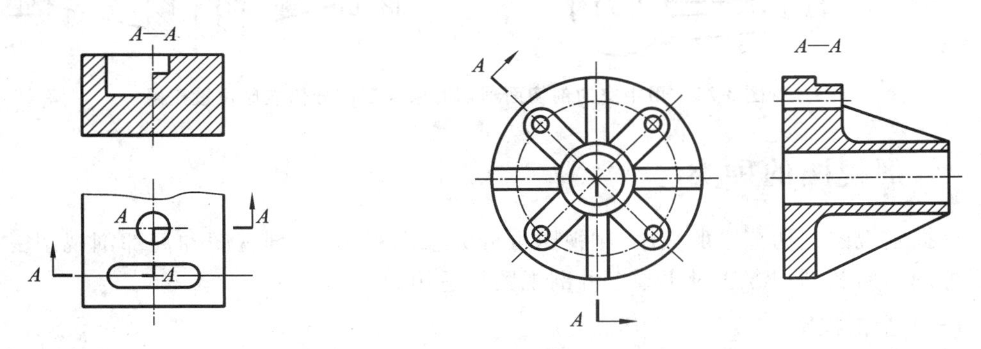

图 3-19　具有公共对称中心线要素的剖视图

图 3-20　用两个相交的剖切面剖切时的剖视图

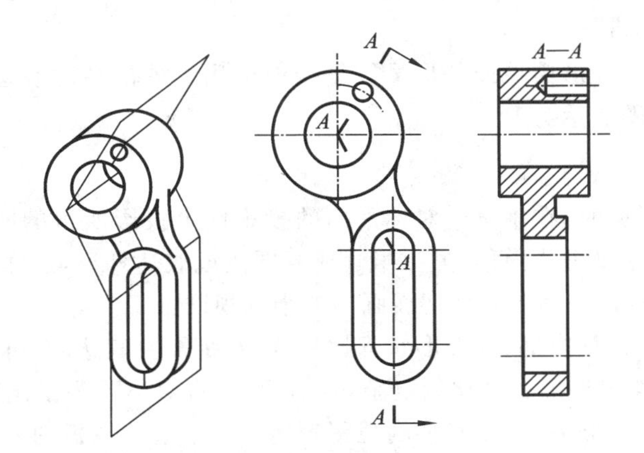

图 3-21　用三个相交的剖切面剖切时的剖视图

采用这种剖切面画剖视图应注意以下三点。

(1) 相邻两剖切面的交线应垂直于某一基本投影面。

(2) 用两个相交的剖切面剖开机件绘图时，应先剖切后旋转，旋转至与某一选定的基本投影面平行时再投射。此时旋转部分的某些结构与原图形不再保持投影关系，如图 3-22 所示机件中倾斜部分的剖视图。但是位于剖切面后的其他结构一般仍应按原来位置投影，如图 3-22 中剖切面后的小圆孔（注油孔）。

(3) 采用这种剖切面剖切后，应对剖切面加以标注。剖切符号的起讫和转折处用相同字母标出，但当转折处空间狭小又不致引起误解时，转折处允许省略字母。

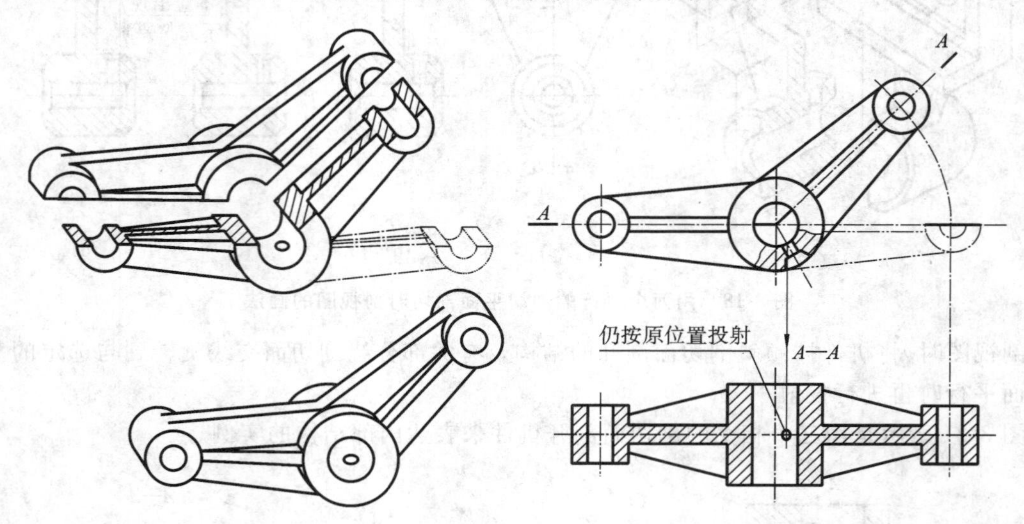

图 3-22　用相交的剖切面剖切时未剖到部分仍按原位置投射

三、剖视图的种类

根据剖视图剖切范围的大小，剖视图可分为全剖视图、半剖视图和局部剖视图三种。前述的三种剖切面及剖切方法对于画三种剖视图均适用。

（一）全剖视图

用剖切面完全地剖开机件所得的剖视图称为全剖视图。剖视图概述和剖切方法中所列举的剖视图图例均为全剖视图。

当机件的内形复杂，外形简单或外形虽较复杂但可用另外的视图表达清楚，而且图形又不对称时，常选用全剖视图表达。

（二）半剖视图

当机件具有对称平面时，在垂直于对称平面的投影面上投影所得的图形，可以对称中心线为界，一半画成剖视图用以表达内形，另一半画成视图用以表达外形，这样组合而成的图形称为半剖视图。图 3-23 所示是采用单一剖切面画出的半剖视图。

当机件具有对称平面且内部、外部形状都比较复杂，都需要表达时，可采用半剖视图。

图 3-23 所示的支架内外形状都比较复杂，且前后、左右对称。为了同时表达中部阶梯孔的形状和顶板下面凸台的外形，主视图用半剖视图表达。为了表达顶板的外形以及顶板下面凸台处的内外形状，俯视图也选用了 A—A 半剖视图。

半剖视图的标注规则与全剖视图完全相同。在图 3-23 中，由于主视图中的剖视是用一个通过支架的前后对称平面的正平面剖切得到的，且主、俯视图按投影关系配置，中间又没有其他图形隔开，故可以省略标注。俯视图中的半剖视是用一个水平剖切平面剖切得到的，该剖切平面不是支架的对称平面，所以在主视图上必须标出剖切符号，在俯视图上方标出相应的剖视图

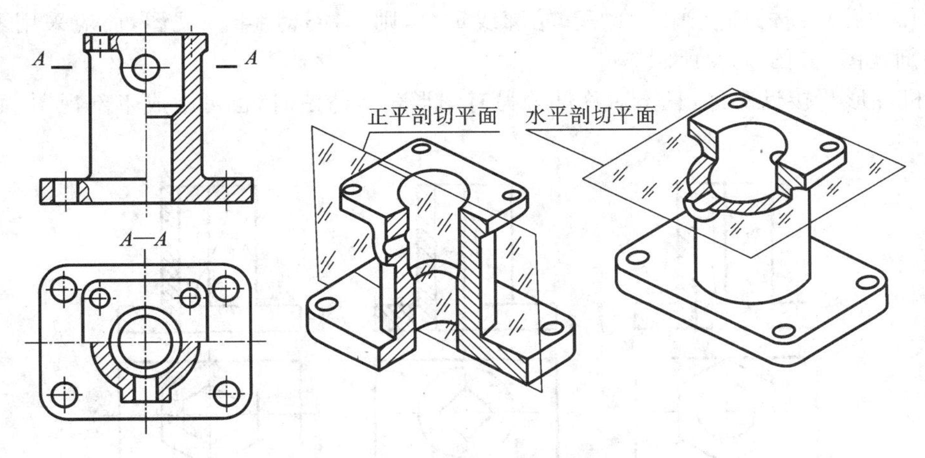

图 3-23 支架的半剖视图

名称“A—A”，因为该剖视图按投影关系配置，中间又没有其他图形隔开，所以可以省略箭头。

半剖视图中，因为有些部分的形状只画出一半，所以在标注这部分的尺寸时，尺寸线上只能画出一端的箭头，如图 3-24 中的 $\phi25$、$\phi22$、120°、$\phi42$、38 等。

画半剖视图时应注意下列几点。

(1) 剖视图两部分的功能不同，一部分用于表达外形，而另一部分用于表达内形，在表达外形的那半个视图中，虚线不必画出，如图 3-23 主视图中的左半图和俯视图中的上半图。但对于孔、槽等结构，虚线省略后，一般应画出轴线和中心线。

(2) 剖视图中半个视图和半个剖视图的分界线必须是细点画线，而不应画成粗实线，如图 3-25 的画法是错误的。

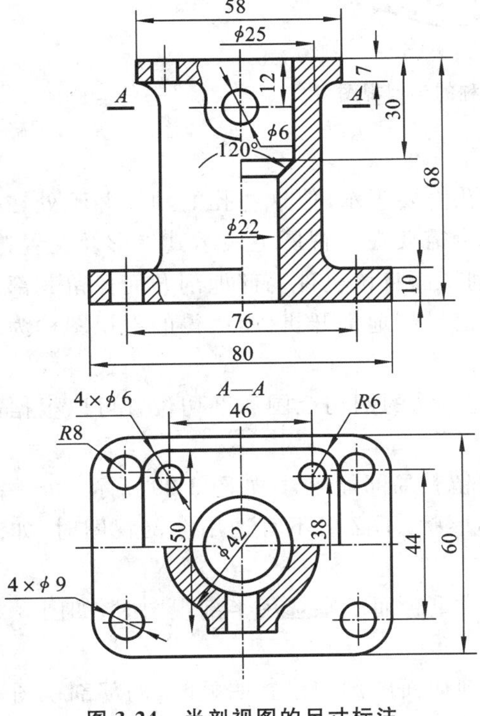

图 3-24 半剖视图的尺寸标注

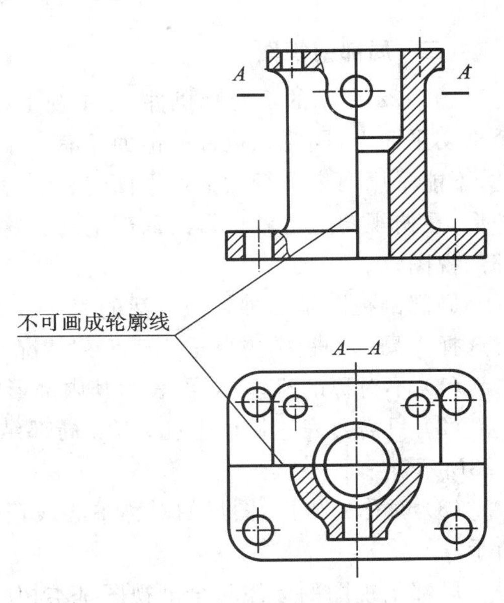

图 3-25 半剖视图错误的画法

如果作为分界线的细点画线恰好和轮廓线重合，则不能选用半剖视图，而应采用下面将叙述的局部剖视图，如图 3-26 所示。

（3）机件形状接近对称，且不对称部分另有图形表达清楚时，也可画成半剖视图，如图 3-27 所示。

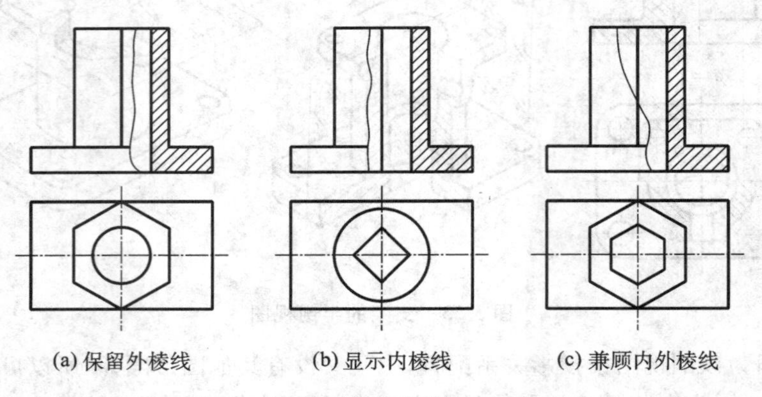

图 3-26　用局部剖视图代替半剖视图

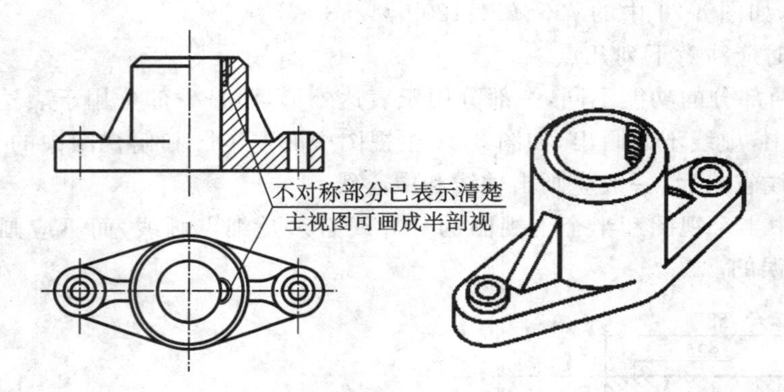

图 3-27　机件形状接近对称的半剖视图

（三）局部剖视图

图 3-28 所示的不对称机件，在主视上左、右均有孔需要表示，但这些孔的轴线并不处在一个剖切平面上，同时该机件的前面还有一个小圆柱凸台需要在主视图上表示其外形及位置，因此，不能采用两个平行的剖切平面，只能分别用单一剖切面将该机件局部地剖开而保留其部分外形，在俯视图上也做这样的局部剖切。这种用剖切面局部地剖开机件，所得的剖视图称为局部剖视图。

局部剖视图是一种较为灵活的表达方法，在图形上，它的剖切范围和剖切位置可以根据需要选择。局部剖视图主要适用于下列情况。

（1）不对称的机件，既需表达其内部形状，又需保留其局部外形时，如图 3-29 所示。

（2）只需要表达机件上孔、槽等局部结构的内部形状，不必或不宜选用全剖视图时，如图 3-28所示。

（3）对称的机件，图形的对称中心线正好与轮廓线重合而不宜选用半剖视图时，如图 3-26 所示。

局部剖视图的标注与全剖视图基本相同，当单一剖切面的剖切位置明显时，局部剖视图一般均可不标注。

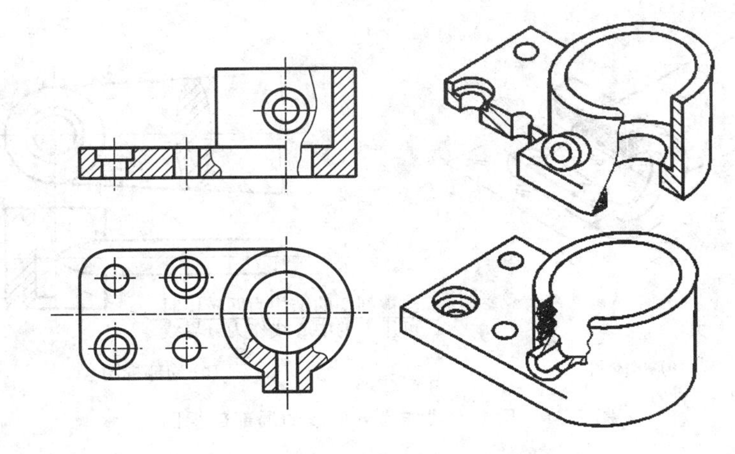

图 3-28 孔、槽的局部剖视图

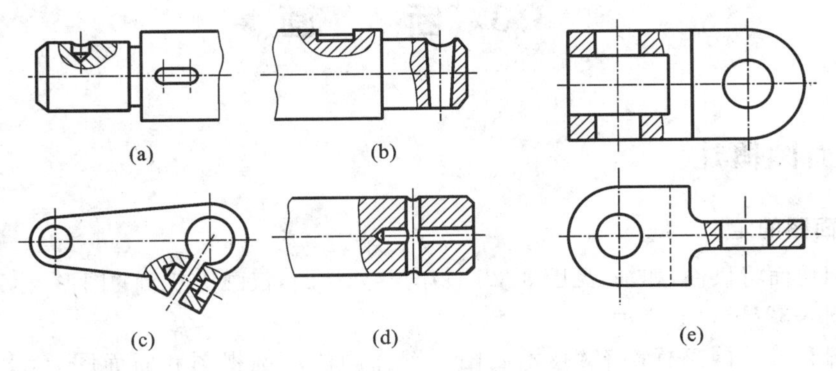

图 3-29 座体的局部剖视图

画局部剖视图时应注意以下两点。

(1) 局部剖视图中剖与不剖之间以波浪线为界。波浪线不应与图形上其他图线重合，遇孔、槽时，不能穿孔而过，也不能超出视图的轮廓线，如图 3-30 所示。

(2) 当剖切结构为回转体时，允许将该结构的中心线作为剖视图与视图的分界线，如图 3-31所示。

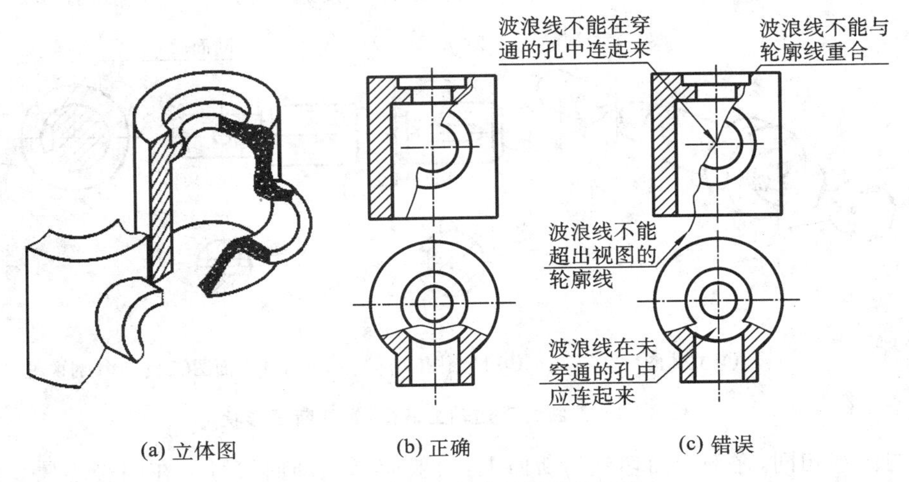

图 3-30 局部剖视图中波浪线的画法

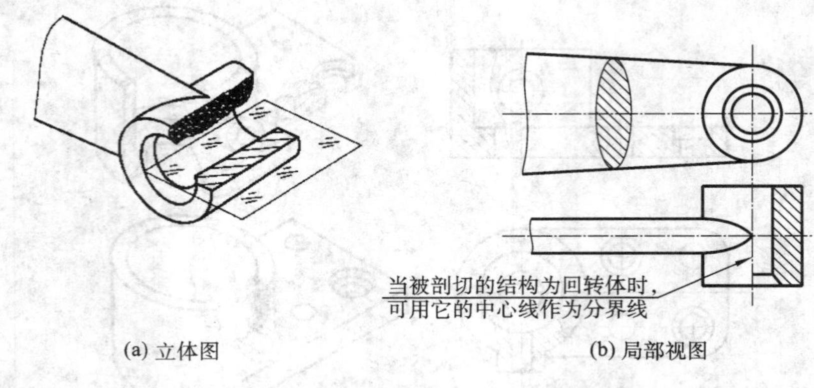

图 3-31 用中心线作为分界线的局部剖视图

3.3 断 面

一、断面图概述

(一) 断面图的定义

假想用剖切面将机件，如轴(见图 3-32(a))的某处切断，仅画出断面的图形，称为断面图(简称断面)，如图 3-32(b)、(c)所示。

与断面图有关的国家标准有《技术制图 图样画法 剖视图和断面图》(GB/T 17452—1998)和《机械制图 图样画法 剖视图和断面图》(GB/T 4458.6—2002)。

断面主要用来表达机件上某一局部的断面形状，如机件上的肋板、轮辐、键槽、销孔及各种型材的断面形状等。

(二) 断面与剖视的比较

断面仅画出被切机件断面的形状，是面的投影，如图 3-32(b)、(c)所示；而剖视除了要画出被切的断面形状外，还需画出断面后的全部轮廓，是体的投影，如图 3-32(d)所示。

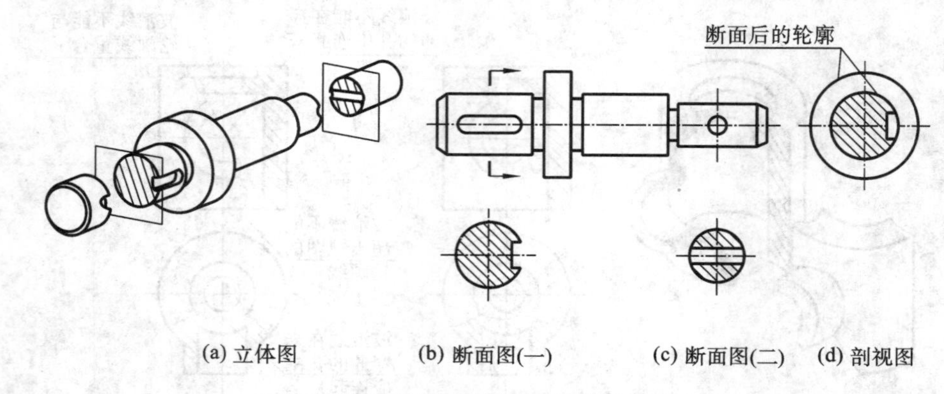

图 3-32 用断面表达轴上键槽、销孔断面形状

断面与剖视相同，在剖切面切到的断面上，一般应画出剖面符号。在同一金属零件的零件图中，各个断面图以及剖视图的剖面符号都应画成间隔相等、方向相同而且与水平方向成45°的

平行细实线。

二、断面的种类及其画法

根据断面配置位置的不同，断面分为移出断面与重合断面两种，一般采用移出断面。

（一）移出断面

画在视图轮廓外面的断面称为移出断面。移出断面的轮廓线用粗实线绘制。

移出断面应尽量配置在剖切符号或剖切面迹线的延长线上，如图 3-32(b)、(c)所示。剖切面迹线是剖切面与投影面的交线，用细点画线表示。必要时可将移出断面配置在其他适当的位置，并可以旋转，如图 3-33 中的 $B—B$ 和 $D—D$。

当断面图形对称时，移出断面也可画在视图的中断处，如图 3-34 所示。

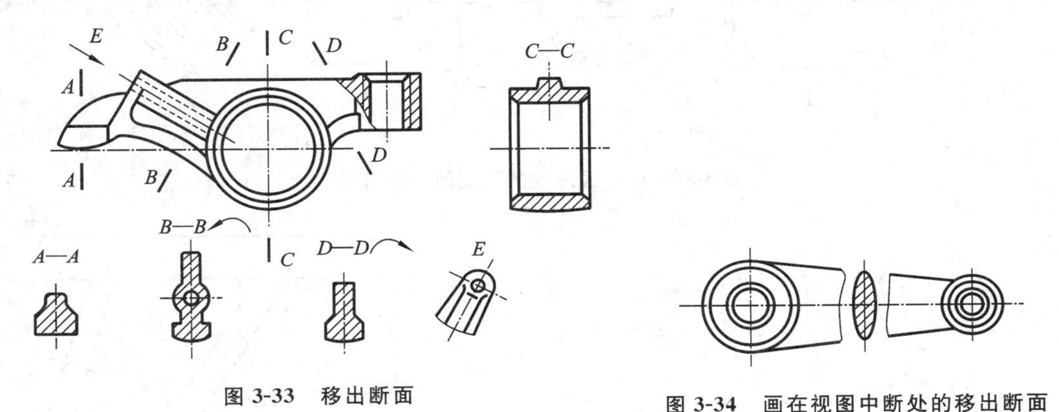

图 3-33　移出断面

图 3-34　画在视图中断处的移出断面

（二）重合断面

如图 3-35 所示，在不影响图形清晰的情况下，断面也可直接画在视图的里面。这种画在视图里面的断面称为重合断面。重合断面的轮廓线用细实线绘制。当视图中的轮廓线与重合断面的图形重叠时，视图中的轮廓线仍应连续画出，不可中断，如图 3-35(b)、(c)所示。

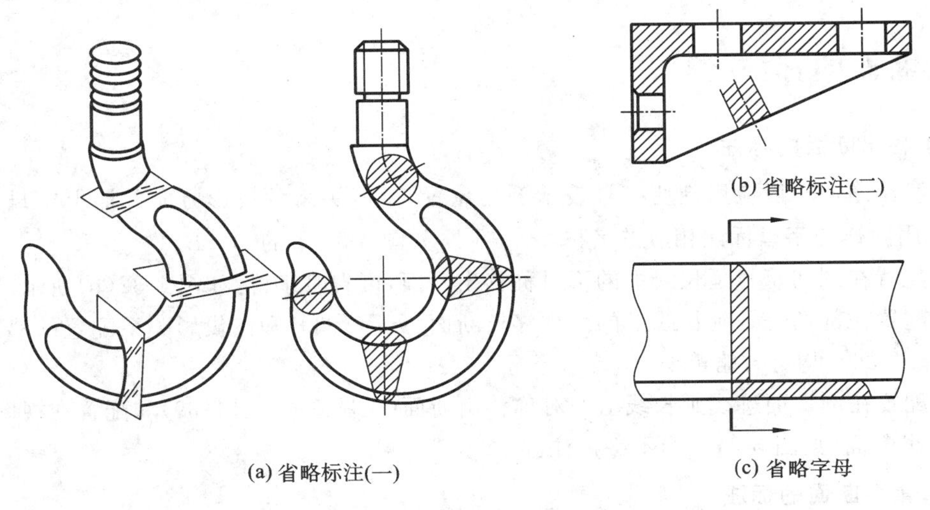

(a) 省略标注(一)

(b) 省略标注(二)

(c) 省略字母

图 3-35　重合断面及其标注

三、特殊情况下的规定画法

(1) 当剖切面通过回转面形成的孔或凹坑的轴线时，这些结构按剖视绘制，如图 3-36 所示。

(2) 当剖切面通过非圆孔，会导致出现完全分离的两个断面时，这些结构按剖视绘制，如图 3-37 所示。

(3) 两个或多个相交的剖切面剖切得到的移出断面，中间一般应用波浪线断开，如图 3-38 所示。

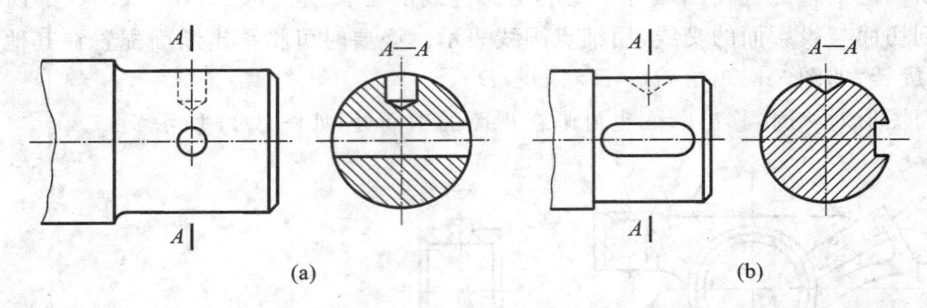

图 3-36　回转面形成的孔或凹坑的断面

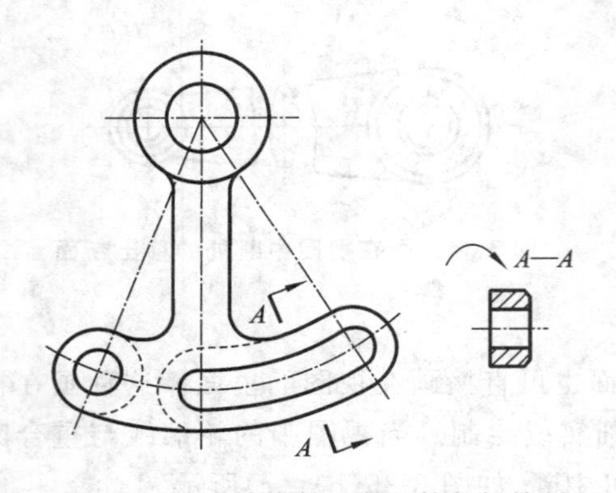

图 3-37　完全分离的两断面按剖视绘制

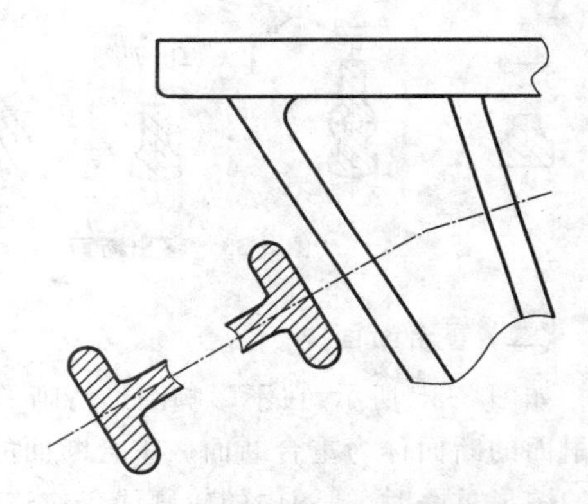

图 3-38　两个相交的剖切面切出的断面

四、断面的标注

(一) 移出断面的标注

(1) 移出断面一般应用剖切符号表示剖切位置，用箭头表示投影方向并注上字母，在断面图的上方用同样的字母标注相应的名称“×—×”，如图 3-39 中的 *B—B*。

(2) 配置在剖切符号延长线上的不对称移出断面，可省略字母，如图 3-32(b)所示。

(3) 配置在剖切符号延长线上的对称移出断面(见图 3-39)和按投影关系配置的移断面(见图 3-39、图 3-36)，均可省略箭头。

(4) 配置在剖切面迹线延长线上的对称移出断面(见图 3-38、图 3-39)和配置在视图中断处的对称移出断面(见图 3-34)，均不必标注。

(二) 重合断面的标注

(1) 配置在剖切位置上的不对称重合断面，标箭头、剖切符号，不必标字母，如图 3-35(c)所示。

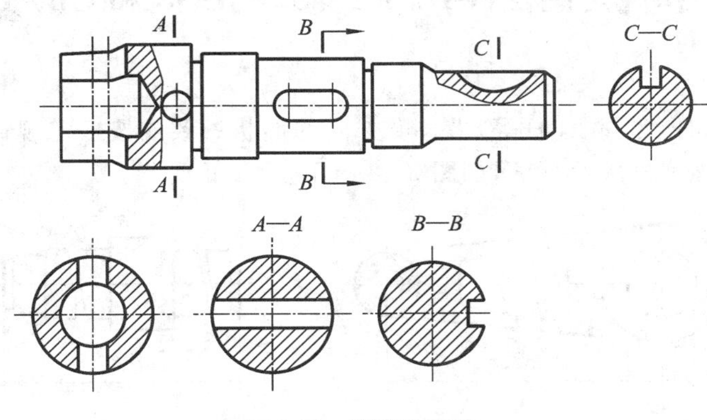

图 3-39 断面的标注

(2) 配置在剖切位置上的对称重合断面,不必标注,如图 3-35(a)、(b)所示。

3.4 其他表达方法

一、局部放大图(GB/T 17452—1998 和 GB/T 4458.1—2002)

图 3-40 所示的轴上标有Ⅰ、Ⅱ部分为结构较细小的沟槽,为了清楚地表达这些细小结构并便于标注其尺寸,可将该部分结构用大于原图形所采用的比例单独画出。这种图形称为局部放大图。

局部放大图可以画成视图、剖视图或断面图,它与被放大部位的表达方式无关。例如,在图 3-40 中,局部放大图Ⅰ采用了剖视,与被放大部分的表达方式不同。局部放大图应尽量配置在被放大部位的附近。

绘制局部放大图时,一般应用细实线圈出被放大的部位。当同一机件上有几个被放大的部分时,必须用罗马数字依次标出被放大的部位,并在局部放大图的上方标出相应的罗马数字和采用的比例,如图 3-40 所示。机件上被放大的部分仅一处时,上方只需注明所采用的比例,如图 3-41 所示。

局部放大图的比例,是指该放大图与实物之比,与原图所采用的比例无关。

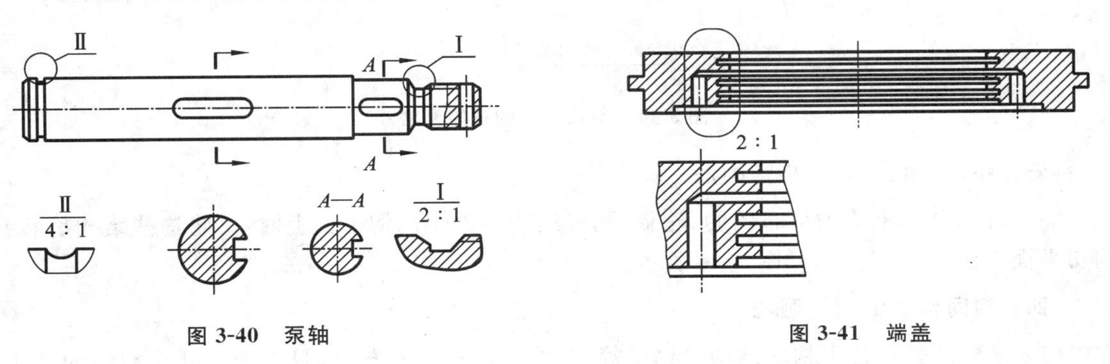

图 3-40 泵轴

图 3-41 端盖

二、简化画法和规定画法(GB/T 17452—1998 和 GB/T 4458.1—2002)

(一) 断开画法

较长的机件(轴、杆、型材、连杆等)沿长度方向的形状一致或按一定规律变化时,可断开后缩短绘制,但尺寸仍按实际大小标注,如图 3-42 所示。

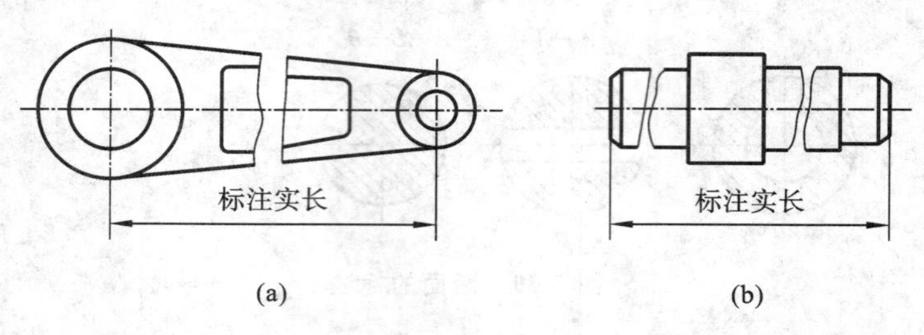

图 3-42　较长机件的断开画法

折断处的画法如图 3-43 所示。

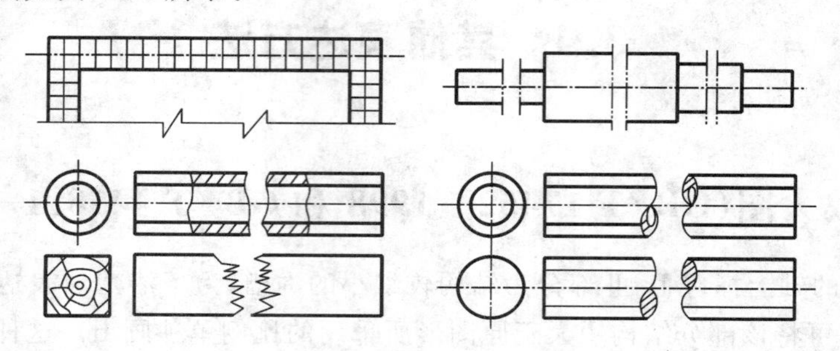

图 3-43　折断处的画法

(二) 剖面符号的省略画法

在不致引起误解时,零件图中的移出断面,允许省略剖面符号,但剖切位置和断面图的标注必须遵照原有的规定,如图 3-44 所示。

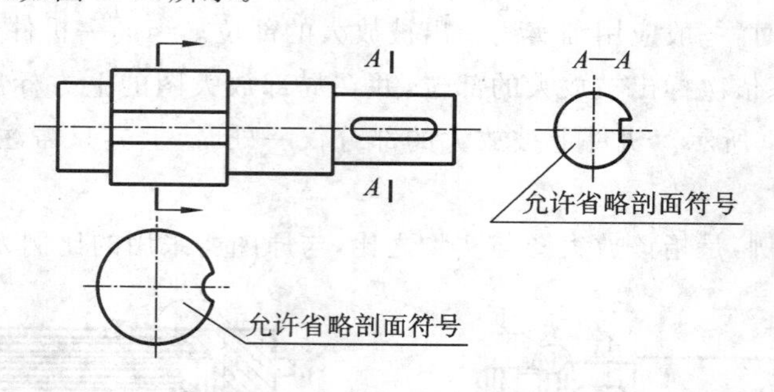

图 3-44　剖面符号的省略画法

(三) 肋、轮辐、孔等的规定画法

当零件回转体上均匀分布的肋、轮辐、孔等结构不处于剖切平面上时,可将这些结构旋转到剖切平面上画出,如图 3-45、图 3-46 所示。

(四) 相同要素的简化画法

(1) 当机件具有若干相同结构(齿、槽等)并按一定规律分布时,只需画出几个完整的结构,

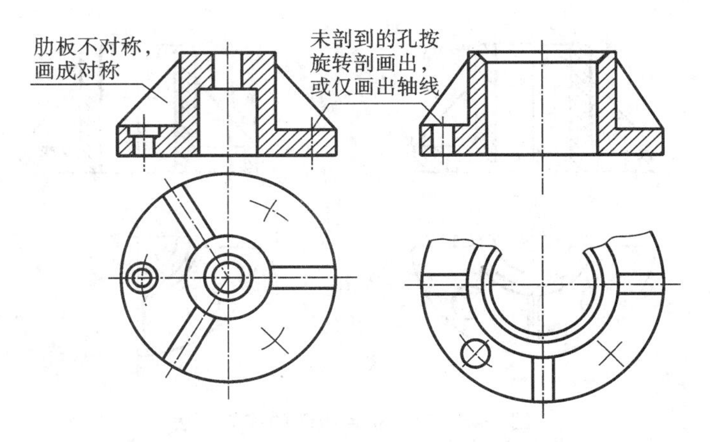

图 3-45 回转体结构上均布孔、肋的规定画法

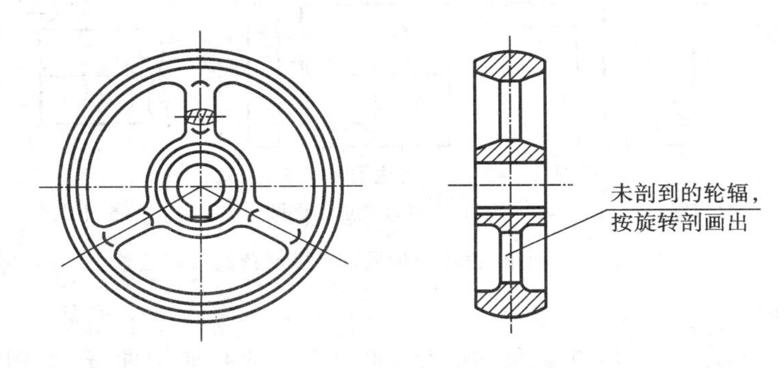

图 3-46 轮辐的规定画法

其余用细实线连接，并在零件图中注明该结构的总数，如图 3-47(a)所示。

(2) 若干直径相同且呈规律分布的孔(圆孔、螺孔、沉孔等)，可以仅画出一个或几个，其余只需用细点划线表示其中心位置，并在零件图中注明孔的确切总数，如图 3-47(b)所示。

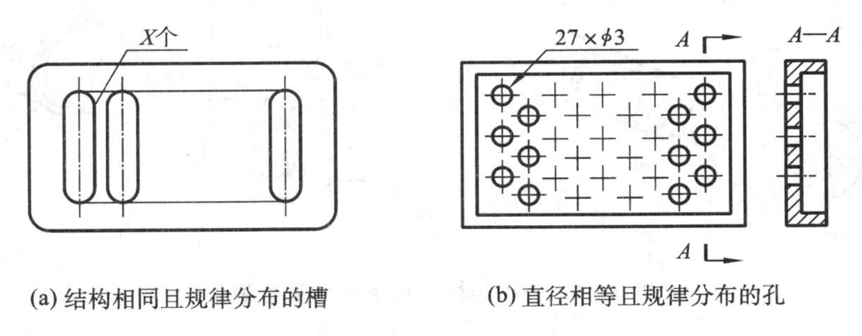

(a) 结构相同且规律分布的槽　　(b) 直径相等且规律分布的孔

图 3-47 相同要素的简化画法

(五) 对称机件视图的简化画法

在不致引起误解时，对于对称机件的视图，可只画一半或四分之一，并在对称中心线的两端画出两条与对称中心线垂直的平行细实线(对称符号)，如图 3-48 所示。

(六) 较小结构和较小斜度的简化画法

(1) 在不致引起误解时，零件图中的小圆角、锐边的小倒圆或 45°小倒角允许省略不画，但必须注明尺寸或在技术要求中加以说明，如图 3-49 所示。

(2) 对机件上一些较小的结构，如果在一个图形中已表示清楚，则在其他图形中可简化或

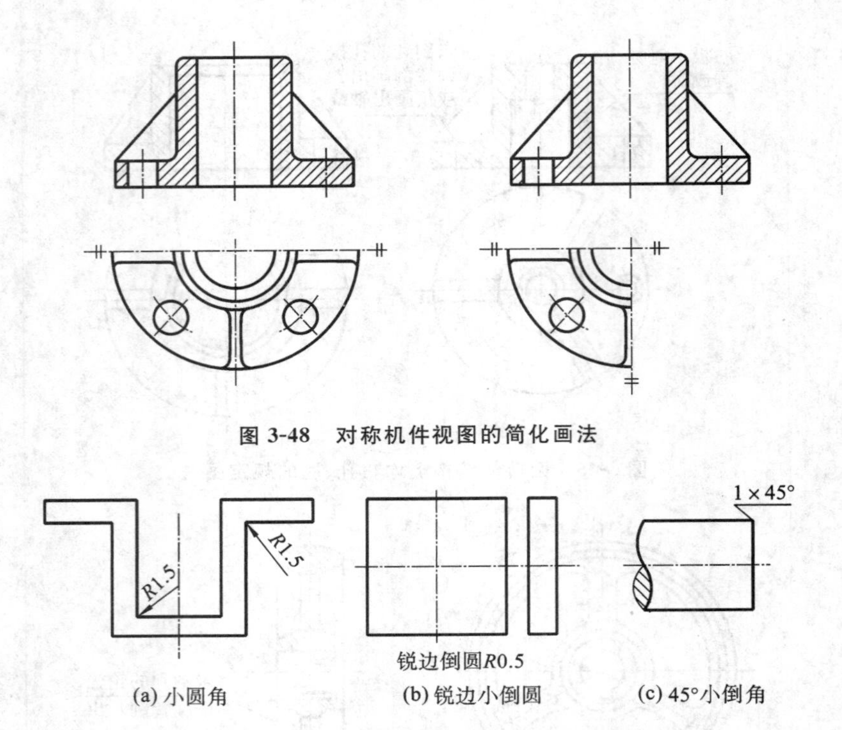

图 3-48　对称机件视图的简化画法

(a) 小圆角　(b) 锐边小倒圆　(c) 45°小倒角

图 3-49　小圆角、锐边小倒圆、45°小倒角的省略画法

省略，如图 3-50 所示。

(3) 在不致引起误解时，相贯线允许简化，如用直线代替非圆曲线，如图 3-50(b)中的俯视图。

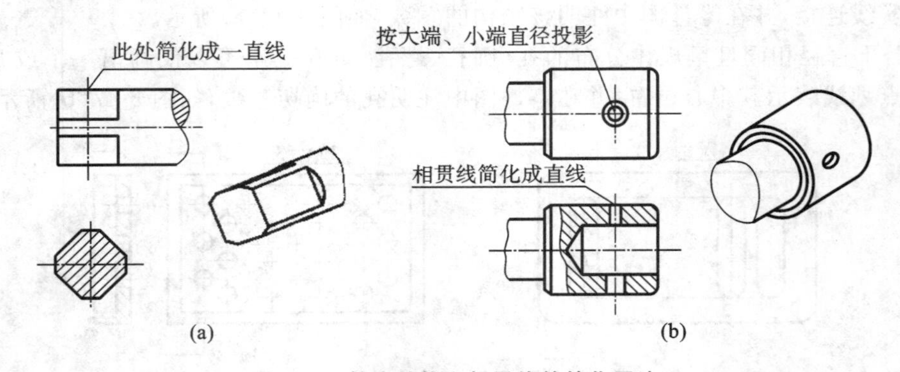

(a)　(b)

图 3-50　较小结构和相贯线的简化画法

(4) 机件上斜度不大的结构，在一个图形中已表达清楚时，其他图形可按小端画出，如图 3-51所示。

(5) 与投影面的倾斜角度小于或等于 30°的圆或圆弧，投影可用圆或圆弧代替，如图 3-52 所示。

（七）其他简化画法和规定画法

(1) 当图形不能充分表达平面时，可用平面符号(相交的两细实线)表示小平面，如图 3-53 所示。

(2) 机件的滚花部分，可在轮廓线附近用细实线示意画法，并在零件图上或技术要求中注明具体要求，如图 3-54 所示。

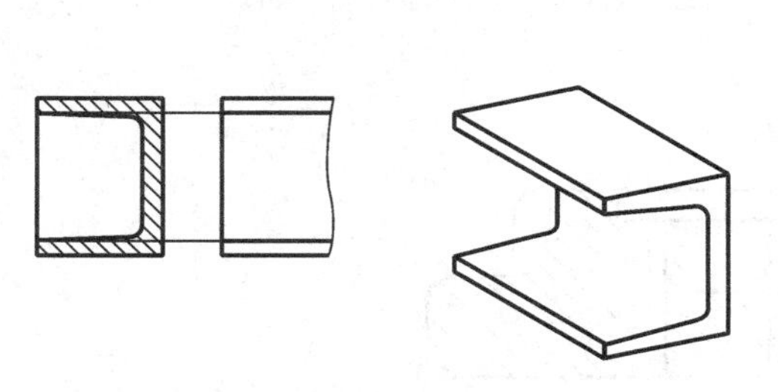

图 3-51 较小斜度的简化画法

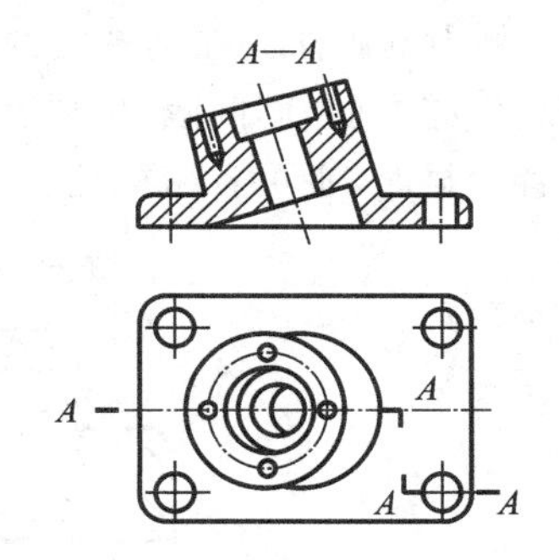

图 3-52 倾斜圆的投影简化画法

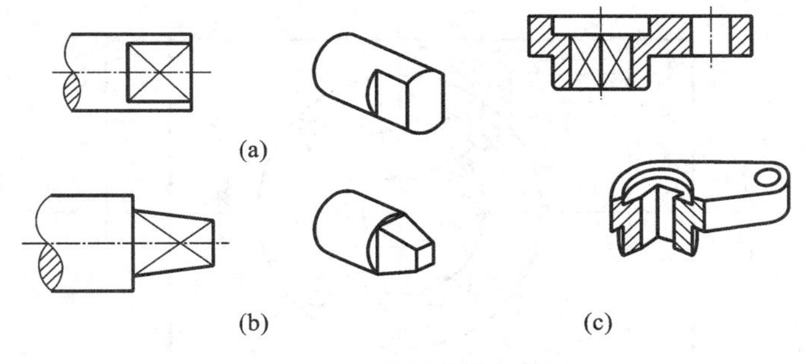

图 3-53 小平面的表示方法

(3) 圆柱形法兰和类似零件上均匀分布的孔可按图 3-55 所示的方法表示(由机件外向该法兰端面方向投影——第三角投影)。

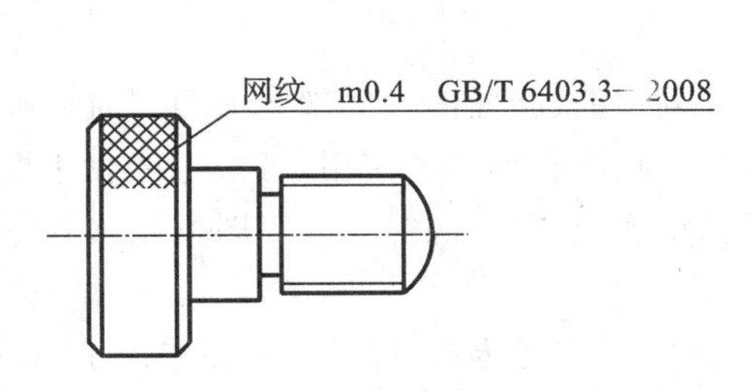

图 3-54 滚花示意图

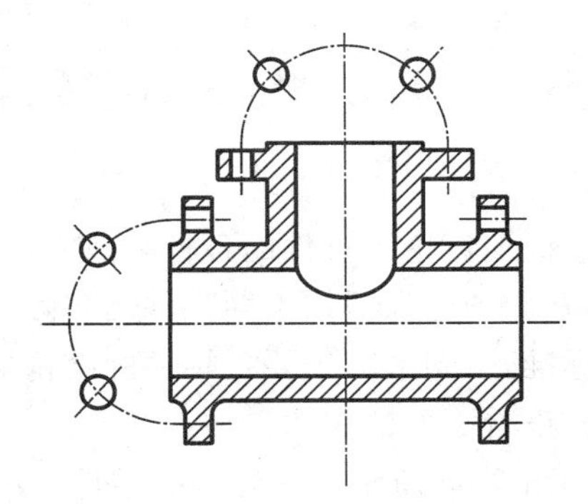

图 3-55 圆柱形法兰上孔的简化画法

(4) 零件上对称结构的局部视图,可按图 3-56 绘制(第三角投影法)。

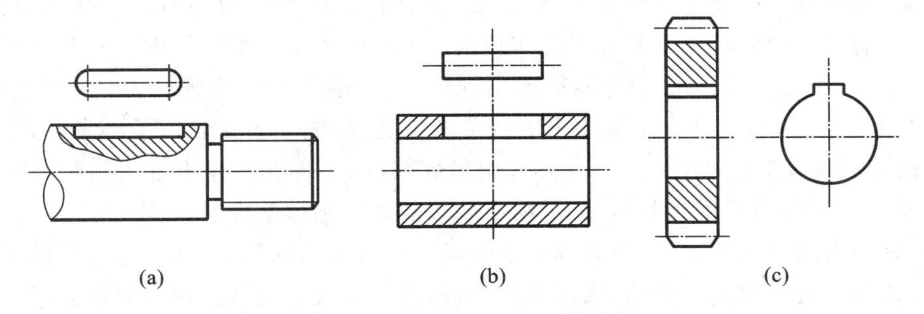

图 3-56 对称结构的局部视图的简化画法

(5) 剖中剖画法。在剖视图的剖面中可再做一次局部剖。采用这种表达方法时，两个剖面的剖面线应同方向、同间隔，但要互相错开，并用引出线标注局部剖的名称，如图 3-57 所示。当剖切位置明显时，也可省略标注。

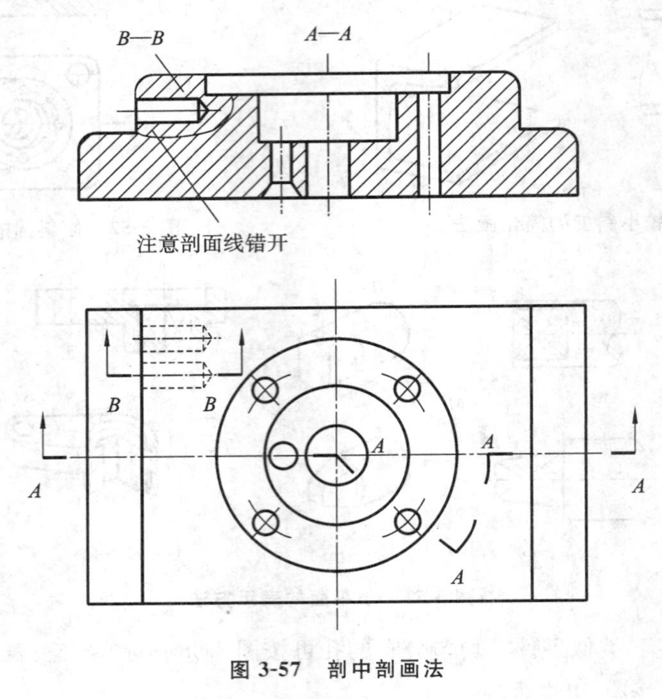

图 3-57 剖中剖画法

3.5 各种表达方法的综合识读

前面讨论了机件的各种表达方法，包括各种视图、剖视图、断面图及局部放大图和简化画法等，在画图时须根据不同零件的实际情况，正确地、灵活地、综合地选择使用，一个零件表达得好的标准是：图形首先要把零件的结构形状表示得完全、正确和清楚，同时力求读图方便和画图简单。请看下面的实例。

图 3-58 所示为一管接头零件。由于零件在铅垂方向有一旋转轴，所以主视图采用了 *A—A* 两个相交的剖切面剖开的全剖视图，来表达零件的内腔各部分的结构形状和相对位置，同时表达清了该零件的外部形体各部分的相对位置；考虑到零件的左上和右下两个管道都要在俯视图上表达清楚，俯视图采用 *B—B* 两个平行的剖切平面剖开的全剖视图，这样同时也表达清了中间管道、底盘的形状和底盘上安装孔的分布情况；为了表达右下管道上凸缘的形状和安装孔的分布，采用了 *C—C* 单一剖切面剖开的局部剖视图；为了表达左上管道凸缘的形状和安装孔的分布，采用 *D* 向局部视图，并在主视图上应用了简化画法，把小通孔表示了出来；为了表达零件上端凸缘的形状和安装孔的分布，采用了 *E* 向局部视图，主视图上左上管道凸缘与管壁之间的肋板及右下方肋板采用了重合断面，表示出了肋板的厚度和端部形状。

这样，只采用三个剖视图、两个局部视图和两个重合断面就简单、清晰地把零件形状表达出来了，而且各视图表达的重点明确，图面安排合理，是一个较好的视图选择表达方案。

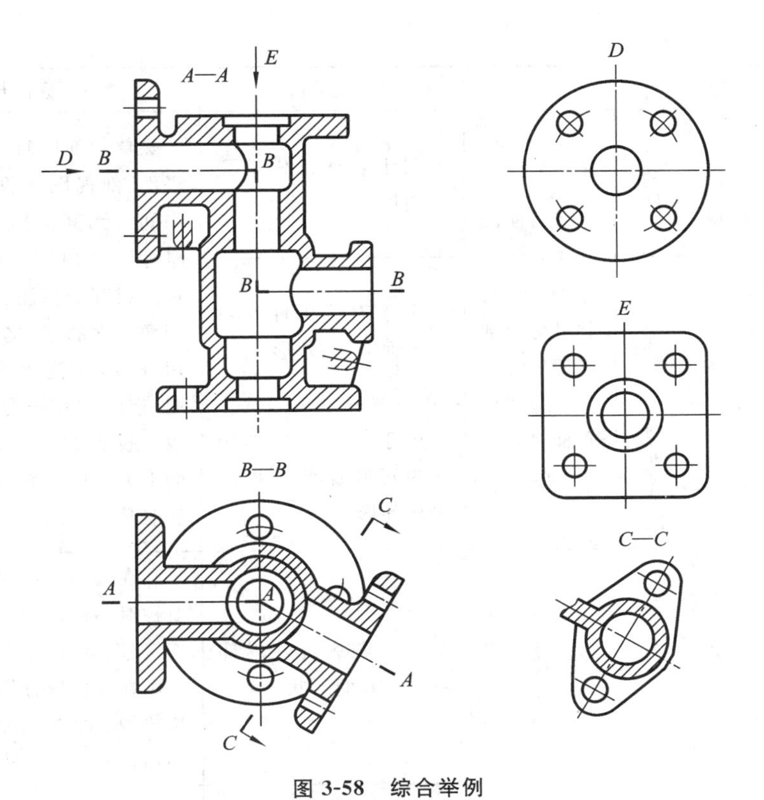

图 3-58 综合举例

本章小结

机件的表达方法有很多，常用的表达方法如表 3-1 所示。

表 3-1 机件的常用表达方法

分类		适用情况	标注规定
视图：将机件正放向投影面做正投影所得的图形。 主要用于表达机件的外部结构形状	基本视图	用于表达机件的外形(整体)	按规定位置配置各视图，不加任何标注
	向视图	用于表达机件的外形(整体或局部)	用字母和箭头表示要表达的部位和投影方向，在所画的向视图、局部视图或斜视图的上方用相同的字母写上名称
	局部视图	用于表达机件的局部外形	
	斜视图	用于表达机件上有倾斜部分的外形	

续表

<table>
<tr><th colspan="3">分类</th><th>适用情况</th><th>标注规定</th></tr>
<tr><td rowspan="3">剖视图：假想用剖切面剖开机件，将处在观察者和剖切面之间的部分移去，而将其余部分向投影面投影所得的图形。
主要用于表达机件的内形或被挡住的结构</td><td>全剖视图</td><td rowspan="3">剖切面的种类：单一剖切面、几个相交的剖切面、几个平行的剖切平面</td><td>用于表达机件的整个内形</td><td rowspan="3">除单一剖切面通过机件的对称平面，剖视图按投影关系配置且中间又无其他图形隔开时，可省略标注外，其余剖切方法或全部标注或部分标注。标注方式为在剖切平面的起、迄、转折处画出剖切符号，并注上同一个字母，在起、迄的剖切符号外侧画出箭头表示投影方向，在所画的剖视图的上方中间位置用相同的字母标注名称“×—×”</td></tr>
<tr><td>半剖视图</td><td>用于表达机件有对称平面的内、外形</td></tr>
<tr><td>局部剖视图</td><td>用于表达机件的局部内形和保留机件的局部外形</td></tr>
<tr><td rowspan="2">断面图：假想用剖切面将机件的某处切断，仅画出断面的图形。
主要用于表达机件某一局部结构的断面形状</td><td colspan="2">移出断面</td><td>用于表达机件局部结构的断面形状</td><td>画在剖切位置的延长线上：断面对称时不标注；断面不对称时画剖切符号、箭头。
画在其他地方：断面对称时画剖切符号、注字母；断面不对称时画剖切符号、箭头，注字母</td></tr>
<tr><td colspan="2">重合断面</td><td>用于表达机件局部结构的断面形状（在不影响图形清晰的情况下采用）</td><td>画在剖切位置上的不对称断面，标箭头，画剖切符号，不标字母；画在剖切位置上的对称断面，不必标注</td></tr>
</table>

如何灵活运用上述表达方法，正确、清晰地表达机件形状，可以归结为如何正确处理好表达外形和内形、整体和局部、平行和倾斜于投影面的表面形状等关系问题。

一般用视图表达外形，用剖视图表达内部结构。当外形复杂、内形简单时，常选用视图；当外形简单、内形复杂或内形和外形都简单时，常选用全剖视图，内形和外形都复杂时可选用半剖视图或局部剖视图。

常选用基本视图、全剖视图、半剖视图表达整体形状，同时用局部视图、局部剖视图、断面把局部结构形状充分表示出来。

画图时，应使机件上尽量多的表面平行于基本投影面（正放），以在基本视图上反映出它们的真实形状。为了把机件上某些倾斜于基本投影面的表面表示清楚，可选用斜视图，或采用单一剖切面平行于倾斜部分和两相交的剖切面等剖切方法把倾斜的表面变成基本投影面的平行面再投影，以显示倾斜表面的“真形”。

正确处理好上述几个关系，对正确、清楚地表达机件的形状结构非常重要。认识的基础是实践，我们应通过实践，多画多看，多分析，勤思考，不断总结提高，逐步掌握表达方法的规律性，并力求做到运用自如。

第4章　常用件的特殊表示法

在各种机械产品和武器装备中，经常用到螺栓、螺母、垫圈、销、键、滚动轴承以及齿轮、弹簧等零件，如图4-1所示。我们将这些常见的零件统称为常用零件，简称常用件。

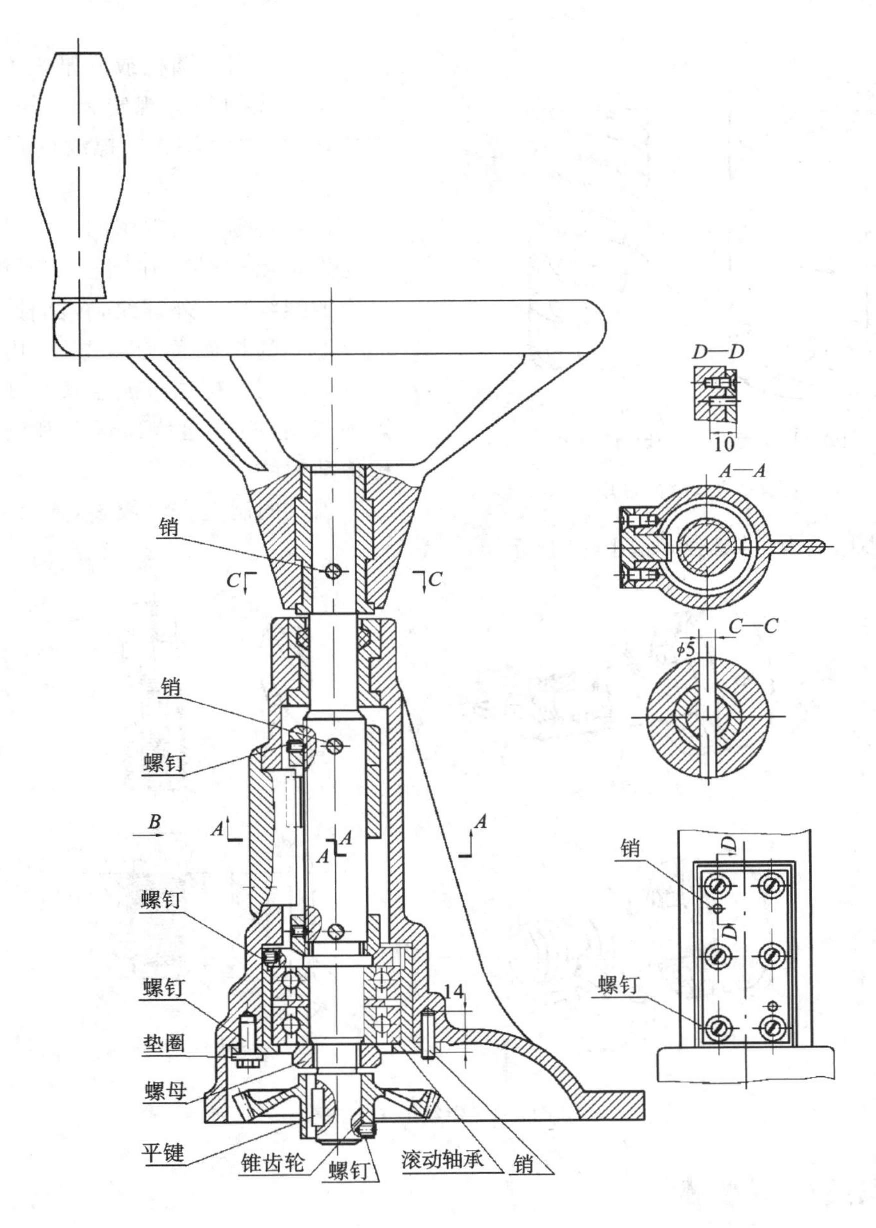

图4-1　高炮瞄准具距离传动器上的常用零件

常用件用途广、用量大，因此，为了便于生产和使用，国家对常用件的结构和尺寸完全或部分实行了标准化。其中，结构、尺寸和技术要求等均已标准化的常用件称为标准零件，简称标准件（如螺栓、螺母、垫圈、销、键、滚动轴承等）。为了便于绘制和标注，国家标准规定了相应的特殊画法和代号、符号。本章着重介绍几种常用件的有关基本知识、规定画法、符号、代号和标记等。

4.1 螺　　纹

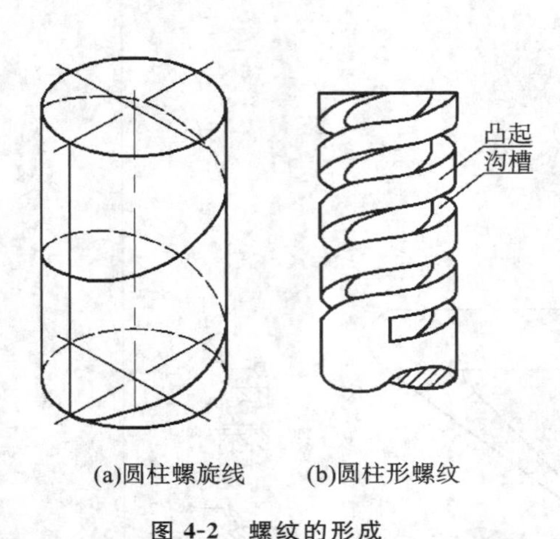

(a)圆柱螺旋线　(b)圆柱形螺纹

图 4-2　螺纹的形成

螺纹是指在圆柱或圆锥表面上，沿着螺旋线所形成的具有规定牙型的连续凸起和沟槽，通常称为丝扣。螺纹的形成如图 4-2 所示。

螺纹是零件上常用的一种结构，有内螺纹与外螺纹两种。在圆柱或圆锥外表面上形成的螺纹称为外螺纹，在圆柱或圆锥内表面上形成的螺纹称为内螺纹，内、外螺纹一般成对使用。螺纹可起连接作用，称连接和紧固螺纹；亦可起传递运动和动力的作用，称传动螺纹。

螺纹的制造方法较多，通常在车床上或用钳工方法加工内、外螺纹，如图 4-3 所示。

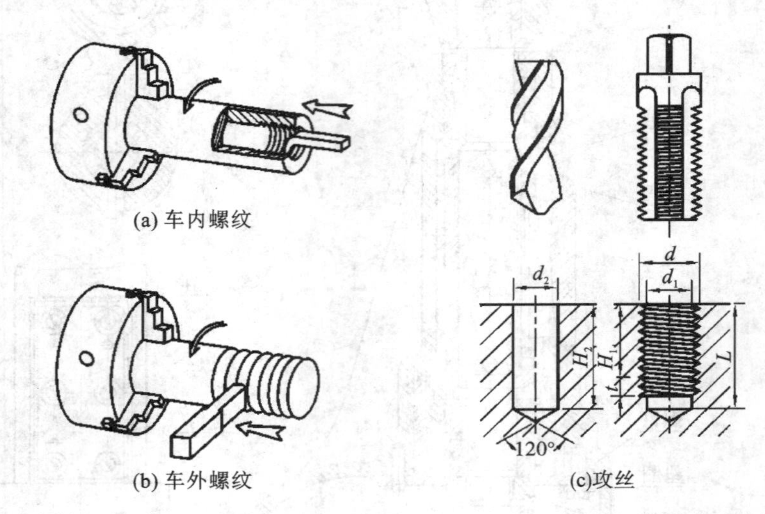

(a) 车内螺纹　(b) 车外螺纹　(c)攻丝

图 4-3　螺纹加工方法

一、螺纹的五要素

内、外螺纹总是成对使用的。内、外螺纹要能够顺利地正确旋合在一起，下列五个要素必须一致。

(一) 螺纹牙型

螺纹牙型是通过螺纹轴线剖面上的螺纹轮廓形状。螺纹的用途不同，牙型也不同。牙型为三角形的螺纹常用于连接；而牙型为梯形、锯齿形、矩形的螺纹常用于传动。其中，矩形螺纹尚未标准化，其余牙型的螺纹均为标准螺纹。

常用的螺纹牙型如表 4-1 所示。

表 4-1 常用的螺纹牙型

螺纹种类及特征代号		外形图	内外螺纹旋合后牙型的放大图	功用
连接和紧固螺纹	粗牙普通螺纹(M)	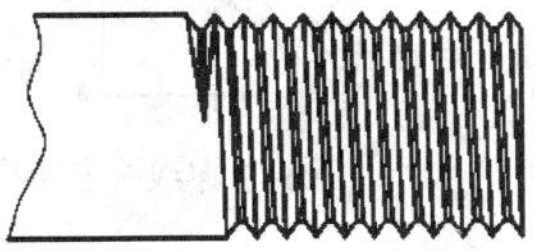	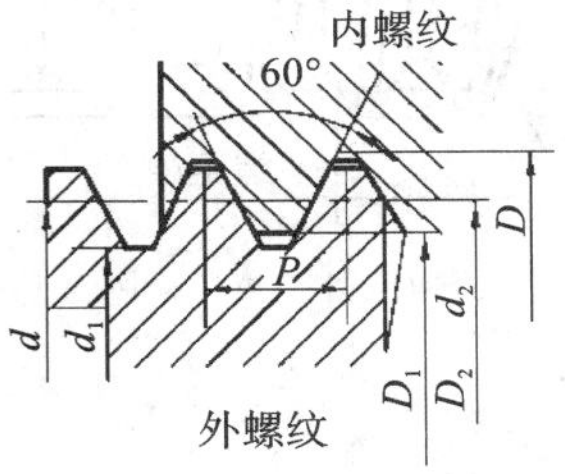 内螺纹 60° P d d_1 D_1 D_2 d_2 D 外螺纹	是最常用的连接和紧固螺纹。细牙普通螺纹的螺距较粗牙普通螺纹小，切深较浅，用于细小的精密零件或薄壁零件上
	细牙普通螺纹(M)			
	非螺纹密封的管螺纹(G)	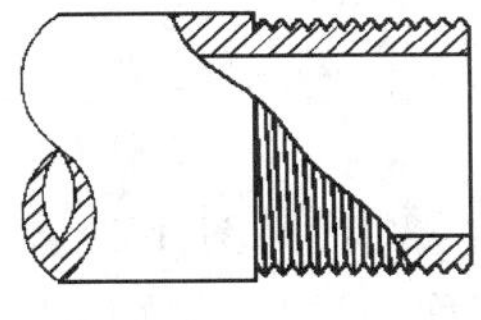	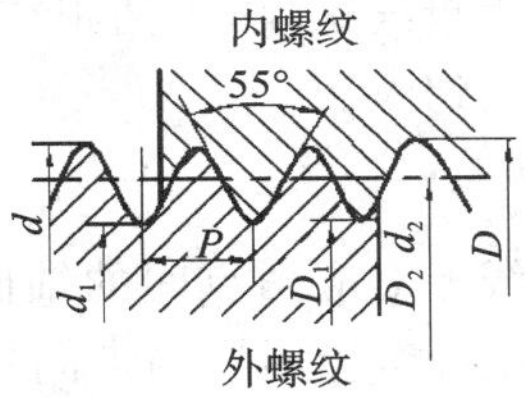 内螺纹 55° P d d_1 D_1 D_2 d_2 D 外螺纹	螺纹副本身不具有密封性，适用于管接头、旋塞、阀门等处
传动螺纹	梯形螺纹(Tr)	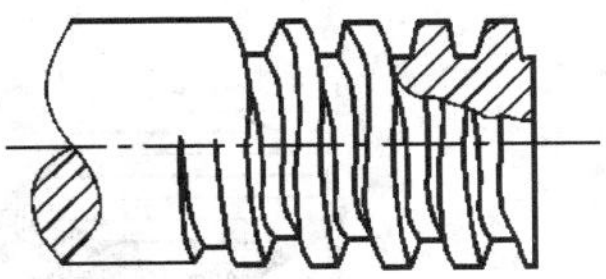	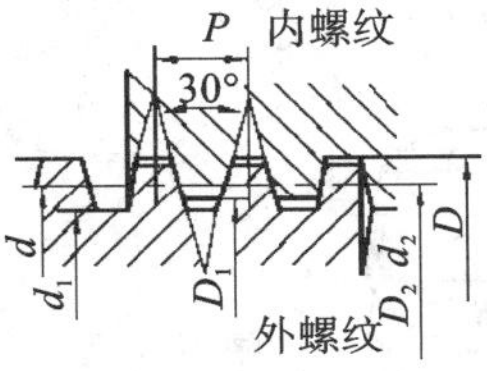 P 内螺纹 30° d d_1 D_1 D_2 d_2 D 外螺纹	用于传动场合，机床上的丝杠及火炮上的高低螺杆、方向螺杆多用这种螺纹
	锯齿形螺纹(B)	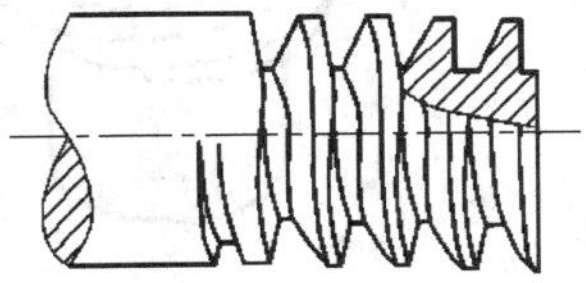	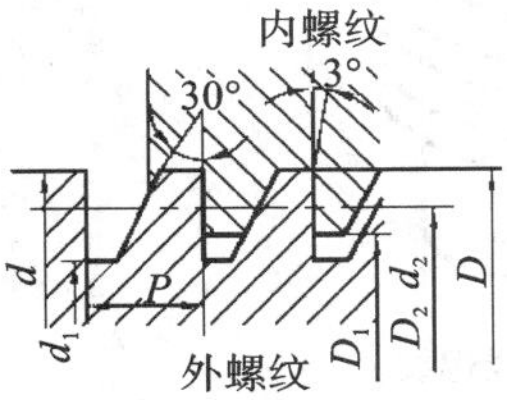 内螺纹 30° 3° P d d_1 D_1 D_2 d_2 D 外螺纹	只能传递单向动力，如螺旋压力机的传动丝杠、火炮上的方向螺杆，高低螺杆用此螺纹

(二) 螺纹直径

螺纹直径有三个：大径、小径和中径。螺纹大径即螺纹的最大直径，也就是指与外螺纹牙顶或内螺纹牙底相切的假想圆柱的直径。外螺纹和内螺纹的大径分别以 d 和 D 表示。除管螺纹以外，一般用螺纹大径表示螺纹规格直径，故亦称大径为公称直径。螺纹小径是螺纹的最小直径，即与外螺纹牙底或内螺纹牙顶相切的假想圆柱的直径。外螺纹和内螺纹的小径分别以 d_1 和 D_1 表示，如图 4-4 所示。其中 d 和 D_1 称为顶径，d_1 和 D 又称为底径。螺纹中径是一个假想圆柱的直径，该圆柱的母线通过牙型上沟槽与凸起宽度相等的地方，外螺纹和内螺纹的中径分别用 d_2 和 D_2 表示。

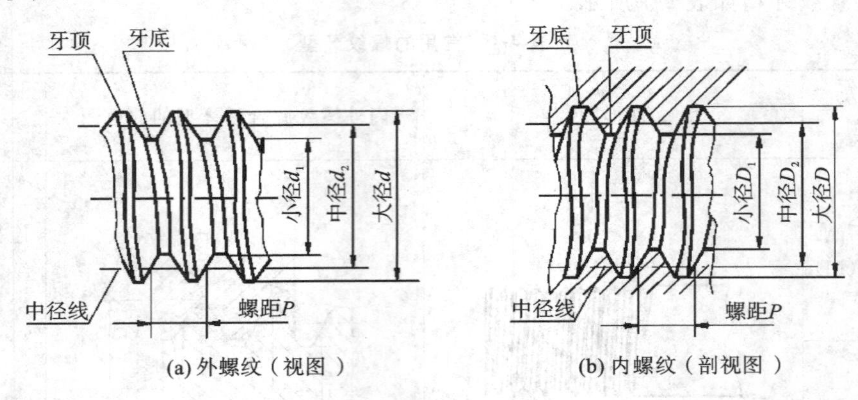

图 4-4　螺纹的直径

（三）线数

在同一圆柱（或圆锥）表面上形成螺纹的螺旋线的条线，称为线数，用字母 n 表示。由一根螺旋线形成的螺纹称为单线螺纹，由两根或更多根螺旋线形成的螺纹称多线螺纹，如图 4-5 所示。常用的螺纹为单线螺纹。

（四）螺距和导程

相邻两牙在中径线上对应两点间的轴向距离称为螺距（见图 4-5），用字母 P 表示；同一条螺旋线上相邻两牙在中径线上对应两点间的轴向距离称为导程（见图 4-5），用字母 P_h 表示。单线螺纹导程等于螺距，多线螺纹导程等于线数乘以螺距，即 $P_h = nP$。在一对螺纹使用中，螺纹旋转一周，在轴向运动的距离为一个导程。

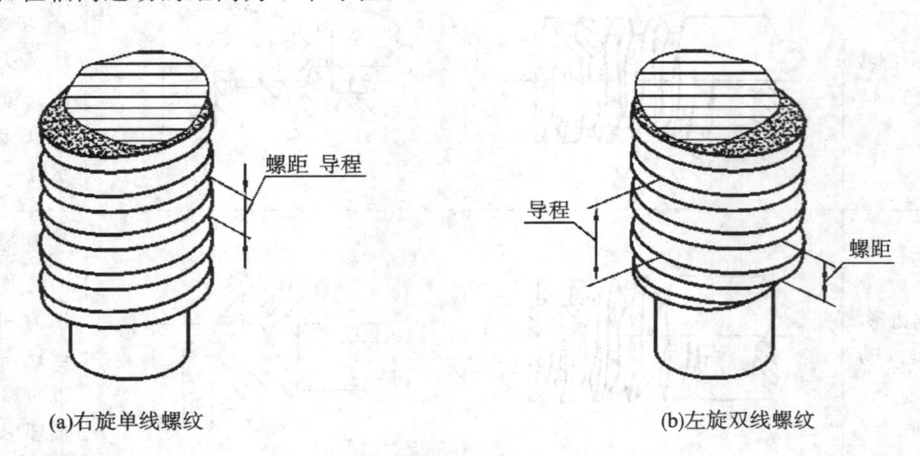

图 4-5　螺纹的旋向、线数、螺距和导程

（五）旋向

螺纹旋入时的转动方向称为旋向。顺时针旋入的螺纹称为右旋螺纹；逆时针旋入的螺纹称为左旋螺纹。螺纹旋向的判断如图 4-6 所示。常用的螺纹多为右旋螺纹。

普通螺纹、梯形螺纹、锯齿形螺纹、管螺纹等常用螺纹的牙型、公称直径(管螺纹为尺寸代号)及对应的螺距等参数,均由有关部门制定了国家标准。

凡螺纹牙型、公称直径和螺距都符合国家标准的螺纹称为标准螺纹。牙型符合标准,而其他尺寸不符合标准的螺纹称为特殊螺纹。牙型不符合标准的螺纹称为非标准螺纹。100 mm高射炮引信测合机多槽螺筒上的方牙螺纹就是一种非标准螺纹,它的牙型为矩形,如图4-7所示。

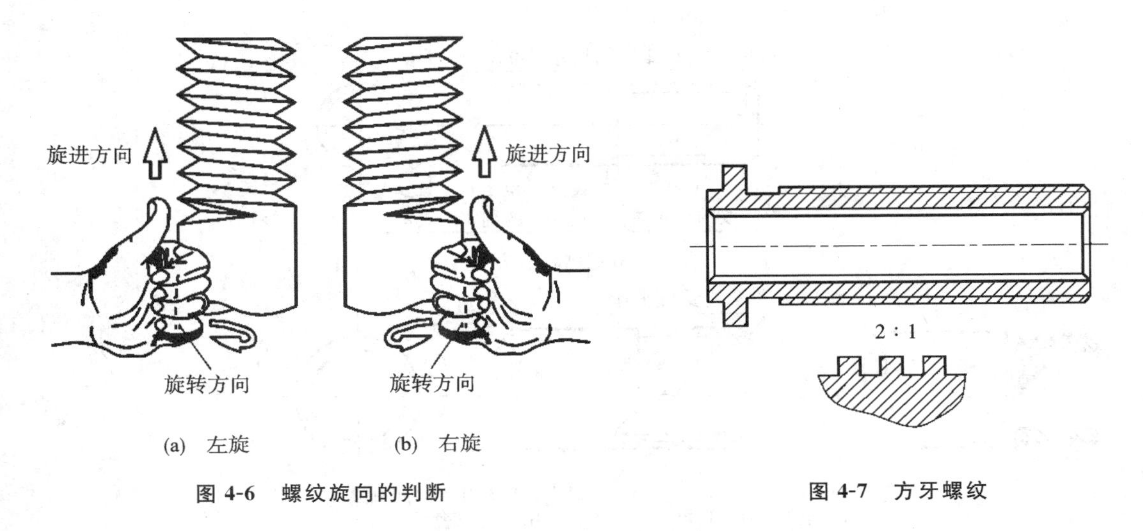

图4-6 螺纹旋向的判断　　图4-7 方牙螺纹

二、螺纹的规定画法

《机械制图 螺纹及螺纹紧固件表示法》(GB/T 4459.1—1995)中规定了螺纹的画法,现介绍如下。

(一) 外螺纹的画法

外螺纹的牙顶(大径)及螺纹终止线用粗实线表示,牙底(小径)用细实线表示。

在平行于螺纹轴线的投影面的视图或剖视图中,在螺杆的倒角部分也应画出表示牙底的细实线。需表示螺纹收尾时,螺尾部分的牙底用与轴线成30°角的细实线绘制。无特殊要求时,一般不画螺尾。在垂直于螺纹轴线的投影面的圆视图中,表示牙底的细实线圆只画约3/4圈,螺纹端部的倒角圆不画。

外螺纹的画法如图4-8所示。

(二) 内螺纹的画法

内螺纹一般用剖视图画出。在平行于螺纹轴线的投影面的剖视图和垂直于螺纹轴线的投影面的视图中,内螺纹的牙底(大径)用细实线表示,牙顶(小径)及螺纹终止线用粗实线表示。和外螺纹一样,表示牙底的细实线圆也只画约3/4圈,螺孔端部倒角圆省略不画,如图4-9(a)所示。

对于不穿通的螺纹,一般应将钻孔深度与螺纹部分的深度分别画出,底部的锥顶角画成120°,如图4-9(b)所示。

内螺纹螺尾的表示法与外螺纹相同。

不剖的内螺纹的所有图线(大径、小径、螺纹终止线)均用细虚线绘制,如图4-9(c)所示。螺纹中相贯线的画法如图4-10所示。

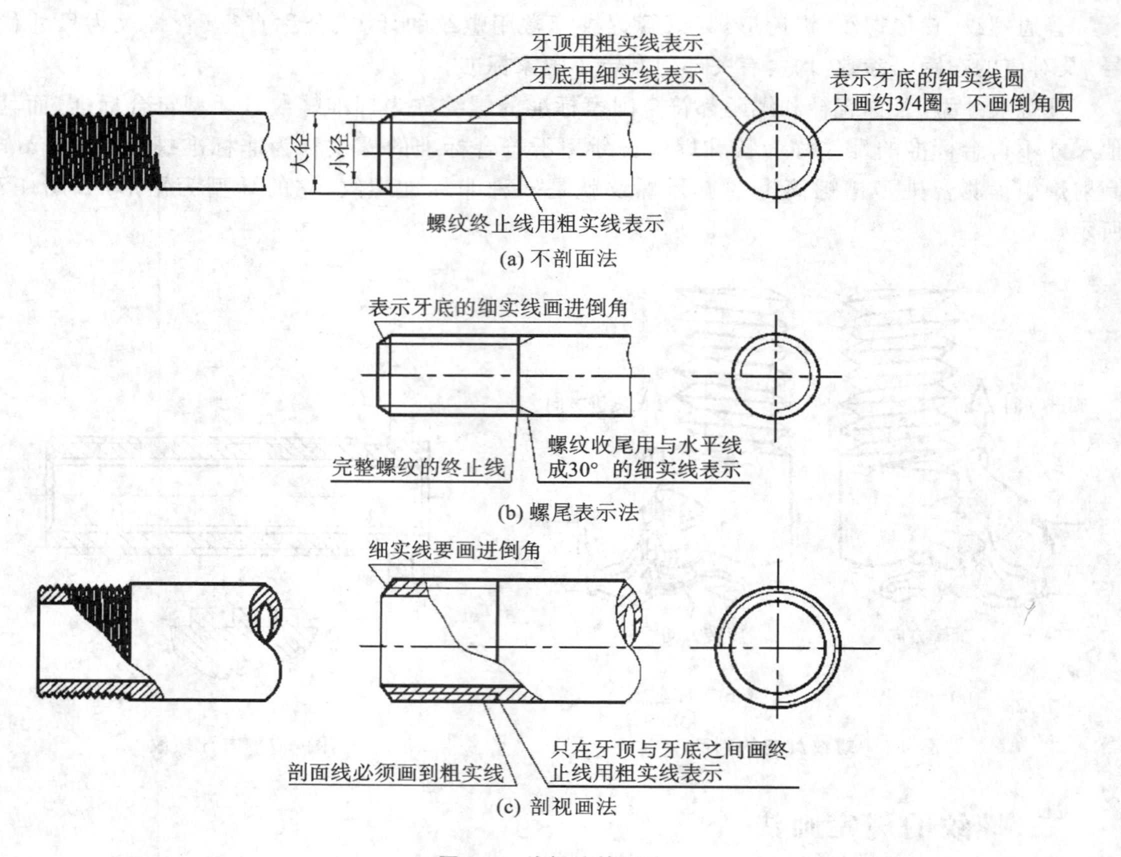

(a) 不剖面法

(b) 螺尾表示法

(c) 剖视画法

图 4-8 外螺纹的画法

（三）螺纹连接的画法

以剖视图表示内、外螺纹连接时，旋合部分按外螺纹的画法绘制，其余部分仍按各自的画法表示，如图 4-11(a)所示。

由于只有五个要素都相同的内、外螺纹才能正确旋合在一起，所以在图形上表示外螺纹大径的粗实线与表示内螺纹大径的细实线必须画在同一条直线上(共线)，表示外螺纹小径的细实线与表示内螺纹小径的粗实线也必须画在同一条直线上(共线)。

无论是外螺纹，还是内螺纹，在剖视或断面中的剖面线都必须画到粗实线(见图 4-8(c)，图 4-9(a)、(b)，图 4-10，图 4-11(a)、(b)、(c))。

对于不穿通的螺纹孔，也可以不画钻孔深度，仅按螺纹部分的深度(不包括螺尾)画出，如图 4-11(d)所示。

三、螺纹的标注

按上面所讲的方法画出的螺纹只是一个特征符号，而且各种不同螺纹的规定画法又是相同的，其中并没有表示出螺纹的任何要素。因此，在图样上还必须注出螺纹的标记，这样才能将螺纹的种类及规格等都表示出来。

（一）螺纹的标记

1. 普通螺纹、梯形螺纹和锯齿形螺纹的标记

普通螺纹、梯形螺纹和锯齿形螺纹的完整标记一般由螺纹代号、直径公差带代号和旋合长

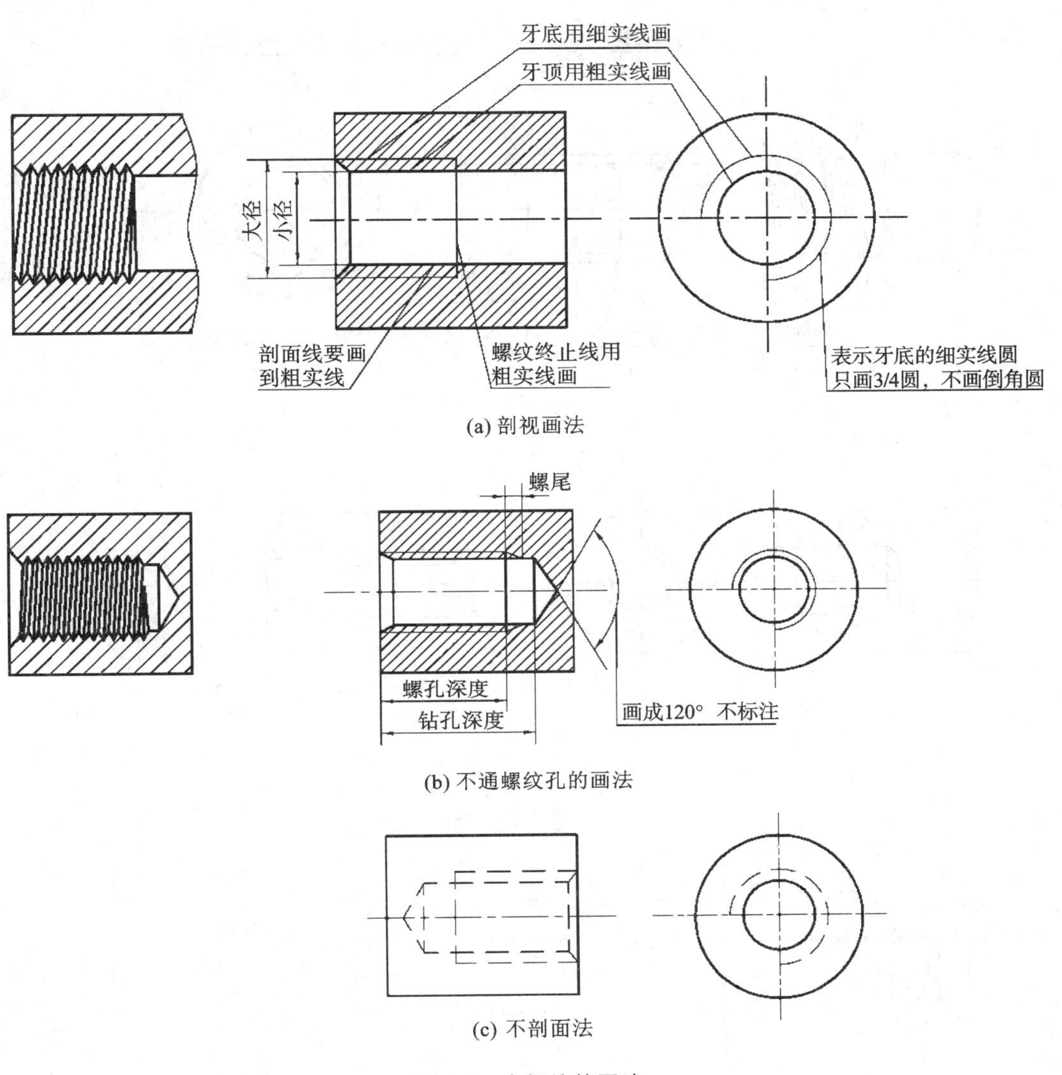

(a) 剖视画法

(b) 不通螺纹孔的画法

(c) 不剖面法

图 4-9 内螺纹的画法

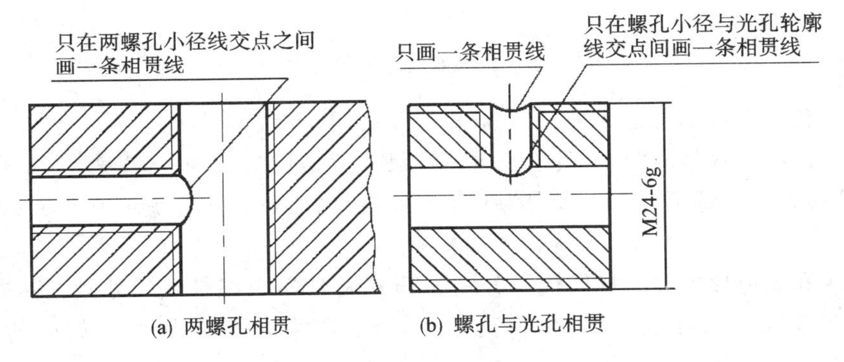

(a) 两螺孔相贯　　(b) 螺孔与光孔相贯

图 4-10 螺纹中相贯线的画法

度代号三个部分组成。

（1）螺纹代号。

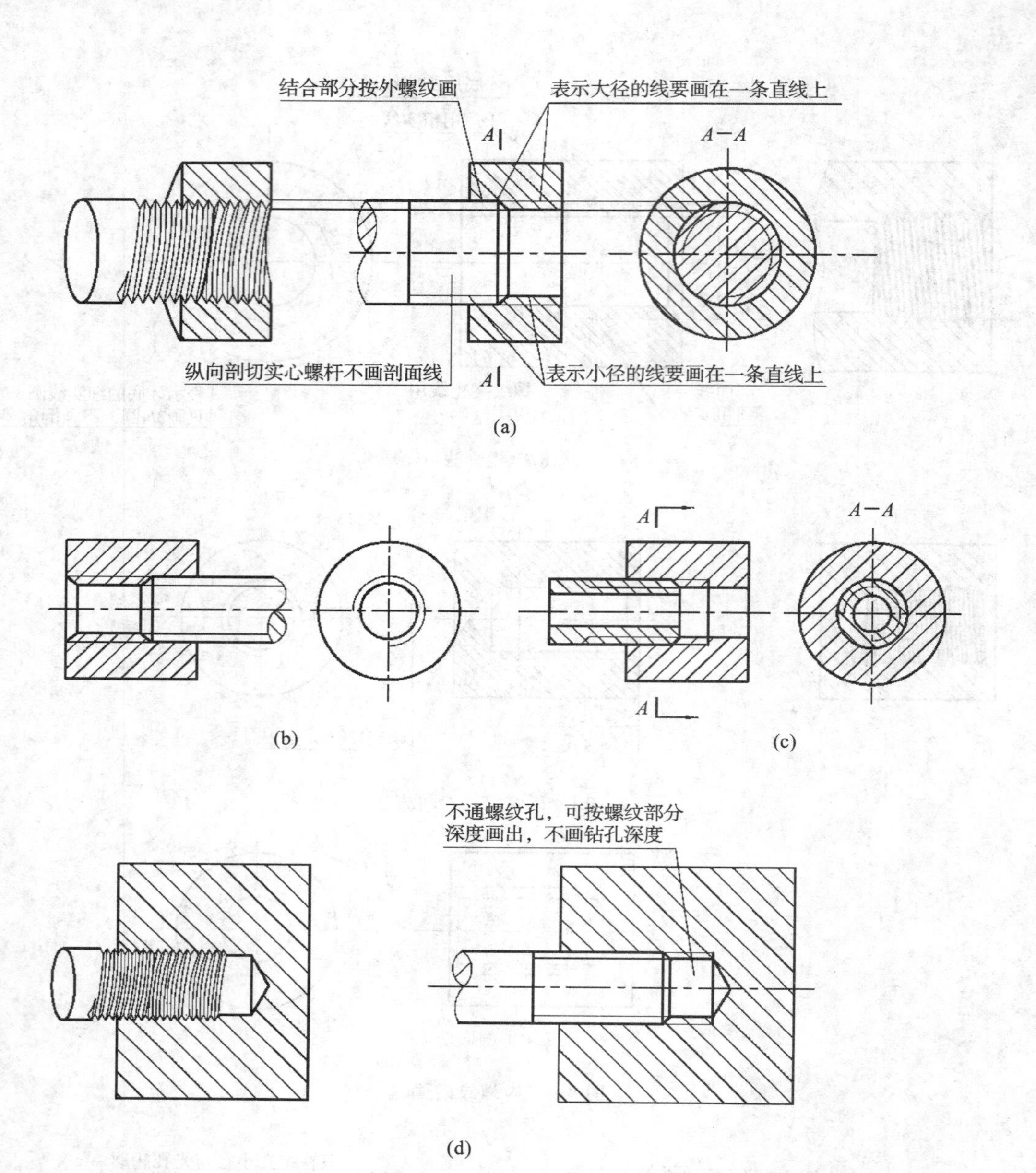

图 4-11　螺纹连接的画法

螺纹代号包括螺纹的特征代号、尺寸规格以及旋向。

普通螺纹的特征代号为“M”，粗牙普通螺纹尺寸规格用“公称直径”表示，细牙普通螺纹尺寸规格用“公称直径×螺距”表示，旋向为右旋时不标旋向，旋向为左旋时在尺寸规格后面加注“LH”。

梯形螺纹和锯齿形螺纹的特征代号分别为“Tr”和“B”，单线螺纹尺寸规格用“公称直径×螺距”表示，多线螺纹尺寸规格用“公称直径×导程(P 螺距)”表示，螺纹旋向的标注同普通螺纹。

(2) 直径公差带代号。

螺纹直径公差带代号反映了螺纹的精度。螺纹直径公差带由表示其大小的公差等级数字和表示其位置的基本偏差代号(拉丁字母——内螺纹用大写、外螺纹小写)来表示。

普通螺纹的直径公差带代号包括中径公差带代号和顶径(即外螺纹的大径和内螺纹的小径)公差带代号，当两者相同时只标注一个。

梯形螺纹和锯齿形螺纹只标注中径公差带代号，这是因为国家标准对梯形螺纹的顶径只规定了一种公差带(4H、5h)，对锯齿形螺纹的顶径也只规定了一个公差等级(4级公差)。

在标注时，用"-"将直径公差带代号与前面的螺纹代号分开。

(3) 旋合长度代号。

螺纹旋合长度是指两个互相配合的螺纹，沿螺纹轴线方向相互旋合部分的长度。它也反映了螺纹的精度。L为长旋合长度代号，N、S分别为中等旋合长度代号、短旋合长度代号。旋合长度的数值由螺纹的公称直径和螺距确定。普通螺纹有长、中、短三组旋合长度，梯形螺纹和锯齿形螺纹只有中等、长两组旋合长度。在一般情况下，中等旋合长度代号N不标注。必要时，在螺纹直径公差带代号之后加注长或短的旋合长度代号"L"或"S"，并用"-"与前面的直径公差带代号分开；特殊需要时，可注明旋合长度的数值。

(4) 标记形式示例。

①公称直径为10的粗牙普通螺纹(外螺纹)，右旋，中径公差带代号和顶径公差带代号分别为5g和6g，短旋合长度，标记为：M10-5g6g-S。

②公称直径为20的细牙普通螺纹(内螺纹)，螺距 $P=2$ mm，左旋，中径公差带代号和顶径公差带代号均为6H，长旋合长度，标记为：M20×2LH-6H-L。

③公称直径为40的单线梯形螺纹(外螺纹)，螺距 $P=7$ mm，右旋，中径公差带代号为7e，中等旋合长度，标记为：Tr40×7-7e。

④公称直径为40的双线梯形螺纹(内螺纹)，导程 $P_h=14$ mm，左旋，中径公差带代号为8H，长旋合长度，标记为：Tr40×14(P7)LH-8H-L。

⑤公称直径为32的双线锯齿表螺纹(外螺纹)，导程 $P_h=12$ mm，右旋，中径公差带代号为7c，中等旋合长度，标记为：B32×12(P6)-7c。

综上所述，普通螺纹、梯形螺纹和锯齿形螺纹的标记形式可归纳如图4-12所示。

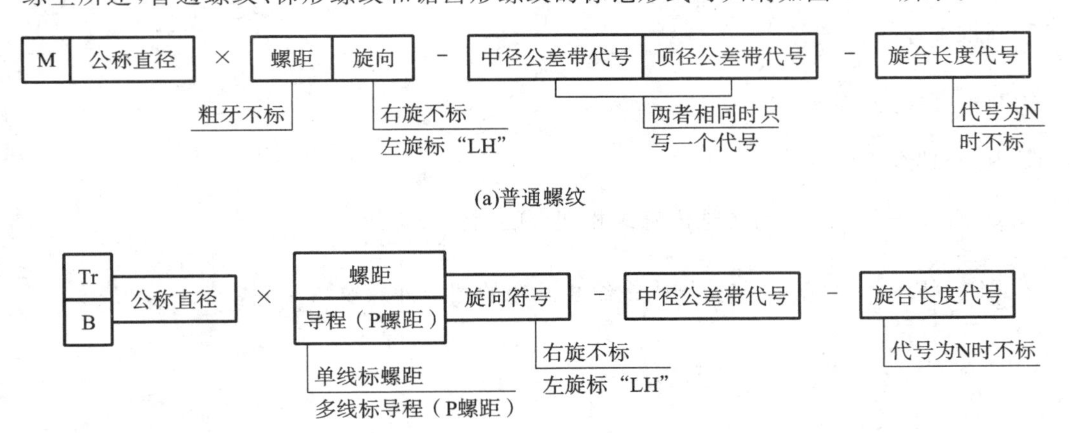

图4-12 普通螺纹、梯形螺纹和锯齿形螺纹的标记形式

内、外螺纹装配在一起组成螺纹副，二者的直径公差带代号用斜线分开，左边表示内螺纹直径公差带代号，右边表示外螺纹直径公差带代号，如M16×1.5LH-5H6H/5g6g、Tr40×7-7H/7e。

*2. 管螺纹的标记

管螺纹主要用在管路的连接中。它的标记一般由螺纹特征代号、尺寸代号、精度等级代号和螺纹旋向等组成。常见的管螺纹有两种：非螺纹密封的管螺纹和用螺纹密封的管螺纹。

(1) 非螺纹密封的管螺纹。

这种螺纹的标记由螺纹特征代号"G"、尺寸代号(数字)、公差等级代号和旋向(右旋不标，左旋标"LH")组成。其中：圆柱外螺纹精度分为 A、B 两级；而圆柱内螺纹不分精度等级，只有一个公差等级，不必标出。

标记示例如下。

①圆柱内螺纹：G $\frac{1}{2}$。

②圆柱外螺纹：G $\frac{1}{2}$A。

③圆柱外螺纹，左旋：G $\frac{1}{2}$A-LH。

④内、外螺纹装配在一起：G $\frac{1}{2}$/ G $\frac{1}{2}$B、G $\frac{1}{2}$/G $\frac{1}{2}$A-LH。

(2) 用螺纹密封的管螺纹。

该类螺纹的标记包括螺纹特征代号(字母)、尺寸代号(数字)和螺纹旋向(右旋不标，左旋标注"LH")。其中，圆锥内螺纹的特征代号为"Rc"，圆锥外螺纹的特征代号为"R"，圆柱内螺纹的特征代号为"Rp"。

标记示例如下。

①圆锥内螺纹：Rc $\frac{1}{2}$。

②圆柱内螺纹：Rp $\frac{1}{2}$。

③圆锥外螺纹：R $\frac{1}{2}$。

④圆锥外螺纹，左旋：R $\frac{1}{2}$-LH。

⑤内、外螺纹装配在一起时：

a. Rp $\frac{1}{2}$/R_1 $\frac{1}{2}$(R_1——与圆柱内螺纹相配合的圆锥外螺纹)；

b. Rc $\frac{1}{2}$/R_2 $\frac{1}{2}$(R_2——与圆锥内螺纹相配合的圆锥外螺纹)；

c. Rc $\frac{1}{2}$/R_2 $\frac{1}{2}$-LH。

*3. 特殊螺纹的标记

特殊螺纹的标记只需在螺纹特征代号前加注"特"字即可，必要时可注出极限尺寸，如特 B28×10LH-7c、特 Tr50×5-$d_2$47.445/46.935。

*4. 非标准螺纹的标注

对于非标准螺纹，应画出螺纹的牙型，并注出所需要的尺寸及有关要求，如图 4-13 所示。

(二) 螺纹标记在图样上的标注

(1) 普通螺纹、梯形螺纹和锯齿形螺纹的标记应标注在尺寸线上，而且尺寸界线必须从螺

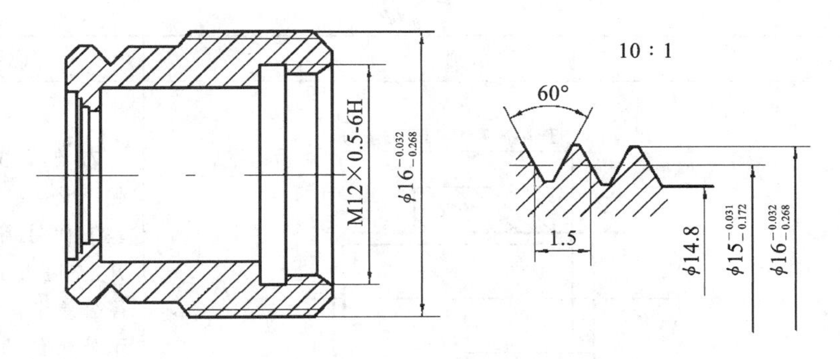

图 4-13 非标准螺纹的画法与标注

纹的大径引出。

(2) 管螺纹的标记应标注在指引线上，而指引线必须从螺纹的大径或对称中心处引出。

常用螺纹在图样上的标注示例如表 4-2 所示。

表 4-2 常用螺纹在图样上的标注示例

螺纹		标注示例	说明
单个螺纹	普通螺纹	M20×1.5-5g6g	必须画尺寸界线，尺寸界线从螺纹大径引出。 当标记内容在尺寸线上写不下时，可用指引线引出，或顺着箭头延长尺寸线
	梯形螺纹	Tr40×7LH-7H	
	锯齿形螺纹	B20×8(P4)-8e-L	
	管螺纹	G1A R3/4 Rc1/2-LH	不画尺寸界线，只能用引出线标注。 引出线从大径的轮廓线引出（非圆视图）或由对称中心引出（圆视图）

续表

螺纹	标注示例	说明
螺纹副	Tr40×7LH-7H/7e	内、外螺纹装配在一起组成螺纹副，直径公差带代号需用斜线分开，左边表示内螺纹直径公差带代号，右边表示外螺纹直径公差带代号

4.2 螺纹紧固件

用螺纹将被连接零件紧固在一起的螺栓、螺柱、螺钉、螺母、垫圈等称为螺纹紧固件。它们在各类机械、武器及家电等产品中都有广泛的应用。此类零件的结构形状和尺寸都已经标准化，需要时，可以从相应的标准中查得。螺纹紧固件成品主要由标准件厂大量生产，使用时可依据规格型号购买。常用螺纹紧固件如图 4-14 所示。

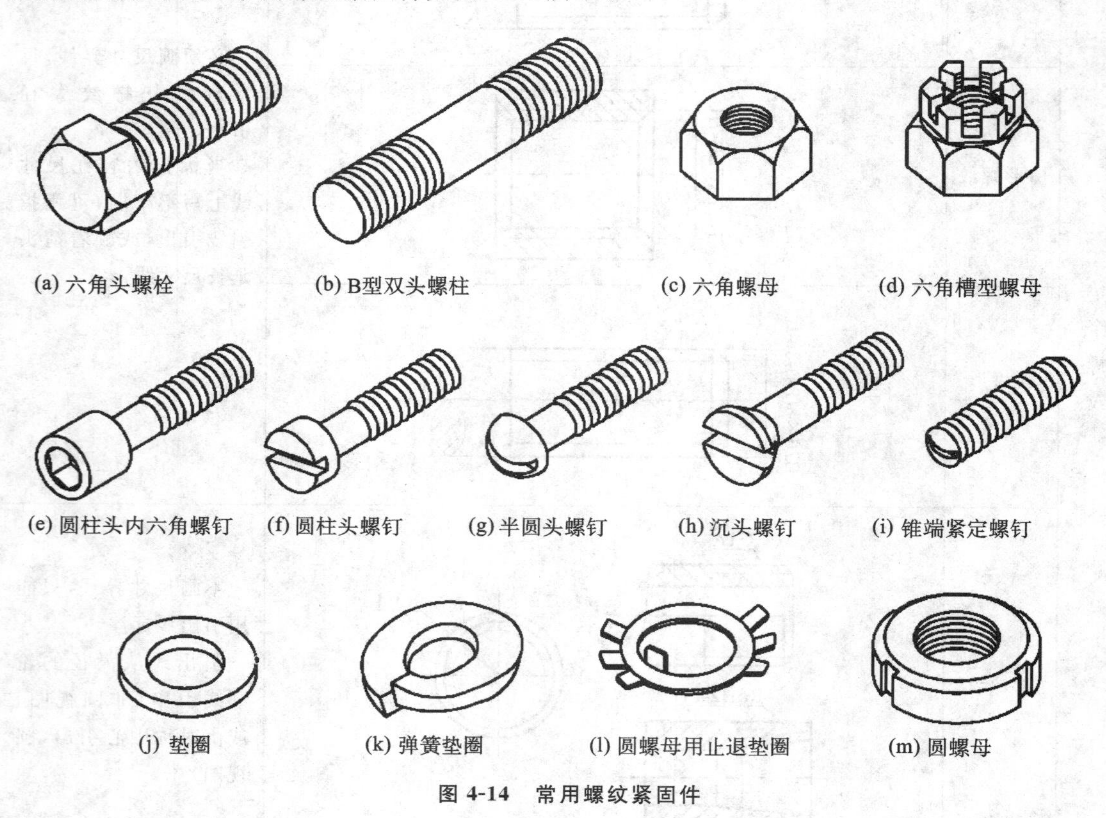

图 4-14　常用螺纹紧固件

一、螺纹紧固件的画法与标记

（一）在装配图中螺纹紧固件的简化画法

在装配图中螺纹紧固件的简化画法如表 4-3 所示。

表 4-3 在装配图中螺纹紧固件的简化画法

螺纹紧固件	简化画法	螺纹紧固件	简化画法
六角头螺栓	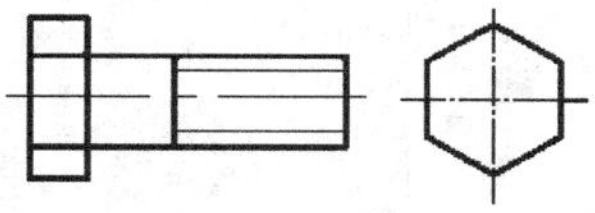	方头螺栓	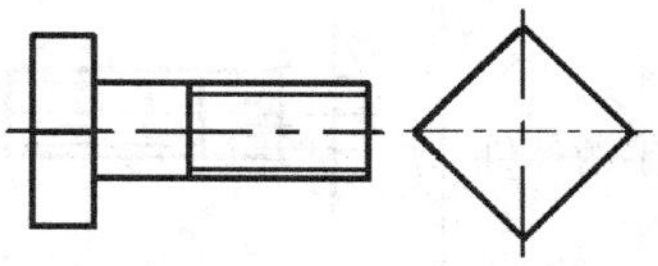
圆柱头内六角螺钉	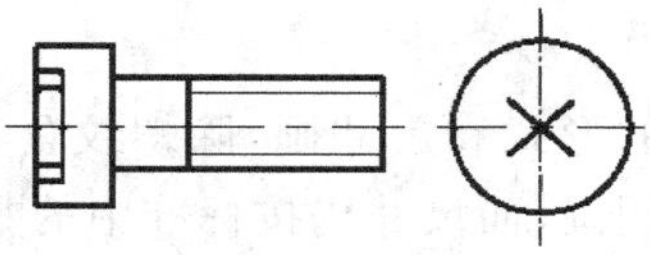	无头内六角螺钉	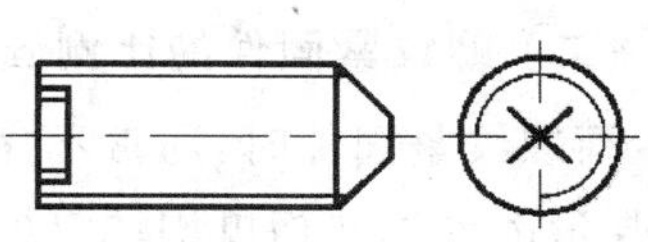
无头开槽螺钉	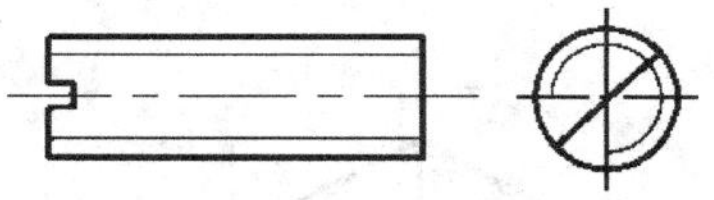	沉头开槽螺钉	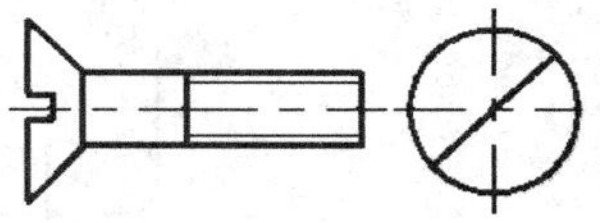
半沉头开槽螺钉	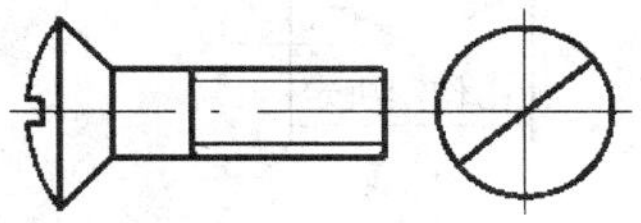	圆柱头开槽螺钉	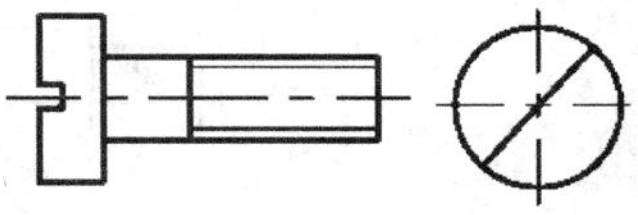
盘头开槽螺钉	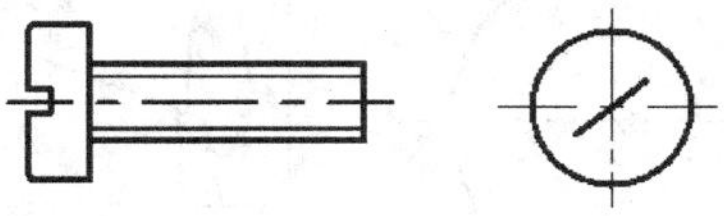	沉头开槽螺钉（自攻）	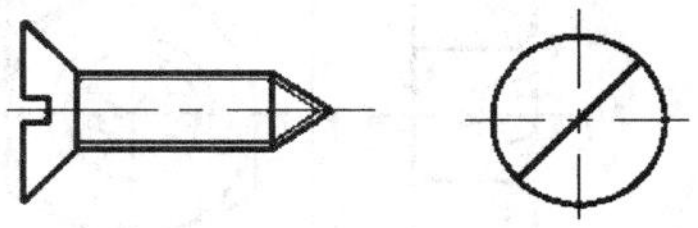
六角螺母	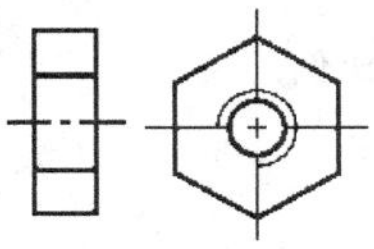	方头螺母	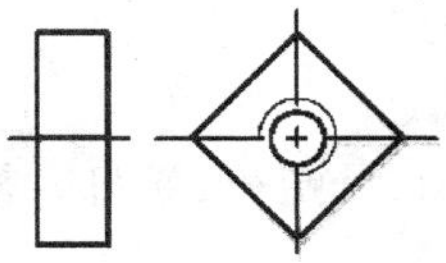
六角开槽螺母	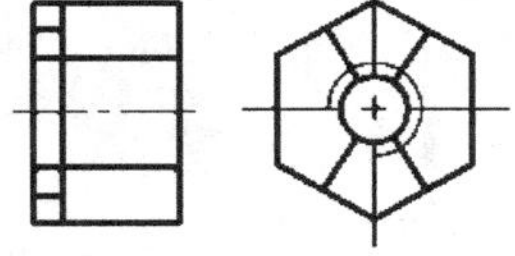	六角法兰面螺母	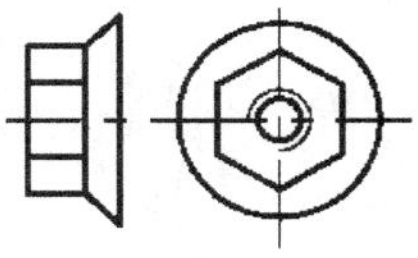

续表

螺纹紧固件	简化画法	螺纹紧固件	简化画法
蝶形螺母		沉头十字槽螺钉	
半沉头十字槽螺钉			

（二）螺纹紧固件的比例画法

画螺纹紧固件时，通常不完全依赖标准中规定的形式和尺寸画，除螺纹公称直径和螺杆长外，其余部分尺寸均可用螺纹公称直径 d 的一定比例画，而尺寸仍按标准中的数值标注。

螺栓、螺母、垫圈的比例画法如图 4-15 所示。

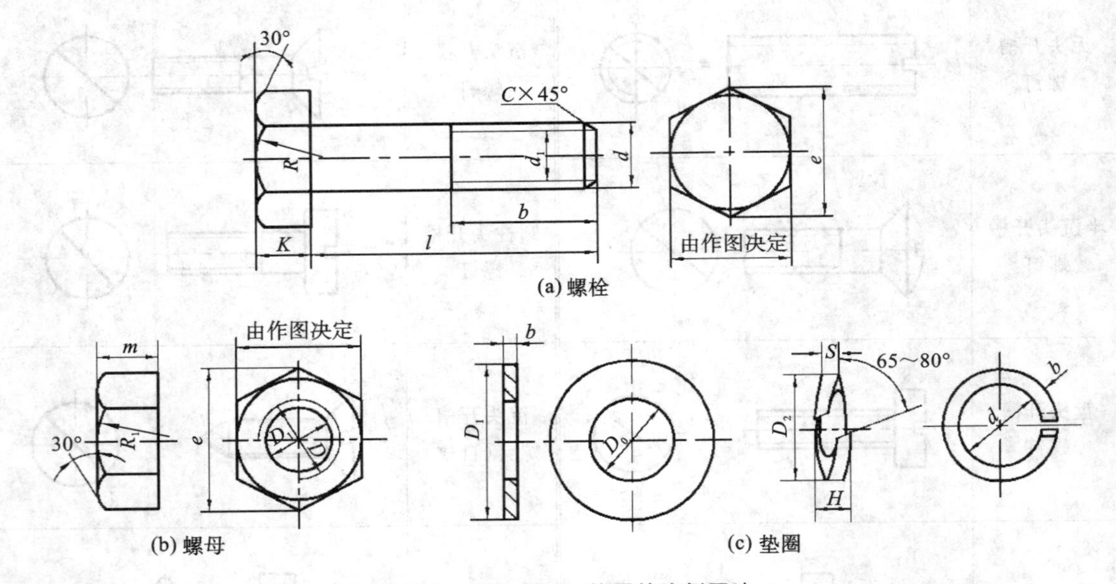

图 4-15　螺栓、螺母、垫圈的比例画法

画图时，螺栓、螺母各部分尺寸的比例关系如下。

$$D_1=d_1=0.85d,\quad m=0.8d$$
$$D=d,\quad C=0.15d$$
$$K=0.7d,\quad R=1.5d$$
$$e=2d,\quad R_1=d$$
$$b=2d,\quad r\text{ 由作图确定}$$

垫圈、弹簧垫圈各部分尺寸的比例关系如下。

$$D_1=2.2d,\quad D_0=1.1d$$
$$b=0.15d,\quad S=0.2d$$

$$m=0.1d,\quad D_2=1.5d$$

六角螺栓及六角螺母因倒角而形成的截交线，一般用圆弧近似画出，如图4-16所示。画图步骤如下：先画圆弧 $R=1.5d$，圆心在轴线上；再画圆弧 r（由作图确定），圆心 O 在 ab 的中点处；左视图中圆弧 $R_1=d$，圆心在 cd 的中垂线上。

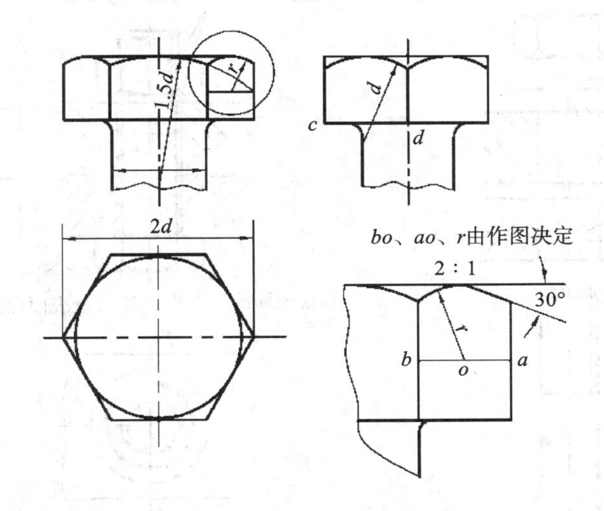

图4-16 螺栓、螺母头部倒角的画法

常用螺钉的比例画法如图4-17所示。

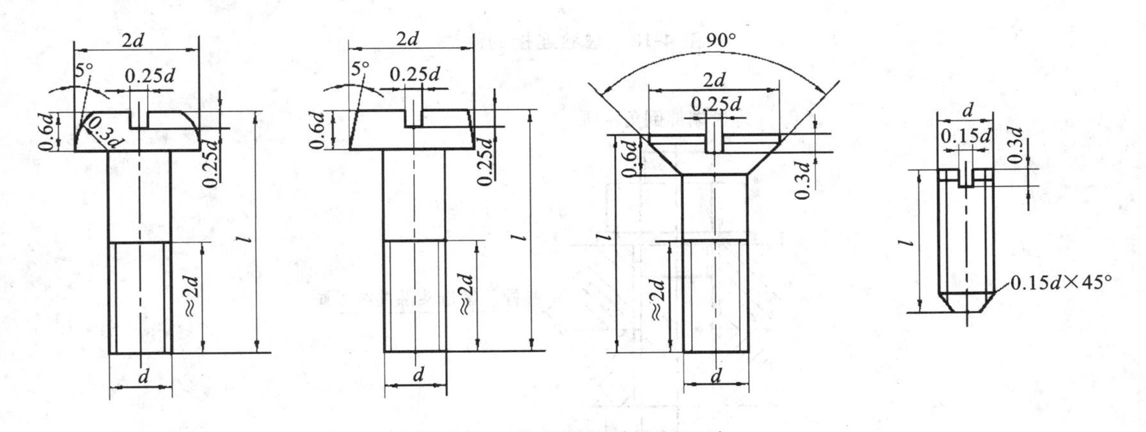

图4-17 常用螺钉的比例画法

二、螺纹紧固件连接的画法

螺栓连接、螺柱连接与螺钉连接是常见的连接形式，连接画法均应符合《机械制图　图样画法　视图》(GB/T 4458.1—2002)和《机械制图　螺纹及螺纹紧固件表示法》(GB/T 4459.1—1995)中装配画法的基本规定：当剖切平面纵向通过各类紧固件的轴线时，它们按不剖绘制；两相邻金属零件的剖面线应按不同方向或不同间隔绘制；两零件的接触面或配合表面只画一条轮廓线，不接触面或非配合表面各自画一条轮廓线；零件被遮住部分一般不画出。

（一）螺栓连接

螺栓用来连接两个较薄并能从被连接件两边同时装配的场合。图4-18(a)表示在被连接的两个零件上，钻出比螺栓大径略大的通孔（孔径≈1.1d），将螺栓从这两个孔中穿过，并在螺栓上端套上垫圈，再将螺母拧紧。图 4-18(b)所示为螺栓连接的画法。在装配图中，在不影响看图的前提下，常采用简化画法，如图 4-19 所示。

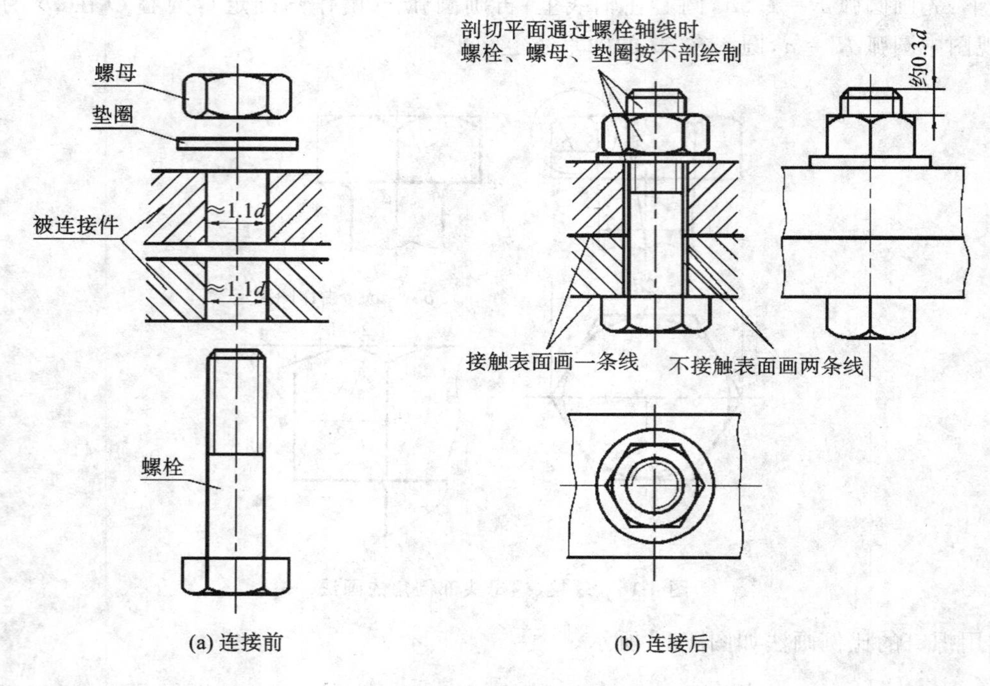

图 4-18　螺栓连接的画法

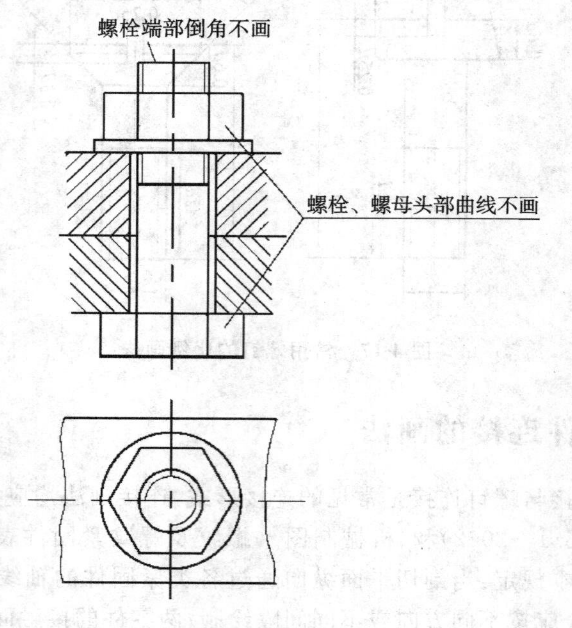

图 4-19　螺栓连接的简化画法

(二) 螺柱连接的画法

螺柱常用来连接其中一个连接件厚度较大、不便钻成通孔的两个零件。图 4-20(a)表示在较厚的零件上加工出螺孔，在较薄的零件上钻通孔(孔径≈1.1d)，将螺柱的旋入端旋入较厚零件的螺孔中，另一端（紧固端）穿过较薄零件上的通孔，套上垫圈，再用螺母拧紧。图4-20(b)所示为双头螺柱连接的装配画法。画双头螺柱连接时，螺柱的旋入端必须全部拧入螺孔内，也就是说螺纹终止线必须与两个被连接零件的接触面画成一条线，其余部分的画法和螺栓连接的画法相同。图4-20(c)所示为双头螺柱的简化画法。

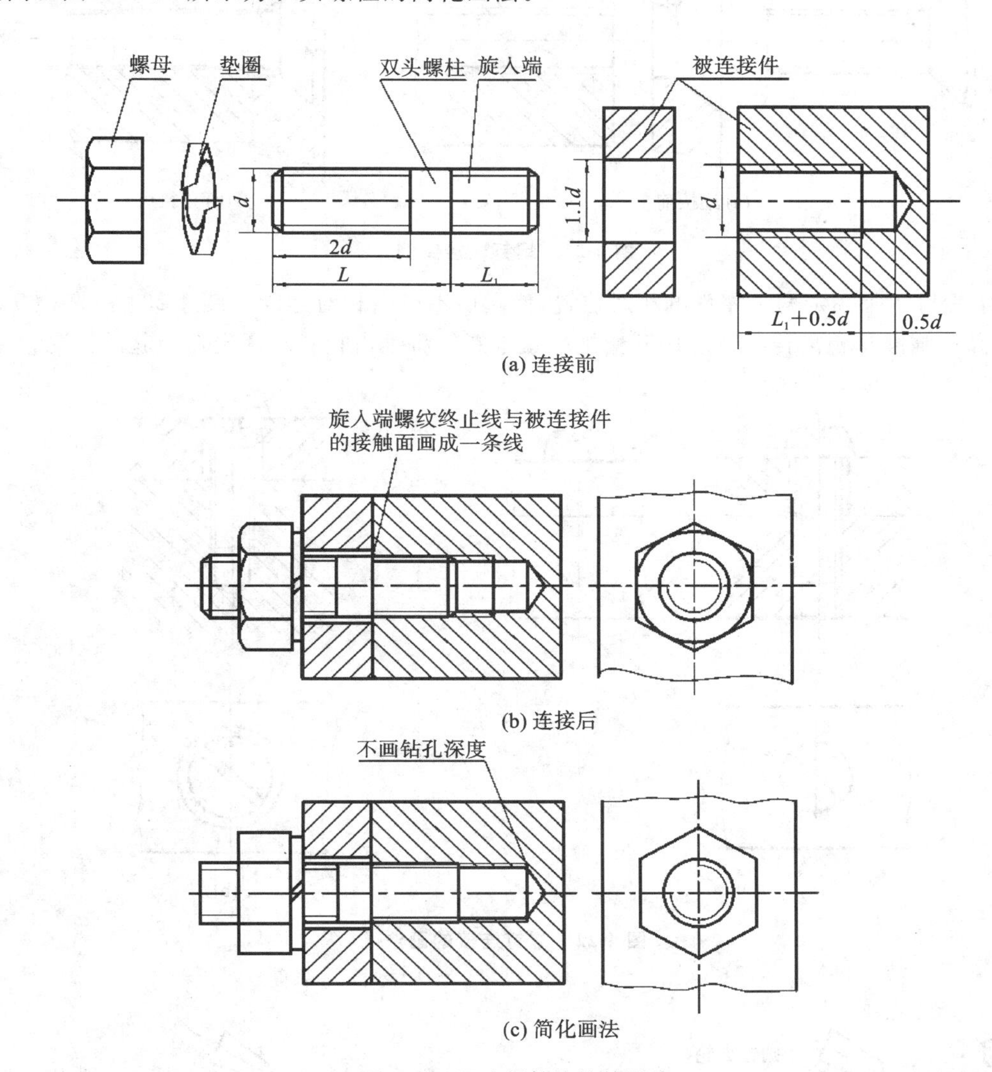

(a) 连接前

(b) 连接后

(c) 简化画法

图4-20 双头螺柱连接的画法

(三) 螺钉连接的画法

螺钉按用途可分为连接螺钉和紧定螺钉两类。

连接螺钉用来连接不经常拆卸且受力不大的零件。

图4-21所示为65式双37 mm高炮瞄准具距离传动器上，用开槽沉头螺钉将键固定在距离传动器上的情况。

螺钉连接处的情况与螺柱旋入端的情况相似，但螺纹终止线必须伸出被连接件的螺孔。

不论螺钉头部一字槽的位置如何，在与螺钉轴线平行的投影面的视图上，一字槽都按图4-22(a)所示的位置画出；在与螺钉轴线垂直的投影面的视图上，将一字槽画成与水平线倾斜45°，表示槽宽的两条轮廓线，如图4-22(b)所示，也可画成一条宽度为2b的粗实线。

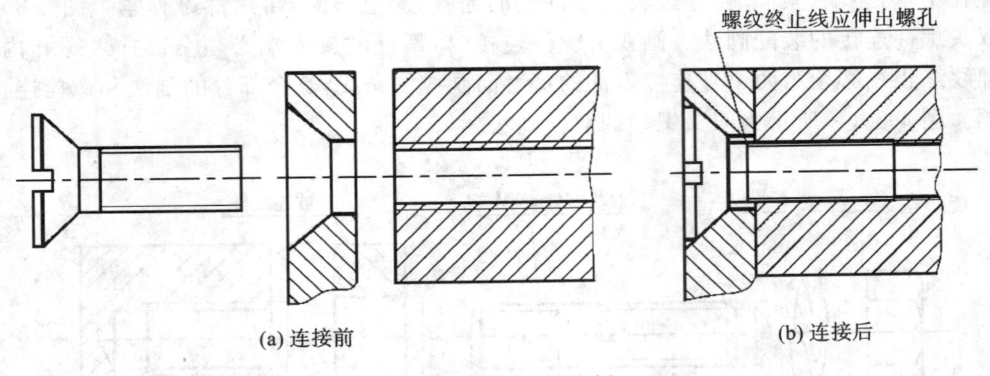

图 4-21　螺钉连接实例

紧定螺钉用来固定两个零件的相对位置，使它们不产生相对运动。图 4-23 所示为 65 式双 37 mm 高炮瞄准具距离传动器上用开槽锥端紧定螺钉将锥齿轮和轴固定在一起的情况。

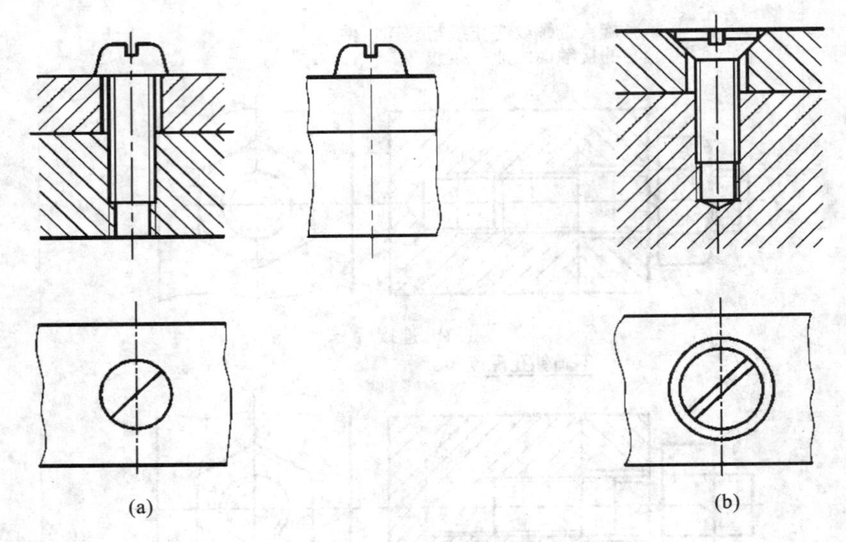

图 4-22　螺钉连接的画法

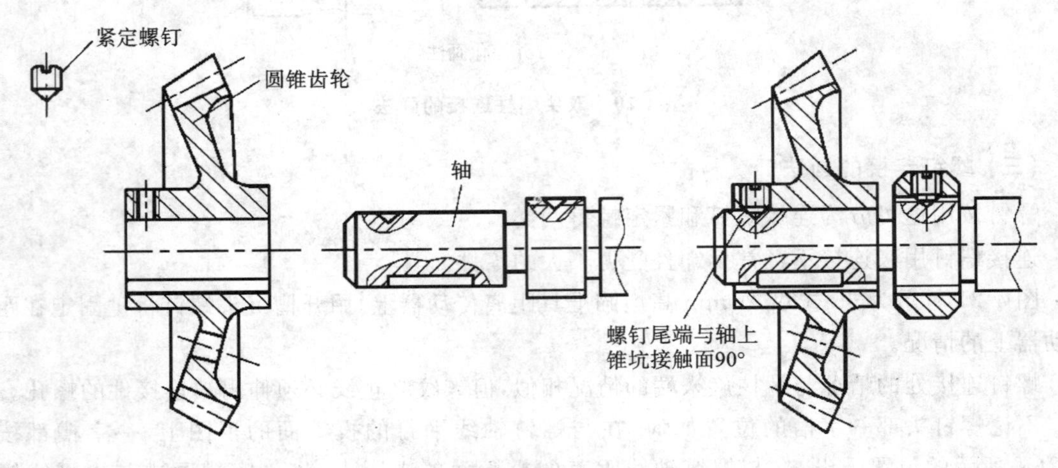

图 4-23　紧定螺钉的画法

4.3 键 和 销

一、键连接

在武器或机器上，键用来连接轴和轴上的齿轮、皮带轮、手轮等转动零件，以传递动力，如图 4-24 所示。

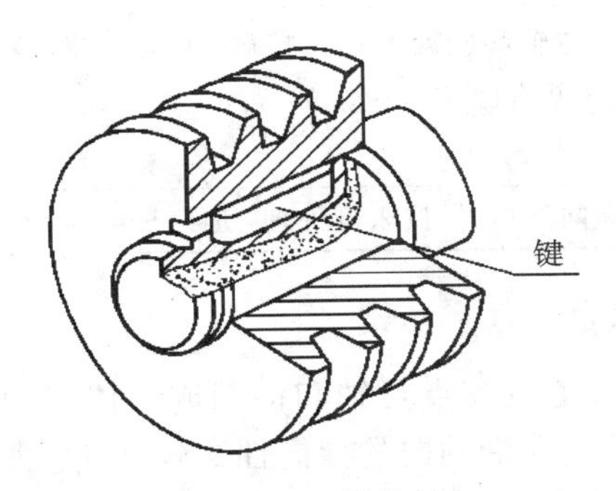

图 4-24 键连接

（一）常用键的画法与标记

常用的键有普通平键、半圆键和钩头楔键等，如图4-25所示。它们的形式、规定标记和连接画法如表 4-4 所示，有关尺寸可查阅相关标准。

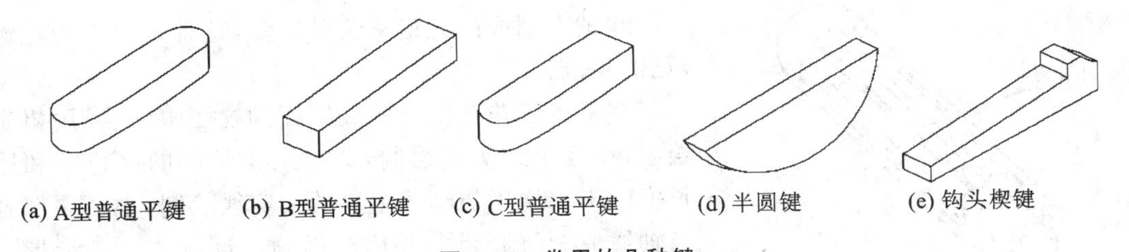

(a) A型普通平键 (b) B型普通平键 (c) C型普通平键 (d) 半圆键 (e) 钩头楔键

图 4-25 常用的几种键

表 4-4 常用键的简图、规定标记和连接画法

常用键	普通平键 GB/T 1096—2003	半圆键 GB/T 1099.1—2003	钩头楔键 GB/T 1565—2003
简图	h　$C\times45°$　$R=0.5b$　b　L	L　D　h　b	$45°$　h　$\geq1:100$　$C\times45°$或r　h_1　b　b　L
规定标记	$b=10$ mm、$h=8$ mm、$L=25$ mm 的圆头平键，规定标记为： GB/T 1096　键 10×8×25	$b=6$ mm、$h=10$ mm、$D=25$ mm 的半圆键，规定标记为： GB/T 1099.1　半圆键 6×10×25	$b=16$ mm、$h=10$ mm、$L=100$ mm 的钩头楔键，规定标记为： GB/T 1564　钩头楔键 16×100

续表

常用键	普通平键 GB/T 1096—2003	半圆键 GB/T 1099.1—2003	钩头楔键 GB/T 1565—2003
连接画法及说明			
	键的两侧面是工作面，与轴和轮毂上键槽接触，不留空隙；键的顶面与轮毂键槽顶面之间有间隙		键的顶面和底面是工作面，它们分别与轮毂上键槽顶面和轴上键槽底面接触，不留空隙
	键是实心零件，它被纵向剖切时，按未剖处理，键上不画剖面线；轴被局部剖视处，要画剖面线		

(二) 矩形花键的画法与标记

花键连接是一种多槽连接。它的特点是轴和键制成一体，键和键槽的数目较多，能传递较大的扭矩，被连接件之间的同轴度和沿轴向的导向性比较好。火炮上常用矩形花键，如130 mm加农炮高低机轴与蜗轮的连接、57 mm高炮方向机中变速器滑块与轴的连接，都采用矩形花键。

《机械制图 花键表示法》(GB/T 4459.3—2000)中规定了内、外花键及花键连接的画法，现介绍如下。

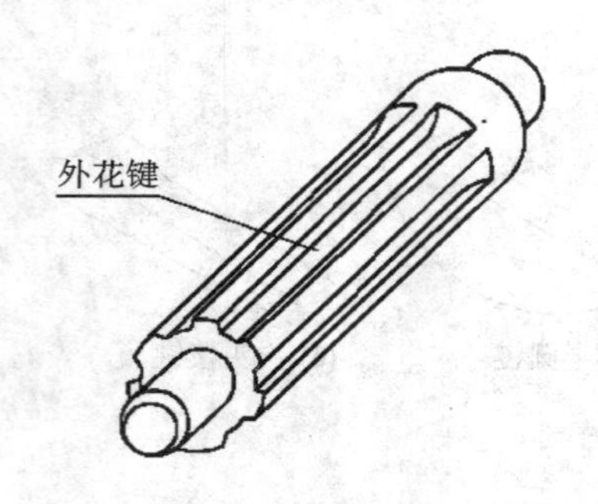

图 4-26 花键轴

1. 外花键的画法

在轴上制成的花键称为外花键，这种轴也称为花键轴(见图 4-26)。

在平行于花键轴线的投影面的视图中，大径用粗实线绘制，小径用细实线绘制，花键工作长度的终止端和尾部长度的末端均用与轴线垂直的细实线绘制，小径尾部画成与轴线成30°的斜线，并用断面画出部分或全部齿形。画部分齿形时，其余部分大径用粗实线绘制，小径用细实线绘制，剖面线画到粗实线处。矩形花键轴的画法如图 4-27所示。

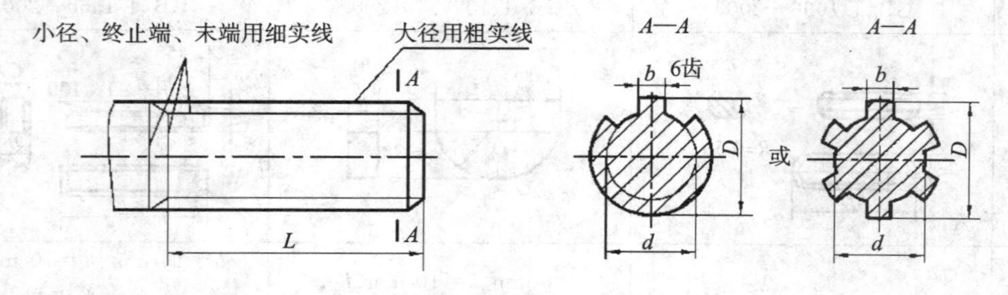

图 4-27 矩形花键轴的画法

2. 内花键的画法

在孔内制成的花键称为内花键(见图 4-28)，这种孔也称为花键孔。

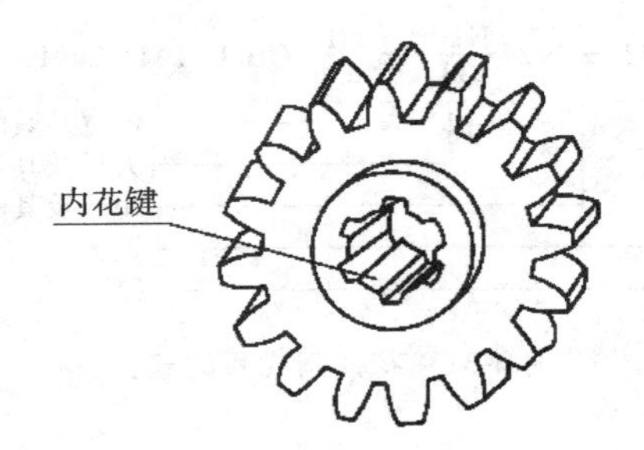

图 4-28 内花键

在平行于花键轴线的投影面的剖视图中，大径及小径均用粗实线绘制，大径、小径之间不画剖面线，并用局部视图画出部分或全部齿形，不画倒角圆。画部分齿形时，其余部分大径用细实线绘制，小径用粗实线绘制。矩形花键孔的画法如图 4-29 所示。

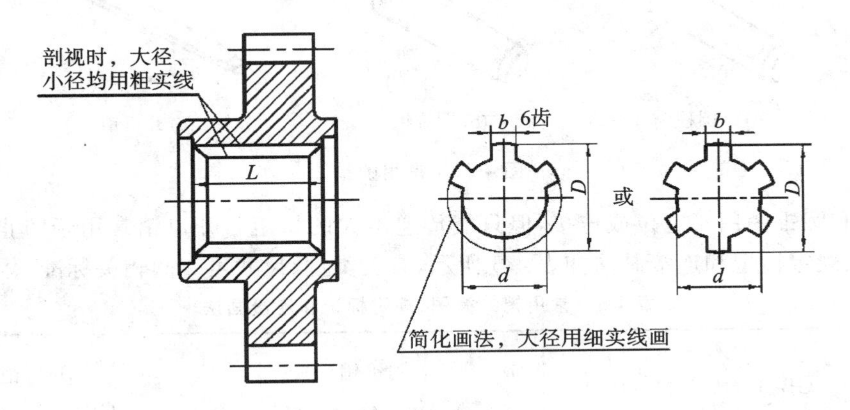

图 4-29 矩形花键孔的画法

3. 花键连接的画法

花键连接用剖视表示时，连接部分按外花键的画法画，如图 4-30 所示。

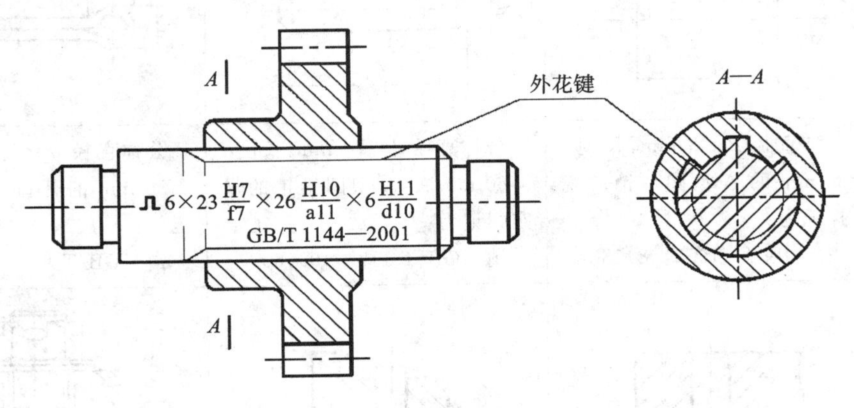

图 4-30 矩形花键连接的画法

4. 矩形花键的标记代号

花键的标记代号用以说明花键的键数 N、小径 d、大径 D、键宽 B、花键的公差带代号。图 4-30 中花键副代号的意义如图 4-31 所示。

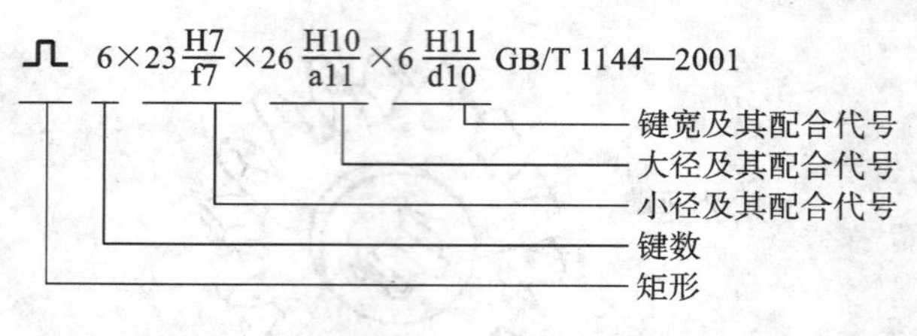

图 4-31　花键副代号的意义

二、销连接

在机器或武器上常用的销有圆柱销、圆锥销和开口销等，如图 4-32 所示。

(a) 圆柱销　　(b) 圆锥销　　(c) 开口销

图 4-32　常用的销

圆柱销和圆锥销用于定位或连接，但只能传递不大的扭矩。开口销常用于防止螺母松脱。它们的简图、规定标记和连接画法如表 4-5 所示，有关类型、尺寸可查阅相关标准。

表 4-5　常用销的简图、规定标记和连接画法

常用销	圆柱销 GB/T 119.1—2000 GB/T 119.2—2000	圆锥销 GB/T 117—2000	开口销 GB/T 91—2000
简图	A型 *d*公差：m6　*Ra* 0.8 ≈15°　*d*　*l*	A型 1：50　*Ra* 0.8 *d*　*l*	*b*　*l*　*a* *c*　*d*
规定标记	公称直径 *d*＝8 mm，长度 *l*＝30 mm 的 A 型圆柱销的规定标记为： 销　GB/T 119.2　8×30	公称直径 *d*＝10 mm，长度 *l*＝60 mm 的 A 型圆锥销的规定标记为： 销　GB/T 117　10×60	公称直径 *d*＝5 mm，长度 *l*＝50 mm 的开口销的规定标记为： 销　GB/T 91　5×50
连接画法		减速机的箱体与箱盖定位用	

注：对于公称直径，圆锥销是指小端直径，开口销指的是销孔的直径。

4.4 齿 轮

齿轮在机器或火炮上是传递动力和运动的传动件。齿轮可以完成减速、增速、变向等动作。齿轮的种类很多,常用的齿轮按两转轴空间相互位置的不同可分为以下三类。

(1) 圆柱齿轮(见图 4-33(a)):用于两平行轴之间的传动。

(2) 圆锥齿轮(见图 4-33(b)):用于两相交轴之间的传动。

(3) 蜗轮蜗杆(见图 4-33(c)):用于两交叉轴之间的传动。

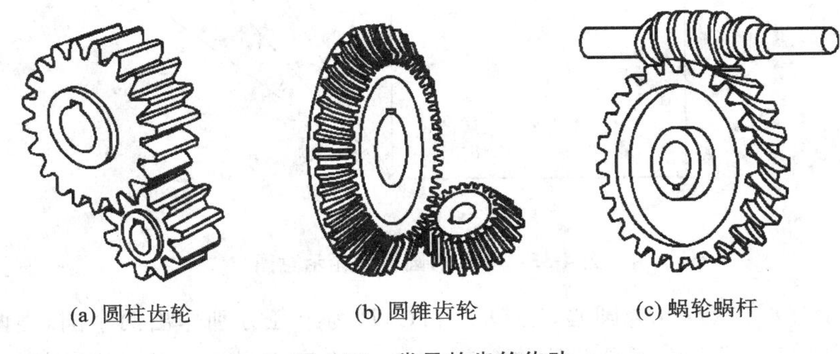

(a) 圆柱齿轮 (b) 圆锥齿轮 (c) 蜗轮蜗杆

图 4-33 常见的齿轮传动

一、圆柱齿轮

圆柱齿轮按轮齿方向的不同分成直齿轮、斜齿轮和人字齿轮三种,如图 4-34 所示。

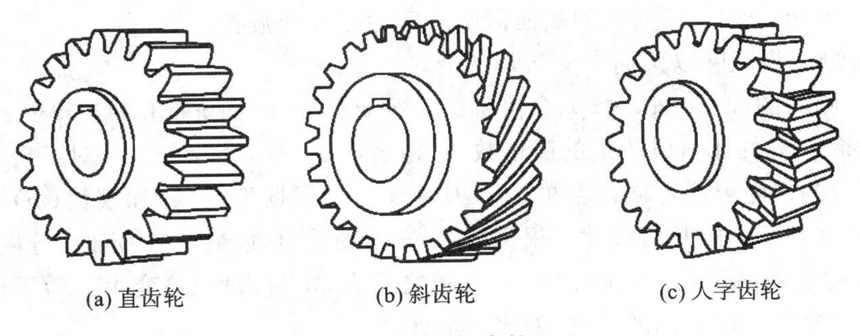

(a) 直齿轮 (b) 斜齿轮 (c) 人字齿轮

图 4-34 圆柱齿轮

(一) 标准直齿圆柱齿轮各部分的名称和尺寸关系

图 4-35 所示是两个相互啮合的圆柱齿轮的示意图。它显示了圆柱齿轮各部分的名称。

(1) 齿数 z:一个齿轮的轮齿总数。

(2) 齿顶圆(直径 d_a):通过轮齿顶部的圆。

(3) 齿根圆(直径 d_f):通过轮齿根部的圆。

(4) 分度圆(直径 d):在齿顶圆和齿根圆之间一个假想的同心圆。在标准齿轮分度圆的圆周上,齿厚 s 和槽宽 e 相等。

分度圆是设计、制造齿轮时进行计算的基准圆,也是分齿的圆。

(5) 节圆(直径 d'):O_1、O_2 分别为一对啮合齿轮的中心,两齿轮的齿廓在 O_1O_2 连线上的啮

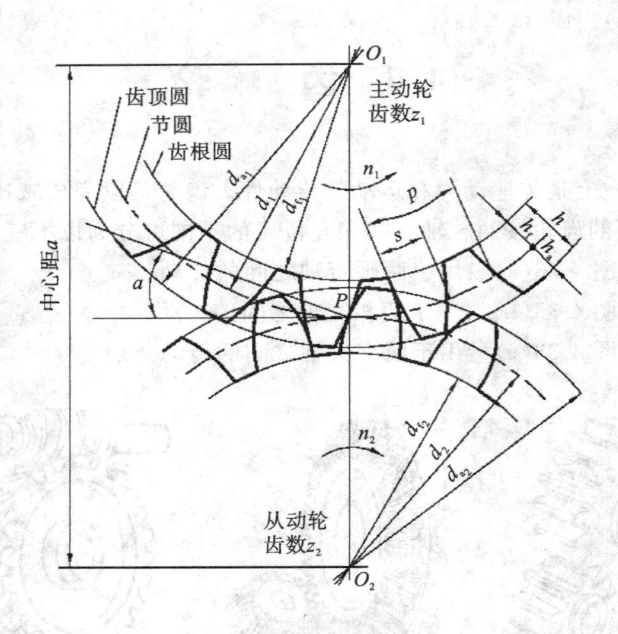

图 4-35　啮合的圆柱齿轮示意图

合接触点为 P，以 O_1 和 O_2 各为圆心，以 O_1P 和 O_2P 为半径分别作出两个圆，当两个齿轮传动时，可以假想是这两个圆在作无滑动的纯滚动，这个圆称为节圆。一对正确安装的标准齿轮，两个分度圆相切，也就是分度圆与节圆重合，即 $d=d'$。

(6) 齿顶高 h_a：齿顶圆与分度圆之间的径向距离。

(7) 齿根高 h_f：齿根圆与分度圆之间的径向距离。

(8) 齿高 h：齿顶圆与齿根圆之间的径向距离。

(9) 齿距 p：两个相邻而同侧的端面齿廓之间的分度圆弧长。

(10) 模数 m：齿距除以圆周率 π 所得的商。

由于分度圆的圆周长$=\pi d=zp$，分度圆的直径 $d=zp/\pi$，而 $\pi=3.14159\cdots\cdots$，计算起来很不方便，因此给 p/π 的比值以一定的简单数值，称为模数，即 $m=p/\pi$。一对啮合齿轮的模数应相等，不同模数的齿轮要用不同模数的成形刀具加工。根据齿数(z)和模数(m)这两个基本参数即可计算轮齿各部分的几何尺寸。根据 $d=mz$ 不难看出，齿数(z)一定时，分度圆的直径(d)随着模数(m)的增加而增大，从而齿距(p)也随之增大，轮齿齿厚(s)变大。为了便于设计和加工，国家标准对模数规定了标准系列，如表 4-6 所示。

表 4-6　渐开线圆柱齿轮模数的标准系列(GB/T 1357—2008)　　单位：mm

第Ⅰ系列	1,1.25,1.5,2,2.5,3,4,5,6,8,10,12,16,20,25,32,40,50
第Ⅱ系列	1.125,1.375,1.75,2.25,2.75,3.5,4.5,5.5,(6.5),7,9,11,14,18,22,28,36,45

注：选用模数时，应优先采用第Ⅰ系列，括号内的数值尽可能不用。

(11) 压力角 α：啮合接触点 P 处两齿廓曲线公法线同两齿轮中心连线垂直线间的夹角。我国齿轮标准规定压力角为 20°。

一对齿轮啮合的必要条件是：两齿轮的模数相等、压力角相同。

(12) 中心距 a：两啮合齿轮轴线之间的距离。

标准直齿圆柱齿轮各部分的尺寸关系如表 4-7 所示。

表 4-7 标准直齿圆柱齿轮各部分的尺寸关系 未注单位:mm

基本参数:模数 m,齿数 z,压力角 α			计算举例
名称	代号	计算公式	$m=3, z_1=20, z_2=30, \alpha=20^\circ$
分度圆直径	d	$d=mz$	$d_1=3\times20=60$ $d_2=3\times30=90$
齿顶高	h_a	$h_a=m$	$h_{a1}=h_{a2}=3$
齿根高	h_f	$h_f=1.25m$	$h_{f1}=h_{f2}=1.25\times3=3.75$
齿高	h	$h=2.25m$	$h_1=h_2=2.25\times3=6.75$
齿顶圆直径	d_a	$d_a=m(z+2)$	$d_{a1}=3\times(20+2)=66$ $d_{a2}=3\times(30+2)=96$
齿根圆直径	d_f	$d_f=m(z-2.5)$	$d_{f1}=3\times(20-2.5)=52.5$ $d_{f2}=3\times(30-2.5)=82.5$
齿距	p	$p=\pi m$	$p_1=p_2=3.14\times3=9.42$
中心距	a	$a=\dfrac{m(z_1+z_2)}{2}$	$a=\dfrac{3(20+30)}{2}=75$

(二)圆柱齿轮的规定画法

《机械制图 齿轮表示法》(GB/T 4459.2—2003)规定了齿轮的画法,现介绍如下。

1. 单个齿轮的画法

齿顶圆和齿顶线用粗实线绘制,分度圆和分度线用细点画线绘制,齿根圆和齿根线用细实线绘制或省略不画。

一般将平行于齿轮轴线的投影面的视图画成全剖视图、半剖视图或局部剖视图。在剖视图中,当剖切面通过齿轮轴线时,不论是否切到轮齿,轮齿一律按不剖处理,这时齿根线用粗实线绘制。

对于斜齿轮和人字齿轮,可用三条与齿向一致的细实线表示轮齿的方向。

圆柱齿轮的画法如图 4-36 所示。

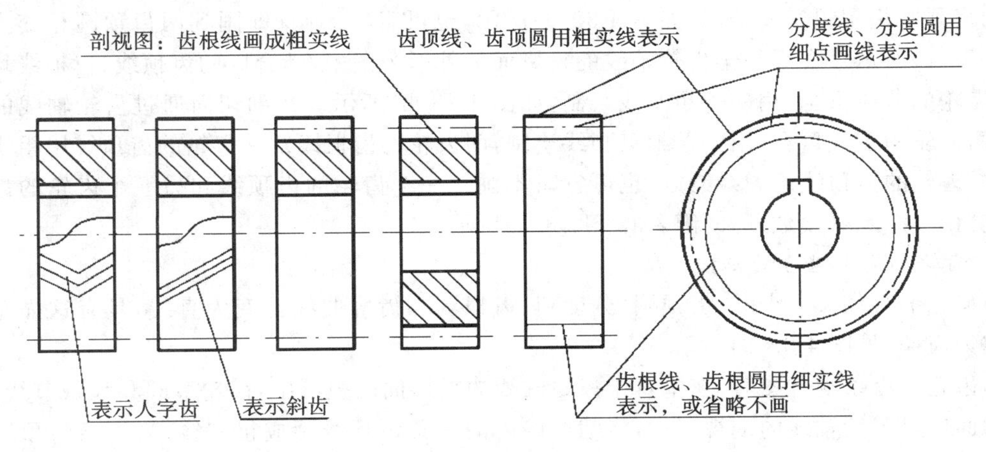

图 4-36 圆柱齿轮的画法

圆柱齿轮的零件图如图 4-37 所示。

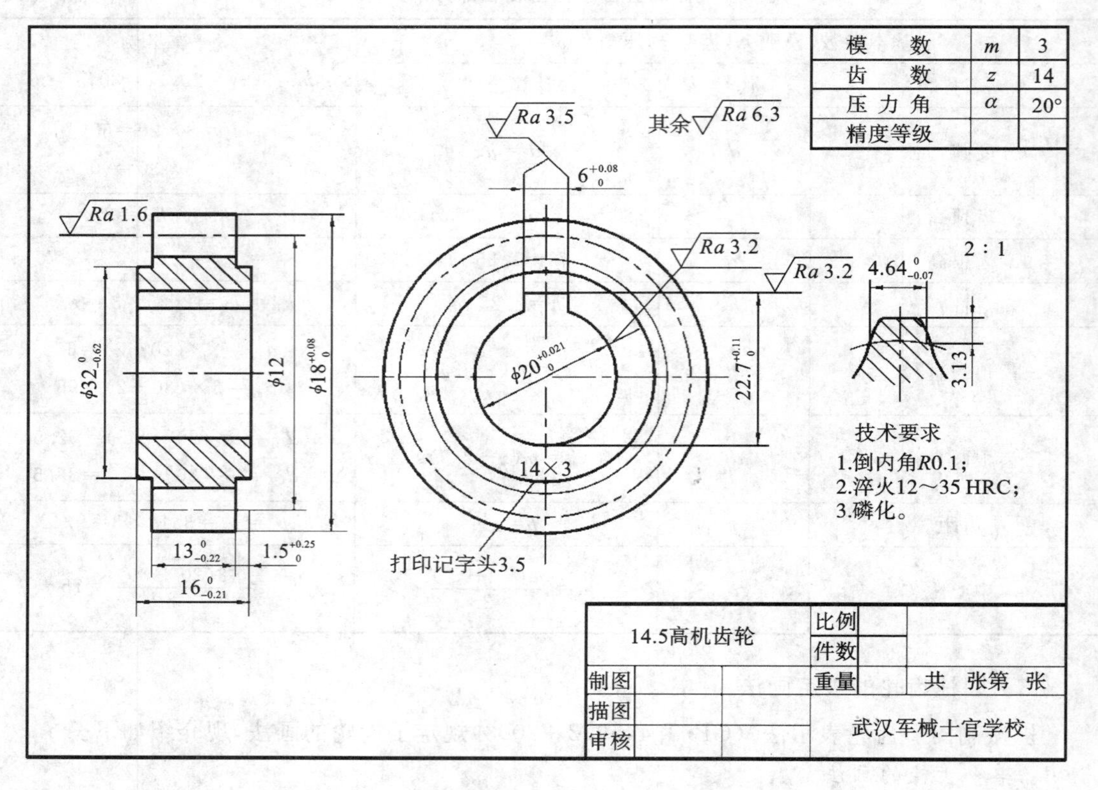

图 4-37 圆柱齿轮的零件图

在零件图上，轮齿部分的尺寸只标注齿顶圆直径和分度圆直径，不标齿根圆直径、齿顶高、齿根高、齿高，其他结构的尺寸按一般零件标注。在零件图的右上角画齿轮参数表，填写模数、齿数、压力角、精度等级等内容。

2. 圆柱齿轮啮合的画法

圆柱齿轮啮合的画法如图 4-38 所示。两个圆柱齿轮啮合，除啮合区外，其余部分的画法与单个齿轮相同。在垂直齿轮轴线的投影面的视图中，用细点画线表示的两个节圆要相切，啮合区内的齿顶圆仍用粗实线绘制，如图 4-38(a)所示，也可省略不画(即画到两齿顶圆相交为止)，如图 4-38(c)所示。在平行于齿轮轴线的投影面的外形视图中，啮合区的齿顶线、齿根线均不画出，两齿轮的节线重合，用一条粗实线绘制，如图 4-38(b)所示。在剖切面通过齿轮轴线的剖视图中，两齿轮的节线重合，用一条细点画线绘制，两齿轮的齿根线及一齿轮的齿顶线用粗实线绘制，另一齿轮的齿顶线用虚线绘制，也可省略不画。一个齿轮的齿顶线和另一个齿轮的齿根线之间应留有 0.25m(模数)的间隙，如图 4-38(a)所示。

3. 齿轮和齿条啮合的画法

当齿轮的直径无限大时，齿顶圆、分度圆、齿根圆和齿廓曲线都变为直线，具有这样轮齿的零件称为齿条(见图 4-39(a))。

画齿轮和齿条啮合图时，在垂直于齿轮轴线的投影面的视图中，齿轮节圆和齿条节线相切，在剖切面通过齿轮轴线的剖视图中，将啮合区内的一条齿顶线画成粗实线，另一条齿顶线画成虚线或省略不画，如图 4-39(b)所示。

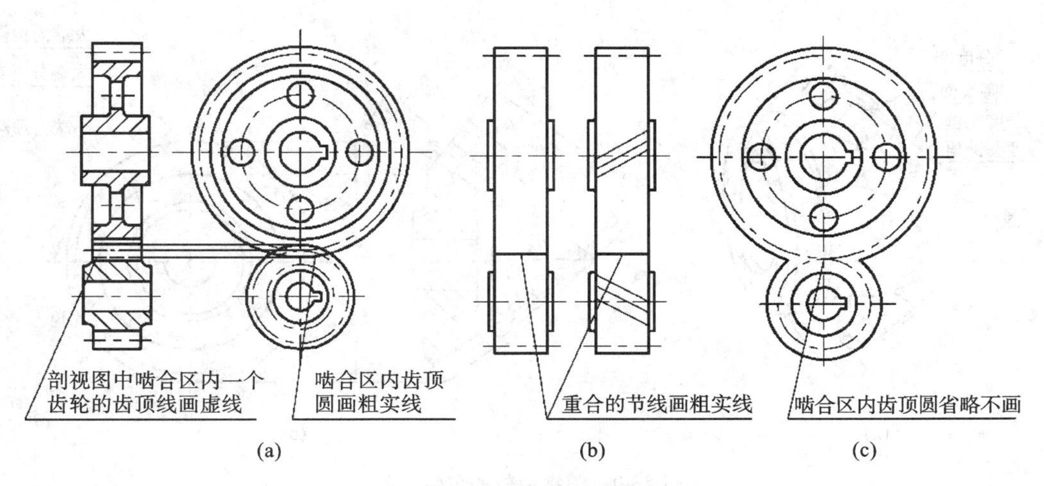

图 4-38 圆柱齿轮啮合的画法

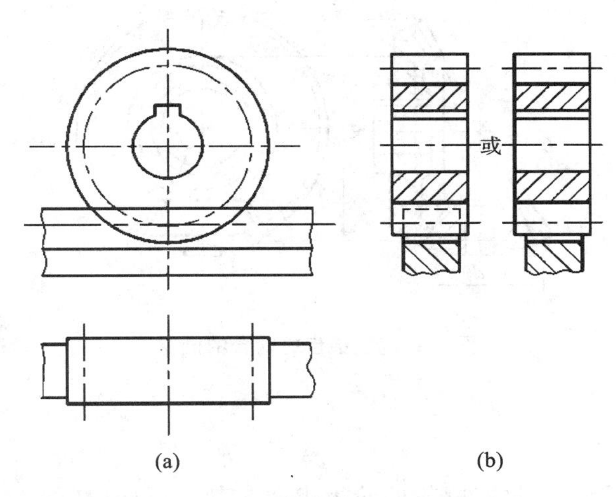

图 4-39 齿轮和齿条啮合的画法

二、直齿圆锥齿轮的画法

圆锥齿轮的轮齿分布在圆锥面上，如图 4-40(a)所示。所以，轮齿的高度、齿距、模数都是变化的。为了方便计算和制造，规定以大端模数为标准来决定其他各部分的尺寸。因此说，圆锥齿轮的齿顶圆、分度圆是指大端的齿顶圆、分度圆。

(一) 单个圆锥齿轮的画法

如图 4-40(b)所示，圆锥齿轮常用两个视图表示，主视图一般画成全剖视图，轮齿部分的画法与圆柱齿轮的画法相同。但应注意：齿顶圆锥线、分度圆锥线和齿根圆锥线必须相交于分度圆锥锥顶处；在垂直于齿轮轴线的投影面的视图中，只画大端齿顶圆、大端分度圆和小端齿顶圆，不画大、小端齿根圆和小端分度圆。

(二) 圆锥齿轮啮合的画法

如图 4-41 所示，在剖切面通过两啮合圆锥齿轮轴线的剖视图中，啮合区的画法与直齿圆柱齿轮啮合近似，表示外形的另一视图上虚线均不画。

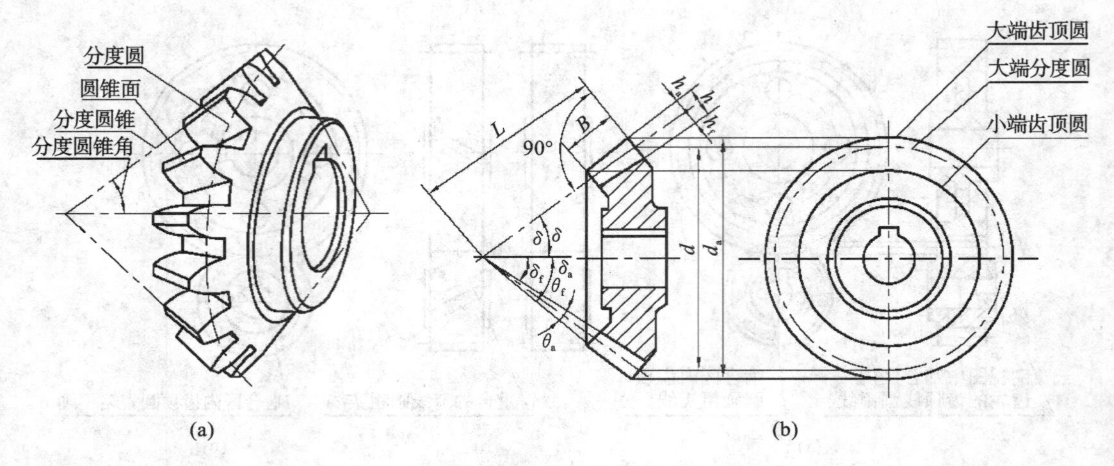

图 4-40 圆锥齿轮的名称及画法

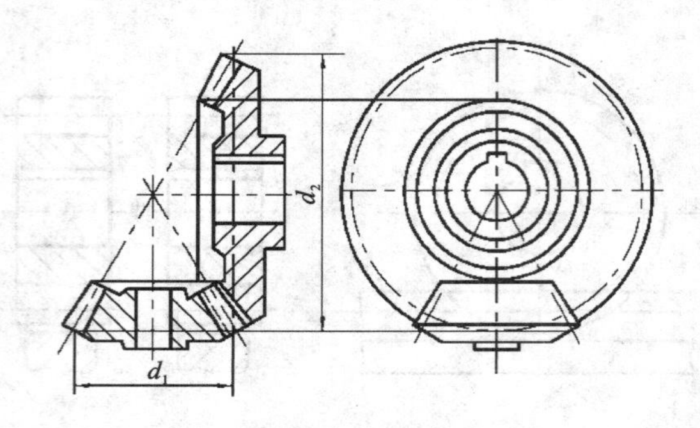

图 4-41 圆锥齿轮啮合的画法

三、蜗轮蜗杆

蜗轮、蜗杆的齿向是螺旋形的，蜗轮的轮齿齿面常制成环面，如图 4-42 所示。在蜗轮蜗杆传动中，蜗杆是主动件，蜗轮是从动件。蜗杆有单线和多线之分，它的轴向剖面类似梯形螺纹的轴向剖面。若蜗杆为单线，则蜗杆转一圈，蜗轮只转过一个齿，因此可以得到较高的速比。

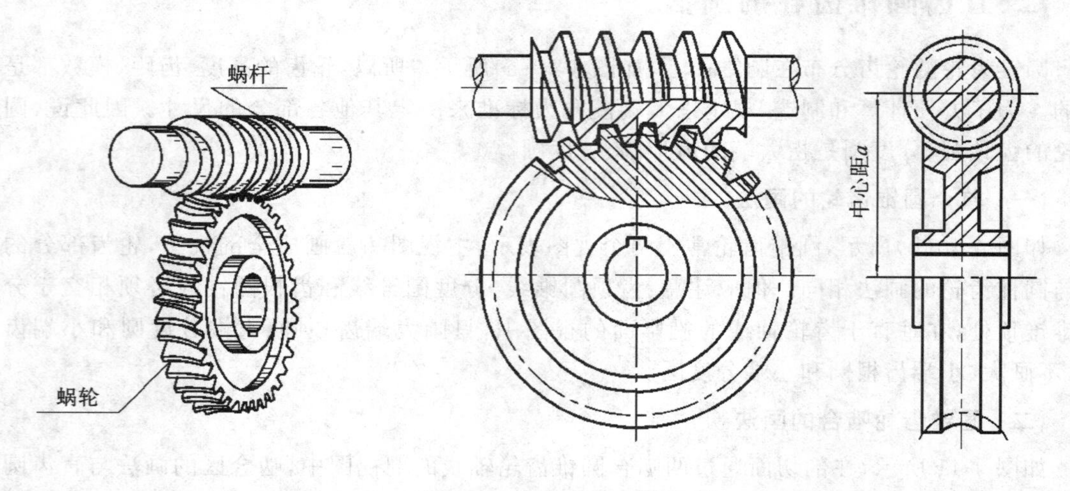

图 4-42 蜗轮蜗杆传动

蜗轮规定以端面模数为标准模数，蜗杆的轴向模数与蜗轮的端面模数相等。

（一）单个蜗轮的画法

在垂直于蜗轮轴线的投影面的视图上，只画最外圆和分度圆，不画齿顶圆和齿根圆；剖视图上轮齿的画法与圆柱齿轮的画法相同，但齿顶线、分度线和齿根线都用圆弧画出，如图 4-43 所示。

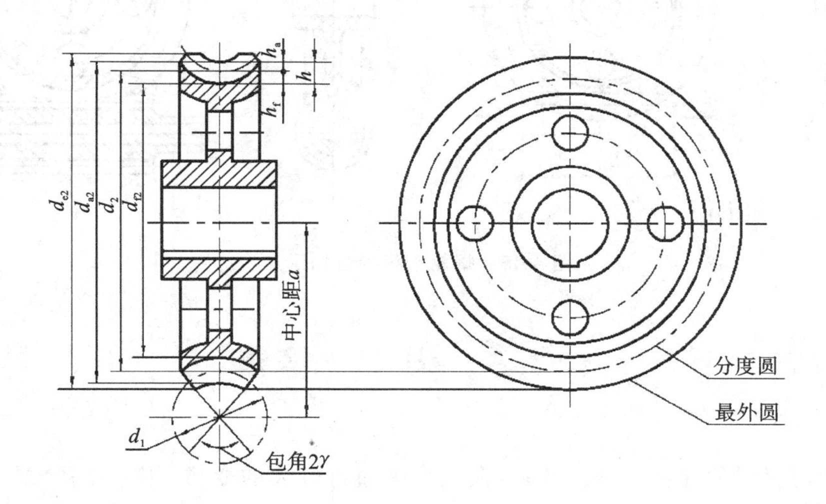

图 4-43　蜗轮的画法

（二）单个蜗杆的画法

单个蜗杆的画法与直齿圆柱齿轮的画法相同，为了表达蜗杆的牙型，一般采用局部剖视图或局部放大图，如图 4-44 所示。

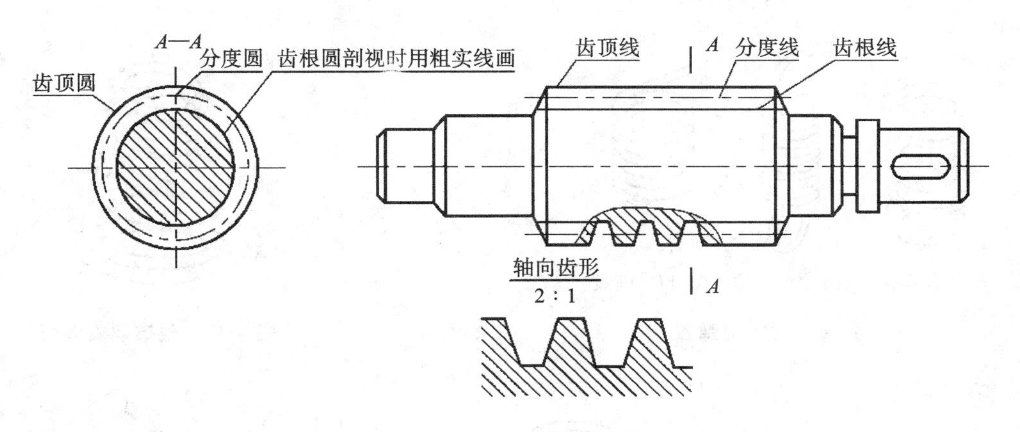

图 4-44　蜗杆的画法

（三）蜗轮蜗杆啮合的画法

在垂直于蜗杆轴线的投影面的视图中，蜗轮与蜗杆投影重合部分只画蜗杆，如图 4-45(a)、(b)中的主视图所示；在垂直于蜗轮轴线的投影面的视图中，蜗轮节圆和蜗杆节线相切，剖切面通过蜗杆轴线时，蜗杆齿顶线画至与蜗轮齿顶圆相交，虚线不画，其余各部分按各自规定画法绘制，如图 4-45(a)、(b)中的左视图所示。

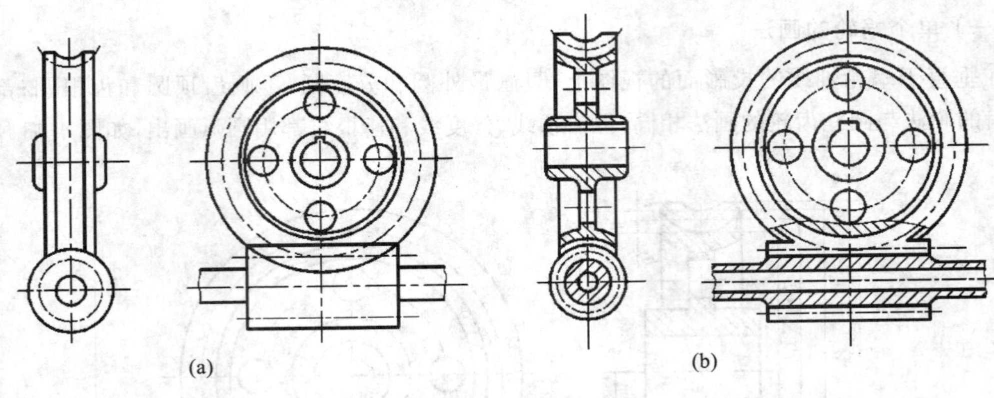

图 4-45　蜗轮蜗杆啮合的画法

4.5 弹　簧

弹簧是利用材料的弹性和结构特点，在工作中通过较大的变形，储存和释放能量的一种机械零件，在机器、仪器、仪表和武器上用得很多。弹簧通常用于控制机械的运动、减少振动、储存能量以及控制和测量力的大小等。

弹簧的种类很多，常见的有螺旋弹簧（见图 4-46、图 4-47）、蜗卷弹簧（见图 4-48(a)）、碟形弹簧（见图 4-48(b)）和板弹簧（见图 4-48(c)）等。

根据工作时受力的不同，圆柱螺旋弹簧可以分为压缩弹簧（Y 型，见图 4-46(a)）、拉伸弹簧（L 型，见图 4-46(b)）和扭转弹簧（N 型，图 4-46(c)）三种。

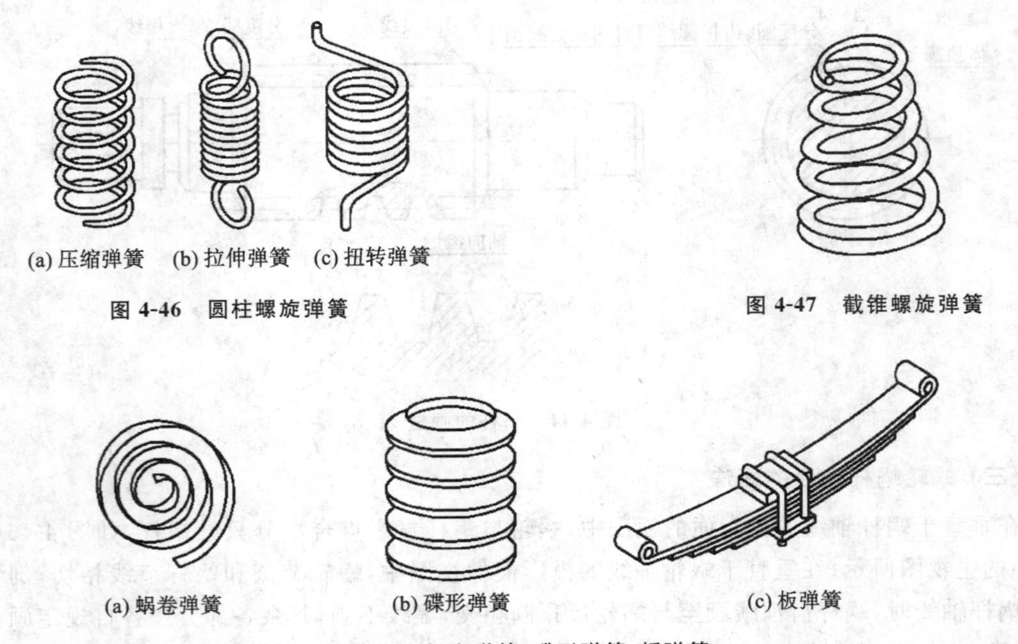

(a) 压缩弹簧　(b) 拉伸弹簧　(c) 扭转弹簧

图 4-46　圆柱螺旋弹簧

图 4-47　截锥螺旋弹簧

(a) 蜗卷弹簧　(b) 碟形弹簧　(c) 板弹簧

图 4-48　蜗卷弹簧、碟形弹簧、板弹簧

一、圆柱螺旋压缩弹簧各部分的名称和尺寸关系

圆柱螺旋压缩弹簧各部分的名称和尺寸如图 4-49 所示。

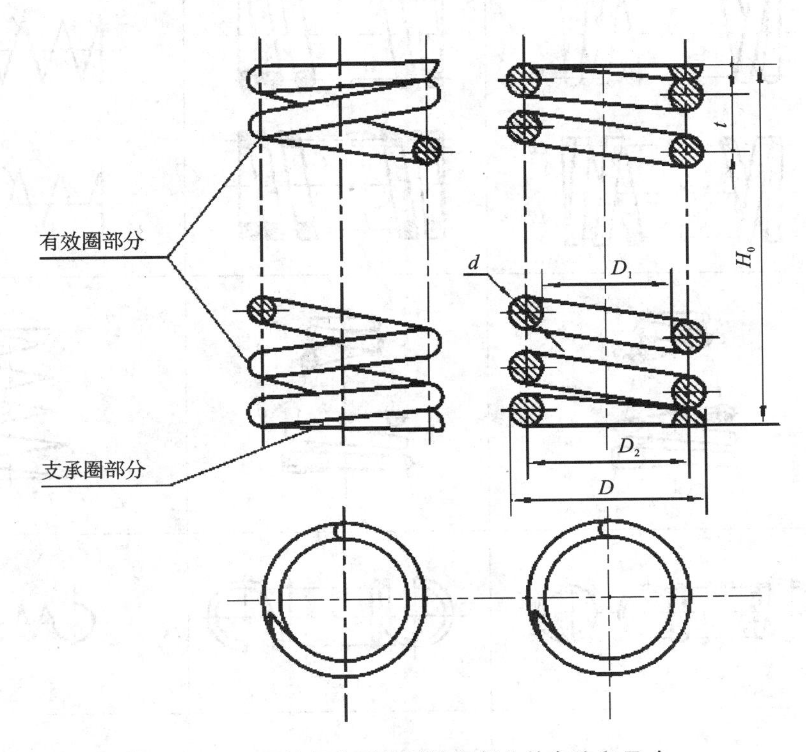

图 4-49 圆柱螺旋压缩弹簧各部分的名称和尺寸

(1) 簧丝直径 d:制造弹簧的钢丝直径,也称线径。

(2) 弹簧外径 D:弹簧的最大直径。

(3) 弹簧内径 D_1:弹簧的最小直径,$D_1=D-2d$。

(4) 弹簧中径 D_2:弹簧外径和内径的平均值,$D_2=D-d=(D+D_1)/2$。

(5) 有效圈数 n_0:计算弹簧刚度所取的圈数。

(6) 总圈数 n_1:沿螺旋轴线两端之间的螺旋圈数,$n_1=n_0+n_2$。

(7) 支承圈数 n_2:弹簧两端用于支承或固定的圈数,支承圈数可以取 1.5 圈、2 圈或 2.5 圈。

(8) 节距 t:螺旋弹簧相邻两圈截面中心线的轴向距离。

(9) 自由高度 H_0:弹簧在无负荷时的高度。

(10) 旋向:弹簧上螺旋线的方向。

与螺纹一样,弹簧也有右旋与左旋两种,常用右旋弹簧。

二、圆柱螺旋弹簧的规定画法

《机械制图 弹簧表示法》(GB/T 4459.4—2003)中规定了螺旋弹簧的画法。表 4-8 所示为螺旋弹簧的视图、剖视图和示意画法。现将有关规定介绍如下。

表 4-8 螺旋弹簧的视图、剖视图和示意画法

名称	视图	剖视图	示意画法
圆柱螺旋压缩弹簧	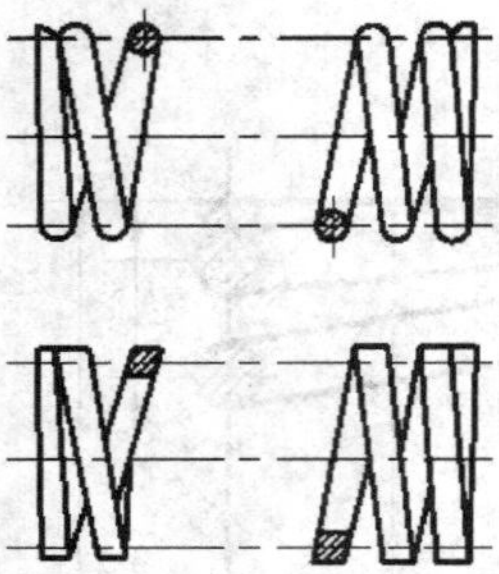	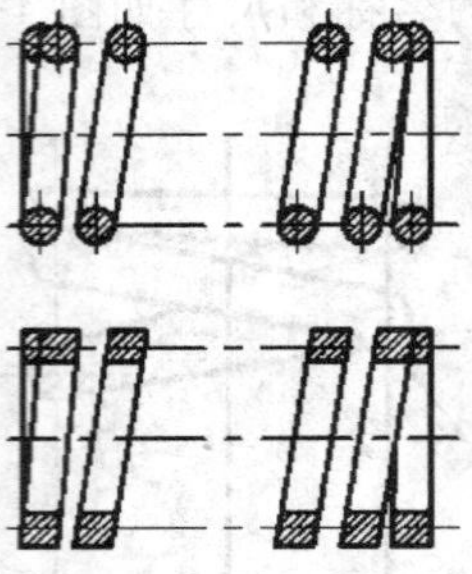	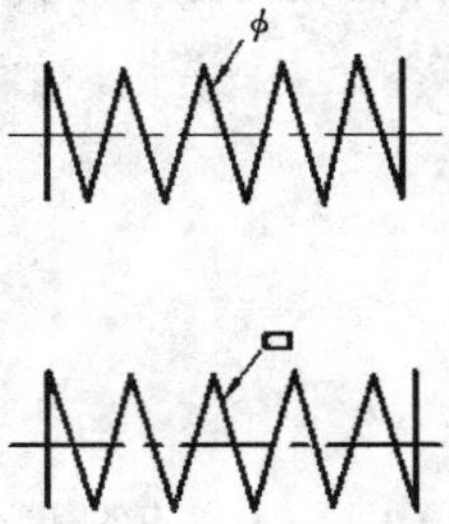 ϕ
截锥螺旋压缩弹簧	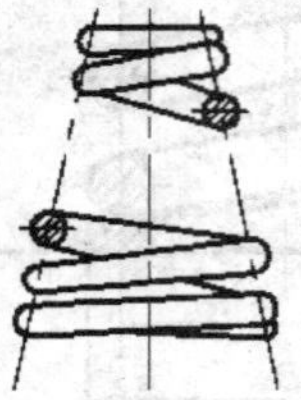	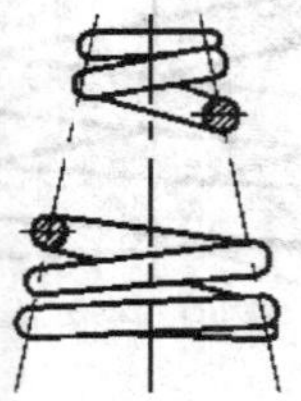	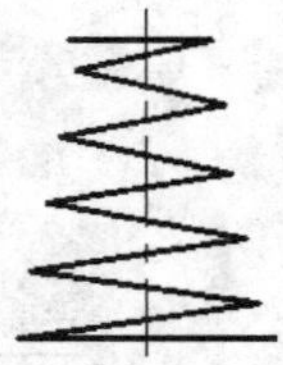
圆柱螺旋拉伸弹簧	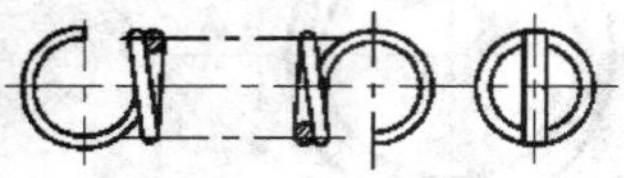	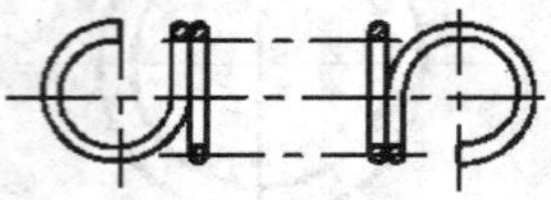	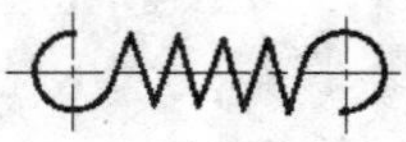
圆柱螺旋扭转弹簧			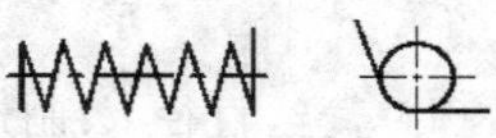

（1）在平行于弹簧轴线的投影面的视图中，弹簧各圈的轮廓画成直线。

（2）螺旋弹簧均可画成右旋，但左旋弹簧不论如何画，一定要注出旋向代号“LH”。

（3）有效圈数在四圈以上的螺旋弹簧，允许每端只画两圈（不包括支承圈），中间部分可省略不画，只画通过簧丝断面中心的两细点画线，省略后可适当缩短图形长度。

（4）在装配图中，弹簧被看作实心物体，被弹簧挡住的结构一般不画出，可见部分应从弹簧的外轮廓线或弹簧钢丝断面中心线画起（见图 4-50(a)）；当簧丝直径在图形上等于或小于 2 mm 时，可用示意画法（见图 4-50(b)），断面可通过涂黑表示（见图 4-50(c)）；如果弹簧内部还有零件，也可按图 4-50(d)所示的示意画法绘制。

三、圆柱螺旋压缩弹簧的画图

对于两端并紧、磨平的圆柱螺旋压缩弹簧，不论支承圈数的多少和末端贴紧情况如何，均可按表 4-8 所示的形式画出，即按 $n_2=2.5$ 画出。

例如：59 式 57 mm 高射炮的发射弹簧，簧丝直径 $d=2$ mm，弹簧外径 $D=22$ mm，节距 $t=8.92$ mm，有效圈数 $n_0=12$，总圈数 $n_1=14\pm0.5$，右旋，可按图 4-51 所示的步骤画出。

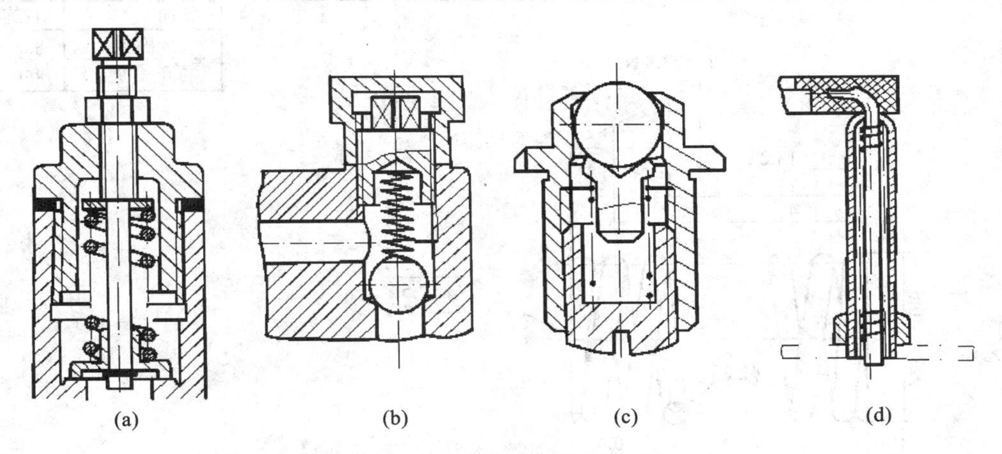

图 4-50 装配图中弹簧的简化画法

(1) 计算弹簧中径 D_2 和自由高度 H_0。

$$D_2 = D - d = 22\ \text{mm} - 2\ \text{mm} = 20\ \text{mm}$$

$$H_0 = n_0 t + (n_2 - 0.5)d = 12 \times 8.92\ \text{mm} + 1.5 \times 2\ \text{mm} = 110.04\ \text{mm}$$

以 D_2 及 H_0 为边长画出长方形 $ABCD$(因为 $n_0 > 4$,作图高度可适当缩短)。

(2) 以簧丝直径为直径画出支承圈部分的半圆和圆(圆 1、圆 2 与半圆相切)。

(3) 按节距画出有效圈数部分的圆。

先在 CD 上根据节距画出圆 3 和圆 4,然后从圆 1、圆 3 两圆心的中点和圆 2、圆 4 两圆心的中点作轴线的垂线与 AB 相交,以交点为圆心分别画出圆 5、圆 6,再按节距画出圆 7。

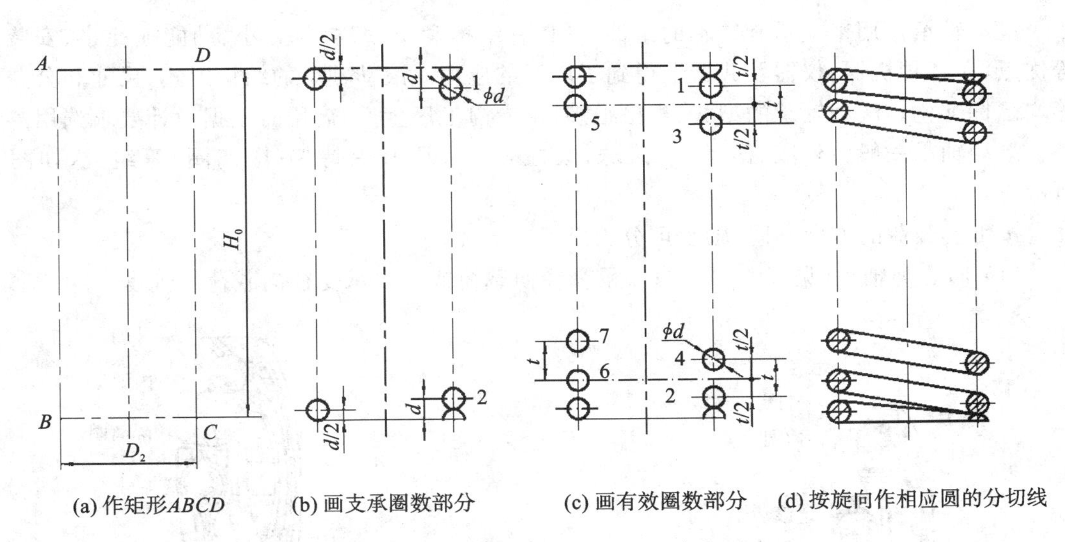

图 4-51 圆柱螺旋压缩弹簧的画图步骤

(4) 按旋向作相应圆的公切线及剖面线。

压缩弹簧的零件图,应在视图上标注簧丝直径、节距、外径、自由高度等尺寸,在图形上方用图解方式表示弹簧的机械性能,在技术要求里(或用表格)填写有效圈数、总圈数、旋向等内容,如图 4-52 所示。

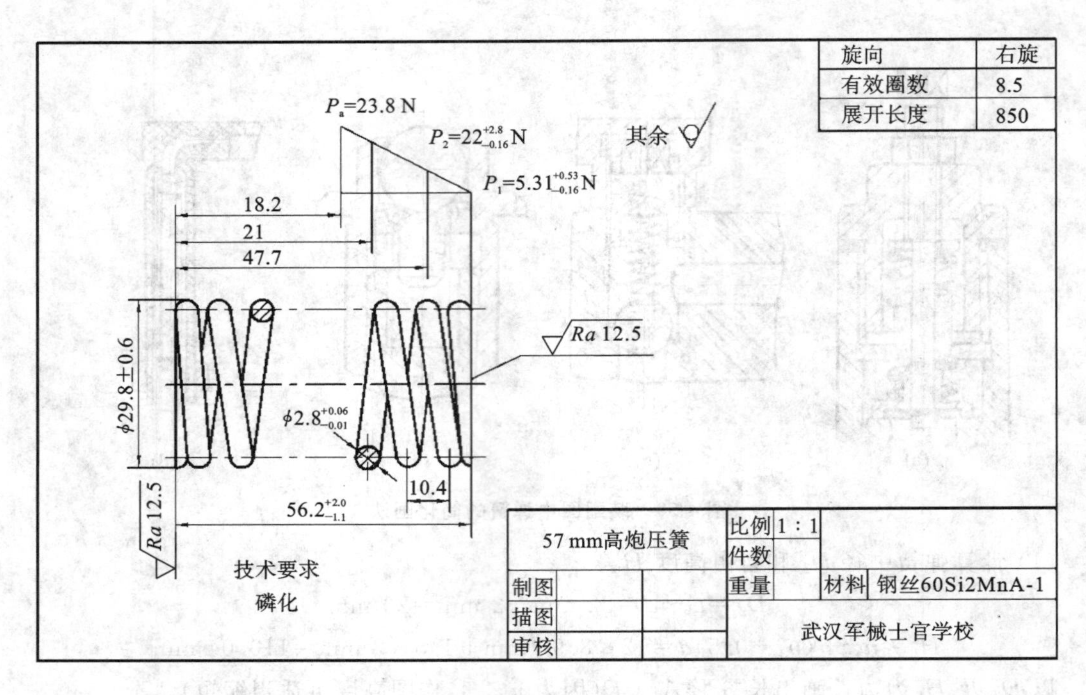

图 4-52　压缩弹簧的零件图

4.6　滚动轴承

滚动轴承是用来支承旋转轴的组件，它具有结构紧凑、摩擦阻力小、动能损耗小、安装方便等优点，在各种机器、仪器及武器上得到了广泛的应用。滚动轴承的结构形式、尺寸和公差等级等均已标准化。滚动轴承的型式、规格很多，由专门工厂生产，需用时根据设计要求选用。

滚动轴承一般由外圈、滚动体(滚珠、滚柱等)、内圈和保持架(隔离圈)等组成，如图 4-53 所示。

按承受载荷的方向不同，轴承可分为以下三大类。

(1) 向心类轴承(见图 4-54)：只能承受径向载荷或主要承受径向载荷的轴承。

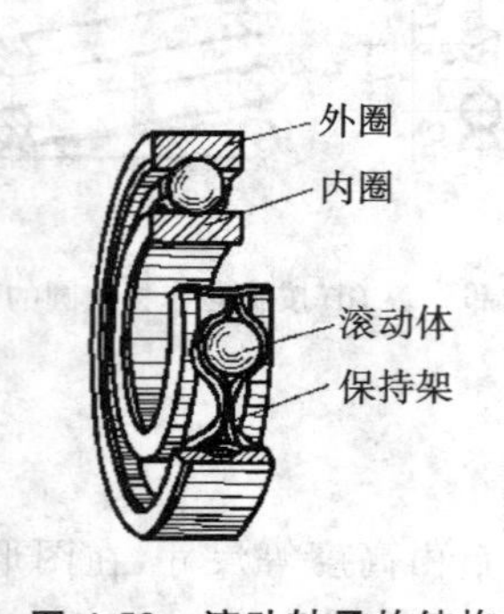

图 4-53　滚动轴承的结构

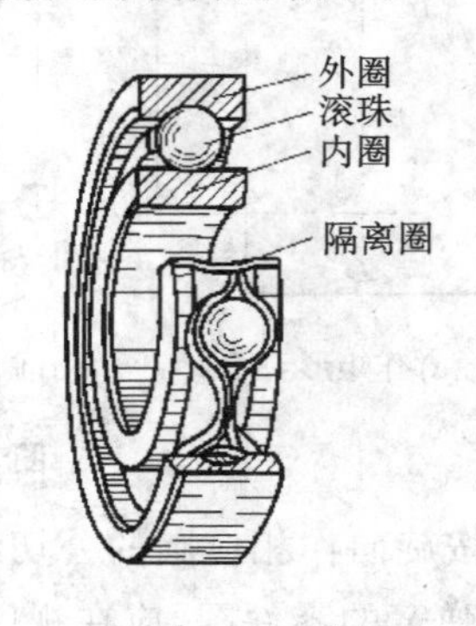

图 4-54　向心类轴承

(2) 推力类轴承(见图 4-55)：只能承受轴向载荷的轴承。

(3) 向心推力类轴承(见图 4-56)：能同时承受轴向载荷和径向载荷的轴承。

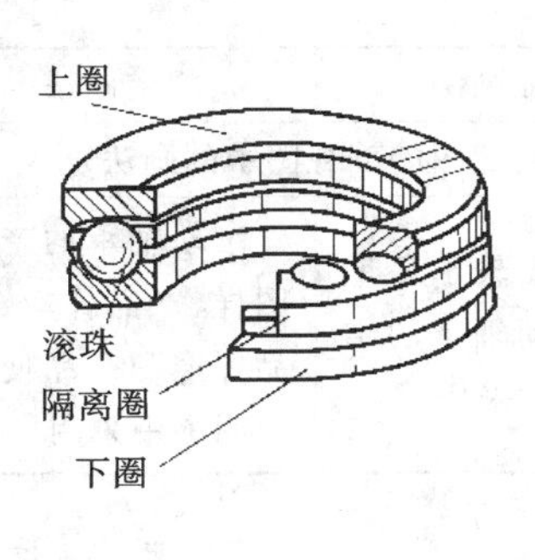

图 4-55 推力类轴承

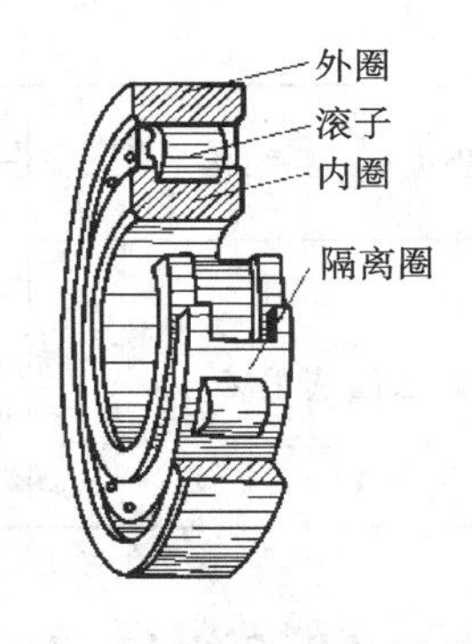

图 4-56 向心推力类轴承

一、滚动轴承的结构及表示方法

滚动轴承的种类繁多，但结构大体相同。由于保持架的形状复杂多变，滚动体的数量又较多，绘图时用真实投影表示极不方便，因此，国家标准规定了简化的表示法。滚动轴承的表示法包括三种画法，即通用画法、特征画法和规定画法。前两种画法又称简化画法，各种画法的示例如表 4-9 所示，有关尺寸可查阅相关标准。

表 4-9 常用滚动轴承的表示法

轴承类型	结构形式	通用画法	特征画法	规定画法	承载特征
		（均指滚动轴承在所属装配图的剖视图中的画法）			
深沟球轴承（GB/T 276—2013）6000 型			B, A, B/6, 2/3B, d, D	B, A, d, D	主要承受径向载荷
圆锥滚子轴承（GB/T 297—2015）30000 型		B, A, 2/3A, 2/3B, d, D	B, A, 2/3B, d, D, 30°	T, A/2, C, A, A/4, A/2, 15°, T/2, D, d	可同时承受径向和轴向载荷
推力球轴承（GB/T 301—2015）51000 型			A/6, A, 2/3A, d, D, T	T/2, 60°, A/2, A, T/2, d, D, T	承受单方向的轴向载荷

续表

轴承类型	结构形式	通用画法	特征画法	规定画法	承载特征
		（均指滚动轴承在所属装配图的剖视图中的画法）			
三种画法的选用场合		当不需要确切地表示滚动轴承的外形轮廓、承载特性和结构特征时采用	当需要较形象地表示滚动轴承的结构特征时采用	滚动轴承的产品图样、产品样本、产品标准和产品使用说明书中采用	

二、滚动轴承的标记

按照《滚动轴承　代号方法》（GB/T 272—2017）规定，滚动轴承的代号由前置代号、基本代号和后置代号组成。

前置代号、后置代号是在轴承结构形状、尺寸和技术要求等发生改变时，在基本代号前、后添加的补充代号。补充代号的规定可从国家标准《滚动轴承　代号方法》（GB/T 272—2017）中查得。

轴承的基本代号由类型代号、尺寸系列代号和内径代号组成。基本代号最左边的一位数字（或字母）为类型代号（见表 4-10）；尺寸系列代号由宽度和直径系列代号组成，具体可从《滚动轴承　代号方法》（GB/T 272—2017）中查取；内径代号的表示有两种情况：当内径不小于 20 mm 时，内径代号数字为轴承公称内径除以 5 的商数，当商数为一位数时，需在左边加“0”；当内径小于 20 mm 时，内径代号另有规定。

表 4-10　滚动轴承类型代号（摘自 GB/T 272—2017）

代号	轴承类型	代号	轴承类型
0	双列角接触球轴承	7	角接触球轴承
1	调心球轴承	8	推力圆柱滚子轴承
2	调心滚子轴承和推力调心滚子轴承	N	圆柱滚子轴承（双列或多列用 NN 表示）
3	圆锥滚子轴承	U	外球面球轴承
4	双列深沟球轴承	QJ	四点接触球轴承
5	推力球轴承	C	长弧面滚子轴承（圆环轴承）
6	深沟球轴承		

注：在表中代号后或前加字母或数字表示该类轴承中的不同结构。

下面以滚动轴承代号 6204 为例来说明轴承的基本代号。

6：类型代号，表示深沟球轴承。

2：尺寸系列代号“02”，其中“0”为宽度系列代号，按规定省略未写，“2”为直径系列代号，故两者组合时注写成“2”。

04：内径代号，表示该轴承内径为 4×5 mm＝20 mm，即内径代号是公称内径 20 mm 除以 5 的商数 4，再在前面加 0 成为“04”。

轴承代号中的类型代号或尺寸系列代号有时可省略不写，具体的规定可从《滚动轴承　代号方法》（GB/T 272—2017）中查知。上例中的“2”就是这种情况。

根据各类轴承的相应标记规定，轴承的标记由三个部分组成，即轴承名称、轴承代号、标准编号。标记示例为

滚动轴承 6210 GB/T 276—2013。

本章小结

常用件和标准件是学习后续课程的基础，也是专业课中最常见的机械零件(或组件)。本章重点是掌握螺纹画法及标注、单个圆柱齿轮及啮合圆柱齿轮的画法、键和销在装配图中的画法。除此之外，要了解螺纹紧固件、锥齿轮、蜗轮蜗杆、弹簧、轴承的画法和标记，同时要求能看懂常用件的简化画法。随着课程的深入，熟悉常用件在机器和武器中的应用情况，以期能较好地理解和掌握常用件的内容。

本章的概念和画法规定较多，但原理及我们涉及的内容简单，故不要抽象地死记硬背，要靠理解帮助记忆，靠应用逐步掌握，要通过感性和理性相结合的思维方式去理解和消化，逐渐总结出规律。

螺纹和齿轮的画法归纳如下：单个螺纹的牙顶(内螺纹剖视)用粗实线表示，牙底用细实线表示，终止线用粗实线表示，剖面线画到粗实线处；螺纹连接，结合部分按外螺纹来画，其余部分按各自画法画出。单个齿轮的齿顶用粗实线表示，齿根用细实线(剖视时在平行于轴线的视图上改为粗实线)或省略不画，分度线或分度圆用细点划线表示；齿轮啮合时，在垂直于轴线的视图上可按各自画法画，在平行于轴线的视图上除啮合区(剖或不剖画法见图 4-38)外按各自画法画出。螺纹和齿轮一般有两个视图即可表达清楚。

螺纹标注时，普通螺纹、梯形螺纹和锯齿形螺纹的完整标记由螺纹代号、直径公差带代号和旋合长度代号三个部分组成，可综合表示如下。

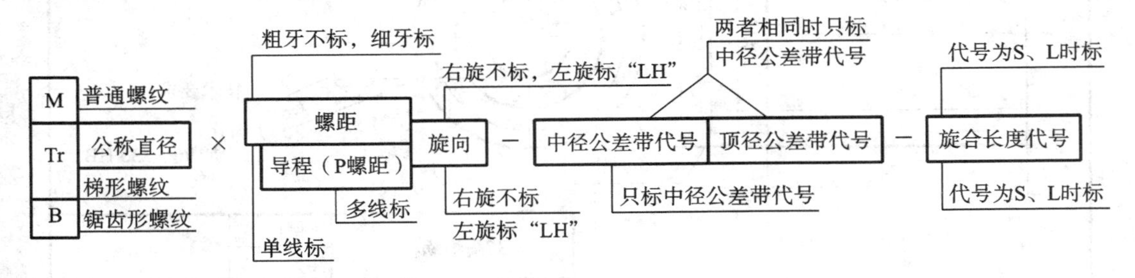

第 5 章　零　件　图

5.1　零件图的作用和内容

任何机器、武器或部件都由零件装配而成。零件是机械制造的最小单元。自动步枪上就有上百个零件，而重型火炮上有数千个零件。要制造机器或武器，必须先制造零件。用来直接指导制造和检验零件的图样就称为零件图。零件图应表示出制造该零件所需要的全部信息。由图 5-1 所示的蜗杆零件图可以看出，一张完整的零件图应具有以下四个方面的内容。

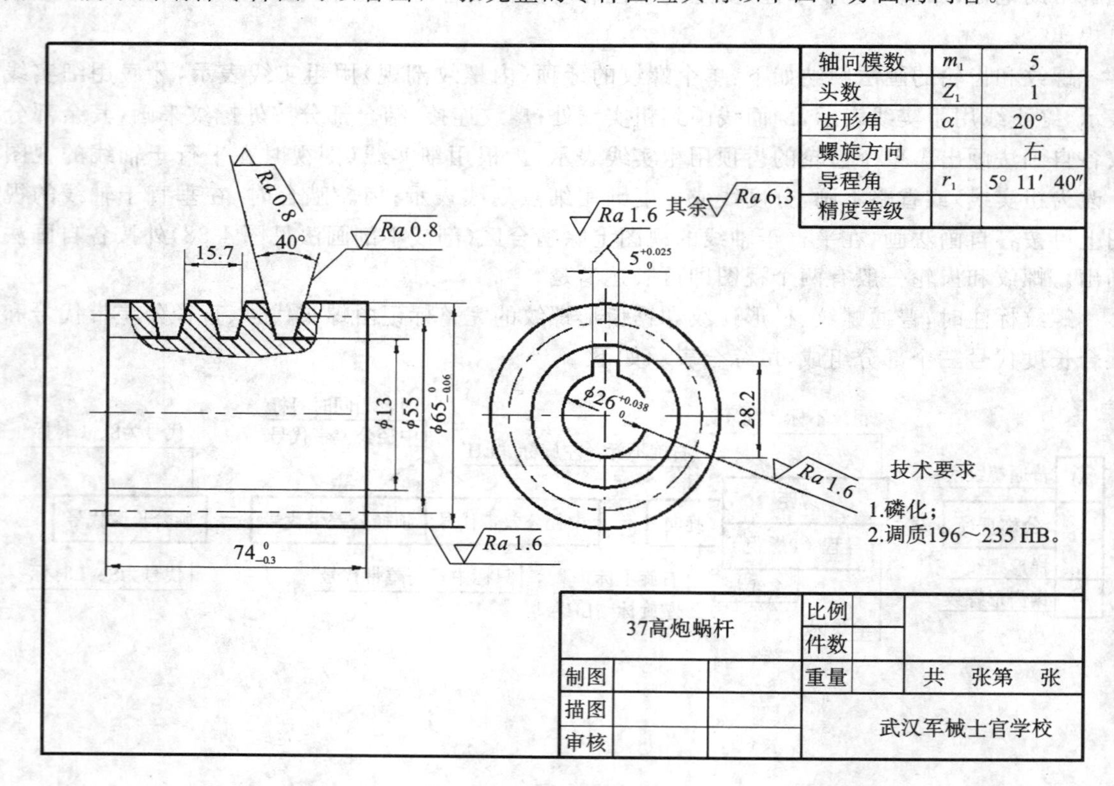

图 5-1　蜗杆零件图

（1）一组图形：正确、完整、清晰地表达零件各部分的形状和结构。

（2）零件尺寸：正确、完整、清晰、合理地标注全部尺寸，以确定各部分的大小和位置。

（3）技术要求：标注或用文字说明零件制造、检验、装配、调整过程中应达到的技术要求，如极限与配合、几何公差、表面结构、热处理以及表面处理等要求。

（4）标题栏：填写零件名称、材料、数量、比例、图号和有关责任者的签名等。

5.2 零件图的视图选择

种类不同,零件的功能作用和加工方法也不同,因而视图表达的重点和方式也不同。下面我们具体分析一下各种零件的特点和视图选择。

一、零件的分类

根据零件在机器或部件上的作用,一般可将零件分为三种:标准件(螺纹紧固件、滚动轴承、键和销等)、传动件(齿轮、轴等)、一般零件(根据部件性能和要求设计的零件)。标准件不必画零件图。传动件的结构要素大多已标准化,并有规定画法,尽管要画出零件图,但较为容易。一般零件是根据部件的性能和结构设计的。为了较好地把握这类零件视图的画法,根据零件的结构和视图表达特点,可将一般零件分为轴套类零件、盘盖类零件、支架箱体类零件和叉杆类零件四类,如图5-2所示。

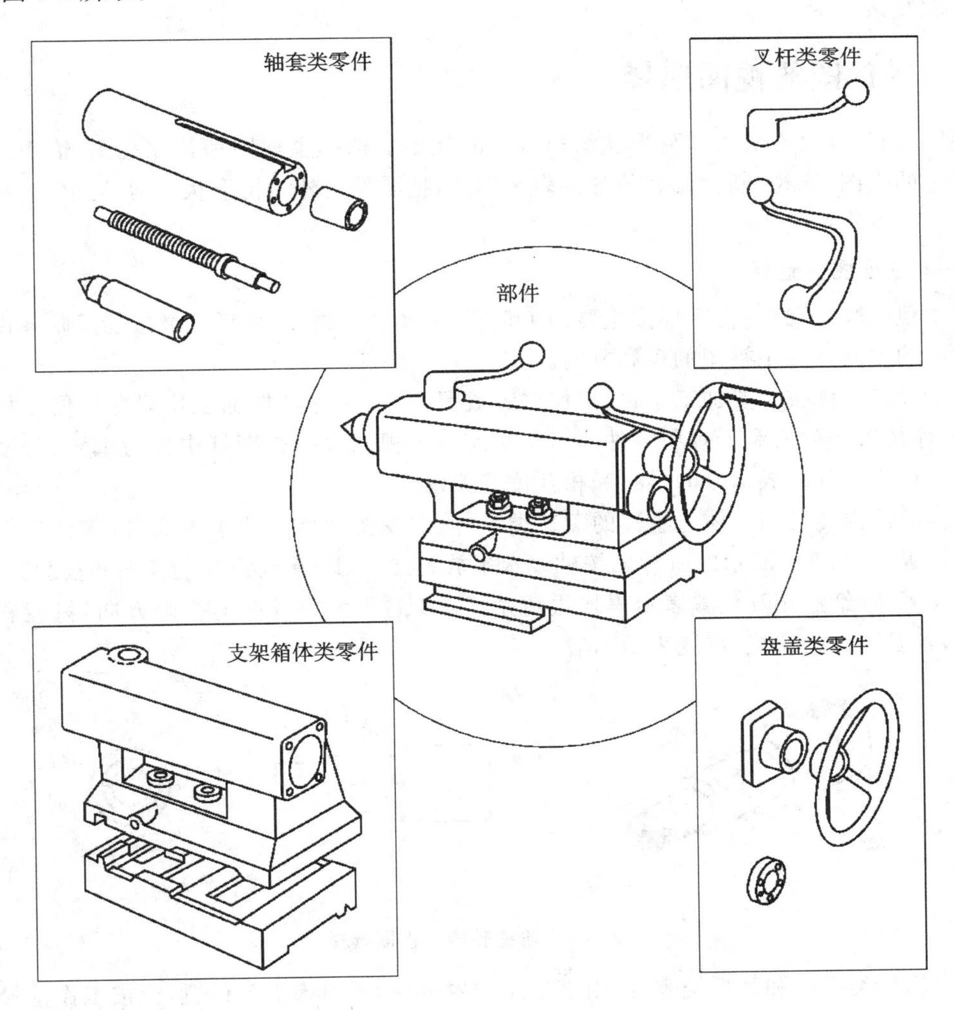

图5-2 一般零件分类

1. 轴套类零件

轴主要用来支承转动零件和传递扭矩，套用于支承和保护其他零件。它们的主要结构是圆柱，常带有键槽、退刀槽、砂轮越程槽、轴肩、螺纹、倒角、中心孔等，常在车床和钻床上加工，加工位置为轴线横放，工作位置变化较多。

2. 盘盖类零件

盘盖类零件包括手轮、皮带轮、端盖等，主要用于传动、密封、压紧、支承、防护等。盘盖类零件上多有螺孔、销孔、光孔、凸台和密封结构等，往往有一个端面与其他零件靠紧（该端面是重要接触面），主体结构多为回转体，主要加工工序以车削为主。

3. 支架箱体类零件

支架箱体类零件包括支架、箱体、壳体等，是组成机器或部件的主要零件之一，起支承、包容其他零件的作用。支架箱体类零件形状结构比较复杂，其上有安装板、安装孔、螺孔、销孔、凸台等结构与机器的其他部分相连。支架箱体类零件一般为铸件，加工工序多，加工位置变化也多。

4. 叉杆类零件

叉杆类零件包括手柄、杠杆、拨叉等，主要起拨动、连接、支承等作用，多为铸件或锻件，一般形状比较复杂多变。

二、零件图的视图选择

视图选择，就是在分析零件形状结构特点的基础上选择主视图和其他视图，恰当地采用前面学习过的视图、剖视、断面及其他各种表示方法，把零件内外结构形状正确、完整、清晰地表达出来。

（一）主视图的选择

画主视图时，首先应将零件按主要加工位置、工作位置放置，然后选择最能反映零件形状和结构特征的方向作为主视图的投影方向。

之所以将零件按主要加工位置、工作位置放置，是因为零件按加工位置摆放便于加工时看图，按工作位置摆放有利于想象零件的工作状态。主视图在一张图纸中极为重要，应使它能最清楚地表达零件各组成部分的形状和相互位置关系。

轴套类零件和以回转体为主体的盘盖类零件，主视图应使轴线水平放置（零件加工时所处的主要位置）。图 5-3 所示的阶梯轴按轴线水平放置之后，以 A 向作为主视图的投影方向，各段圆柱的长短、粗细和相互位置表示得均很清楚；以 B 向作为主视图的投影方向，只能看到一些同心圆，各段圆柱的长短、位置表示不清。

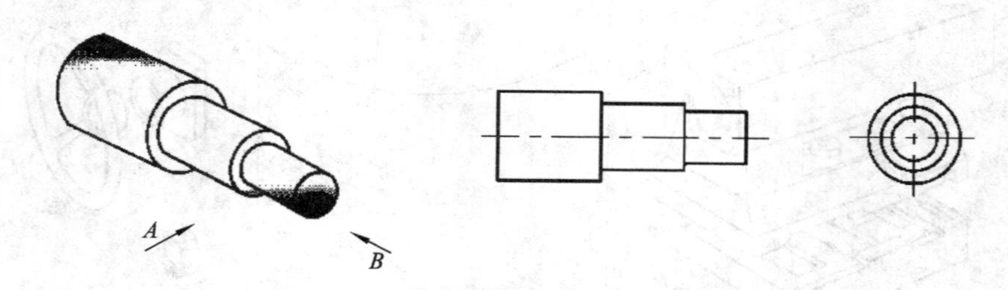

图 5-3　阶梯轴的主视图选择

支架箱体类零件和叉杆类零件，由于加工位置多变，不考虑加工位置，应按工作位置画主视图。例如，车床尾架按图 5-4(a)放置画主视图最好，不仅符合在车床导轨上，面对车工的工作位置，而且显示了尾架的形状特征，而按图 5-4(b)作主视图表达效果较差。

对于工作位置随时变动的运动零件或工作位置倾斜的零件，应将零件的主要部分摆正画出，如图 5-5 所示。

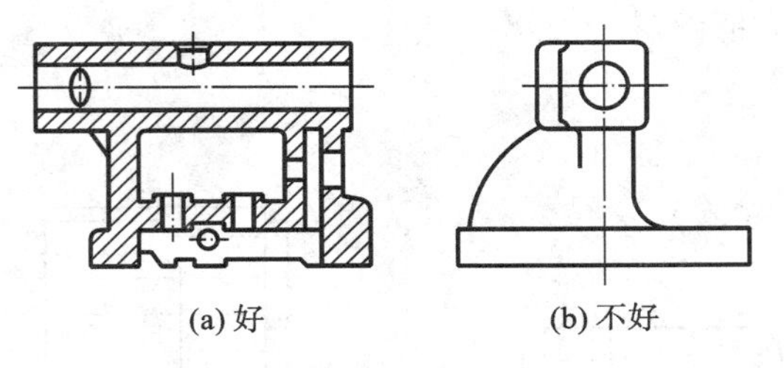

(a) 好　　(b) 不好

图 5-4　尾架主视图选择

在选择主视图时，还应考虑图纸幅面的合理利用。例如，图 5-6 幅面布置上下偏挤、左右偏松，不如图 5-5 匀称。

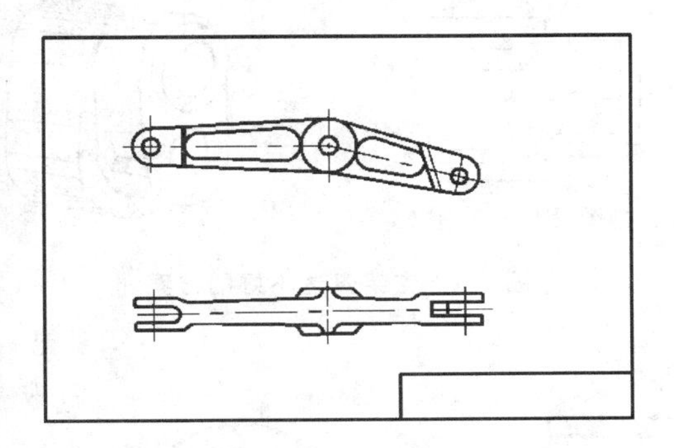

图 5-5　工作位置不定的零件主视图的选择

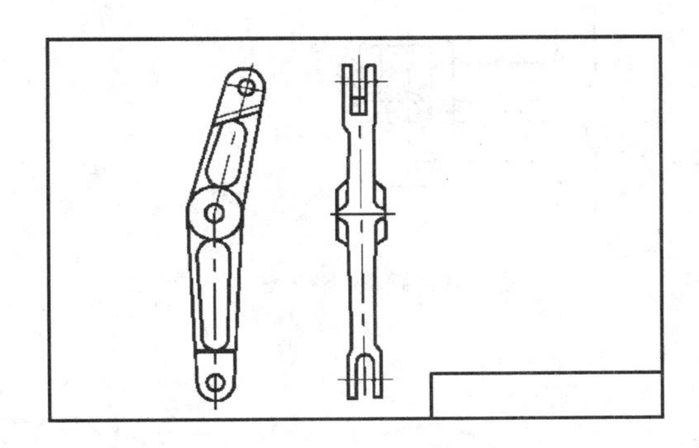

图 5-6　图纸幅面利用不好

除此之外，主视图的选择还应考虑到左视图能较多地反映零件的形状。例如，图 5-7(a)主视图的选择比图 5-7(b)好，左视图清楚，图 5-7(b)中的左视图出现较多虚线。

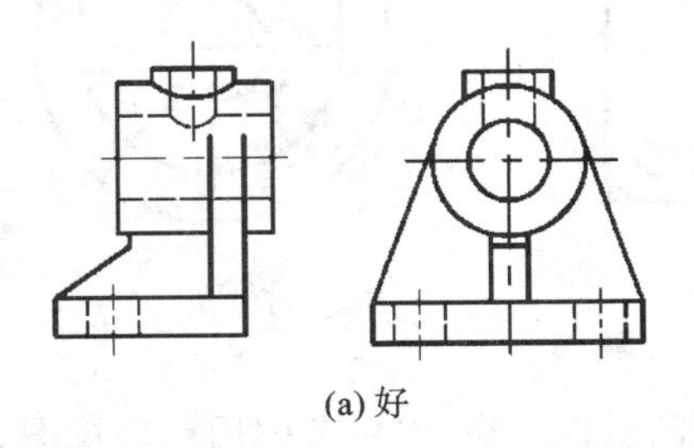

(a) 好

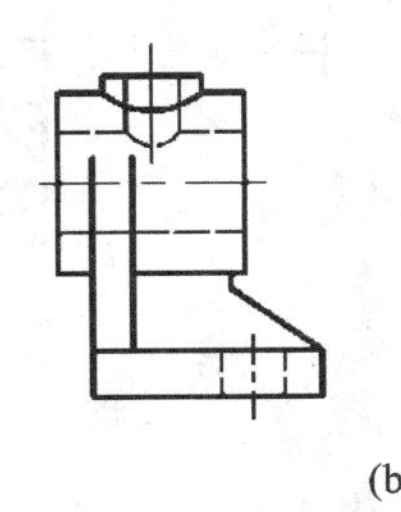

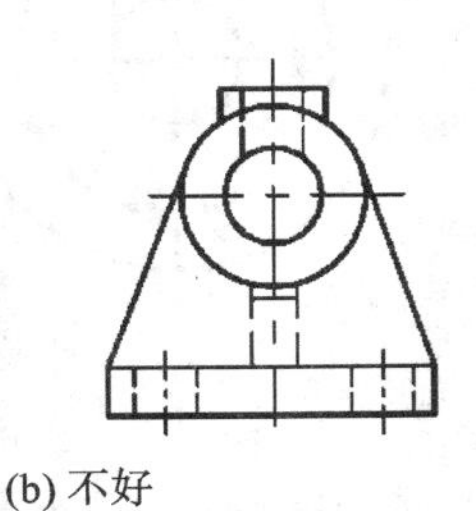

(b) 不好

图 5-7　主视图对左视图的影响

(二) 其他视图的选择

主视图确定之后，应根据零件还没有表示清楚的部分选择其他视图。图 5-8 所示为踏脚座，属于支架箱体类零件。它由上部的轴承孔、左端的安装板和中间起连接作用的 T 形肋板组成。主视图按工作位置放置反映出零件的形状特征，而安装板、肋板和轴承孔的宽度以及它们的相对位置在主视图中表示不清，采用了俯视图表示。*A* 向(局部)视图表示安装板端面形状，移出断面表示肋板的断面形状。

由此可知，每个视图都有不同的表达重点。为了方便看图，局部视图按投影关系配置，移出断面配置在剖切面迹线的延长线上。

图 5-9 所示为支架的三视图。主、左两个视图已能将零件的各部形状表达清楚了，俯视图

是多余的，可以省略。另外，由于零件的左右部分都投影在左视图上，虚线、实线重叠，很不清晰，给看图带来困难，如果采用图 5-10 所示的主、左、右三个视图，则右边形状投影在左视图上的虚线省略不画，比图 5-9 清晰。

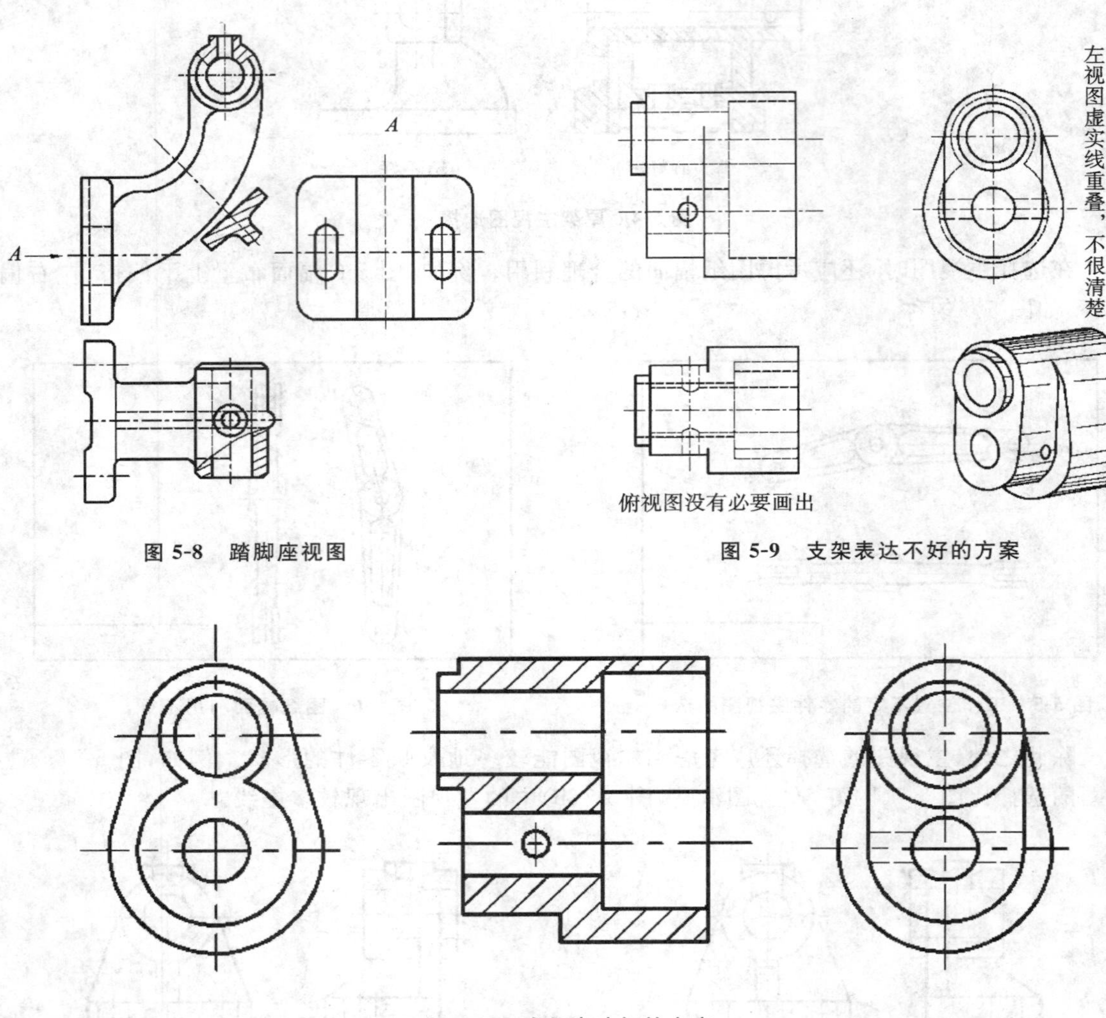

图 5-8　踏脚座视图

图 5-9　支架表达不好的方案

图 5-10　支架表达好的方案

在选用视图时，一般先考虑用基本视图或在基本视图上作剖视，然后考虑用局部视图、向视图。视图选择要目的明确，重点突出，数量不可太多，以免繁杂混乱，支离破碎；也不可过于集中，出现虚线过多、线条太密、层次不清等问题，造成看图困难，不便于想象零件的完整形状。

5.3　零件上常见结构的画法

零件的结构形状主要根据它在部件或机器中的作用来决定。在设计和绘制零件图时，还必须考虑到铸造和机械加工的要求，以免造成废品或使制造工艺复杂化。

有关铸造零件的工艺结构和零件加工面的工艺结构的简单介绍分别如表 5-1 和表 5-2 所示，画零件图时可参考。

表 5-1 铸造零件的工艺结构

要求	说明	图例	
		不合理	合理
铸件的结构形状应有利于造型	铸造时，为便于起模，在铸件内、外壁沿起模方向应做出拔模斜度	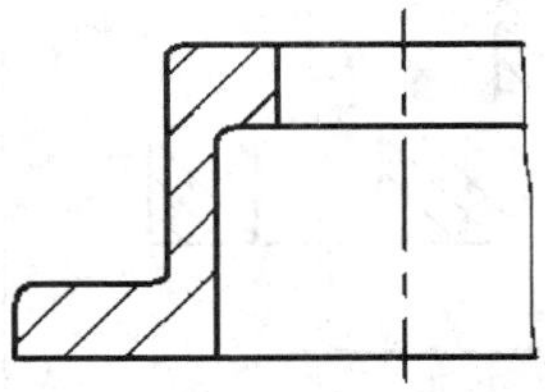	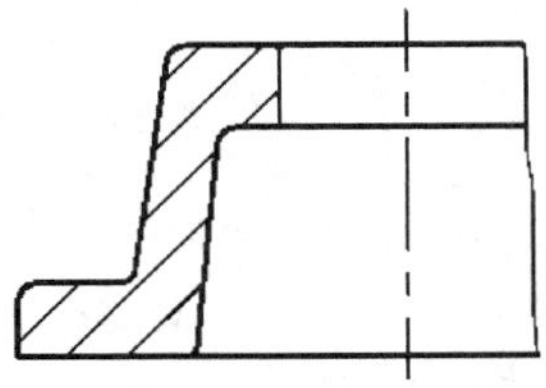
铸件的结构形状应有利于防止出现铸造缺陷	铸件各表面转角处应做成圆角，不允许存在尖角，以防止铸件冷却时产生裂纹或缩孔，也便于起模，圆角尺寸可注在技术要求中，如“未注圆角 $R3\sim R5$”	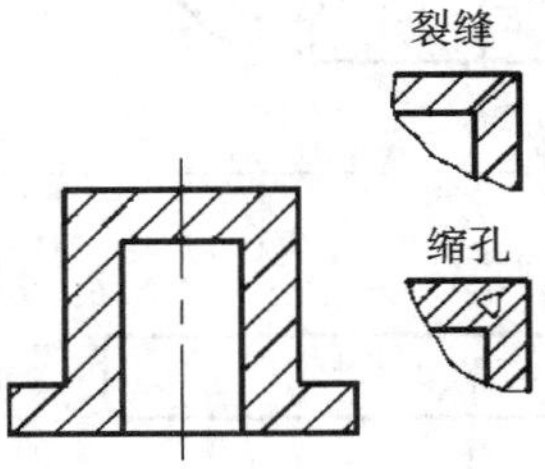 裂缝 缩孔	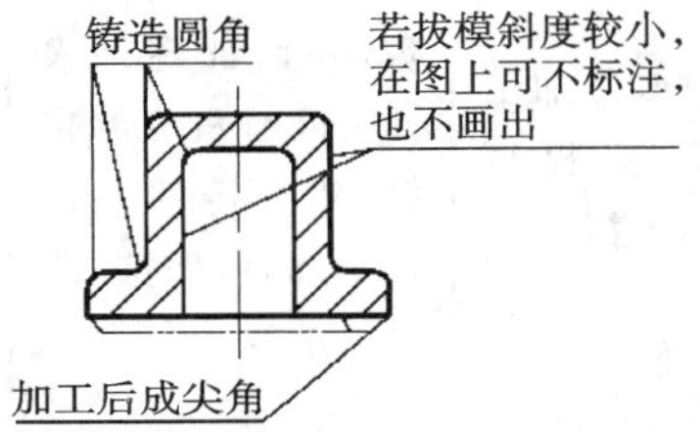 铸造圆角 若拔模斜度较小，在图上可不标注，也不画出 加工后成尖角
	铸件壁厚应力求均匀或逐渐变化，避免突变或局部肥大，以防止金属冷却时产生缩孔或裂纹	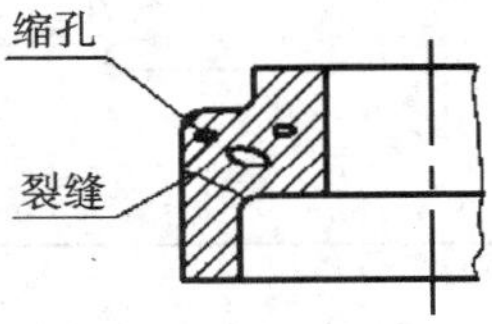 缩孔 裂缝	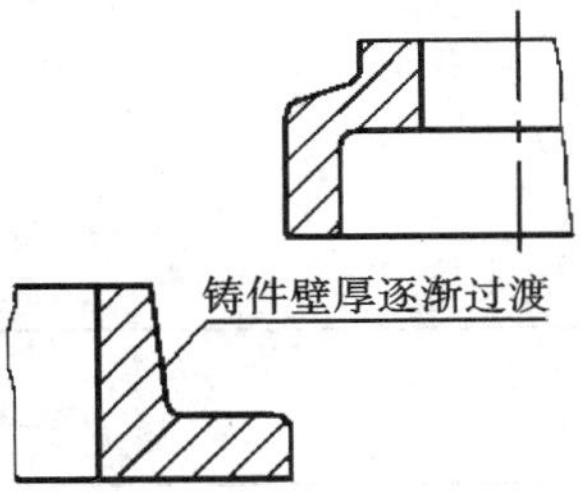 铸件壁厚逐渐过渡
改善加工条件，提高加工精度	钻头轴线尽量垂直于钻孔端面，以保证钻孔准确和避免钻头折断	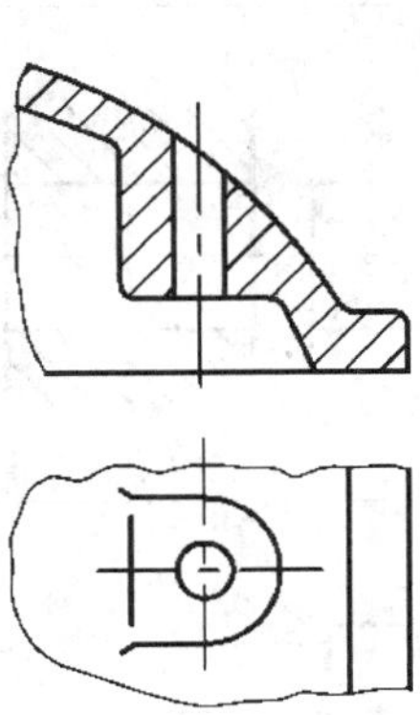	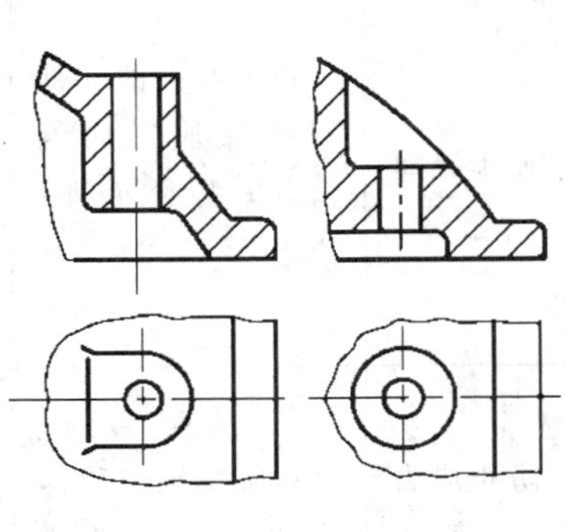

续表

要求	说明	图例	
		不合理	合理
改善加工条件，提高加工精度	为减少切削加工量，并保证零件表面之间有良好的接触，常在铸件上设计出凸台、凹坑、凹槽等结构	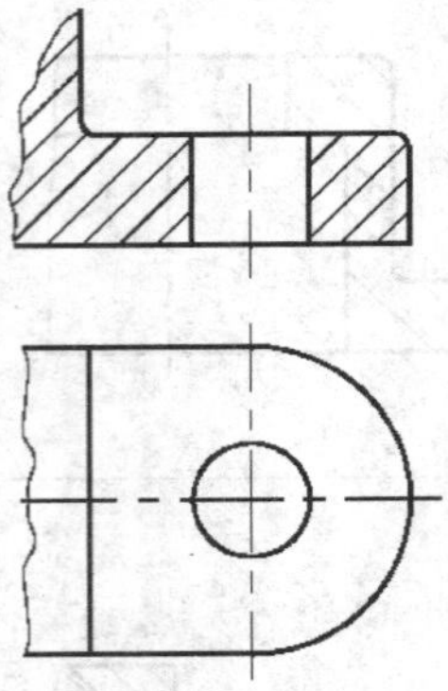	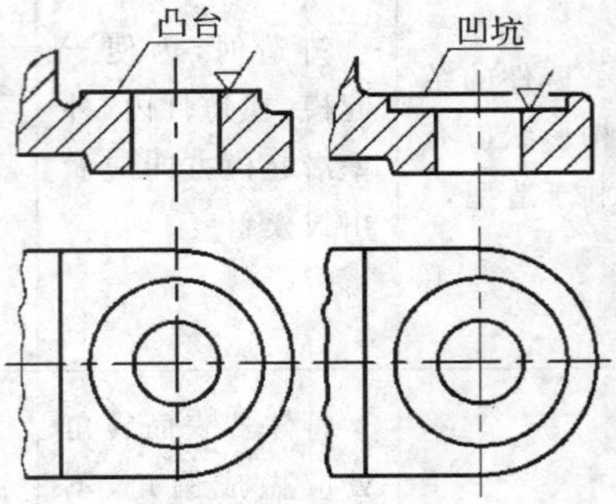 凸台 凹坑
		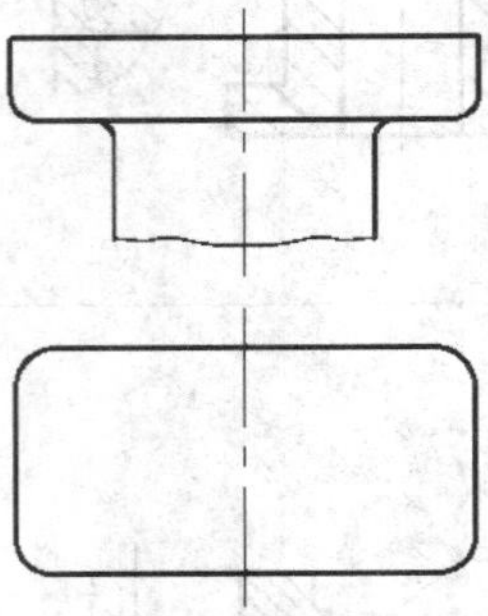	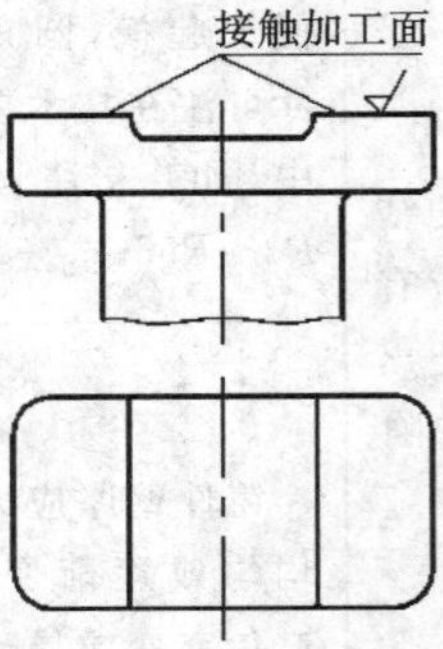 接触加工面

表 5-2　零件加工面的工艺结构

要求	说明	图例	
		不合理	合理
便于装配	在轴和孔的端部一般都加工成倒角，以去除毛刺、锐边	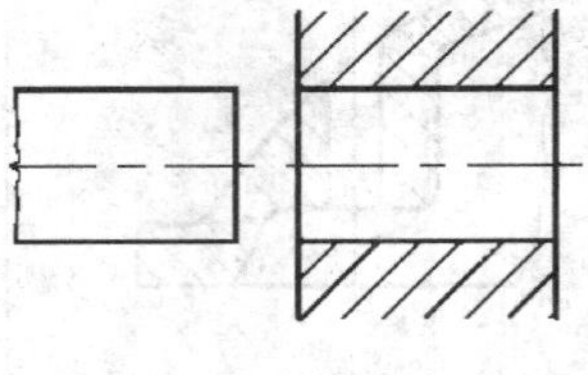	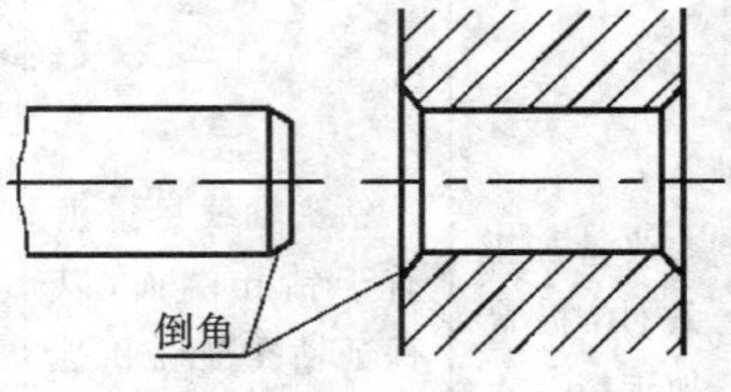 倒角
防止应力集中产生裂纹	在阶梯轴或阶梯孔的转角处做成倒圆	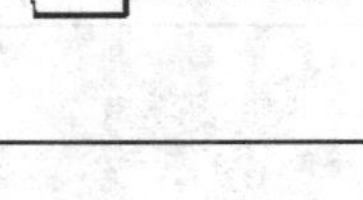	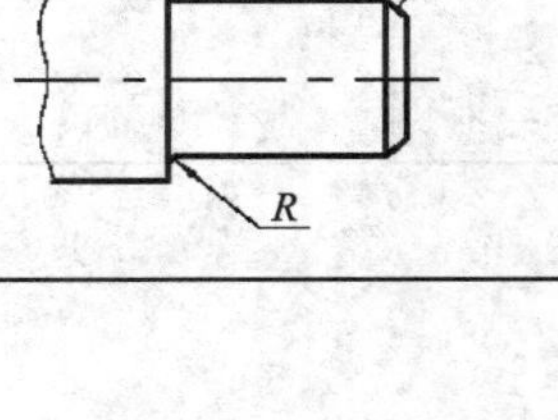 倒角 R

续表

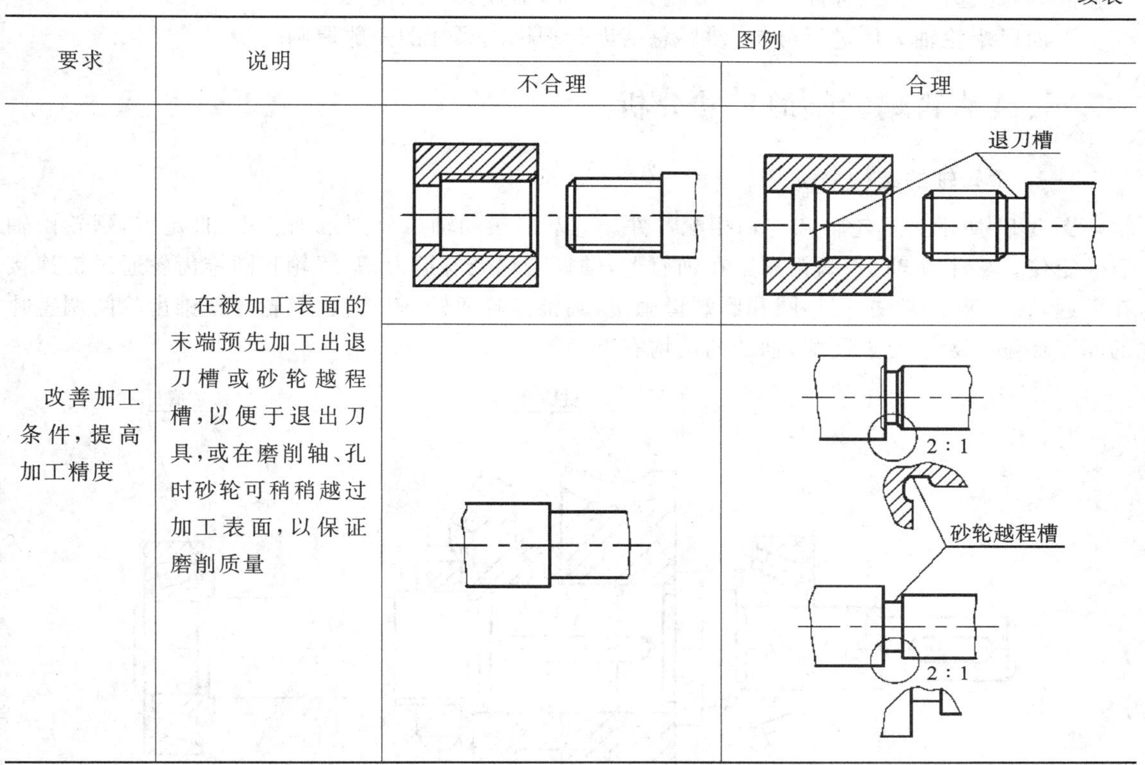

要求	说明	图例	
		不合理	合理
改善加工条件，提高加工精度	在被加工表面的末端预先加工出退刀槽或砂轮越程槽，以便于退出刀具，或在磨削轴、孔时砂轮可稍稍越过加工表面，以保证磨削质量		

5.4 零件图的尺寸标注

一、零件图上标注尺寸的要求

零件图上的尺寸是加工和检验的重要依据，标注尺寸要求正确、完整、清晰、合理。关于如何使标注的尺寸正确、完整和清晰，我们已在前面学习过，这里我们主要讨论标注尺寸的合理性问题。合理是指标注的尺寸符合生产实际，确切地说，就是要保证达到设计要求和便于加工、测量。但合理地标注尺寸，需要有较多的生产实践经验和有关的专业知识，本节仅介绍一些合理标注尺寸的初步知识。

二、尺寸基准

尺寸基准就是标注和度量尺寸的起点。尺寸基准一般分为两类。

(1) 设计基准：标注设计尺寸的基准。设计尺寸是根据设计要求直接给出的尺寸。

(2) 工艺基准：零件在加工和测量时使用的基准。

每个零件都有长、宽、高三个方向，因此每个方向至少应该有一个基准。但根据设计、加工、测量上的要求，一般还要附加一些基准。我们把决定零件每个方向主要尺寸的基准称为主要基准；而把附加的基准称为辅助基准。主要基准和辅助基准之间一定要有尺寸联系。要使尺寸标注合理，还要尽量使设计基准和工艺基准一致。由于零件的形状结构和工作位置、加工方法各不相同，因此选择基准、标注尺寸不可能完全一样，必须具体情况具体分析。

下面以蜗轮轴为例进行分析，然后总结出合理标注尺寸的一般原则。

三、减速箱蜗轮轴的尺寸分析

(一) 蜗轮轴的结构分析

图 5-11 所示为蜗轮轴和与轴相配零件。两端的滚动轴承分别由轴肩Ⅰ、Ⅲ定位，蜗轮由轴肩Ⅱ定位。为了使轴承、蜗轮靠紧在轴肩上，轴径变化处有退刀槽，蜗轮和圆锥齿轮通过键连接在一起，轴上制有螺纹，用垫圈和圆螺母固定，圆锥齿轮的轴向位置由蜗轮与圆锥齿轮间调整片的厚度保证。为了便于装配，轴的两端均有倒角。

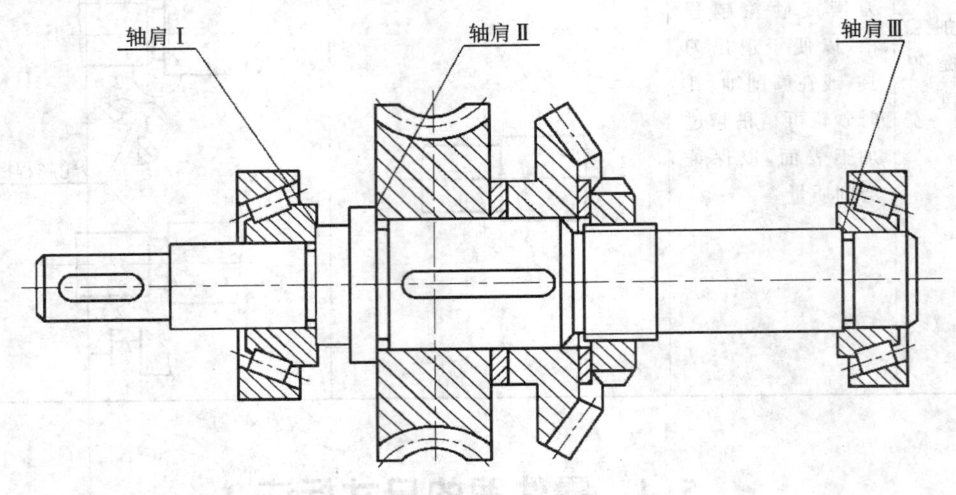

图 5-11　蜗轮轴结构分析图

(二) 主要的径向尺寸和基准

如图 5-12 所示，轴最左端尺寸为 $\phi15$ 的一段是和凸轮配合的，$\phi17$ 和最右端 $\phi15$ 处装配滚动轴承，中间 $\phi22$ 处装配蜗轮及圆锥齿轮，这四段轴的直径要求在同一轴线上，因此设计基准就是轴线，这样加工后的尺寸容易达到设计要求。

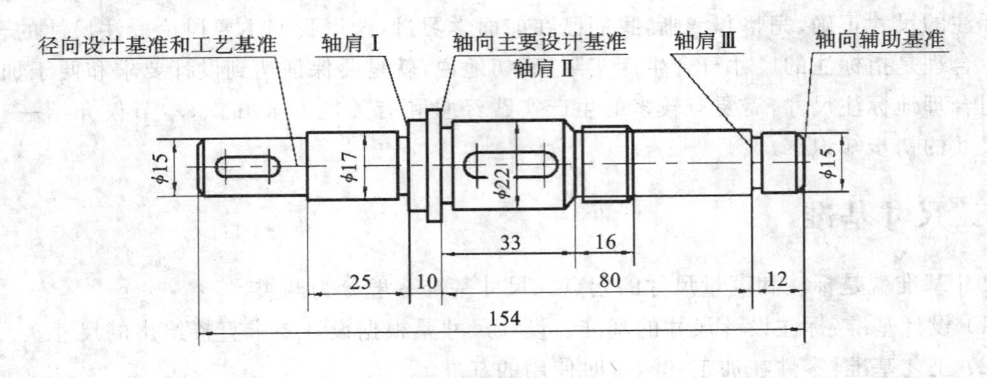

图 5-12　蜗轮轴主要尺寸的基准

(三) 轴向主要尺寸和基准

蜗轮轴上主要装配蜗轮和圆锥齿轮，为了保证齿轮传动时的正确性，齿轮的轴向定位十分重要，其中尤以蜗轮的轴向定位更为重要，所以选择蜗轮定位轴肩(轴肩Ⅱ)为轴向尺寸的设计基准(见图 5-12)。以尺寸 10 决定左端滚动轴承定位轴肩(轴肩Ⅰ),再以尺寸 25 决定凸轮安装轴肩。以尺寸 80 决定右端滚动轴承定位轴肩(轴肩Ⅲ),并以尺寸 12 决定轴的右端面。除了这四个有设计要求的主要尺寸外,还有尺寸 33 和 16,在这范围内安装蜗轮、调整片、圆锥齿轮、垫圈和圆螺母,由于圆锥齿轮的轴向位置在装配时可由调整片调整,因此这两个尺寸要求较低。轴向尺寸测量时从端部量起比较方便,选择右端面为测量基准,确定全轴长度尺寸 154。

(四) 其他尺寸及尺寸配置

其他尺寸,如螺纹尺寸、键槽宽度和深度、倒角等,须核查有关标准后注出。退刀槽宽度和直径也应尽可能符合标准,全部使用刀具以便于加工。尺寸标注不仅要符合设计要求,配置时还要考虑加工次序和对于测量、检验是否方便。

四、标注尺寸的注意事项

通过以上对蜗轮轴的尺寸分析,我们对如何选择基准、如何标注尺寸,已有了初步认识。下面归纳一下合理标注零件尺寸的注意事项。

(一) 正确地选择尺寸基准

零件上常被作为尺寸基准的要素有:回转面的轴线,主要装配面和支承面,重要加工面,底面和端面及对称平面等。

为了减小加工误差,保证设计要求,应该尽可能使设计基准和工艺基准重合。如果考虑加工时定位、装夹方便,或由于测量困难而这两个基准不能重合,则基准之间一定要有尺寸联系。

(二) 尺寸标注要满足设计要求

1. 主要尺寸单独注出

轴承架的尺寸应按图 5-13(a)标注。设计要求安装在两上轴承架孔中的轴两端高度相等,因此轴承孔的中心高应从底面出发直接标注尺寸 A;若按图 5-13(b)标注,尺寸 A 的误差将是尺寸 B 和 C 的误差之和,不能满足设计要求。同理,两个安装孔 $\phi6$ 的定位尺寸就直接注出中心距 L,以便与机座上两个螺孔准确配上,而不能按图 5-13(b)标注两个尺寸 E。

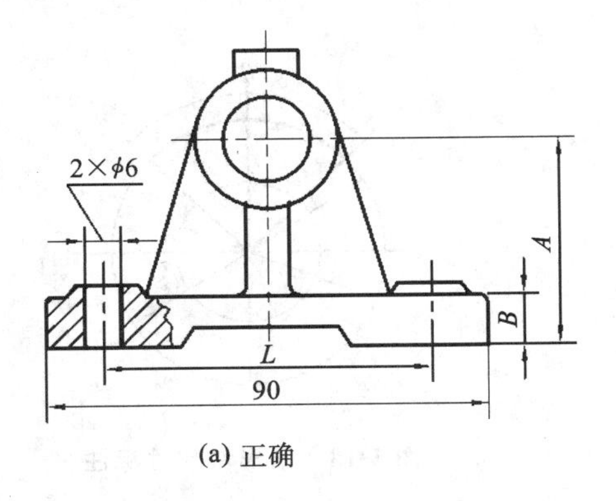

(a) 正确

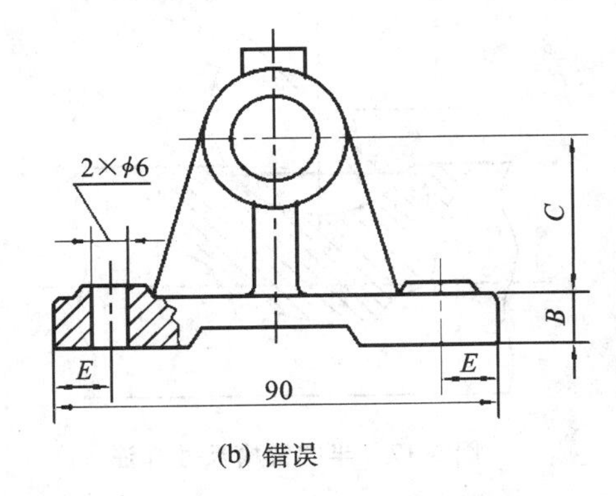

(b) 错误

图 5-13 主要尺寸单独注出

2. 与相关零件的尺寸要协调

图 5-14(a)中,设计要求零件 1、2 装配时右端平齐,件 2 上部凸键与件 1 凹槽配合尺寸一致,不允许左右松动。正确的尺寸注法,就应使两零件尺寸基准与设计基准一致,配合部分尺寸 B 直接注出,如图 5-14(b)所示。图 5-14(c)、(d)所示的尺寸注法不利于保证凸键和凹槽的正确配合和右端面的准确对齐。

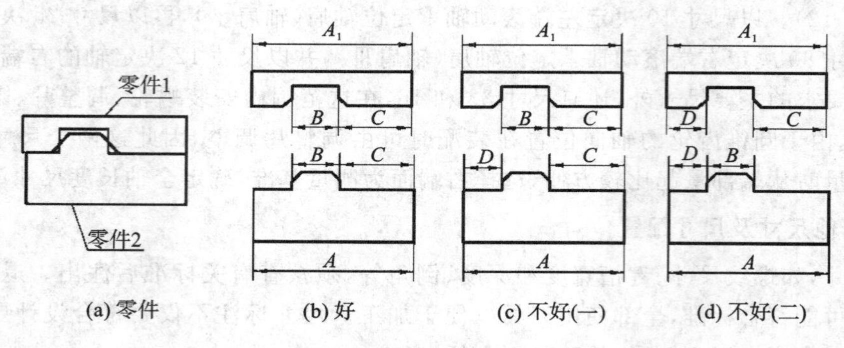

图 5-14 相关零件的尺寸标注

3. 标注尺寸要便于加工和测量

除满足设计要求外，标注尺寸还必须考虑到加工和测量的需要。对于图 5-15 所示套筒的阶梯孔，各段孔深无特殊要求时，应按照图 5-15(a)标注；若按图 5-15(b)标注，则尺寸 D、E 均不便测量。对于图 5-16 所示的键槽，若标注尺寸 B，测量困难，尺寸又不易控制，应标注尺寸 A。

在标注尺寸时，为使尺寸合理及方便机械加工，半圆键槽和扇形块的尺寸应分别按图 5-17 及图 5-18 注出。

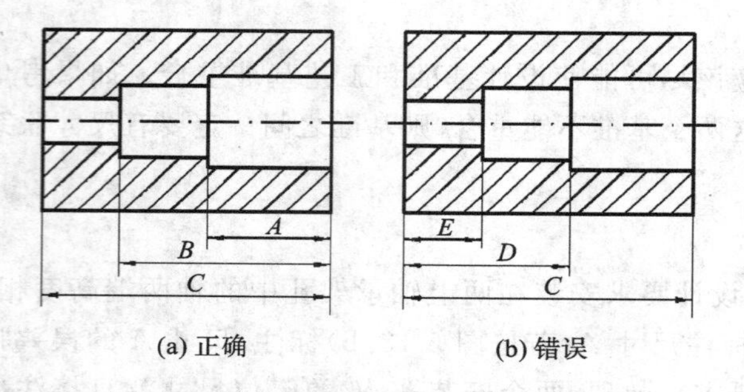

图 5-15 标注尺寸时考虑测量方便(一)

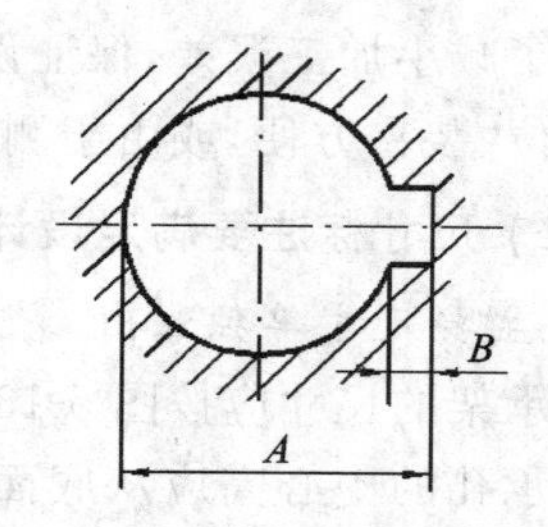

图 5-16 标注尺寸时考虑测量方便(二)

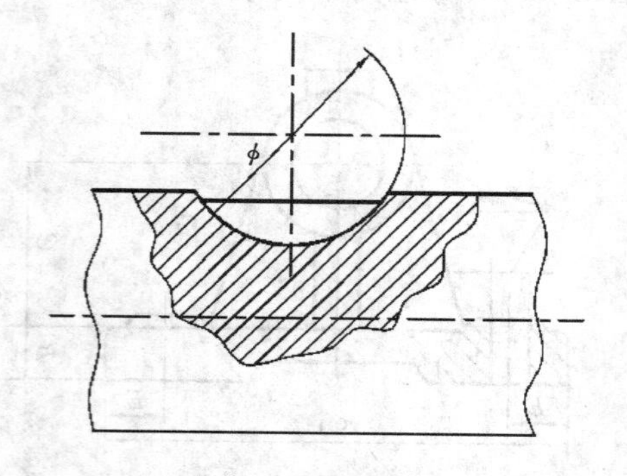

图 5-17 半圆键槽尺寸标注

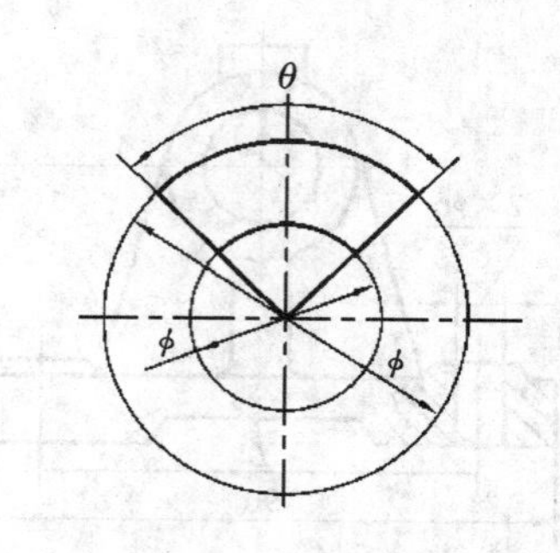

图 5-18 扇形块尺寸标注

4. 不要注成封闭尺寸链

图 5-19 所示为某阶梯轴的简化结构，各段长度分别为 A、B、C，总长为 L。图中所示按一定的顺序依次连接起来排成的尺寸标注形式称为尺寸链。组成尺寸链的各个尺寸称为尺寸链的环。按加工顺序来说，在一个尺寸链中，总有一个尺寸是在加工最后自然得到的，这个尺寸称为封闭环，尺寸链中的其他尺寸称为组成环。如果尺寸链中的所有环都注上尺寸成为封闭形式，则称之为封闭尺寸链。

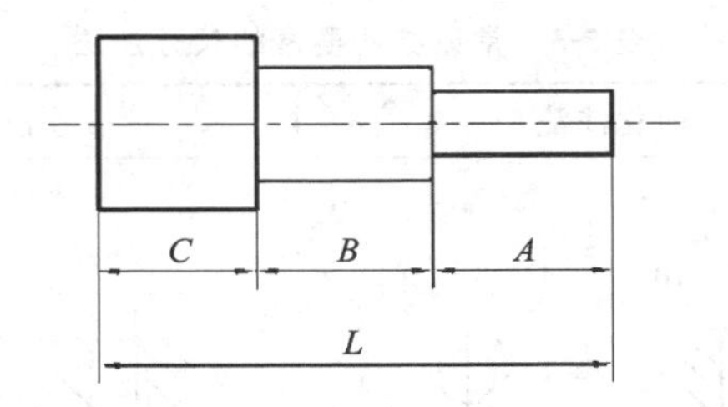

图 5-19 阶梯轴的封闭尺寸链

在实际加工中，由于各段尺寸加工不可能绝对准确，为保证设计要求，一般给予一定的允许误差，即公差(不论在图样上是否注出都有)。

封闭环的分析和封闭环的误差分析图如图 5-20 所示。如果以总长 L 作为封闭环，如图 5-20(a)、(c)所示，那么封闭环和组成环的误差之间有什么关系呢？由于 A、B、C 都可能加工成最大尺寸或最小尺寸，因此有：

$$A_{最大}+B_{最大}+C_{最大}=L_{最大},\quad A_{最小}+B_{最小}+C_{最小}=L_{最小}$$

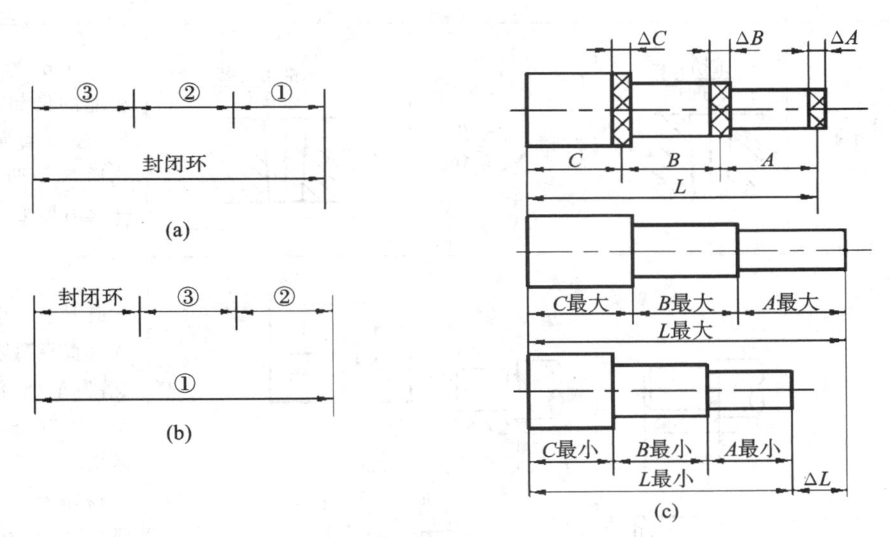

图 5-20 封闭环的分析和封闭环的误差分析图

两式相减得

$$(A_{最大}-A_{最小})+(B_{最大}-B_{最小})+(C_{最大}-C_{最小})=L_{最大}-L_{最小}$$

即

$$\Delta A+\Delta B+\Delta C=\Delta L$$

由此可知，如果按图 5-20(c)所注尺寸制造零件，则封闭环的误差为各组成环的误差的总和。如果封闭环是主要尺寸即误差较小，则各组成环的误差要求就更小，实际加工中就难以保证设计要求或提高了产品的成本。因此，在标注尺寸时不要注成封闭尺寸链，应当选择最不重要的尺寸作为封闭环，不注尺寸或注上加括号的参考尺寸，使误差集中到该尺寸上，从而保证重要尺寸的精度。

五、零件上常见结构要素的尺寸标注

零件上常见结构要素的尺寸注法如表 5-3 和图 5-21 所示，尺寸标注常见的符号或缩写词如表 5-4 所示。

表 5-3　常见结构要素的尺寸注法

零件结构类型		简化注法	一般注法	说明
光孔	一般孔	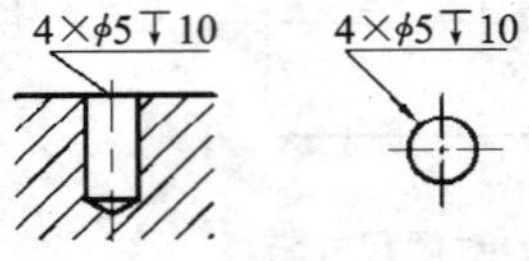 4×φ5↧10 4×φ5↧10	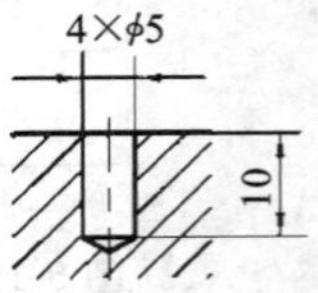 4×φ5 10	4×φ5表示直径为5 mm、均布的四个光孔，孔深可与孔径连注，也可分开注出
	精加工孔	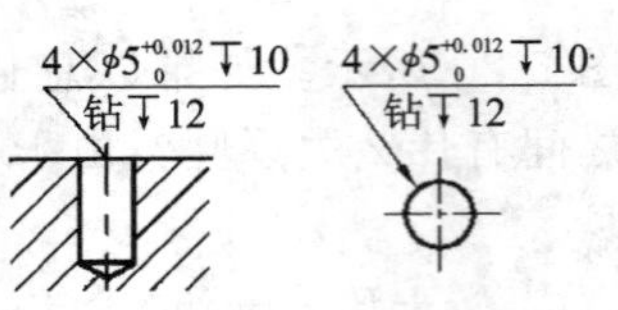 4×$\phi5^{+0.012}_{0}$↧10 钻↧12 4×$\phi5^{+0.012}_{0}$↧10 钻↧12	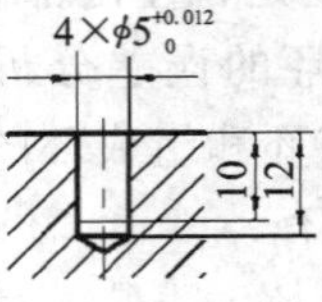 4×$\phi5^{+0.012}_{0}$ 10 12	光孔深为12 mm，钻孔需精加工至$\phi5^{+0.012}_{0}$ mm
	锥孔	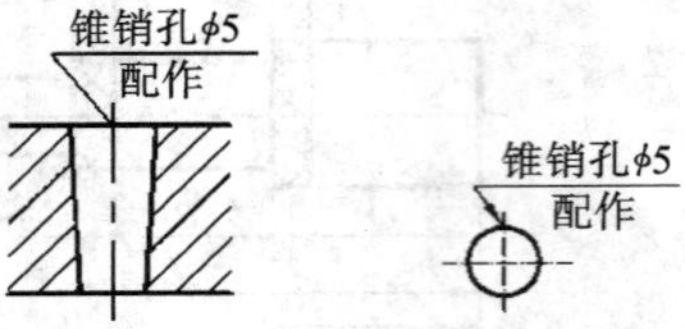 锥销孔φ5 配作 锥销孔φ5 配作	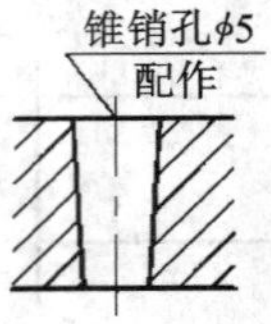 锥销孔φ5 配作	φ5 mm为与锥销孔相配的圆锥销小头直径（公称直径）。锥销孔通常是两零件装在一起后加工的
退刀槽及砂轮越程槽		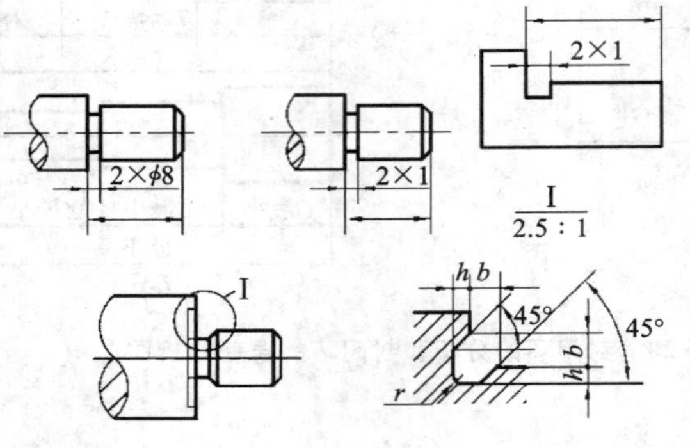 2×φ8 2×1 I h b 45° h b r	2×1 I 2.5∶1 45°	退刀槽一般可按“槽宽×直径”（上左图）或“槽宽×槽深”（上中图、上右图）的形式标注。 砂轮越程槽常用局部放大图表示（下右图），它的尺寸数值可查阅机械设计手册
倒角		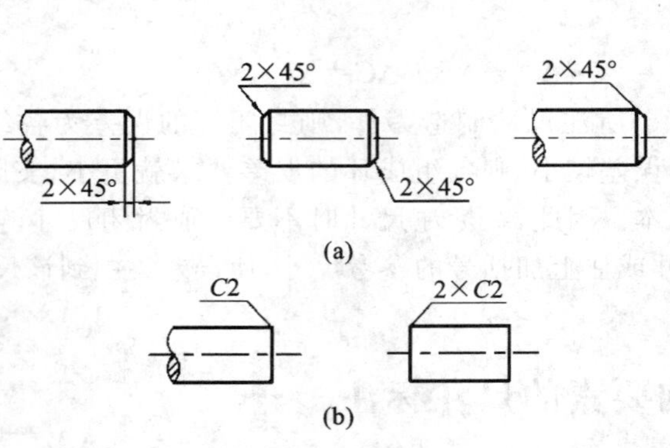 2×45° 2×45° 2×45° (a) C2 (b)	2×45° 2×C2	倒角45°时，可与倒角的轴向尺寸连注。 “2×C2”中的“C”是45°倒角的符号，“C”右边的“2”是倒角的轴向角宽，符号“×”左边的“2”表示两端均有相同的倒角。 倒角不是45°时，要分开标注

续表

零件结构类型		简化注法	一般注法	说明
沉孔	锥形沉孔	4×ϕ7 ⌵ϕ13×90°；4×ϕ7 ⌵ϕ13×90°	90°；ϕ13；4×ϕ7	4×ϕ7 表示直径为 7 mm、均匀分布的四个孔。锥形沉孔可以旁注，也可直接注出
	柱形沉孔	4×ϕ7 ⌴ϕ13↧3；4×ϕ7 ⌴ϕ13↧3	ϕ13；3；4×ϕ7	柱形沉孔的直径为 ϕ13 mm，深度为 3 mm，均须标注
	锪平沉孔	4×ϕ7 ⌴ϕ13；4×ϕ7 ⌴ϕ13	ϕ13；锪平；4×ϕ7	锪平面 ϕ13 mm 的深度不必标注，一般锪平到不出现毛面为止
螺孔	通孔	2×M8-6H；2×M8-6H	2×M8-6H	2×M8 表示公称直径为 8 mm 的两螺孔，可以旁注，也可直接注出
	不通孔	2×M8-6H↧10 孔↧12；10；12；2×M8-6H↧10 孔↧12	2×M8-6H；10；12	一般应分别注出螺纹和孔的深度尺寸

表 5-4　尺寸标注常用的符号或缩写词

名称	符号或缩写词	名称	符号或缩写词
直径	ϕ	45°倒角	C
半径	R	深度	↧
球直径	$S\phi$	沉孔或锪平	⌴
球半径	SR	埋头孔	⌵
厚度	t	均布	EQS
正方形	□		

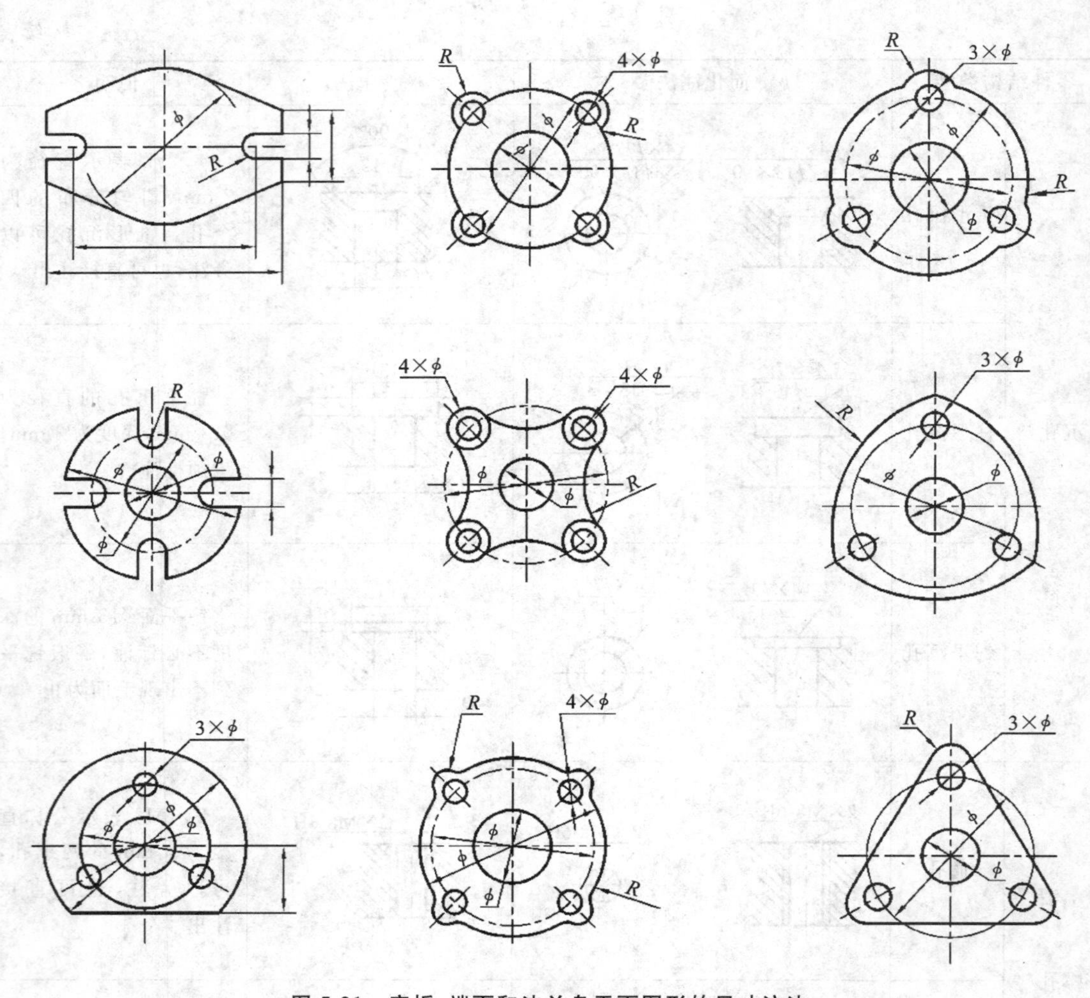

图 5-21　底板、端面和法兰盘平面图形的尺寸注法

5.5　零件图上的技术要求

一、零件图技术要求的内容

在零件图中，除了视图和尺寸之外，还应注写出保证产品质量的技术要求。零件图上的技术要求主要有以下几个方面。

(1) 尺寸的极限偏差及几何公差。

(2) 表面结构(表面粗糙度等)。

(3) 材料的要求和说明。

(4) 热处理及表面处理。

(5) 关于特殊加工和检查及试验的说明等。

上面提到的各项技术要求一般都有相应的国家标准或技术手册等资料供查阅参考。

技术要求的制定要从实际出发，在保证产品质量的前提下，力求降低成本。本节主要介绍有关技术要求的标注及识读。

二、极限与配合(GB/T 1800.1—2020)

(一) 互换性

规格大小相同的零件或部件,不经选择或修配,就能进行装配,并达到规定的使用要求,零件或部件所具有的这种性质称为互换性。

互换性是现代工业发展的产物和要求。发展互换性生产会大大加快装配和修配速度,提高产品的数量和质量,降低生产成本。互换性也被广泛应用到军事装备中,它对快速生产武器装备、提高武器装备的质量、降低武器装备的造价、提高武器装备在平战状态下的性能均非常必要。为确保互换性,就必须对零件尺寸、形状、结构、位置及结合面的配合性质等提出要求。下面简单介绍国家标准中有关这方面的基本知识。

(二) 极限的有关术语

(1) 公称尺寸:设计时所给定的理想尺寸。

(2) 实际尺寸:零件加工完成后,实际测得的尺寸。

(3) 极限尺寸:允许零件实际尺寸变化的两个界限值(极端)。其中较大的一个尺寸称为上极限尺寸,较小的一个尺寸称为下极限尺寸。实际尺寸只要在这两个尺寸之间就算合格。

图 5-22(a)所示的圆孔尺寸 $\phi30\pm0.010$ 的意义是:公称尺寸为 $\phi30$,上极限尺寸为 $\phi30.010$,下极限尺寸为 $\phi29.990$,尺寸合格范围是 $\phi29.990$~$\phi30.010$。

(4) 偏差:某一尺寸减其公称尺寸的代数差。偏差可以是正值、负值或零。

上极限偏差=上极限尺寸-公称尺寸

下极限偏差=下极限尺寸-公称尺寸

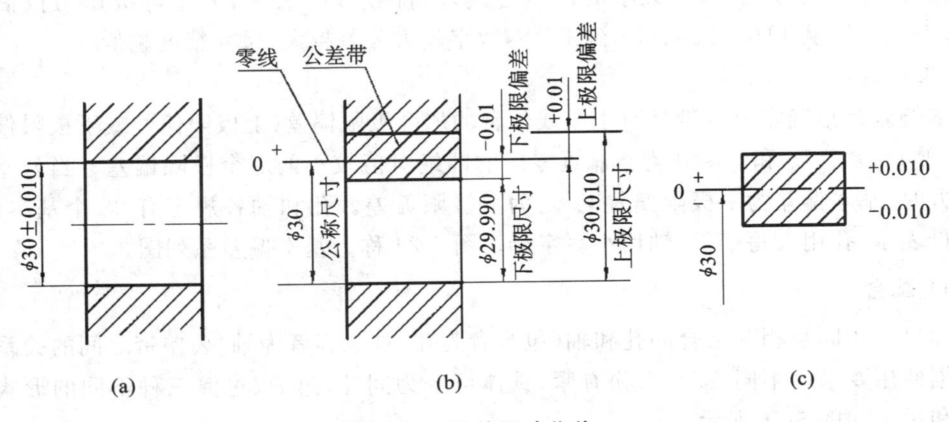

图 5-22 孔的尺寸公差

上、下极限偏差统称为极限偏差。孔的上、下极限偏差可分别用代号 ES、EI 表示;轴的上、下极限偏差可分别用代号 es、ei 表示。上、下极限偏差可以是正值、负值或零。

(5) 尺寸公差(简称公差):允许尺寸的变动量。公差恒为正值。

公差=上极限尺寸-下极限尺寸=上极限偏差-下极限偏差

公差用于限制尺寸误差,它是尺寸精度的一种度量。

图 5-22 所示圆孔尺寸 $\phi30\pm0.010$,它的上极限偏差为

$$ES=30.010\ \text{mm}-30\ \text{mm}=0.010\ \text{mm}$$

下极限偏差为

$$EI = 29.990\ mm - 30\ mm = -0.010\ mm$$

公差为

$$30.010\ mm - 29.990\ mm = +0.010\ mm - (-0.010\ mm) = 0.020\ mm$$

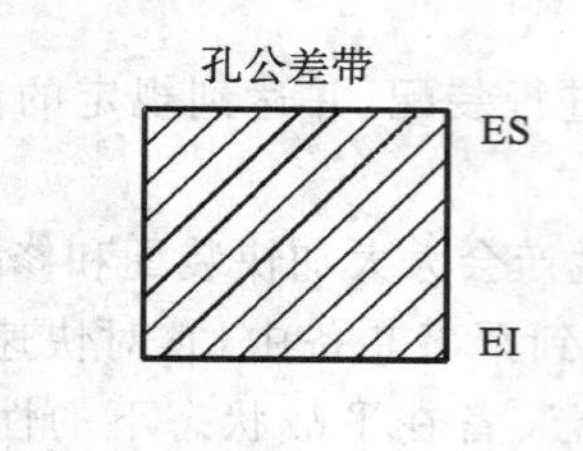

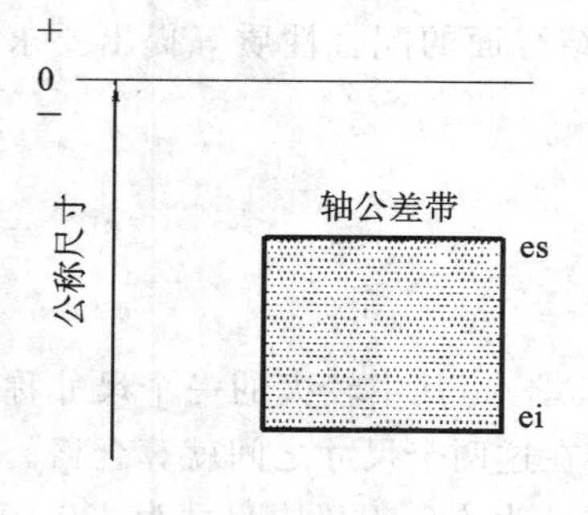

图 5-23　公差带图

(6) 公差带及公差带图。为了较好地研究公差，我们将图 5-22(b)中的公差带独立地拿出来，画成图5-22(c)所示的公差带图。图 5-23 所示为孔和轴的公差带图，图中上极限偏差、下极限偏差所限定的区域称为公差带。公差带图由公称尺寸、零线、上极限偏差、下极限偏差及公差带构成。画图时先确定零线位置，然后依据零线之上为正，零线之下为负，画出上极限偏差线、下极限偏差线，两线之间的距离就表示公差值大小。用公差带图分析公差要比画出轴或孔的实际图形简单易懂。

(三) 标准公差和基本偏差

零件的尺寸情况是靠公差带来确定的，而公差带是由公差和偏差来确定的，前者表示公差带大小，后者表示公差带位置。国家标准《产品几何技术规范(GPS)　线性尺寸公差 ISO 代号体系　第 2 部分：标准公差带代号和孔、轴的极限偏差表》(GB/T 1800.2—2020)对这两项要素分别进行了标准化，这就是标准公差和基本偏差。

1. 标准公差

标准公差是指确定公差带大小的任一公差，用符号“IT”表示，公差等级用阿拉伯数字表示，共分 20 级，即从 IT01、IT0、IT1 到 IT18，数字越大公差越大，尺寸精度越低。

2. 基本偏差

基本偏差是指确定公差带相对于零线位置的那个极限偏差(上极限偏差或下极限偏差)，如图 5-24 所示，除 J、JS 和 j、js 外均指靠近零线的即绝对值较小的那个极限偏差。当公差带在零线的上方时，基本偏差为下极限偏差，反之为上极限偏差。孔和轴各规定有 28 个基本偏差，用拉丁字母表示，孔用大写字母，轴用小写字母。图 5-24 称为基本偏差系列图。

(四) 配合

公称尺寸相同且相互结合的孔和轴(包容者为孔，被包容者为轴)公差带之间的关系称为配合。根据使用要求的不同，配合有松有紧，具体可分为间隙、过盈、过渡三种不同的形式。配合的间隙和过盈如图 5-25 所示。

间隙是指配合的一对孔和轴，孔与轴尺寸之差为正(或等于零)时的差值，过盈是反映孔与轴尺寸差值为负(或等于零)时的差值。在符合公差要求的一批孔和轴的配合中，国家标准规定配合分以下三类。

1. 间隙配合

间隙配合是指具有间隙(包括最小间隙为零)的配合，如图 5-26 所示。此时孔公差带在轴公差带之上，孔的尺寸减去轴的尺寸所得的代数差大于或等于零。

2. 过盈配合

过盈配合是指具有过盈(包括最小过盈为零)的配合，如图 5-27 所示。此时孔公差带在轴

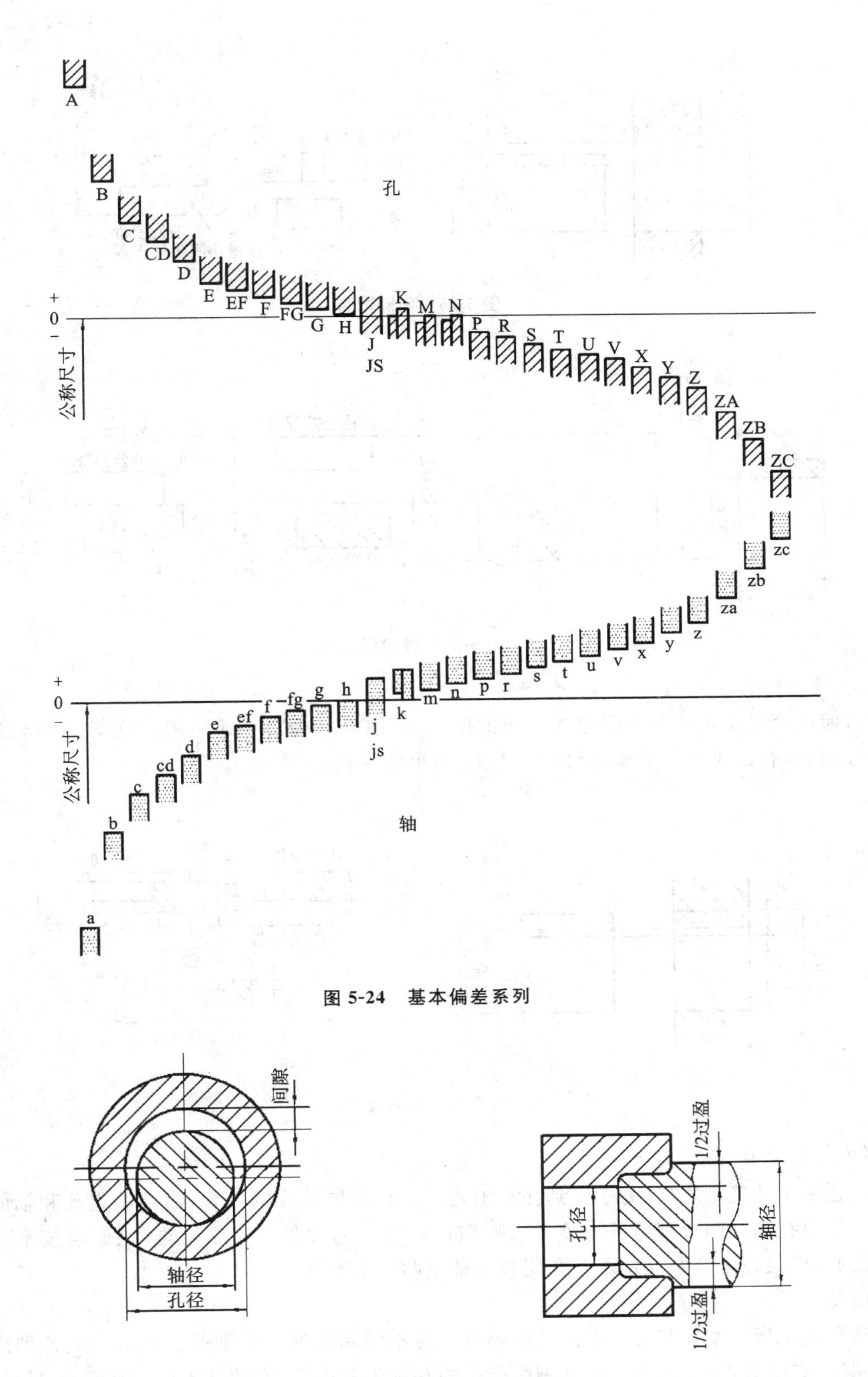

图 5-24 基本偏差系列

图 5-25 配合的间隙和过盈

公差带之下，孔的尺寸减去轴的尺寸所得的代数差小于或等于零。

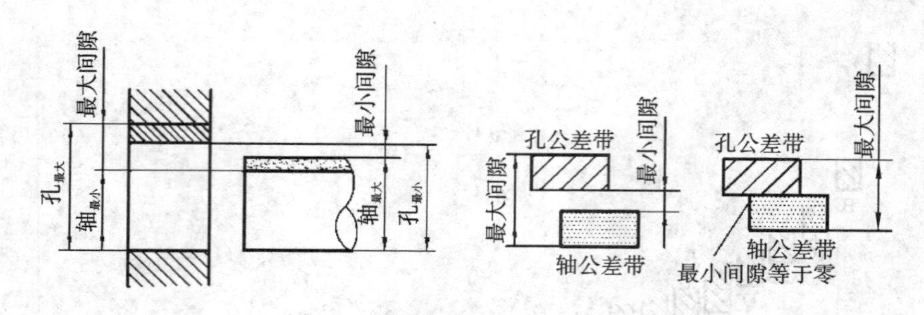

图 5-26　间隙配合

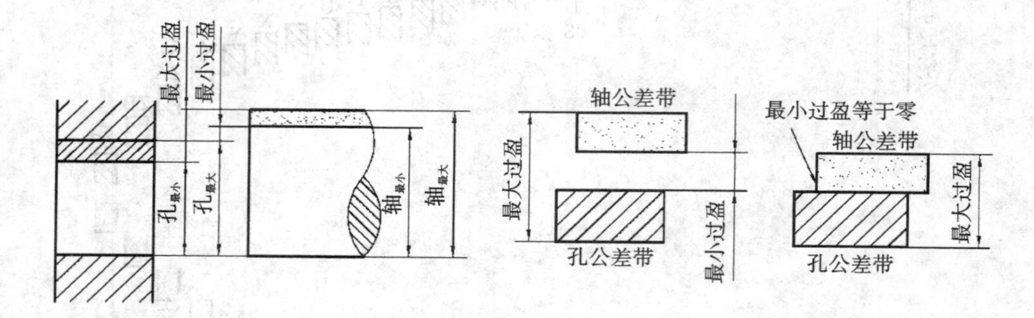

图 5-27　过盈配合

3. 过渡配合

过渡配合是指可能具有间隙或过盈的配合，如图 5-28 所示。此时孔的公差带与轴的公差带相互交叠，孔的尺寸减去轴的尺寸可能为正，可能为负，也可能为零。

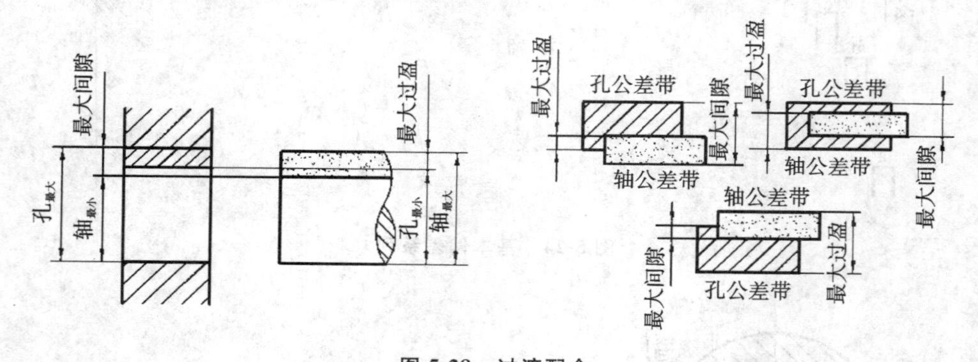

图 5-28　过渡配合

（五）基准制

在公称尺寸确定之后，为了得到孔与轴之间各种不同性质的配合，需要制定孔和轴的公差数值。如果孔和轴两者都可任意变动，则情况变化极多，给加工带来困难，也影响技术经济效果。因此，极限与配合制规定了基孔制和基轴制两种基准制。

1. 基孔制

基孔制是指基本偏差为一定的孔的公差带与不同基本偏差的轴的公差带形成各种配合的一种制度，如图 5-29(a)所示。基孔制配合中的孔称为基准孔，它的基本偏差代号为 H，是下极限偏差，上极限偏差值为零。配合采用基孔制时，轴的基本偏差取 a 到 h 为间隙配合，取 j 到 m 为过渡配合，取 n 和 p 可能为过渡配合或过盈配合，取 r 到 zc 为过盈配合。

2. 基轴制

基轴制是指基本偏差为一定的轴的公差带与不同基本偏差的孔的公差带形成各种配合的一种制度，如图 5-29(b)所示。基轴制配合中的轴称为基准轴，它的基本偏差代号为 h，是上极限偏差，上极限偏差值为零。配合采用基轴制时，孔的基本偏差取 A 到 H 为间隙配合，取 J 到 M 为过渡配合，取 N 可能为过渡配合或过盈配合，取 P 到 ZC 为过盈配合。

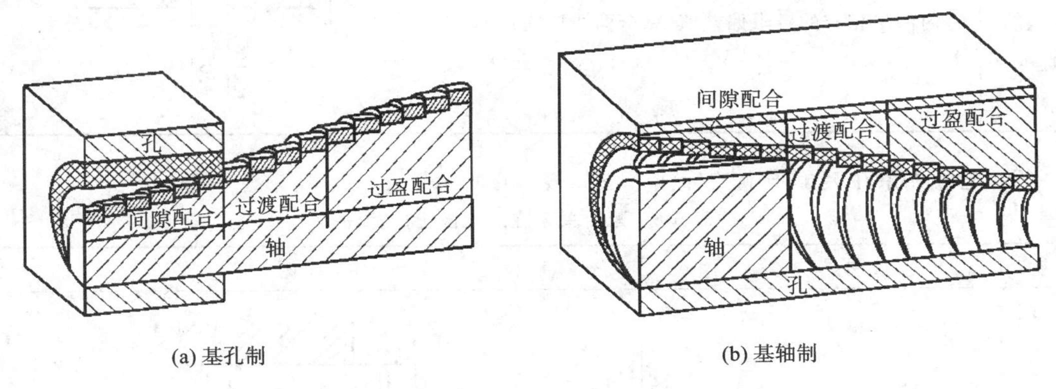

(a) 基孔制　　(b) 基轴制

图 5-29　基准制和配合种类

(六) 公差与配合的选择原则

由标准公差和基本偏差可以组成 1 087 种(孔 543 种、轴 544 种)公差带，由孔和轴的公差带又能组成更大数量的配合。这样大数量的公差带及配合不能有效发挥标准化应有的作用，也不利于生产。因此，结合我国各类产品的实际情况及今后发展的需要，标准中还制定了优先、常用及一般公差带及配合。应首先选用优先公差带及优先配合，其次采用常用公差带及常用配合。另外，因为一般情况下加工孔比加工轴困难，所以在选择基准制时，标准还规定要优先选择基孔制。基轴制仅用于明显经济效益和采用基孔制不适合时。

(七) 公差与配合在图样中的标注及查表方法

(1) 尺寸公差在零件图上的标注方法如表 5-5 所示。

表 5-5　尺寸公差在零件图上的标注方法

	说明	图例
零件图上标注尺寸公差的三种形式	(1)在公称尺寸后标注公差带代号。 公差带代号由基本偏差代号和标准公差等级组成，如 H8、f7。 公称尺寸、基本偏差代号、标准公差等级的数字及字母都用相同的字号	$\phi50H8$　$\phi50f7$
	(2)在公称尺寸后标注极限偏差。 上极限偏差注在公称尺寸的右上方，下极限偏差应与公称尺寸注在同一底线上，上极限偏差、下极限偏差的小数点必须对齐，偏差值的字号一般比公称尺寸的字号小一号。当上极限偏差或下极限偏差为“零”时，用数字“0”标出，如图(a)所示。 上极限偏差、下极限偏差数值相同而符号相反时只标一个偏差数值，前面注“±”号，偏差值的数字与公称尺寸数字高度相同，如图(b)所示	$\phi50^{+0.039}_{0}$　$\phi50^{-0.025}_{-0.050}$ (a) 50±0.31 (b)

续表

	说明	图例
零件图上标注尺寸公差的三种形式	(3)在公称尺寸后标注公差带代号，同时在括号内注出相应的极限偏差值(完全标注形式)	$\phi50H8^{+0.039}_{0}$ $\phi50f7^{-0.025}_{-0.050}$

(2) 配合关系在装配图上的标注方法如表 5-6 所示。

表 5-6　配合关系在装配图上的标注

说明	图例
装配图上一般标注配合代号，写在公称尺寸的右边。 配合代号写成分数形式，分子为孔的公差带代号；分母为轴的公差带代号，如 $\frac{H7}{f6}$，如图(a)所示。 允许按图(b)、(c)所示的形式标注	$\phi30\frac{H7}{f6}$ (a) $\phi30\frac{H7}{f6}$ (b) $\phi30H7/f6$ (c)
在装配图上标注相配合零件的极限偏差时一般按图(a)所示的形式标注，孔的公称尺寸和极限偏差注写在尺寸线的上方，轴的公称尺寸和极限偏差注写在尺寸线的下方。 允许按图(b)所示的形式标注。 需明确指出装配件的代号时，可按图(c)所示的形式标注	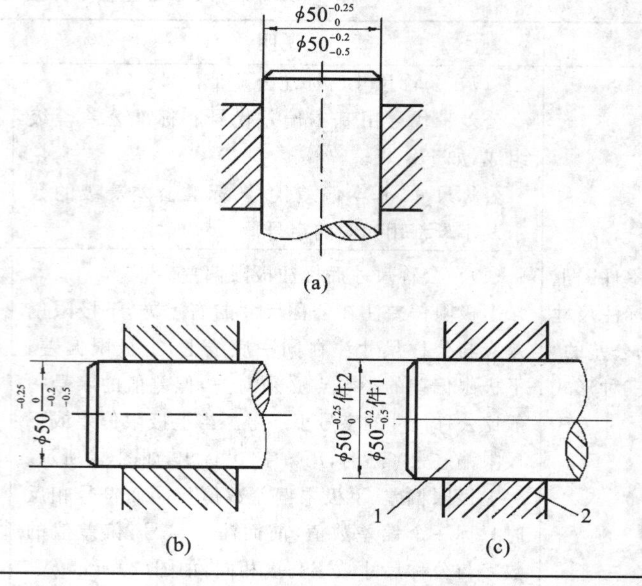

(3) 查表方法及有关内容。

[例 5-5-1] 已知配合 ϕ25H9/f9,请回答其基准制、配合性质、极限偏差、公差、极限尺寸及加工合格范围。

解:配合代号 ϕ25H9/f9 中的分子 H9 是基准孔的公差带代号,分母 f9 是配合轴的公差带代号,所以该配合为基孔制。可查得该配合为间隙配合。

(1) 极限偏差。

查相关标准,先确定公称尺寸所在的尺寸段为大于 24 至 30,对应的轴上极限偏差、下极限偏差为 f9,两者交叉查得极限偏差为 $^{-20}_{-72}$ μm,即 $^{-0.020}_{-0.072}$ mm。用同样方法可查得孔的极限偏差为 $^{+0.052}_{0}$ mm。

(2) 公差数值。

$$轴的公差 = es - ei = -0.020\ mm - (-0.072\ mm) = 0.052\ mm$$

$$孔的公差 = ES - EI = +0.052\ mm - 0\ mm = 0.052\ mm$$

(3) 极限尺寸及合格范围。

轴的上极限尺寸=公称尺寸+上极限偏差=ϕ25 mm+(−0.020 mm)=ϕ24.980 mm

轴的下极限尺寸=公称尺寸+下极限偏差=ϕ25 mm+(−0.072 mm)=ϕ24.928 mm

轴的尺寸合格范围是 ϕ24.928~ϕ24.980。

孔的尺寸可自行计算。

三、几何公差(GB/T 1182—2018、GB/T 16671—2018)

零件加工过程中,不但会产生尺寸误差,同时也会产生形状和位置误差。如果这些几何形状误差超过一定范围,就会影响零件的互换性和装配后机器的质量,甚至导致无法装配。几何形状误差所允许的最大变动量称为几何公差(旧称形位公差)。几何公差是保证零件互换性不可缺少的一项技术指标。

(一) 几何公差的基本概念

1. 形状公差

零件上被测要素的实际形状对其理想形状之变动量称为形状误差。形状误差的最大允许值称为形状公差。

2. 位置公差

零件上被测要素的实际位置对其理想位置之变动量称为位置误差。位置误差的最大允许值称为位置公差。

3. 方向公差

零件上被测要素的实际方向对其理想方向之变动量称为方向误差。方向误差的最大允许值称为方向公差。

4. 跳动公差

零件上被测要素的实际跳动对其理想跳动之变动量称为跳动误差。跳动误差的最大允许值称为跳动公差。

5. 要素

要素是指零件上的特征部分(点、线或面)。这些要素可以是实际存在的,也可以是由实际要素而得到的轴线或中心平面等。

6. 被测要素

被测要素是指给出几何(形状、位置、方向或跳动)公差的要素。

7. 基准要素

基准要素用来确定被测要素方向或位置的要素。理想基准要素简称要素。

8. 几何公差带

几何公差带是指限制实际要素变动的区域。它的主要形状有：一个圆内的区域；两个同心圆之间的区域；在一个圆锥面上的两平行圆之间的区域；两个直径相同的平行圆之间的区域，两条等距曲线或两条平行直线之间的区域；两条不等距曲线或两条不平行直线之间的区域；一个圆柱面内的区域；两同轴圆柱面之间的区域；一个圆锥面内的区域；一个单一曲面内的区域；两个等距曲面或两个平行平面之间的区域；一个圆球面内的区域；两个不等距曲面或两个不平行平面之间的区域。

当然，对要求不高的零件，可以由机床本身的精度来保证几何形状误差的要求；而齿轮、螺纹、花键等有专门标准对此做出明确规定，故这类零件不必将几何公差一一注出。对于精度要求较高的零件，需要直接将几何公差标注在图样上。

（二）几何公差的分类和特征符号

几何公差的分类、特征项目及符号如表 5-7 所示。

表 5-7　几何公差的分类、特征项目及符号

公差类型	几何特征	符号	有无基准	公差类型	几何特征	符号	有无基准
形状公差	直线度	⏤	无	位置公差	位置度	⌖	有或无
	平面度	⏥	无		同轴度	◎	有
	圆度	○	无		对称度	⌯	有
	圆柱度	⌭	无		线轮廓度	⌒	有
	线轮廓度	⌒	无				
	面轮廓度	⌓	无		面轮廓度	⌓	有
方向公差	平行度	∥	有				
	垂直度	⊥	有	跳动公差	圆跳动	↗	有
	倾斜度	∠	有				
	线轮廓度	⌒	有		全跳动	⌰	有
	面轮廓度	⌓	有				

（三）几何公差的标注

在图样上标注几何公差要求时，应采用《产品几何技术规范（GPS）　几何公差　形状、方向、位置和跳动公差标注》（GB/T 1182—2018）所规定的代号、符号和注法。

1. 公差框格、基准符号及有关符号

几何公差要求在矩形方框中给出，该方框由两格或更多格组成，框格中的内容从左到右按公差特征符号、公差值、基准要素或基准体系的次序填写。标注时，应用细实线画出几何公差框格，用带箭头的指引线（细实线）将被测要素与公差框格的一端相连，如图 5-30(a)所示。从公差框格引出指引线的方法有多种，如图 5-30(b)所示，具体用哪一种视图样特点而定。凡位置公差，还需在基准部位按规定画出基准符号。

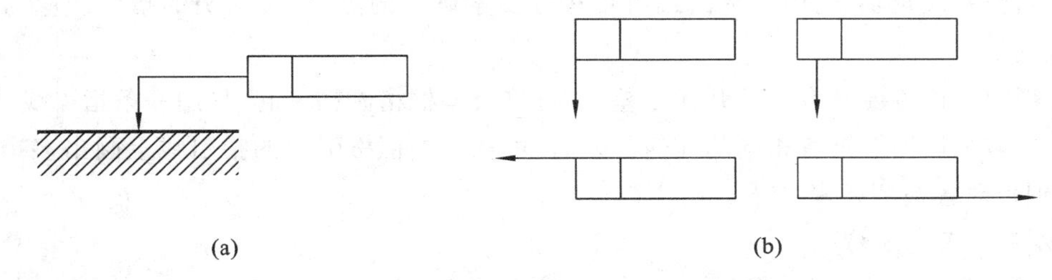
(a) (b)

图 5-30 公差框格与指引线

公差框格、基准符号及有关符号的画法如表 5-8 所示。

表 5-8 公差框格、基准符号及有关符号画法

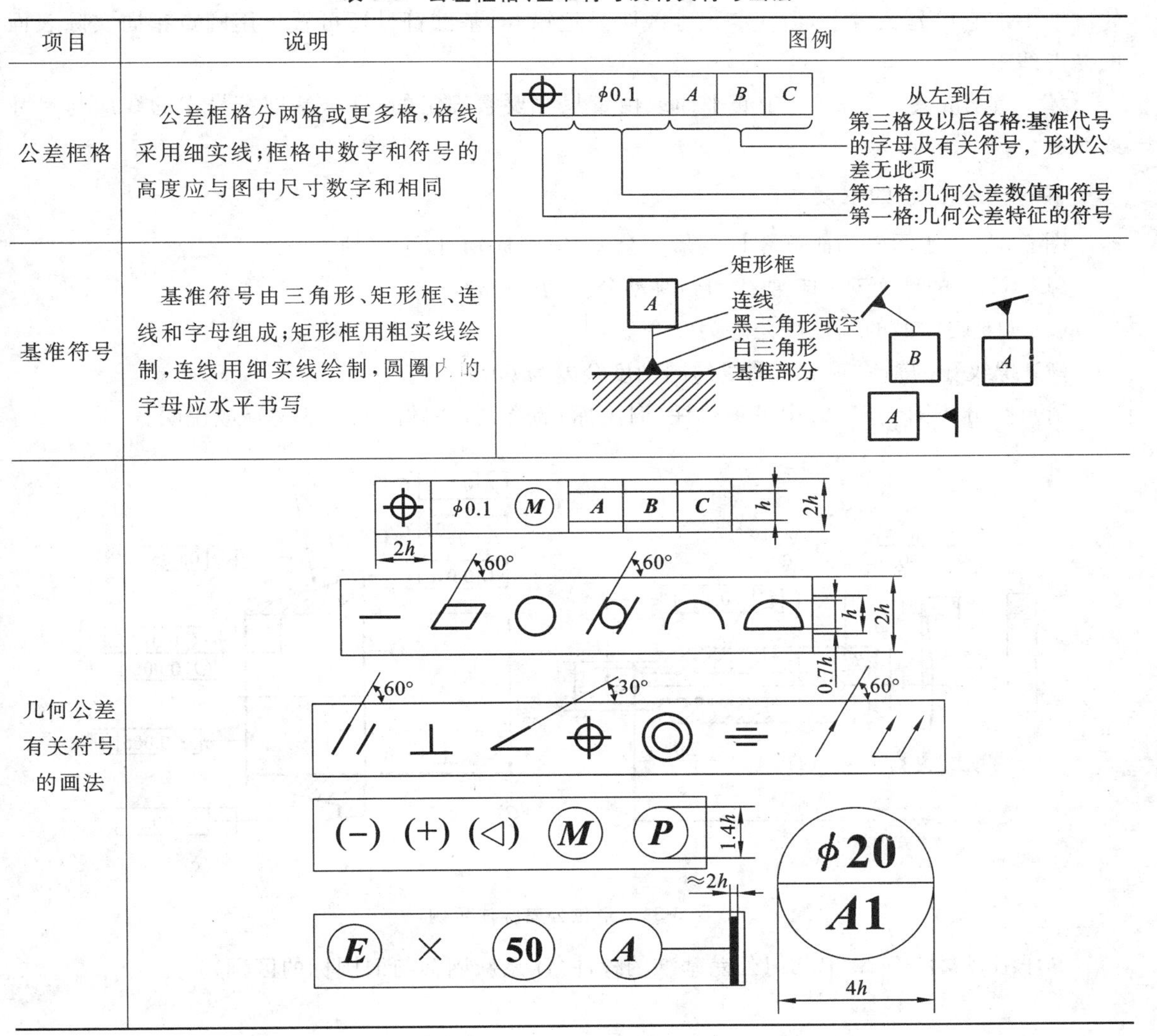

项目	说明	图例
公差框格	公差框格分两格或更多格，格线采用细实线；框格中数字和符号的高度应与图中尺寸数字和相同	ϕ0.1 A B C 从左到右 第三格及以后各格:基准代号的字母及有关符号，形状公差无此项 第二格:几何公差数值和符号 第一格:几何公差特征的符号
基准符号	基准符号由三角形、矩形框、连线和字母组成；矩形框用粗实线绘制，连线用细实线绘制，圆圈内的字母应水平书写	矩形框 连线 黑三角形或空白三角形 基准部分 A B A A
几何公差有关符号的画法	ϕ0.1 M A B C h 2h 2h 60° 60° h 2h 0.7h 60° 30° 60° (−) (+) (◁) M P 1.4h ≈2h E × 50 A ϕ20 A1 4h	

2. 被测要素

用带箭头的指引线将公差框格与被测要素相连，按以下方式标注。

(1) 当公差涉及轮廓线或表面时，应将箭头置于要素的轮廓线或轮廓线的延长线上，但必须与尺寸线明显地错开。

(2) 当指向实际表面时，箭头可置于带点的参考线上，该点指向实际表面上。

(3) 当公差涉及轴线、中心平面或由带尺寸要素确定的点时，带箭头的指引线应与尺寸线的延长线对齐。

(4) 当同一被测要素有多项几何公差时，可将公差框格画在一起，只用一条指引线。

(5) 当多个被测要素有相同的几何公差时，可从公差框格引出的指引线上画出多个指引箭头，并分别指向各被测要素。

3. 公差带宽度方向

除非另有规定，公差带的宽度方向就是给定的方向。

4. 基准

(1) 当基准要素是轮廓线或表面时，基准字母的黑三角形(或空白三角形)应放在要素的外轮廓线上或它的延长线上，但应与尺寸线明显地错开；基准符号还可置于用圆点指向实际表面的参考线上。

(2) 当基准要素是轴线、中心平面或由带尺寸要素确定的点时，基准符号中的线应与尺寸线对齐。

(四) 几何公差的识读

图 5-31(a)所示气门阀杆零件的形位公差(旧国标)有以下三项。

(1) $R750$ 的球面对 $\phi16$ 轴线的圆跳动公差为 0.03。

(2) $\phi16$ 圆柱面的圆柱度公差为 0.05。

(3) 螺纹孔的轴线对 $\phi16$ 轴线的同轴度公差为 $\phi0.1$。

请自行分析图 5-31(b)中各项标注(旧国标)的意义，并做出如上的解释或说明。

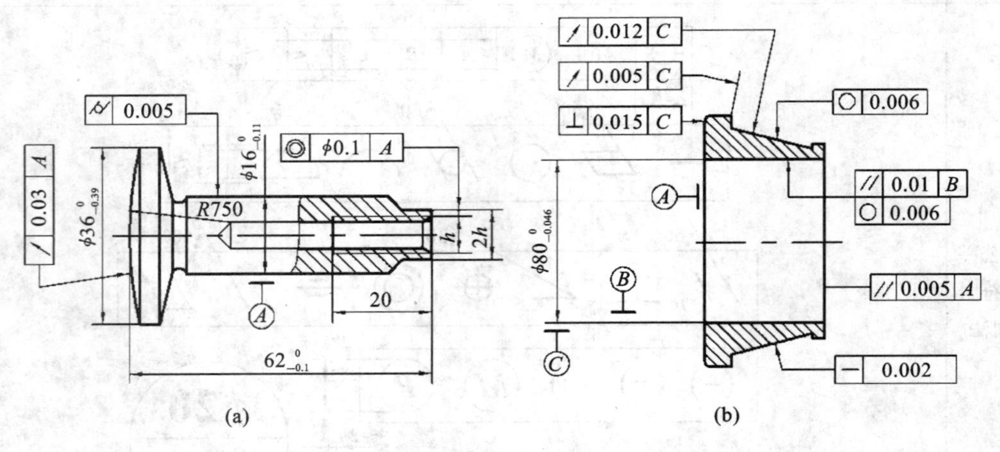

图 5-31 形位公差标注示例

再仔细观察图 5-32 中几何公差基准的标注(注意新国标与旧国标的区别)。

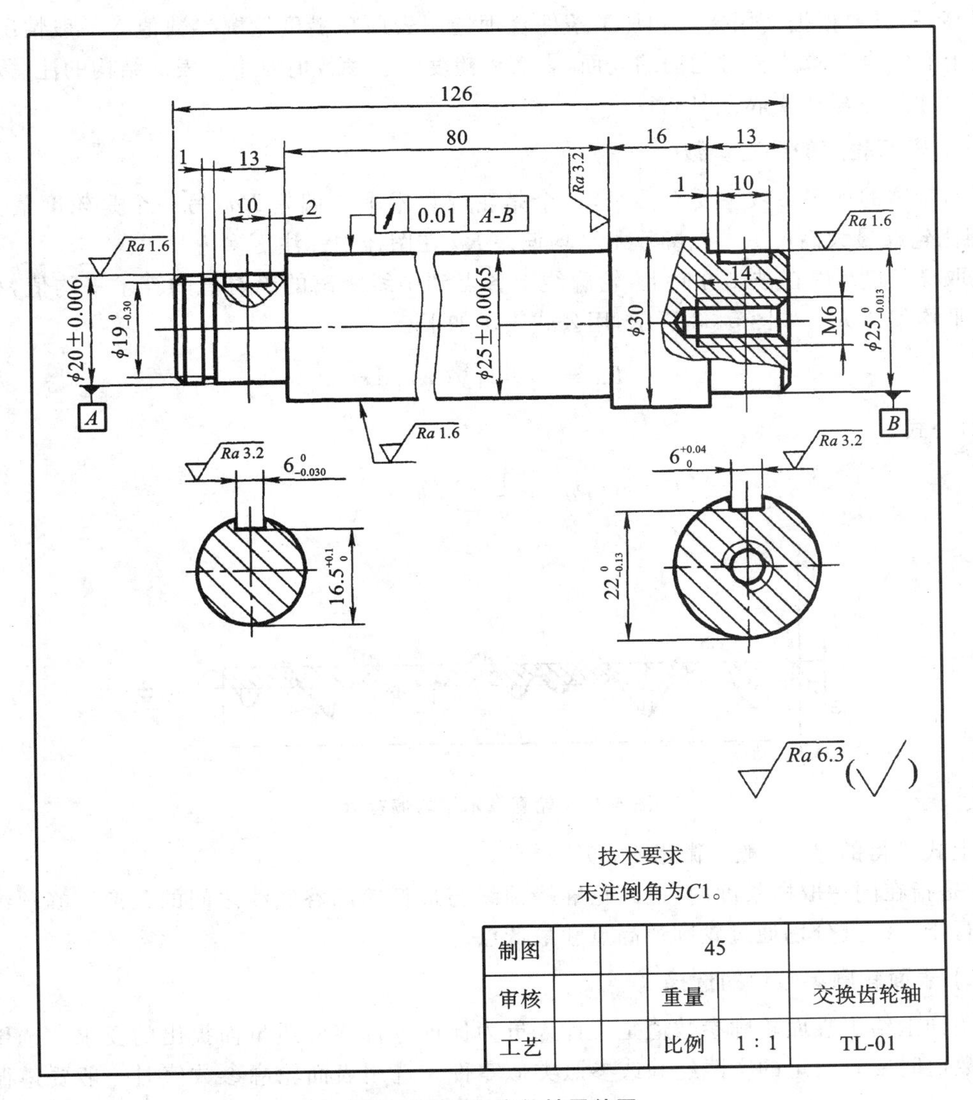

图 5-32　交换齿轮轴零件图

四、表面结构(GB/T 3505—2009)

表面结构是指在有限区域上表面粗糙度、表面波纹度、纹理方向、表面几何形状及表面缺陷等表面特征的总称。它出自零件几何表面重复或偶然的偏差，这些偏差形成该表面的三维形貌。本节主要介绍表面粗糙度的表示法。

零件的表面，即使经过精细加工，也不可能绝对平整。在显微镜下可以看到高低不平的情况。由这种在零件的加工表面上的较小间距和峰谷所组成的微观几何形状特征称为表面轮廓。它是由加工方法、机床振动和材料均匀程度等因素造成的。表面轮廓分为原始轮廓(P)、粗糙度轮廓(R)、波纹度轮廓(W)。轮廓参数是我国工程图样中最常用的评定参数。评定表面粗糙度轮廓有两个高度参数 Ra 和 Rz。

表面粗糙度是评定零件表面质量的重要指标，它对零件的耐磨性、耐腐蚀性、疲劳强度、零件间的配合性能及使用寿命等均有影响。当然，表面粗糙度要求越高，加工越困难，零件的成本也就越高，所以要根据使用要求和加工条件合理选用表面粗糙度轮廓参数值。一般情况下，凡是零件上有配合要求或相对运动的表面，表面粗糙度轮廓参数值要小。表面结构的注写和读取方向与尺寸的注写和读取方向一致。

（一）表面轮廓的评定参数

表面轮廓的评定参数主要有两个，一个是轮廓算术平均偏差 Ra，另一个是轮廓最大高度 Rz。相比轮廓最大高度 Rz，轮廓算术平均偏差 Ra 在图样中标注更多。

在取样长度 l 内在被测方向上，轮廓线上各点到中线距离的绝对值的算术平均值，称为轮廓算术平均偏差 Ra，如图 5-33 所示，用公式表示如下：

$$Ra = \frac{1}{l}\int_0^l |y(x)|\,\mathrm{d}x$$

或（近似公式）

$$Ra = \frac{1}{n}\sum_{i=1}^{n} |y_i|$$

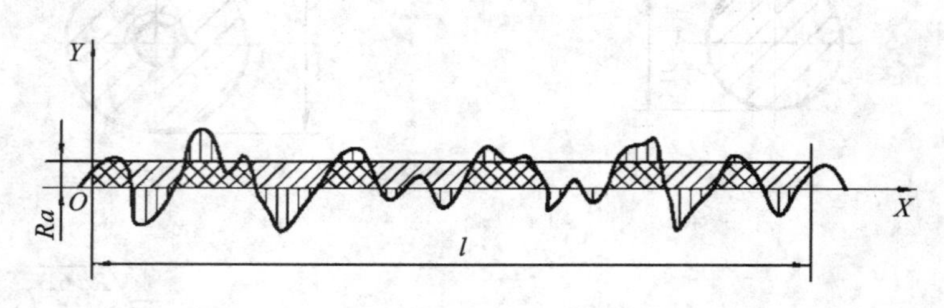

图 5-33　轮廓算术平均偏差 Ra

由上式求得的 Ra 一般以微米（μm）为单位。

Rz 是指在同一取样长度内，最高轮廓峰顶线与最低轮廓谷底线之间的距离。峰顶线和谷底线平行于中线且分别通过轮廓最高点和最低点。

（二）表面轮廓参数值的选择

在图样上给出表面轮廓参数值是设计人员为保证零件表面质量而提出的要求。选用表面轮廓参数值时要有一定的实践经验或参照类似零件。选用表面轮廓参数值时一般要遵循以下原则。

（1）在满足零件表面功能要求的前提下，应尽量选用较大的表面轮廓参数值，以便减小加工困难，降低生产成本。

（2）零件工作表面的轮廓参数值要小于非工作表面的轮廓参数值。

（3）零件摩擦表面的轮廓参数值要小于非摩擦表面的轮廓参数值。

（4）配合表面的轮廓参数值要小于非配合表面的轮廓参数值。

（5）零件尺寸精度要求越高，表面的轮廓参数值应取得越小。

（6）运动速度高、单位压力大的摩擦表面的粗糙度参数值应小于运动速度低、单位压力小的表面的参数值。

（三）表面结构的图形符号及其标注

1. 表面结构图形符号的画法

表面结构图形符号的画法如图 5-34 所示。

2. 各表面结构符号的意义

为了明确表面结构要求，除了要标注表面结构参数和数值外，必要时还加注补充要求，包括

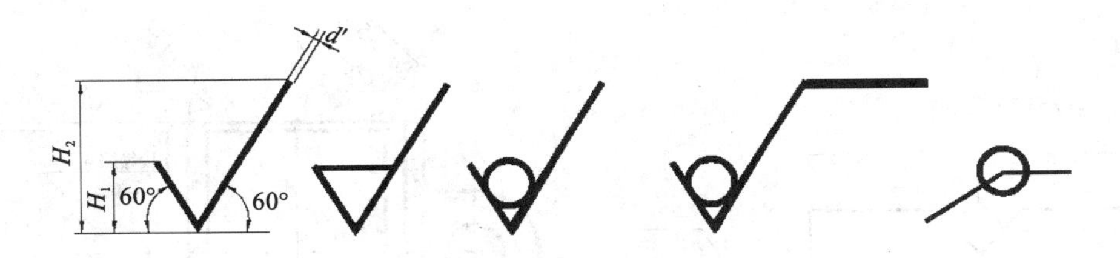

图 5-34 表面结构图形符号的画法

加工方法(工艺)、加工余量、表面纹理及方向等,这样就组成表面结构完整图形符号及参数形式。这些补充要求在图形符号中的注写位置如图 5-35 所示。

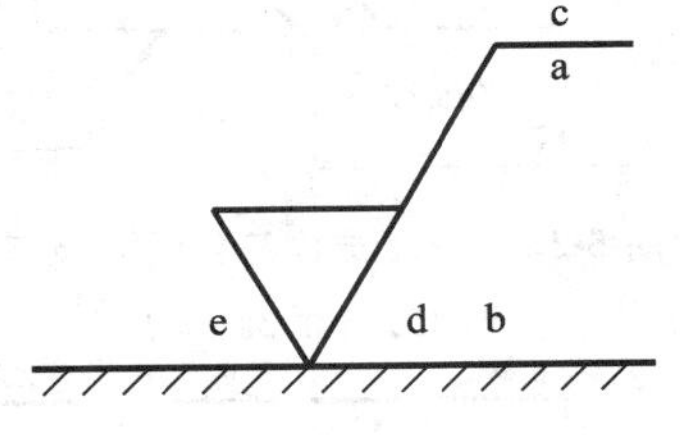

图 5-35 补充要求的注写位置

位置 a:注写第一个表面结构要求(即表面轮廓数值,常用表面粗糙度轮廓数值)。

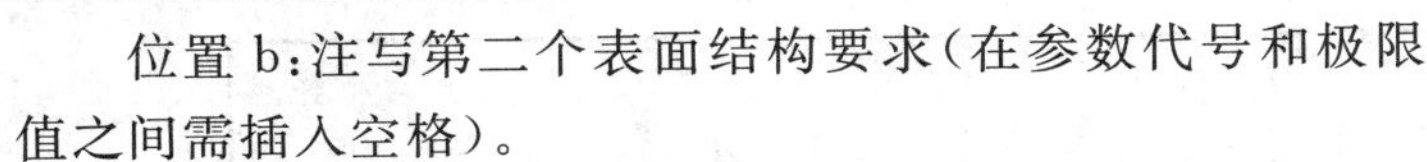

位置 b:注写第二个表面结构要求(在参数代号和极限值之间需插入空格)。

位置 c:注写加工方法、表面处理、涂层或其他加工工艺要求等。

位置 d:注写注写表面纹理和方向,如"="(平行)、"×"(交叉)等。

位置 e:注写加工余量,单位为 mm。

表面结构的图形符号及其意义如表 5-9 所示。

表 5-9 表面结构的图形符号及其意义

符号	意义及说明
	基本图形符号,表示表面可用任何方法获得,当不加注粗糙度参数值或有关说明(如表面处理、局部热处理状况等)时,仅适用于简化代号标注
	基本图形符号加以短画,扩展图形符号,表示表面用去除材料的方法获得,如车、铣、钻、磨、剪切、抛光、腐蚀、电火花加工、气割等
	基本图形符号加一小圆,扩展图形符号,表示表面用不去除材料的方法获得,如铸、锻、冲压变形、热轧、粉末冶金等,或者用于保持原供应状况的表面(包括保持上道工序的状况)
	在上述三个符号的长边上均可加一横线,用于标注有关参数和说明
	在上述三个符号上均可加一小圆,表示所有表面具有相同的表面粗糙度要求

3. 表面结构符(代)号及其标注(GB/T 131—2006)位置和方法

表面结构符(代)号及其标注位置和方法示例如图 5-36～图 5-39 所示。

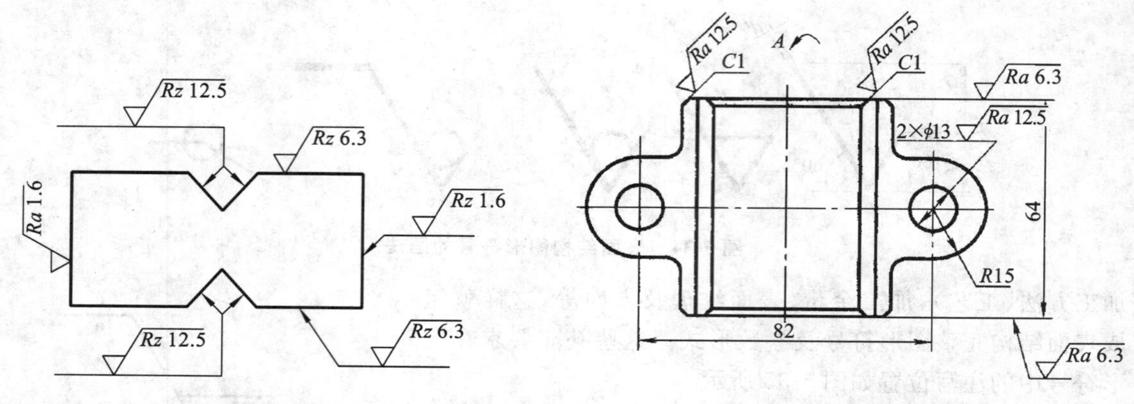

图 5-36　表面结构符(代)号及其标注位置和方法示例(一)

图 5-37　表面结构符(代)号及其标注位置和方法示例(二)

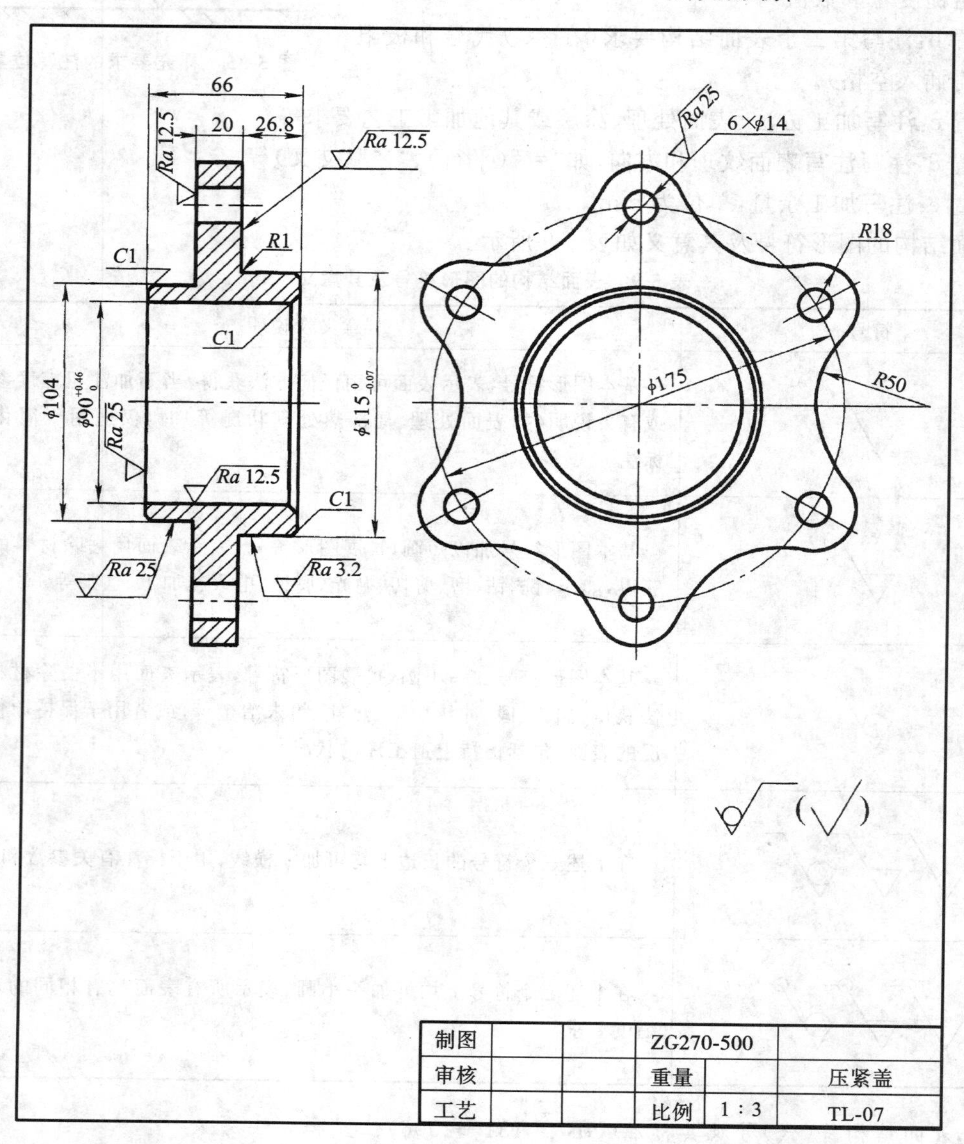

图 5-38　表面结构符(代)号及其标注位置和方法示例(三)(压紧盖零件图)

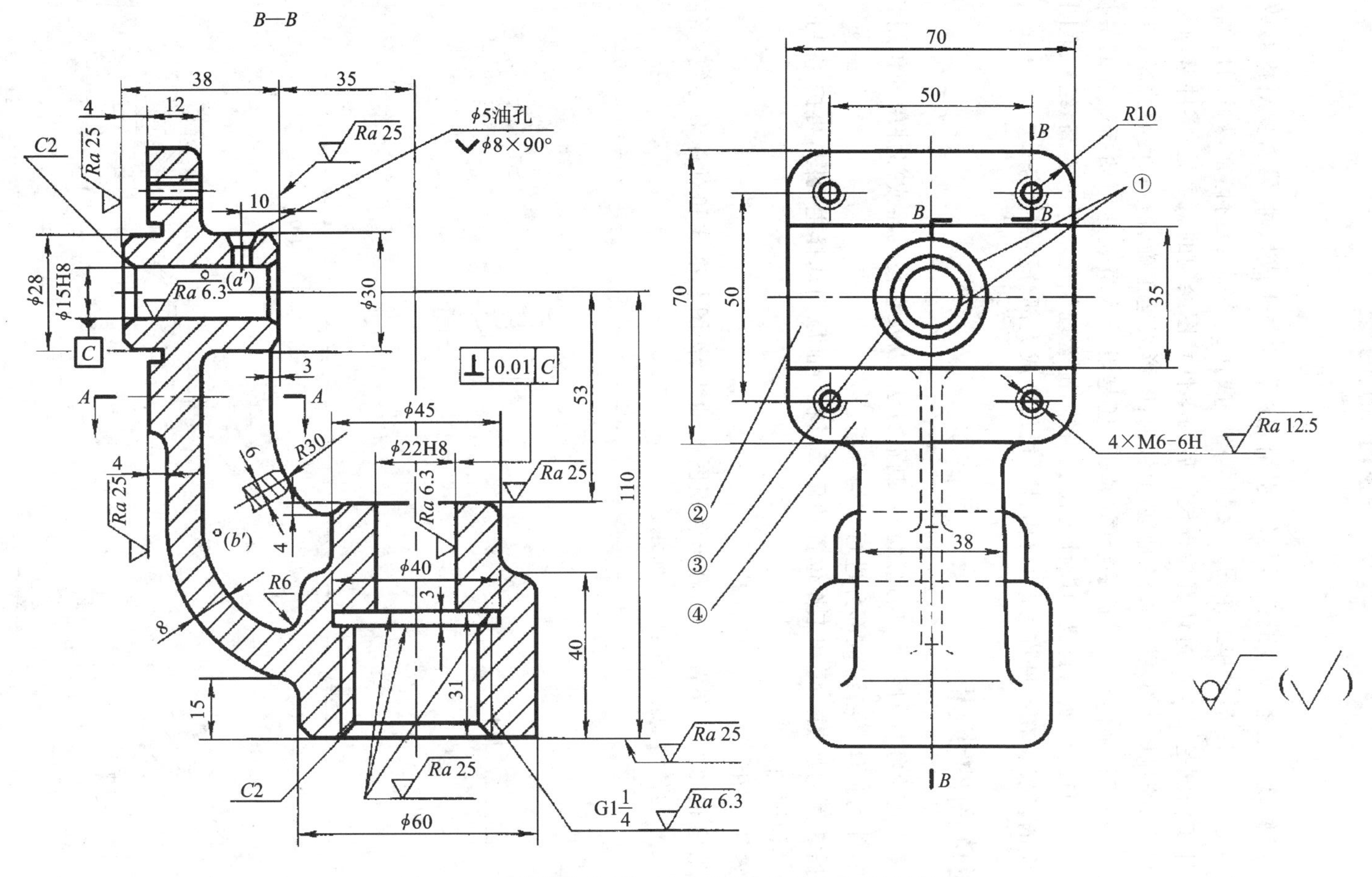

图 5-39 表面结构符(代)号及其标注位置和方法示例(四)

5.6 零件的测绘

在改进、维修现有机器设备或武器装备，引用先进科学技术成果时，常常要对机器或武器及其零部件进行分析、绘制草图和工作图。绘制草图一般在机器现场进行，常以目测比例，徒手进行绘制。零件工作图是根据经过认真检查校对后的零件草图绘制的。可见，零件草图是绘制零件工作图的依据，绘制时一定要认真仔细，必须做到：图形表达正确、清晰、内容完整、合理，图面整洁、匀称、线条分明，字体端正。徒手绘图(草图)还是设计人员表达原始新概念的最初语言，也用于教育目的，向别人展示自己的设计思想。当然，随着现代化水平的提高，绘制草图的工作方法也有相应的发展。在条件许可时，可由计算机来完成大部分绘制任务。

一、画草图的步骤

(1) 了解所测绘零件的名称、用途、材料、制造方法，以及它在机器或部件中的作用和位置。

(2) 对零件的整体和各组成部分进行结构分析。

(3) 根据零件的加工位置和工作位置及显示形状特征原则选择主视图，再按零件的内外结构特点选择其他视图。

(4) 画零件草图。

①根据所定视图方案布置视图，画出各视图的轴线、作图基准线和对称中心线。各视图间应留有标注尺寸的位置，如图 5-40(a)所示。

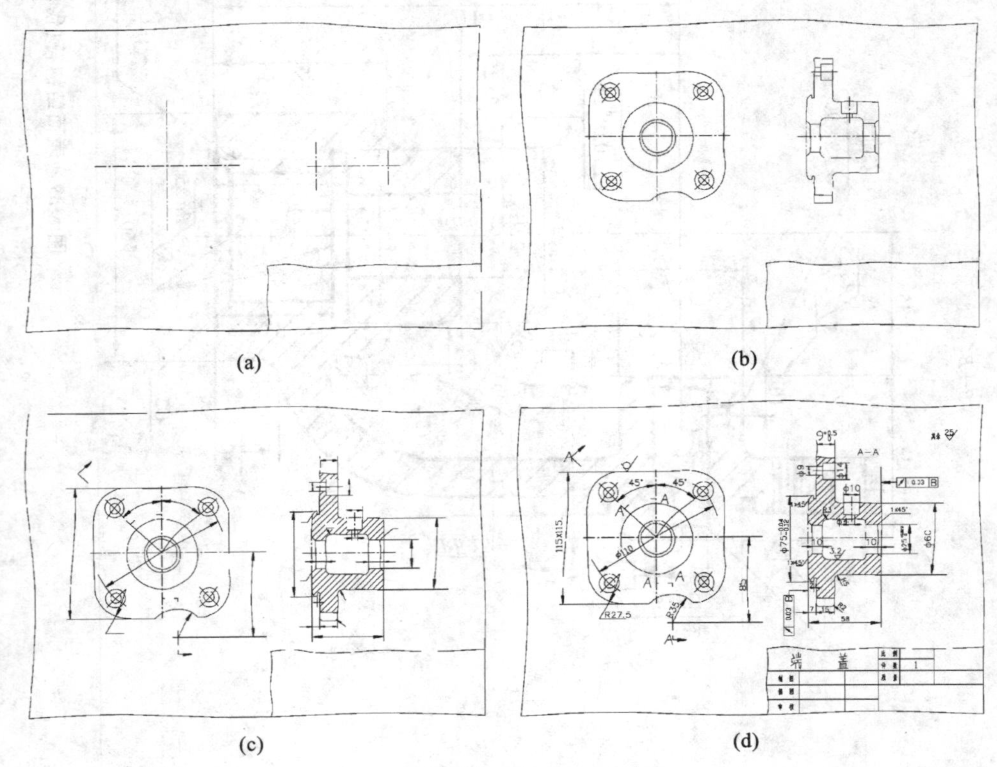

图 5-40 零件草图绘制步骤

②以目测比例详细地画出零件的结构形状。由主视图开始，先画各视图主要轮廓线后画倒角、沉孔等细部结构，如图 5-40(b)所示。

③选定尺寸基准，画出全部尺寸界线、尺寸线、箭头，经仔细检查草稿后，按规定线型描粗，画剖面线，如图 5-40(c)所示。注意，图 5-40(c)未按规定描粗。

④逐个测量、填写尺寸，参照类似图样和资料，查阅有关手册，确定并标注尺寸公差、几何公差、表面粗糙度，注写技术要求，填写标题栏，如图 5-40(d)所示。

二、徒手画图方法及常用量具和测量方法

徒手画图方法及常用量具和测量如表 5-10 所示。

表 5-10 徒手画图方法及常用量具和测量方法

项目	说明	图例
徒手画线的方法	徒手画直线时要盯住终点，用眼的余光观察运笔动作，控制运笔方向	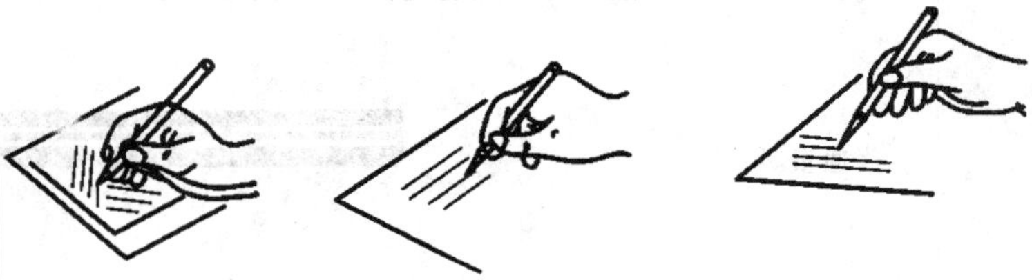 (a) 自左下向右上或自左上向右下画倾斜直线 (b) 自左向右画水平直线 (c) 自上而下画垂直线
	画小圆时先画出两条中心线，在中心线上找出距中心为半径的四个端点，画出小圆，如图(a)所示。 画大圆时过中心线上四个端点作正方形，再在正方形的对角线上定出四个端点，过八个端点作正方形的内切圆，如图(b)所示	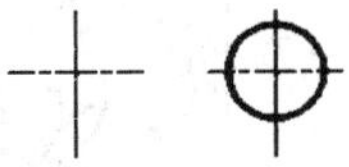 (a) 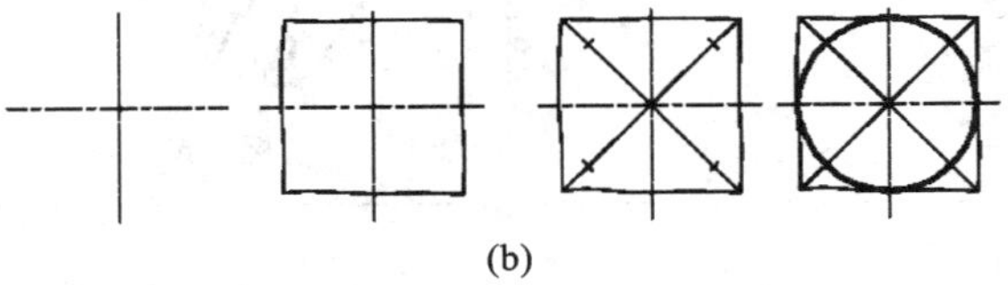 (b)
	可用方形法画圆角、半圆，如图(a)、(b)所示。 画椭圆时可用菱形法，如图(c)所示	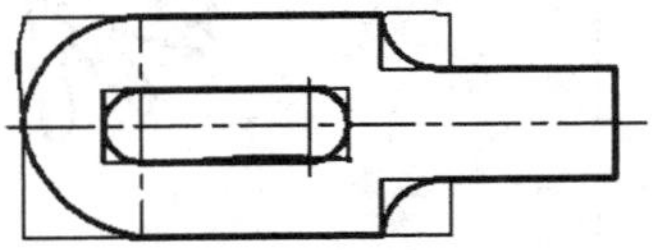 (a) 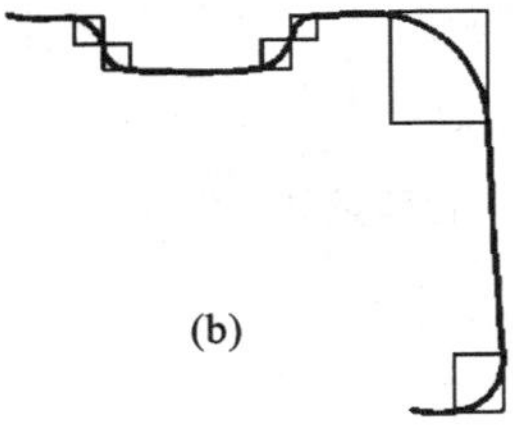 (b) 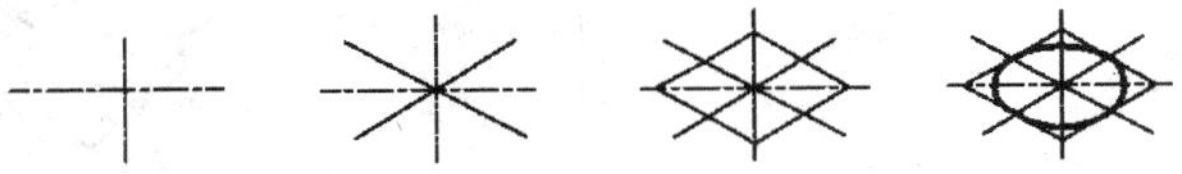 (c)

续表

项目	说明	图例
目测比例	将铅笔放在右眼与零件之间，在视线间截取相应的长短。 注意：眼、手、零件的距离尽量保持不变	(a) (b)
量具	普通量具	钢板尺　外卡钳　内卡钳
	普通精密量具	游标卡尺　千分尺
	特殊量具	螺纹规 圆角规

续表

项目	说明	图例
测量回转面直径	按图中所示箭头方向适当摆动和转动量具，使量具能通过直径。 注意：使两测量点连线与回转轴线垂直相交	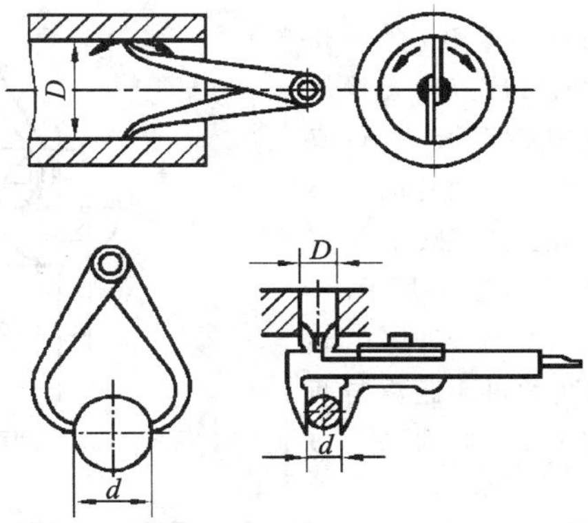 D D d d
测量直线尺寸	钢板尺配合三角板直接测量零件的尺寸	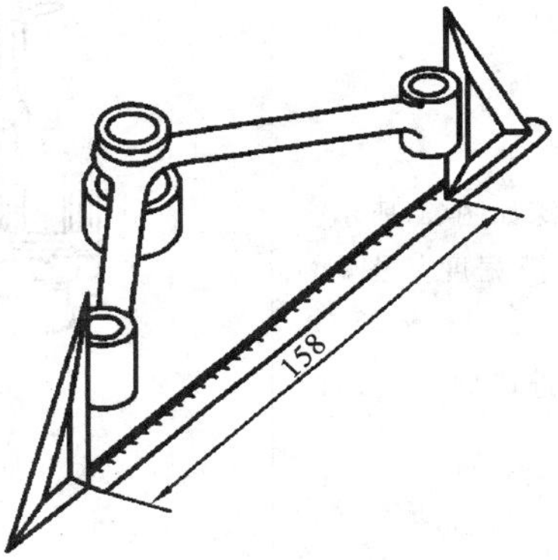 158
测量壁厚	不能直接测出壁厚尺寸 B 时，可用外卡钳与钢板尺配合测量（壁厚尺寸等于两个尺寸读数之差）	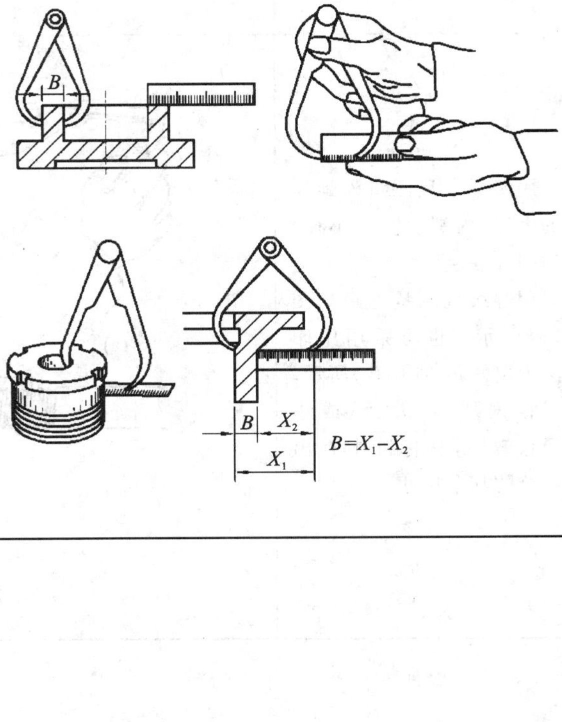 B B X_2 X_1 $B=X_1-X_2$

续表

项目	说明	图例
测量孔心距	两孔直径相等时，用钢板尺通过连心线，在两孔圆周上的对应点间直接量出孔的中心距尺寸 A，或用外卡钳测出两孔的最小距离 X，再加上圆锥孔直径得到 A，如图(a)所示。 两孔直径不等时，中心距为两孔的最小距离与两孔的半径之和，如图(b)所示	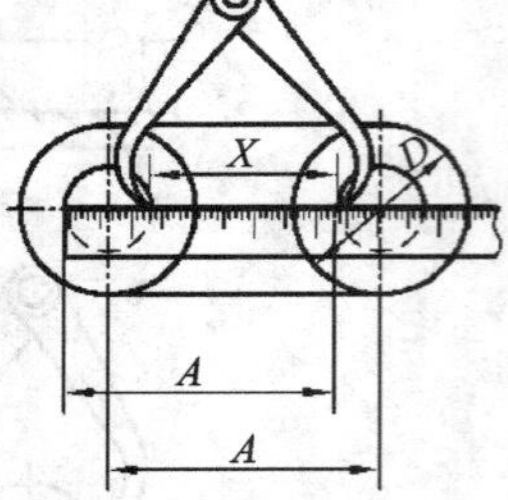 X D A A $A=X+D$ 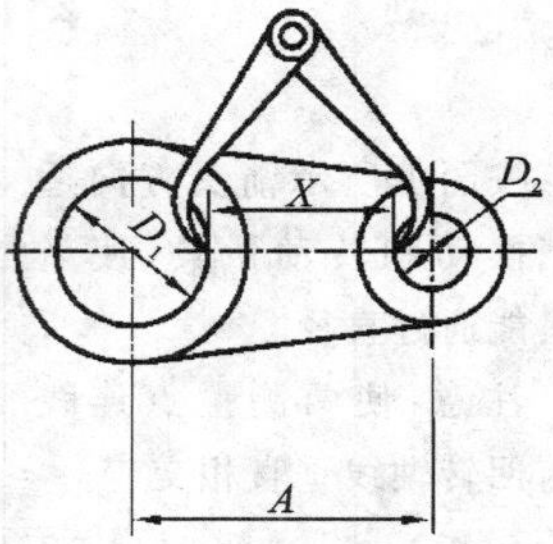 X D_2 D_1 A $A=X+D_1/2+D_2/2$
测量孔深、槽宽及内腔尺寸	测量孔深如图(a)所示。 测量轴槽宽度如图(b)所示。 测量零件内腔尺寸如图(c)所示	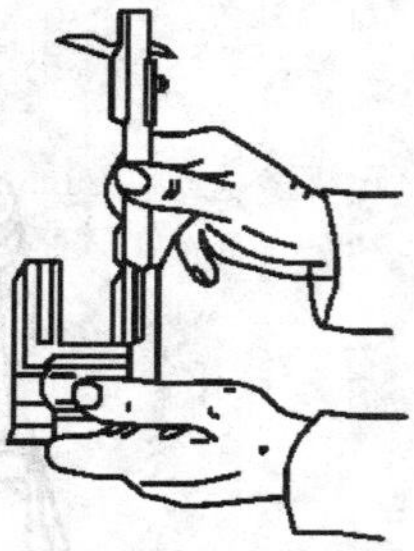 (a) 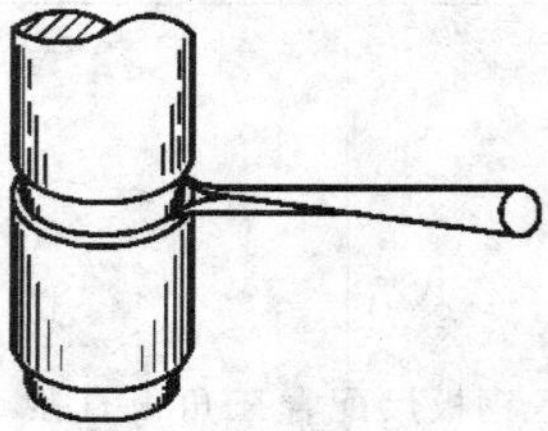 (b) 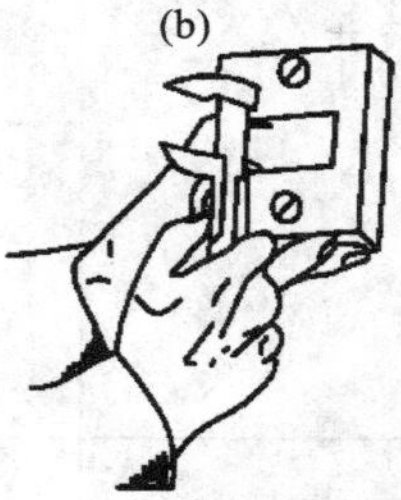 (c)
螺纹测量	用游标卡尺测量外螺纹的大径(内螺纹测量小径)如图(a)所示。 用螺纹规测量螺距如图(b)所示。也可采用压印法测出螺距，如图(c)所示。 根据牙型、大径(或小径)、螺距，从标准中查出螺纹的其余尺寸	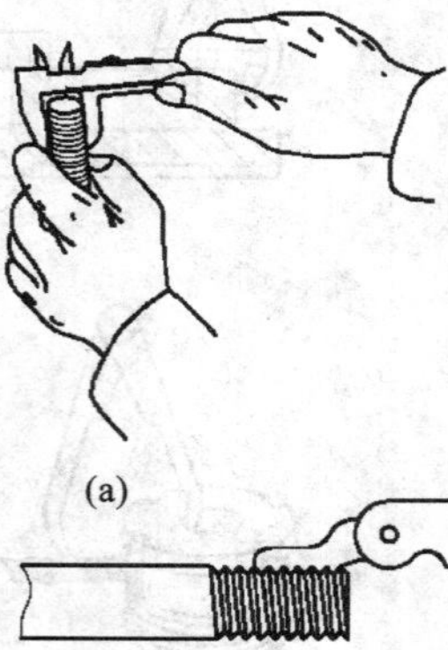 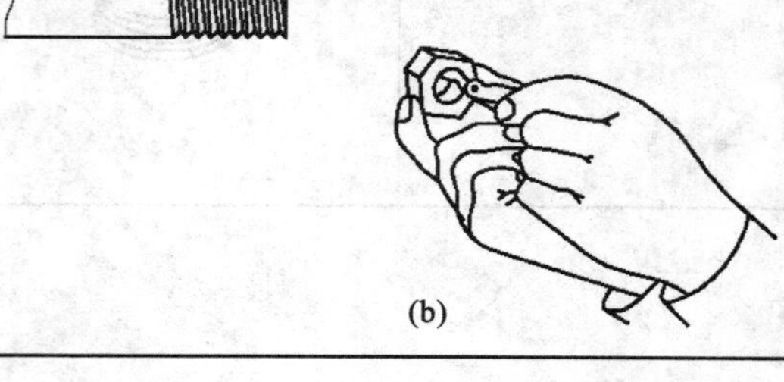 (a) 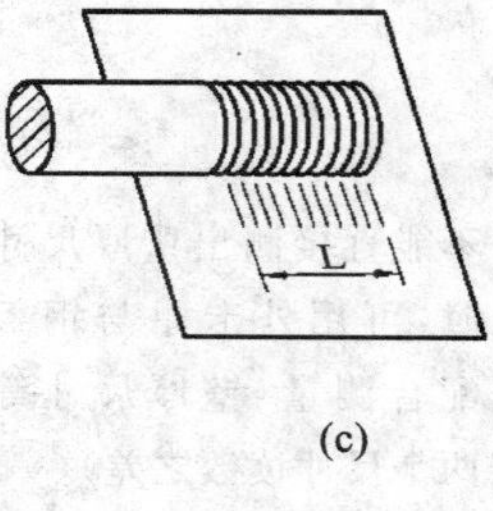 L (c) 60° (b)

续表

项目	说明	图例
测量孔中心到底面的距离	用钢板尺测量孔到底面的最小距离 h，再加上孔的半径得孔中心到底面的距离 H	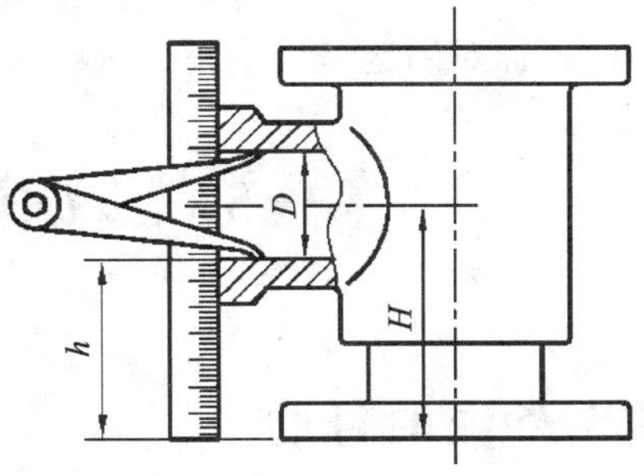
测量圆角半径	从圆角规中找出与所测圆角相吻合的一片，即可从该片上所标的数值得到圆角半径尺寸	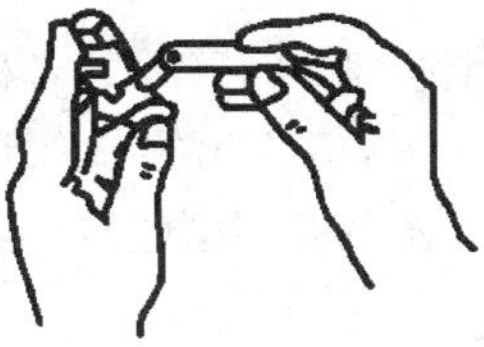
测量平面曲线和回转曲面	铅丝法：将软铅丝沿素线方向贴合在曲面上，再将软铅丝拓好的曲线描绘在图纸上，将曲线分成若干段，用分规、直尺求出各段圆弧的圆心和半径，如图(a)所示。 拓印法：用白纸拓印出平面曲线，找出各段曲线的圆心和半径，如图(b)所示。 坐标法：用钢板尺与三角板配合测出素线上几个适当的坐标，在图上画出其曲线，如图(c)所示	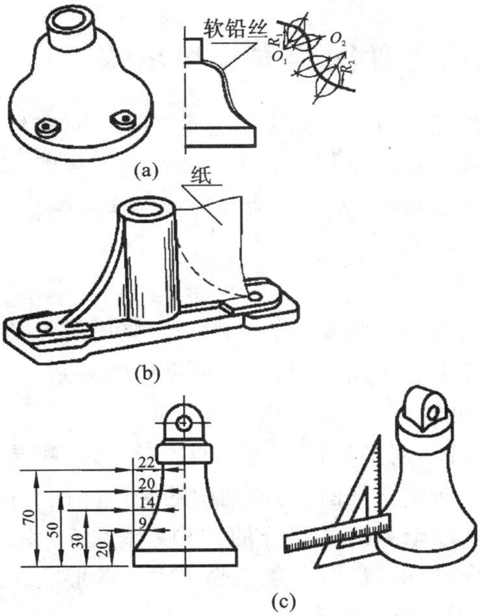

测量时应注意以下问题。

(1) 对损坏、磨损的零件和制造上的缺陷，如砂眼、气孔、刀痕等，都不能照原样画出，应进行修正。需要改进的结构，按改进方案绘制。

(2) 零件上的标准结构，如螺纹、齿轮的轮齿、键槽、退刀槽、倒角等，应将测量的结果与标准进行核对，一般取为标准值，不重要的尺寸可以适当调整成整数值。

三、画零件工作图

根据草图绘制零件工作图时，应先检查草图表达方案是否完善，尺寸标注是否完整、合理，技术要求是否恰当，针对问题予以改正后进行。零件工作图的画图步骤与画草图步骤类似。

5.7 识读零件图

一、识读图件图的目的

一张零件图的内容是相当丰富的，不同工作岗位的人看图的目的也不同。通常识读零件图的主要目的如下。

(1) 对零件有一个概括的了解，如名称、材料、比例等。

(2) 根据给出的视图，想象出零件的形状，明确零件的作用及各部分的功能。

(3) 通过识读零件图的尺寸，对零件各部分的大小有一个认识，进一步分析出各方向尺寸的主要基准。

(4) 明确制造零件的主要技术要求，如表面结构、尺寸公差、几何公差、热处理及表面处理等，以便确定正确的加工方法。

二、识读零件图的方法和步骤

识读零件图没有一个固定不变的程序。对于较简单的零件图，泛泛地阅读就能想象出零件的形状并明确其精度要求。对于较复杂的零件图，需要通过深入分析，由整体到局部，再由局部到整体反复推敲，最后才能搞清其形状结构和精度要求。一般而言，可按照下述步骤去识读一张零件图。

1. 看标题栏

先从标题栏中了解零件的名称、材料、比例等概括信息，还可由装配图或其他资料了解零件在机器或部件上的作用，以及与其他零件的关系。

2. 分析图形

确定主视图，明确各视图之间的投影关系(哪是俯视图、左视图等)，找出剖视、断面的剖切位置和投影方向及斜视图、局部视图的表达部位和投影方向等，应用投影规律，采用形体分析法和线面分析法逐个弄清各部分的结构。看图时，先看整体形状，后看细节形状，先看容易确定的，后看难以确定的，最后想象出整个零件的形状。

3. 分析尺寸和技术要求

图形和尺寸从定形和定量两个角度表示零件的形状和大小，根据尺寸了解零件各组成部分的大小和相对位置，找出零件长、宽、高三个方向的基准，明确零件各组成部分的定形、定位尺寸，弄清主要尺寸和主要基准，以及图上标注的尺寸公差、几何公差、表面结构和其他技术要求(文字说明)等。这些是制定加工工艺、组织生产的重要依据。

4. 总结提高

综上分析可进一步考虑该零件图在视图表达、尺寸标注、技术要求等方面是否有不合理或错误之处，提出改进意见，以培养自己的创新意识和创造能力。

三、识读零件图

(一) 轴套类零件图

1. 用途及种类

轴套类零件包括各种用途的轴和套。轴主要用来支承传动零件(如齿轮、带轮等)和传递动力。套一般装在轴上或机体孔中,起轴向定位、支承、导向、保护传动零件或连接等作用。常见的轴套类零件有各种轴、丝杠、套筒、衬套等。

2. 结构和工艺特点

轴的主体多数由几段直径不同的圆柱、圆锥组成,呈阶梯状。轴上加工有键槽、螺纹、销孔、挡圈槽、倒角、退刀槽、中心孔等结构。为了传递动力,轴上装有齿轮、带轮等,利用键来连接,因此在轴上开有键槽;为了便于轴上各零件的安装,在轴上加工有倒角;轴的中心孔是供加工时装夹和定位用的。这些局部结构主要是为了满足设计要求和工艺要求。

工艺特点:轴套类零件主要在车床、磨床上加工。

3. 表达方法

为了加工时看图方便,轴类零件的主视图一般按加工位置选择,将轴线水平放置。以垂直轴线的方向作为主视图的投射方向,以便符合车削和磨削的加工位置。主视图能清楚地反映阶梯轴各段的形状及相对位置,也能反映轴上各局部结构的轴向位置。轴上的局部结构一般采用断面、局部剖视图、局部放大图、局部视图来表达。用移出断面反映键槽的深度,用局部放大图表达退刀槽的深度。

关于套类零件,主要结构仍由回转体组成,与轴类零件的不同之处在于套类零件是空心的,因此套类零件的主视图多采用轴线水平放置的全剖视图表示。

4. 尺寸标注

轴套类零件的径向尺寸基准是轴线,可标注出各段轴的直径;轴向尺寸基准常选择重要的断面及轴肩,可标注出各段长度及总长。

5. 技术要求

有配合要求的表面,表面结构参数值较小;无配合要求的表面,表面结构参数值较大。有配合要求的轴颈,尺寸公差等级较高、公差值较小;没有配合要求的轴颈,尺寸公差等级较低,或不需要标注。有配合要求的轴颈和重要的端面应有几何公差的要求。

6. 看图实践

图 5-41 所示为气体调整器零件图。

由标题栏知道材料为 50 钢,比例为 1∶1。

根据视图的配置关系,知道主视图在右上方位置。在此基础上可确定俯视图和 *A*—*A* 剖视的剖切位置,*B* 向(斜)视图和 *A*—*A* 剖视的投影方向由相同字母和箭头确定,局部放大的部位在 *A*—*A* 剖视中用细实线圈出,采用的比例 10∶1 注在该图上方。

主视图表示零件的外部形状,由 $\phi 30$ 圆柱、10°锥角的圆锥体和带 M16×1.5 的圆柱三段组成。主视图按加工位置放置。$\phi 30$ 圆柱右端铣有三个平面,圆锥体上有 $\phi 3$、$\phi 3.5$ 和 $\phi 4$ 三个小孔,平面和小孔的分布表示在 *A*—*A* 剖视上,平面上的打字和附近刻线长度表示在 *B* 向视图上,刻线刀具的角度和刻线浓度在局部放大图上表示。螺纹段沿前后和上下方向有两个 $\phi 4.2$ 通孔。此外,螺纹倒角、退刀槽和 $\phi 30$ 圆柱左端倒圆等细部结构表示在主、俯视图上。俯视图采用局部剖视表示零件内部形状,由 $\phi 10$、$\phi 20$ 圆柱孔和圆锥半角为 $1^{\circ}30'$ 的圆锥孔组成。气体调整

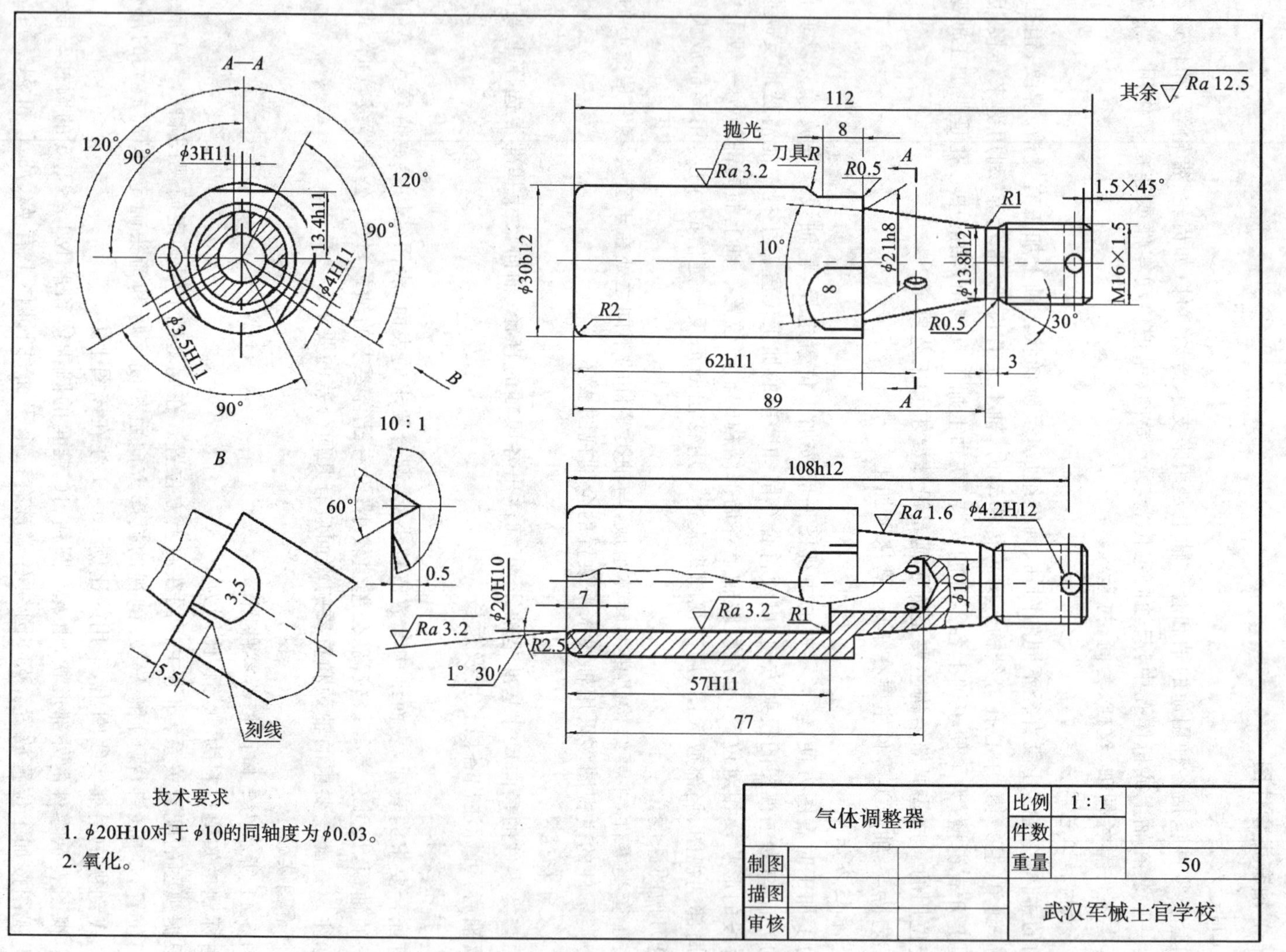

图 5-41 气体调整器零件图

器的大致形状如图 5-42 所示。

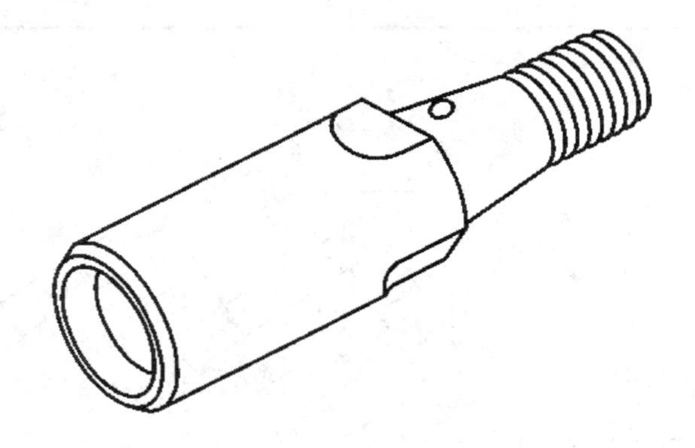

图 5-42 气体调整器轴测投影图

气体调整器的各段直径尺寸以轴线为基准，轴向尺寸以左端面为主要基准，标注尺寸 112、62、89、108、57、77、7 等。此外，还有一些辅助基准，如 $\phi30$ 圆柱右端面，以它为起点标注尺寸 8、5.5 等。

技术要求有：以公差带代号形式标注的尺寸公差，锥体大端直径 $\phi21h8$ 公差最小；要求表面粗糙度高度参数值最小的是圆锥体表面，Ra 值为 1.6 μm，一般需要磨削才能达到，$\phi30$ 圆柱表面指定抛光加工方法，除图上标注有粗糙度代号的表面外，其余表面粗糙度要求注在图上右上角处。用文字说明的技术要求还有两项：几何公差和氧化。

（二）叉架类零件

1. 用途及种类

叉架类零件包括各种用途的拨叉和支架等。拨叉类零件主要用在机床、内燃机、变速箱等各种机器的操纵机构上，为运动件，通常起传动连接、调节或制动等作用。支架类零件通常起支承、连接等作用。

2. 结构和工艺特点

叉架类零件一般都是铸件或锻件毛坯，毛坯形状不规则，外形较复杂。这类零件的结构根据作用可分为三个部分：工作部分、支承安装部分、连接部分。叉架类零件常有弯曲或倾斜结构，并带有肋板、轴孔、耳板、底板等结构，局部结构常有油槽、油孔、沉孔螺孔等。

工艺特点：多工序，无主要工艺。

3. 表达方法

由于叉架类零件加工工序较多，加工位置经常变化，因此选择主视图时，主要考虑零件的形状和工作位置。叉架类零件常需要两个或两个以上的基本视图，为了表达零件上的弯曲或倾斜等局部结构，还需要选用斜视图、剖视图、断面图、局部剖视图和局部视图等表达方法。画图时，一般把零件的主要轮廓呈垂直或水平放置。

4. 尺寸标注

在标注叉架类零件的尺寸时，通常以安装基准或零件的对称面作为尺寸基准。

5. 技术要求

叉架类零件的工作部分或支承部分的孔、槽、叉、端面等需经过加工，并有严格的技术要求，其余部分没有什么特殊要求。

6. 看图实践

图 5-43 所示为方向机支臂零件图。

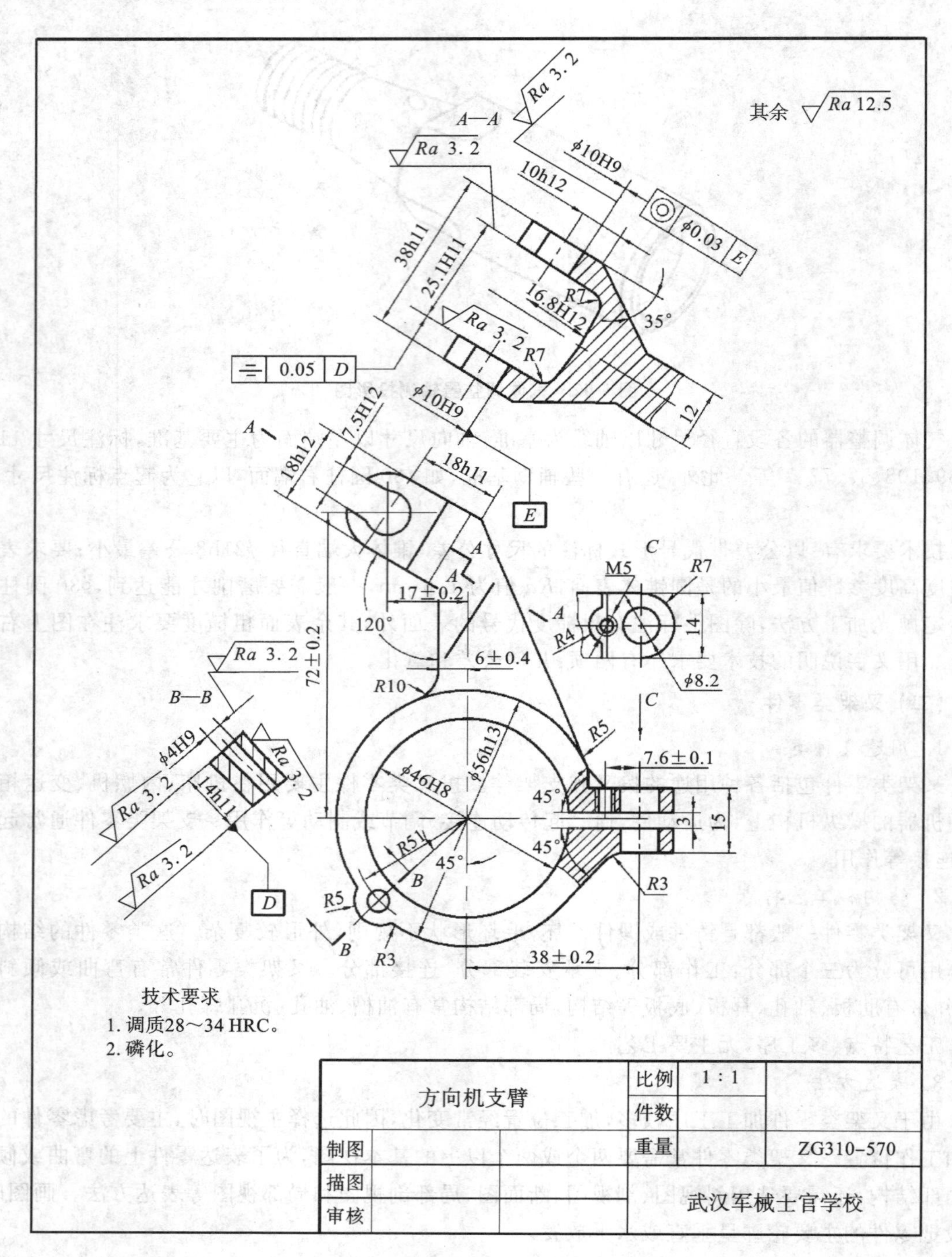

图 5-43 方向机支臂零件图

已知该零件图的比例为 1∶1，方向机支臂的材料为铸钢 ZG310-570。

该零件图采用主视图、*A*—*A* 全剖视、*C* 向（局部）视图和 *B*—*B* 断面表达方案。主视图的选择主要考虑反映形状和结构特征及合理布置幅面。由主视图可将零件分成圆筒、支臂（圆筒上方）和凸耳（圆筒右方）三个部分，结合 $A—A$ 剖视可以看出支臂的形状，结合 C 向视图可看清凸耳的形状，$B—B$ 断面补充了圆筒及其销孔的形状，综合各部形状和相对位置可以想象出方向机支臂的总体形状。方向机支臂的立体形状如图 5-44 所示。

方向机支臂高度方向的主要基准是过 $\phi46$ 圆心的水平中心线，由此标注尺寸 72、3、15；长度方向的主要基准是过 $\phi46$ 圆心的垂直中心线，由此注出尺寸 38、6、17；宽度方向的主要基准是前后对称平面，注出 14、12、25、38 等尺寸。

尺寸 $\phi46$ 要求较精确，公差要求为 H8。要求较光滑的一些表面，Ra 值为 3.2 μm；其余表面 Ra 值为 12.5 μm。几何公差有：支臂部分前后方向两个 $\phi10$ 孔的同轴度公差为 $\phi0.03$；支臂前后内表面（距离 25）的中心平面对圆筒宽度中心平面的对称度公差为 0.05。

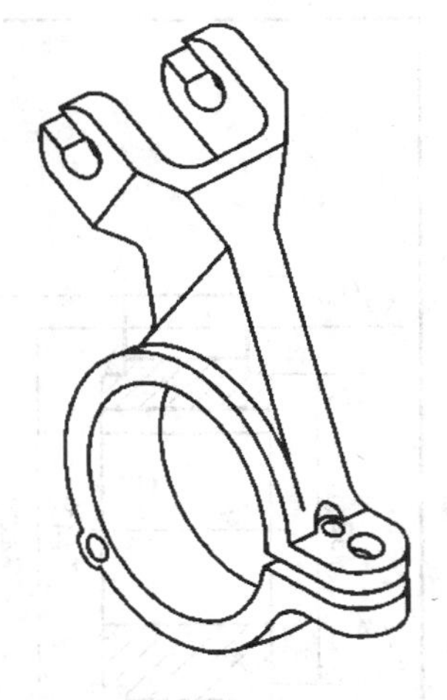
图 5-44 方向机支臂轴测投影图

（三）盘盖类零件

1. 用途及种类

盘盖类零件包括各种用途的轮子、端盖和盘盖等。盘盖类零件的毛坯多为铸件或锻件。轮一般用键、销与轴连接，用以传递动力和扭矩。盘盖主要起支承、轴向定位以及密封等作用。

2. 结构和工艺特点

常见的轮类零件有手轮、带轮、链轮、齿轮、蜗轮、凸轮、飞轮等。盘盖类零件有圆、椭圆、方等各种形状的法兰盘、端盖、密封盖等。盘盖类零件主体部分多为回转体，一般径向尺寸大于轴向尺寸。盘盖类零件上常有均匀分布的孔、肋、槽、耳板和齿等结构，透盖上常有密封槽。轮一般由轮毂、轮缘和轮辐三个部分组成。其中：轮缘部分加工有轮槽或轮齿等结构，与外界相连以传递动力；轮辐是连接轮毂和轮缘的中间部分，轮辐可以制成辐条、辐板两种形式，为减轻质量和便于装卸，辐板上常带有孔。较小的轮也可以制成实体（辐板）式。

工艺特点：主要在车床或磨床上加工。

3. 表达方法

盘盖类零件的主要加工表面以车削为主，因此在表达这类零件时，主视图经常是将轴线水平放置，并作全剖视，以清楚地反映零件的局部凹槽、沟槽和整体结构，同时表达零件的厚度。其他视图一般还需要一个左视图，以清楚地表达零件的轮廓形状和端面上均匀分布的孔。对于结构复杂的盘盖类零件，还常用移出断面或局部放大图表示某些局部结构。

4. 尺寸标注

盘盖类零件在标注尺寸时，通常选用通过轴孔的轴线作为径向主要尺寸基准，长度方向的主要基准常选用主要的端面。

5. 技术要求

有配合要求的内、外表面和起轴向定位的端面粗糙度参数值较小；配合的孔和轴的尺寸公差值较小；与其他运动零件相接触的表面应有平行度、垂直度等要求。

6. 看图实践

图 5-45 所示为 14.5 mm 高射机枪齿轮零件图。

学员可自行分析。

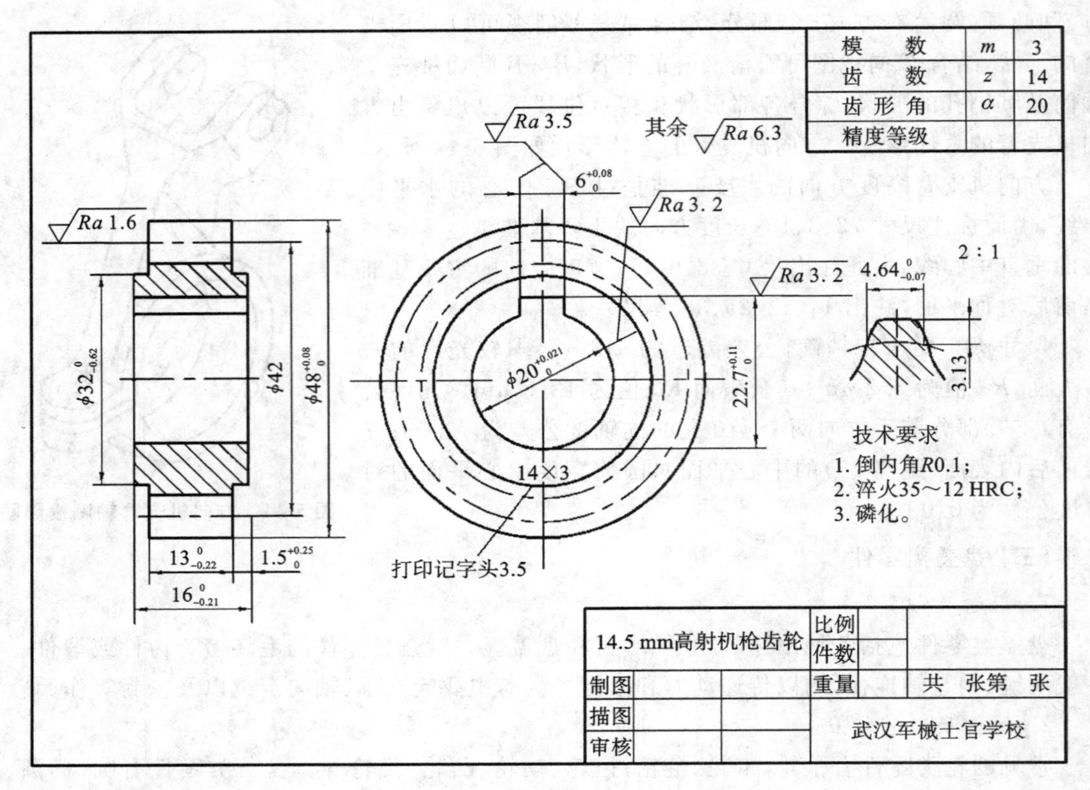

图 5-45 14.5 高射机枪齿轮零件图

(四) 箱体类零件

1. 用途及种类

箱体类零件主要用于支承、容纳其他零件以及定位和密封等，如各种箱体、壳体、泵体等。这类零件多是机器或部件的主体零件。

2. 结构和工艺特点

箱体类零件一般为铸件，结构形状复杂，尤其是内腔。此类零件多有带安装孔的底板，上面常有凹坑或凸台结构，支承孔处常设有加强肋，表面过渡线较多。

工艺特点：多工序，铣削、钻孔、攻丝等较多，各工序被夹持的位置不同。

3. 表达方法

箱体类零件形状复杂，加工工序较多，加工位置不尽相同，但箱体在机器中的工作位置是固定的。因此，箱体的表达常采用三个基本视图。箱体的主视图常常按工作位置及形状特征来选择。为了清晰地表达内部结构，常采用剖视的方法；左视图内、外形兼顾，采用半剖视图，同时可用局部剖视图表达底板上安装孔的结构；俯视图作指定位置的全剖视图，反映支承部分的断面形状，显然比只画出俯视图表达效果要好。

4. 尺寸标注

在标注箱体类零件的尺寸时，常选用设计轴线、对称面、重要端面和重要安装面作为尺寸基准。对于箱体上需要加工的部分，应尽可能按便于加工检验的要求标注尺寸。

5. 技术要求

重要的箱体孔和表面，表面粗糙度轮廓参数值较小，并有尺寸公差和几何公差的要求。

6. 看图实践

图 5-46 所示为一减速箱箱体零件图，学员可自行分析。

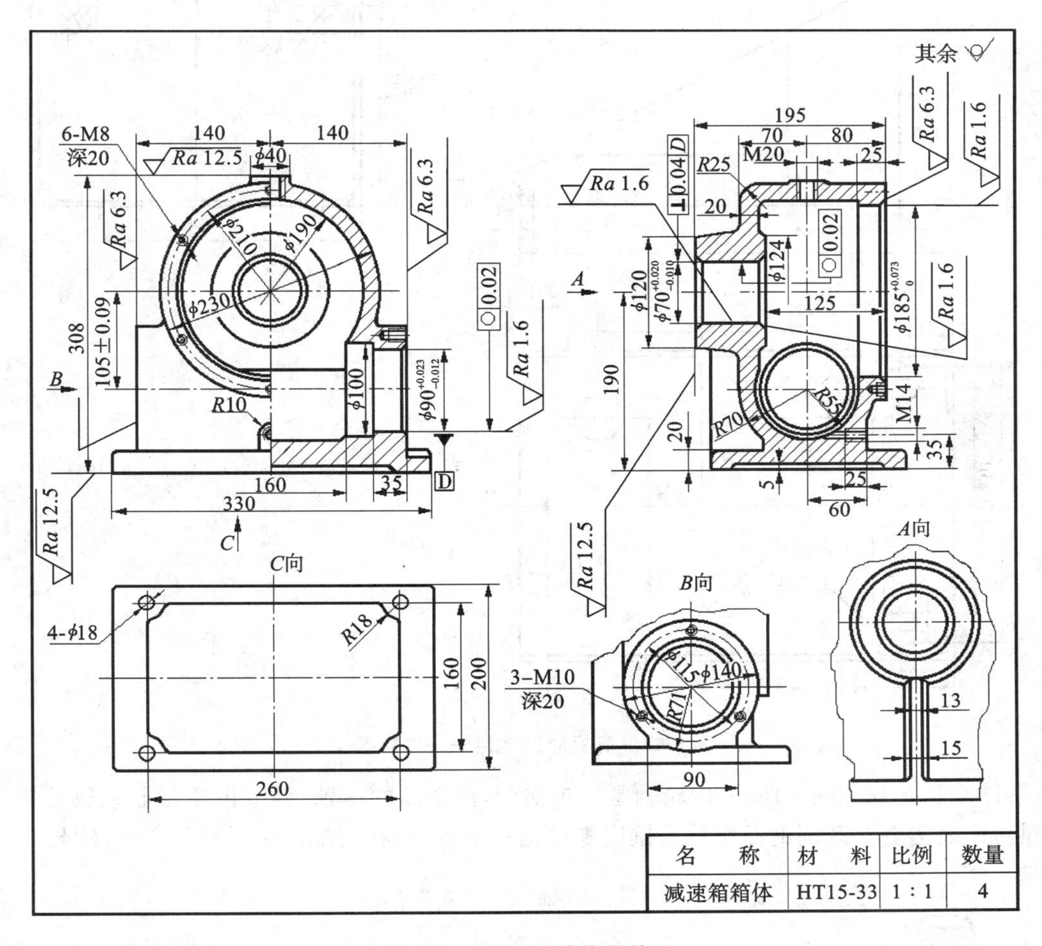

图 5-46 减速箱箱体零件图

（五）薄板冲压零件

在电信、仪表及部分军械装备等中的底板、支架等，经常用板材剪裁、冲孔，再冲压成形。这类零件的弯折处一般有小圆角。零件的板面上冲有许多孔和槽口，以便安装电气元件或部件，并将该零件安装到机架上。这种孔一般都是通孔，在不致引起看图困难时，只在反映其实形的那个视图上画出，而在其他视图中的虚线不必画出。

图 5-47 所示的电容器架即为薄板冲压零件。它是用冷轧钢板冲压成形的。从俯视图中可以看到底板上有许多冲孔，并标注了尺寸。作为通孔，在其他视图中就不需要再表示了。从俯视图左端和左视图下端，可以清楚地看到弯折处带有小圆角。

这类零件的尺寸标注原则是：定形尺寸采用形体分析法注出，定位尺寸一般标注两孔中心到板边的距离，如 3×ϕ10 的定位尺寸 46、42、56、5，3×M3 的定位尺寸 50、22、68±0.230 等。

（六）镶嵌零件

这类零件是由金属材料与非金属材料镶嵌在一起而形成的。例如，收音机的上旋钮就属于

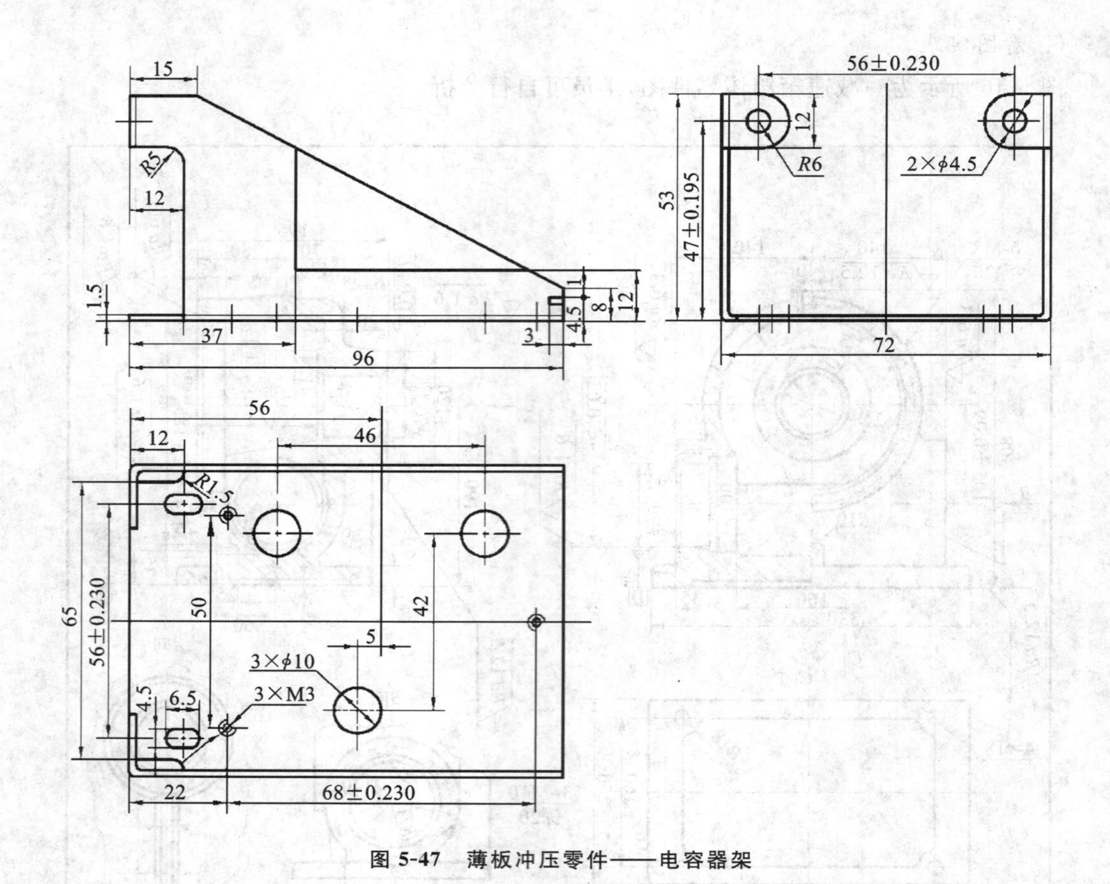

图 5-47　薄板冲压零件——电容器架

镶嵌零件。图 5-48 所示的调节齿轮轴是一个实例，由金属的小轴、调节齿轮与非金属的旋钮镶在一起，在表达上要区别剖面符号。镶嵌零件是一个组件，在装配图中只编写一个序号。

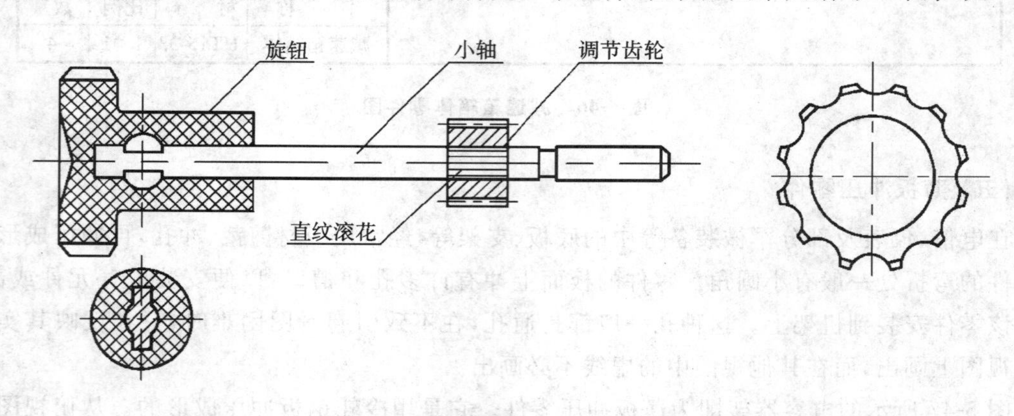

图 5-48　镶嵌零件——调节齿轮轴

本章小结

这一章的内容是对前面所学内容的综合运用，重点是零件图的尺寸标注、技术要求及读图。学生应了解视图选择、零件测绘、几何公差等内容。

尺寸标注部分结合前面学过的标注尺寸原则即正确、完整、清晰、力求把零件图尺寸标注得符合实际要求，介绍了标注尺寸的合理性，合理的尺寸标注是理论和实践结合的产物，只有在今后学习和工作中不断总结，才能提高合理标注尺寸的能力。

极限与配合、几何公差及表面粗糙度是零件中技术要求的主要部分。极限与配合实质上就是控制零件公差带大小（由标准公差等级数字确定）和公差带位置（由基本偏差代号确定）的一套制度，零件图上一般标注上、下极限偏差值；装配图上多标注配合代号。该部分内容要求掌握极限与配合及表面粗糙度（主要是 Ra）的识读和标注，要求会识读常见的形状和位置公差。

本章学习的目的是能绘制一般难度的零件图，能看懂中等难度的零件图。

第6章 装 配 图

6.1 装配图概述

任何一台机器或部件，都是由许多零件根据机器的工作原理、性能要求及技术要求装配而成的。因此，零件之间具有一定的相对位置、连接方式、配合性质和装配顺序等关系，这些关系称为装配关系。将加工好的零件按一定的装配关系装配成机器或部件，部件和机器统称为装配体。表达装配体结构的图样就称为装配图，其中表示单一部件的机械图样称为部件装配图，表示一台完整机器的机械图样称为总装配图。

一、装配图的作用和内容

(一) 装配图的作用

装配图是反映设计思想，进行技术交流的工具之一。装配图主要用来表达机器或部件的工作原理、性能要求，各零件间的连接及装配关系和主要零件的结构形状，以及在装配、检测、安装时所需的尺寸数据和技术要求等。在产品制造过程中，装配图是制定装配工艺规程，进行装配、检验的主要技术文件。在机器或部件的使用及维修时，装配图是安装、调试、操作、检修机器或部件的重要依据。

设计时，设计人员一般根据设计思想先画出装配示意图以表达装配体的工作原理，以及确定各零件间的相对位置、连接方式、传动路线等，再根据装配示意图绘制装配图；然后，由装配图拆画各零件图，并进行零件加工。装配时，根据装配图的要求把零件装配成机器或部件。使用、维修时，根据装配图了解机器或部件的工作原理、传动路线和零件间装配关系、连接方式、分解结合顺序等。

(二) 装配图的内容

图 6-1 所示是齿轮油泵的装配图。由图 6-1 可以看出一张完整的装配图有以下内容。

1. 一组视图

用一组视图(一般或特殊表达方法)准确、完整、清晰地表示机器或部件的工作原理、装配关系、连接方式和结构形状。

2. 必要的尺寸

标出反映机器或部件性能、规格、外形的尺寸及装配、检验、安装时的尺寸。

3. 技术要求

用符号或文字注写出装配体的性能和在装配、检验、安装、调试及使用与维护等方面所需达到的技术条件和要求。

4. 零、部件序号和明细栏

根据生产组织和管理工作的需要，在装配图上必须对零件编注序号，并列出明细栏，明细栏

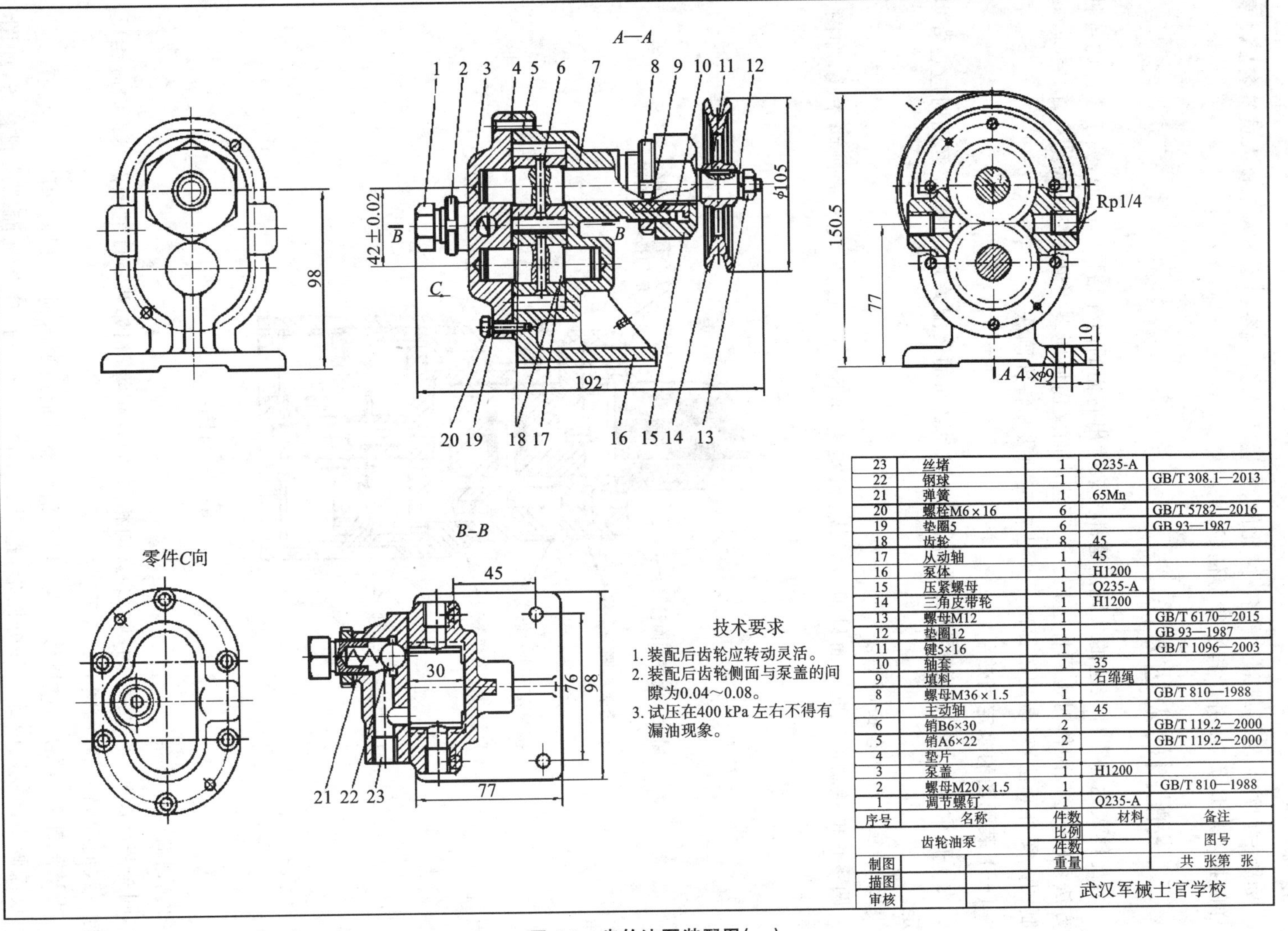

技术要求

1. 装配后齿轮应转动灵活。
2. 装配后齿轮侧面与泵盖的间隙为0.04～0.08。
3. 试压在400 kPa 左右不得有漏油现象。

序号	名称	件数	材料	备注
23	丝堵	1	Q235-A	
22	钢球	1		GB/T 308.1—2013
21	弹簧	1	65Mn	
20	螺栓M6×16	6		GB/T 5782—2016
19	垫圈5	6		GB 93—1987
18	齿轮	8	45	
17	从动轴	1	45	
16	泵体	1	H1200	
15	压紧螺母	1	Q235-A	
14	三角皮带轮	1	H1200	
13	螺母M12	1		GB/T 6170—2015
12	垫圈12	1		GB 93—1987
11	键5×16	1		GB/T 1096—2003
10	轴套	1	35	
9	填料		石绵绳	
8	螺母M36×1.5	1		GB/T 810—1988
7	主动轴	1	45	
6	销B6×30	2		GB/T 119.2—2000
5	销A6×22	2		GB/T 119.2—2000
4	垫片	1		
3	泵盖	1	H1200	
2	螺母M20×1.5	1		GB/T 810—1988
1	调节螺钉	1	Q235-A	

齿轮油泵		比例		图号
		件数		
制图		重量		共 张第 张
描图		武汉军械士官学校		
审核				

图 6-1 齿轮油泵装配图(一)

中注明各零件的名称、序号、数量、材料等项内容。

5. 标题栏

标题栏内注明机器或部件的名称、比例、重量、图号等内容。绘图及审核人员签名后就要对图样的技术质量负责，并承担法律责任，马虎不得。

二、装配图的表达方法

装配体表达和零件表达的共同点是都要表达出它们的内外结构。因而，关于零件的各种表达方法，在表达装配体时也同样适用。为了清晰而又简便地表达出装配体的结构，国家标准《机械制图　图样画法》对装配图提出了一些规定画法和特殊画法。

（一）装配图的规定画法

为了在读装配图时区分不同的零件，了解零件之间的装配关系，在画装配图时应遵守以下规定。

1. 接触面与配合面的画法

两零件的接触面或配合面只画一条线（粗实线），不接触面或非配合面画两条线，如图 6-2 所示。

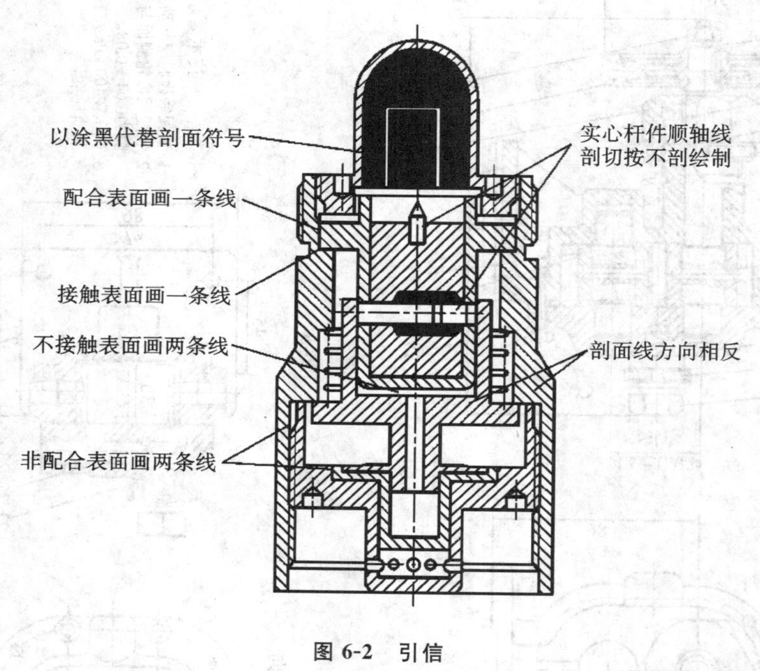

图 6-2　引信

2. 剖面线的画法

同一装配图中同一零件的剖面线方向相同、间隔相等；相邻两零件的剖面线方向应相反，或方向一致而间隔不等，如图 6-2 所示。

当被剖部分的图形面积较大时，可以只沿轮廓的周边画出剖面符号，如图 6-3 所示。

仅需画出剖视图中的一部分图形，边界又不画波浪线时，应将剖面线绘制整齐，如图 6-4 所示。

3. 紧固件和实心件的画法

在装配图中，剖切面通过紧固件（如螺栓、螺钉、螺母、垫圈等）以及实心件（如轴、球、键、销

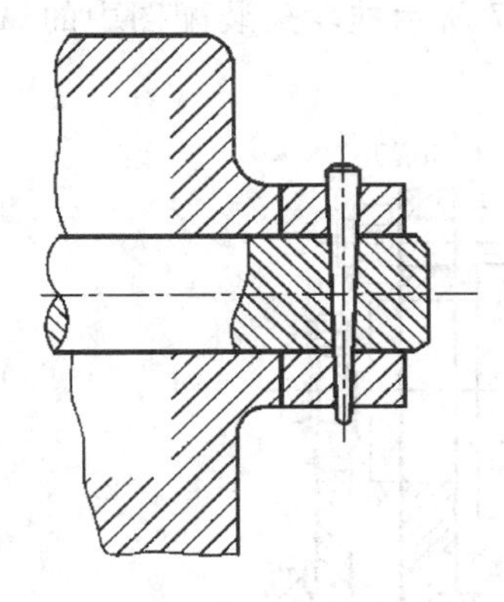

图 6-3 剖切部分面积较大时的画法

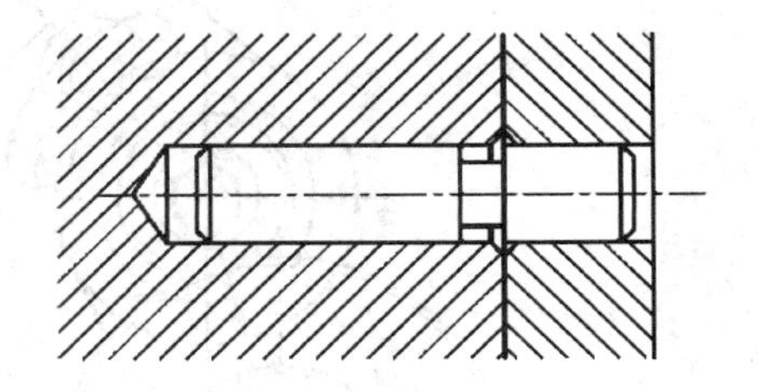

图 6-4 剖切部分不画波浪线的画法

等)的对称平面或轴线时,这些零件按不剖绘制,即不画剖面线,如图 6-1 所示。需特别表示零件的局部结构时,可用局部剖视图表示。

(二) 装配图的特殊画法

为了简便、清楚地表达装配体的结构,对装配图规定了以下几种特殊画法。

1. 拆卸画法

画装配图的某个视图时,当一些在其他视图上已表达清楚的零件遮住了需要表达的零件的结构或装配关系时,可假想将这些零件拆卸后绘制,需说明时可加注“拆去××等”,如图 6-1 中的右视图是拆去零件 11、12、13、14 后绘制的。

有时为了表示装配体的内部结构,也可以沿某些零件的结合面剖切,如图 6-1 中左视图是沿泵体与泵盖的结合面剖切后画出的剖视图。

2. 假想画法

当需要表示运动零件的运动范围或极限位置时,可以在一个极限位置上画出该零件,再在另一个极限位置上用细双点划线画出其轮廓,如图 6-5 所示。

当需要表示装配体与不属于它的相邻零(部)件之间的位置关系时,可将相邻零(部)件的部分轮廓用细双点划线画出,但注意一般不应遮盖其后面的零(部)件,如图 6-5、图 6-6 所示。

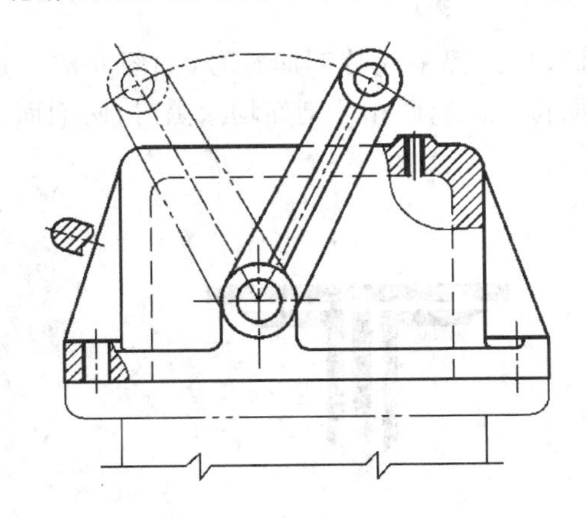

图 6-5 运动零件及辅助相邻零件的画法

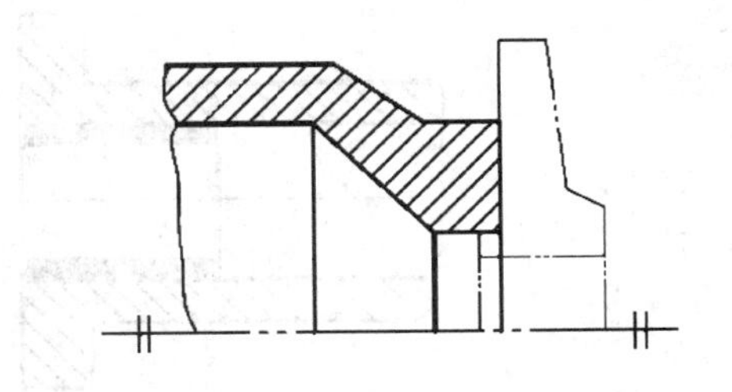

图 6-6 辅助相邻零件的画法

3. 展开画法

为表示传动机构的传动路线和装配关系,可假想按传动顺序沿各轴线剖切,然后依次将剖切面展开至与选定的投影面平行后，再画成剖视图，如图 6-7 所示挂轮架装配图中的 A—A 展开图。

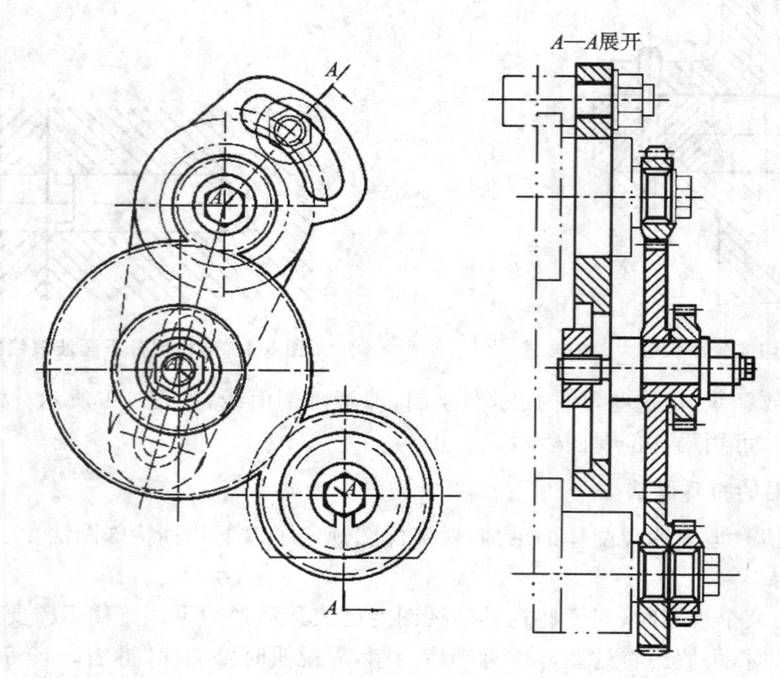

图 6-7 挂轮架的展开画法

4. 夸大画法

在绘制较小的间隙或薄片零件以及较小的斜度和锥度时，允许该部分不按原比例而夸大画出，如图 6-1 中零件 14 的键槽与键的顶面间隙就是夸大画出的。

5. 单独表达个别零件

装配图中仍未表达清楚的少数零件，可单独画出这些零件的视图或剖视图，但要在所画视图上方注出该零件及其视图名称。

（三）装配图的简化画法

（1）装配图中宽度小于或等于 2 mm 的剖面，可采用涂黑来代替剖面符号，如图 6-8(a)所示；如果是玻璃或其他材料而不宜涂黑时，可不画剖面符号。当两相邻剖面均涂黑时，两剖面之间应当留出不小于 0.7 mm 的空隙，如图 6-8(b)所示。

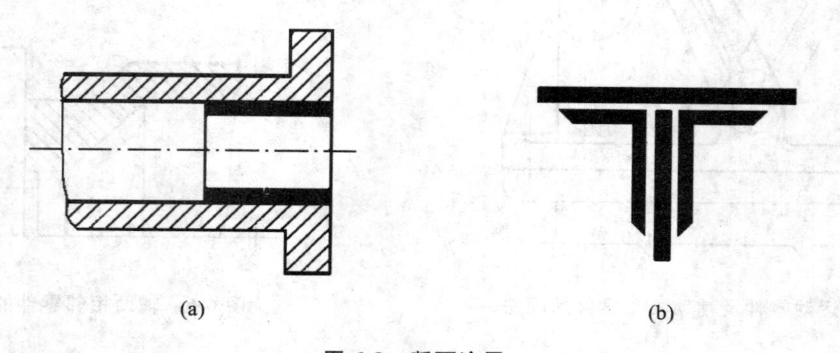

图 6-8 断面涂黑

（2）在装配图中若干相同的零件组（如螺栓连接），可仅详细地画出一组或几组，其余只需画出表示装配位置的中心线,如图 6-9(a)所示。

(3) 在装配图中零件的工艺结构,如小圆角、倒角、退刀槽等可不画出,如图 6-9(b)中螺栓头部和螺母的倒角不画。

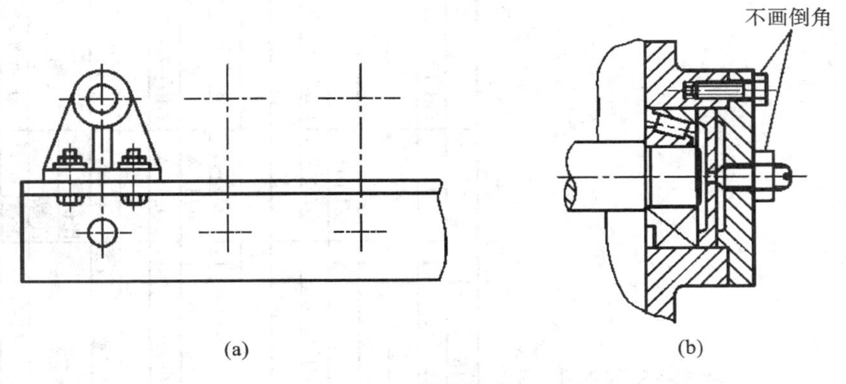

图 6-9 简化画法

三、装配图的视图选择

(一) 表达机器或部件的基本要求

装配图应清晰地表达机器或部件的装配关系、传动路线、主要零件的结构及所属零件的相对位置、连接方式和运动情况,而不应侧重于表达每个零件的形状。

(二) 装配图的视图选择原则

1. 主视图的选择

绘制主视图时,一般将机器或部件按工作位置放置(使主要轴线或安装面水平或垂直),并从最能反映机器或部件的工作原理、装配关系和结构特点的装配干线进行剖切。

2. 其他视图的选择

主视图确定之后,对尚未表达清楚的内容,要选择其他视图及相应的表达方法予以补充。选择其他视图时应考虑以下要求。

(1) 优先选用基本视图并取适当剖视。

(2) 每个视图都要有明确的表达目的和表达重点,应避免对同一内容重复表达。

(3) 视图数量依据机器或部件的复杂程度而定,在表达完整、清晰的基础上力求简练。

(三) 装配图视图选择举例

图 6-10 所示为氩弧焊机的微动装置(螺纹传动机构)。

主视图按工作位置摆正,安装面水平。采用全剖视图及导杆 10 两处局部剖视,反映了微动机构的工作原理和零件间的装配关系。

A—A 和 *C—C* 都是在基本视图上取剖视。*A—A* 为半剖视,将手轮 1、支座 8 的形状表达得更清楚;*C—C* 为全剖视,反映支座 8 的壁厚、圆角及四个安装沉孔的形状和位置。*B—B* 剖视反映平键 12、导杆 10、导套 9 间的连接情况。

一些零件的次要结构在图上并未完全表示清楚或不直观。例如,轴套 5 的大端不应是圆盘形,为了安装方便,它的大端应铣扁(对称地铣出两平面)。再例如,平键 12 的左右两端应为半圆柱面(可以从导套 9 上相贯线和平键上的点画线想出)。对于装配图,对这些次要结构是不做要求的。

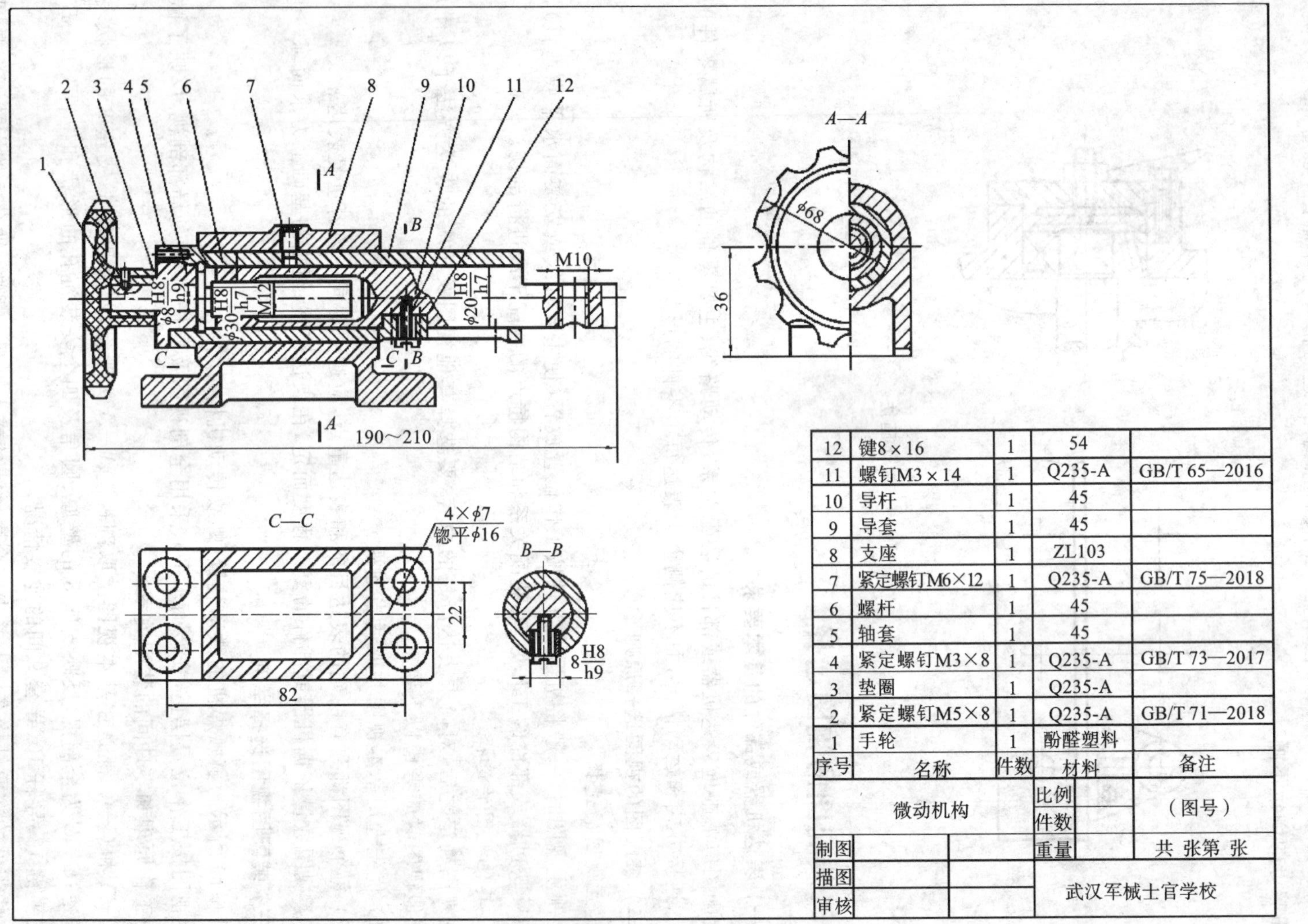

图 6-10 微动机构装配图

四、装配图的尺寸标注和技术要求的注写

(一) 装配图的尺寸标注

装配图不是制造零件的直接依据，因此，装配图不需要注出零件的全部尺寸。根据机器或部件性能、工作原理、装配和安装等方面的要求，装配图一般应标注下列尺寸。

1. 性能(规格)尺寸

性能(规格)尺寸是表示机器或部件性能、规格的尺寸。这类尺寸是设计时就确定的，是了解和选用该机器或部件的依据。例如，图 6-1 齿轮油泵中三角皮带轮的直径 ϕ105 及油泵管口尺寸 Rp 1/4。

2. 装配尺寸

为了保证机器或部件的使用性能，对于零件的配合尺寸、重要的相对位置尺寸、连接尺寸及装配时需要加工工艺的尺寸等，应在装配图中注明，作为拆画零件和装配时的依据。例如，图 6-1中主动轴与从动轴轴线之间的相对位置尺寸 42±0.02。

3. 安装尺寸

安装尺寸是指机器或部件安装到其他机器、部件或地基上时所需的尺寸。例如，图 6-1 中确定底板的长、宽、高的尺寸 98、77 和 10，底板安装孔位置的尺寸 76 和 45，安装孔直径尺寸 4×ϕ9，底板到进(出)油孔的高度 77，底板到主动轴的距离 98。

4. 总体尺寸

总体尺寸是指表示机器或部件外形轮廓的尺寸，即总长、总宽、总高。它是机器或部件在安装、运输及厂房设计时所需的尺寸。例如，图 6-1 中齿轮油泵的总长、总宽、总高尺寸分别为 192、ϕ105 和 150.5。

5. 其他重要尺寸

其他重要尺寸是指在设计过程中经计算或选定的未能包括在以上几类尺寸之中的重要尺寸，如图 6-1 中的齿宽 30。

上述五类尺寸中，有时同一个尺寸可能有几种含义。例如，图 6-1 中的皮带轮尺寸 ϕ105，既是规格尺寸，又是总宽尺寸。

(二) 装配图技术要求的注写

各种机器或部件由于性能、要求各不相同，因此技术要求也不同。拟定技术要求时，一般可从以下几个方面来考虑。

1. 装配要求

需在装配时进行的加工，应注写加工时的注意事项及装配后应达到的要求。另外，装配要求还包括：装配时必须保证的准确度、精密度、密封性等方面的质量要求；装配方法和步骤的要求，如装配时零件的清洗方法、加热方法、加压方法，对紧固件旋紧力矩的限制等。对较复杂的部件还应考虑装配顺序的要求。

2. 检验要求

检验要求包括对机器或部件的基本性能、质量、精度等的检验、试验及操作时的要求。

3. 使用要求

使用要求是指对机器或部件的规格、参数及维护、保养、使用时的注意事项及要求。

4. 其他要求

其他要求包括对产品互换性、通用性方面的要求，对产品涂饰、包装、运输等方面的要求等。

装配图中技术要求的注写语言应明确、简练，一般写在明细栏上方或图纸下方空白处，也可写在技术要求文件中作为图纸的附件。

五、装配图中零、部件的序号和明细栏

(一) 装配图中零、部件的序号(GB/T 4458.2—2003)

为了便于看图和图样管理，在装配图中需对所有的零、部件进行编号。编写和标注序号的方法规定如下。

(1) 零件序号应注写在视图轮廓线外面，在被编号的零、部件的可见轮廓内画一小圆点，由此画出指引线，在指引线末端的横线上或圆内注写序号，也可将序号注写在指引线端点附近。指引线、横线或圆均用细实线绘制，如图 6-11 所示。

若所指部分为很薄的零件或涂黑的剖面而不宜画圆点时，可在指引线的末端画一箭头，指向该部分轮廓，如图 6-12 所示。

(2) 注写在横线上或圆内时，字高比该装配图中尺寸数字高度大一号或大两号；注写在指引线附近时，序号字高比尺寸数字大两号。同一张装配图中编注序号形式要一致。

(3) 指引线尽可能均匀分布，但彼此不能相交。当通过有剖面线的区域时，指引线不应与剖面线平行。必要时指引线可画成折线，但只可曲折一次，如图 6-13 所示。

(4) 规格相同的零、部件只编一个序号。

(5) 对于标准部件如滚动轴承、油杯等，可看成一个整体，只编一个序号。

(6) 同一组紧固件以及装配关系清楚的零件组，可以采用公共指引线，如图 6-14 所示。

(7) 装配图上的序号可按顺时针或逆时针方向顺次排列，在整个图上无法连续时，可只在每个水平或垂直方向顺次排列。

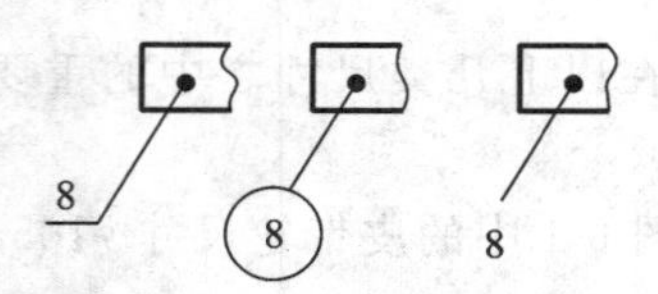

图 6-11　编写序号的三种通用方法

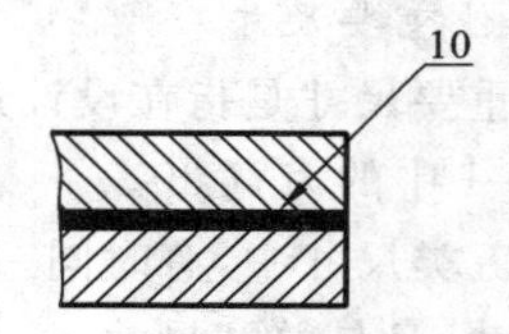

图 6-12　涂黑部分指引方法

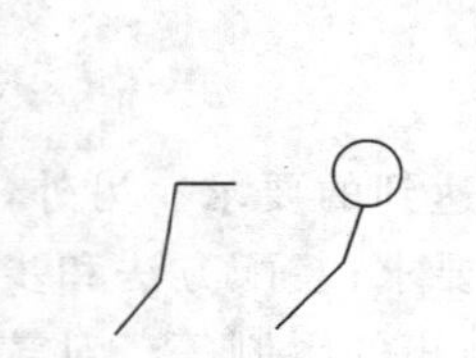

图 6-13　指引线可曲折一次

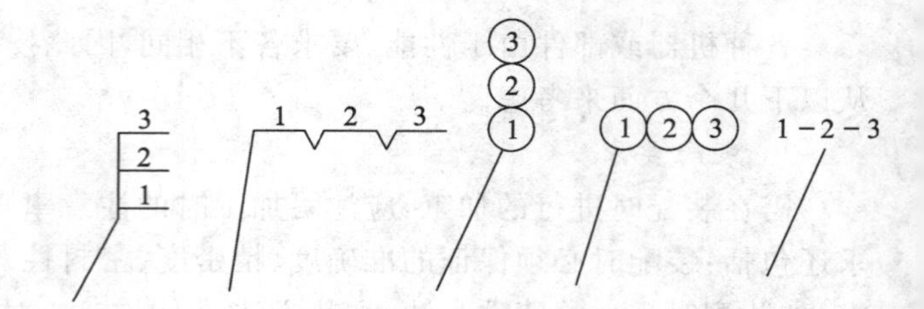

图 6-14　用公共指引线编号

(二) 装配图中的明细栏

为了更清楚地、全面地了解机器或部件中各零件的详细情况，装配图中一般应配置明细栏。国家标准统一规定了明细栏的格式。明细栏一般配置在标题栏的上方，按由下而上的顺序填写零件序号。明细栏的格数应根据需要而定。当由下而上延伸位置不够时，可紧靠在标题栏的左边自下而上延续。

6.2 装配体测绘及画装配图

在修配机器或武器时，对实物进行测量，画出零件草图，然后整理绘制装配图和零件工作图的过程，称为装配体测绘。现以齿轮油泵为例说明装配体测绘的方法和步骤。

一、画装配图前的准备工作

(一) 制定计划，准备工具

根据装配体的复杂程度编制进程计划，并准备拆卸用具。

(二) 了解测绘对象——齿轮油泵

图 6-1 所示的齿轮油泵是机器中用以输送润滑油或压力油的一种部件，由泵体、泵盖、齿轮、轴、皮带轮、密封零件、单向阀以及一些标准件等组成。

齿轮油泵工作时，三角皮带轮 14 按逆时针方向转动，通过键、销将扭矩传递给主动轴 7 和齿轮 18，主动轴 7 上的齿轮 18 与从动轴 17 上的齿轮 18 在泵体内作啮合传动。齿轮啮合区靠近进油口的一侧压力降低而产生局部真空，形成低压区。油池内的油在大气压力的作用下经进油口进入油泵低压区，充满各个齿间，被运动的齿轮沿泵体内壁不断地带到另一侧。随着齿轮的转动，这里的油压增加形成高压区，从而将油经出油口压出，供机器使用。

泵体 16 的内腔容纳完成吸油和压油的一对啮合齿轮，销 6 将齿轮分别固定在主动轴和从动轴上，由泵体和泵盖上的轴孔支承着轴转动。

为了使输出的油压保持一定的压力，在泵盖上装有单向阀。当出口油压超过额定值时，高压油克服弹簧的压力将单向阀顶开。此时，一部分油流回低压区，使出口油压降到额定值，弹簧使单向阀复位。调节螺母用来调节弹簧压力，以控制出口油压的大小。

装配时，由销 5 将泵盖与泵体定位后，再用螺栓将其连成整体。为防止泵体与泵盖结合处及主动轴伸出端漏油，分别用垫片和填料、轴套、压紧螺母进行密封。

(三) 拆卸装配体

拆卸前应了解拆卸顺序，在拆卸过程中，要防止精密的或主要的零件受损。高精度的配合部位一般不要拆卸，以免降低配合精度。零件拆下后应编号，加上号签，并妥善保管。

齿轮油泵分解立体图如图 6-15 所示。

(四) 绘制装配示意图

示意图是按国家标准规定的代号，以示意的方法表示装配关系、连接方式和零件的大致形状的图样。图 6-16 所示为齿轮油泵示意图。画装配图时，可依示意图明确零件的相互位置关系。根据示意图又可重新装配已拆卸的装配体。因此，测绘较复杂的装配体时必须绘制示意图。

在示意图上应编上零件序号，注写零件的名称及数量，必要时注明材料。

(五) 画零件草图

除标准件外，装配体的每种零件都要画出草图。零件草图的画法在第 5 章中已讨论，这里不再重复。画草图时应注意：有连接或配合关系的零件连接或配合部位的基本尺寸是相同的，如齿轮油泵中轴和轴孔，齿轮、皮带轮孔与轴的配合尺寸等。

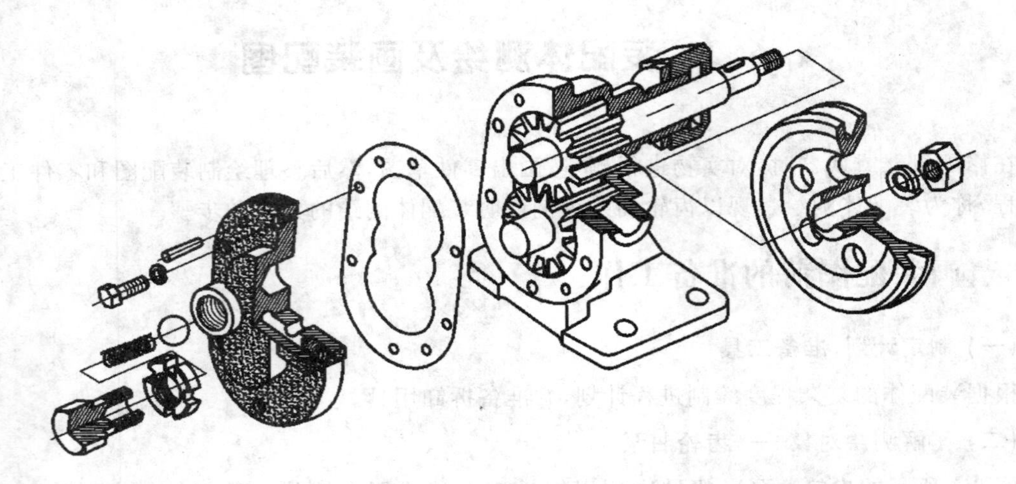

图 6-15　齿轮油泵分解立体图

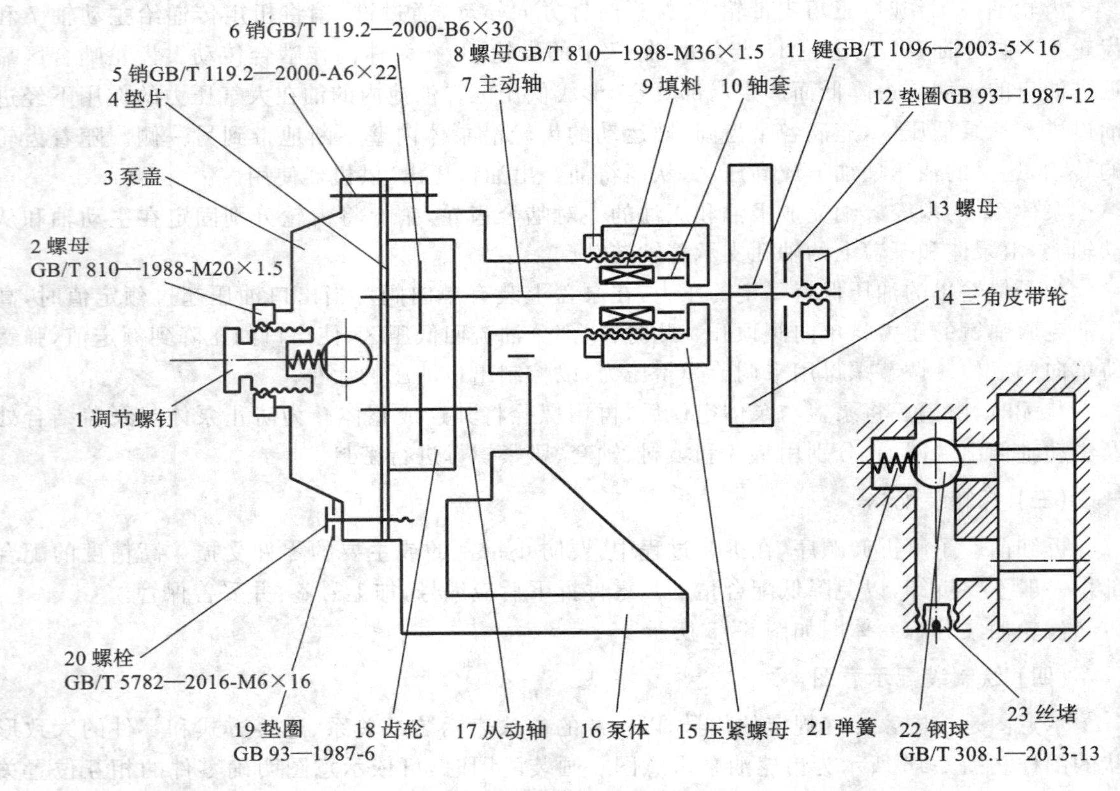

图 6-16　齿轮油泵示意图

二、装配结构的合理性

为保证顺利地装配、调整、拆卸，绘制装配图时对零件的结构形状需要考虑装配工艺的要求。装配结构示例如表 6-1 所示。

表 6-1 装配结构示例

说明	图例	
	不合理	合理
轴与孔的端面相结合时，孔边要倒角或轴根要切槽，以保证端面紧密接触	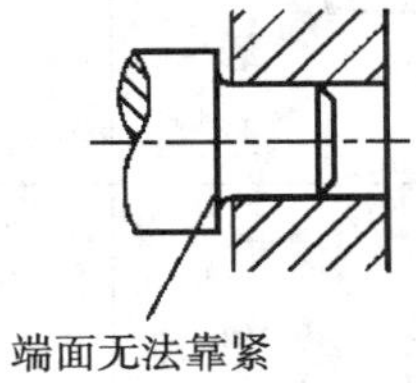 端面无法靠紧	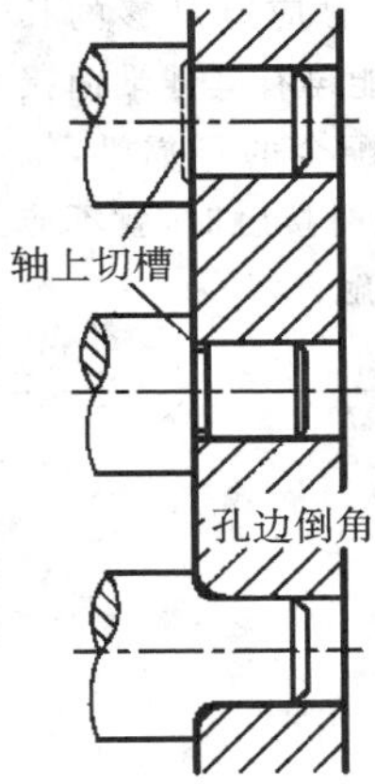 轴上切槽 孔边倒角
两零件在同一方向应该只有一对表面接触，这样既便于装配，又可以降低加工劳动量。 不同方向的接触面的交角处，不应做成尖角或相同的圆角，否则不能很好地接触	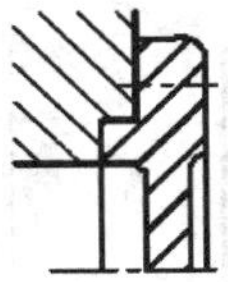	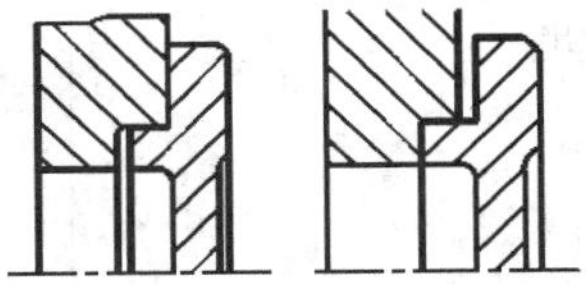

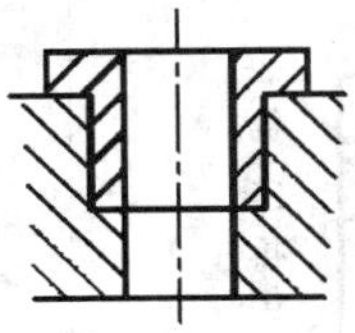

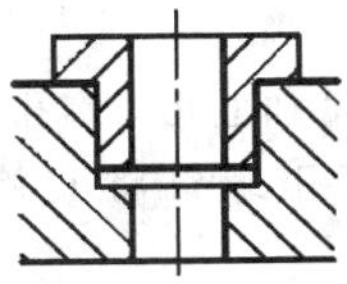

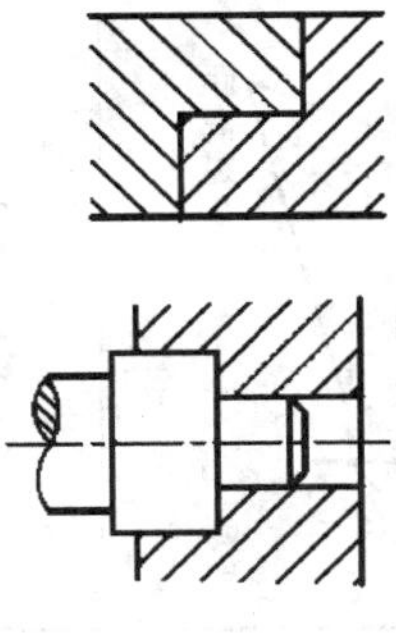

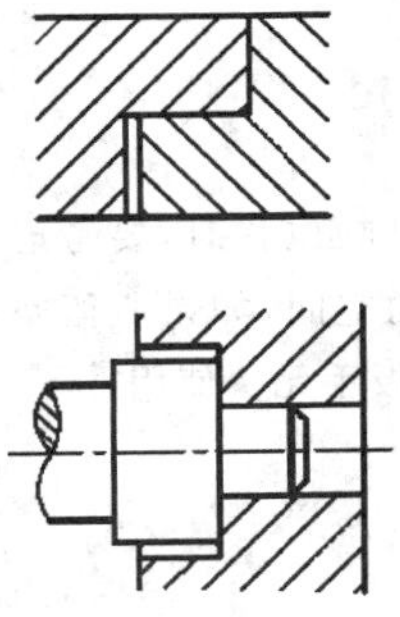

续表

说明	图例	
	不合理	合理
圆锥面接触应有足够的长度，同时不能再有其他端面接触，以保证配合的可靠性，锥体底部也同时接触时，就不能保证锥面接触良好	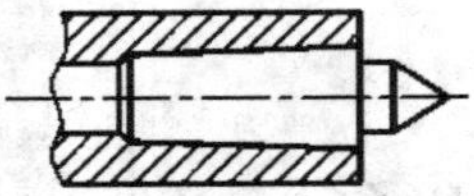	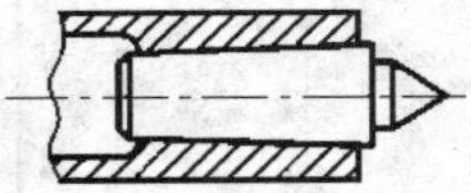
装在轴上和箱体孔中的滚动轴承，如果轴肩或安装孔凸肩过高，则轴承难以从轴上或孔中拆出	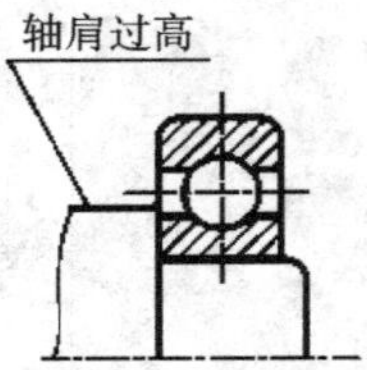 轴肩过高	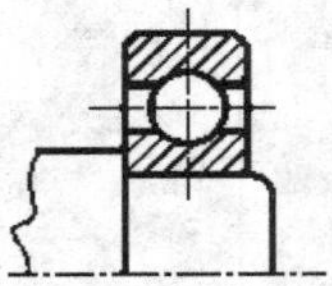
	 凸肩过高	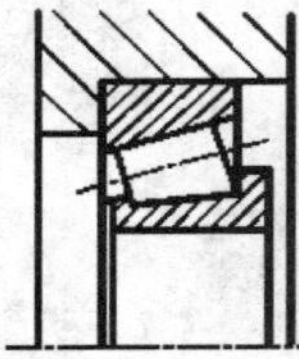
在箱体左端加上几个螺孔，拆卸时就可用螺钉将套筒顶出。 左图套筒易装难卸	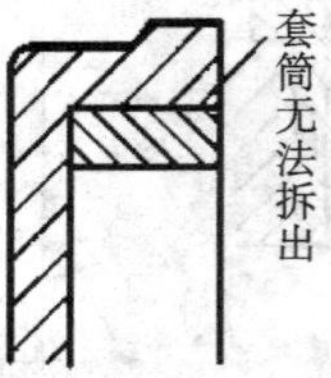 套筒无法拆出	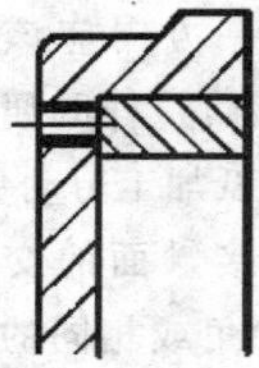
安排螺钉的位置时，要考虑扳手的活动空间，如果所留空间太小，则扳手无法使用	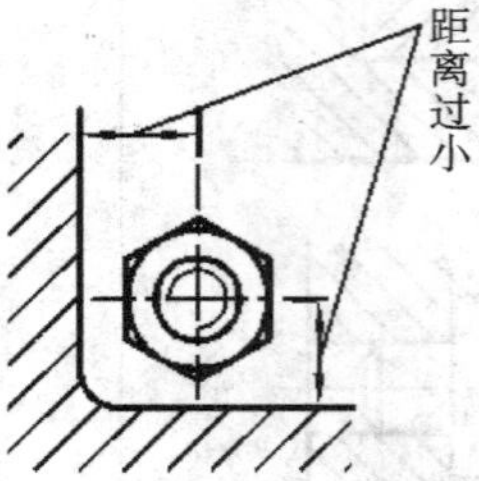 距离过小	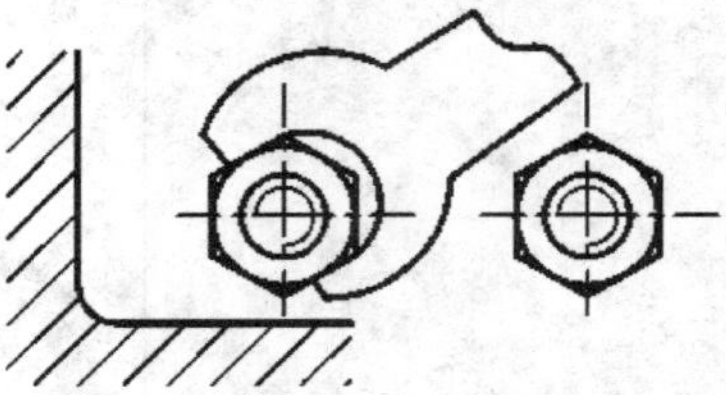

续表

说明	图例	
	不合理	合理
如果放螺钉的空间太小，则螺钉无法放入。为了便于装卸螺钉，尺寸 L 一定要大于螺钉的长度	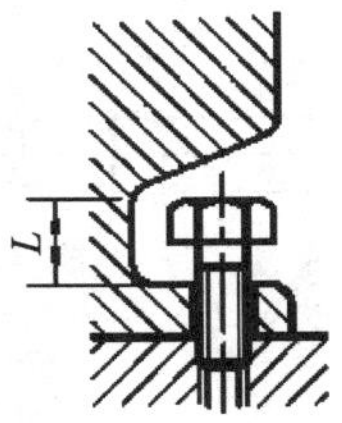	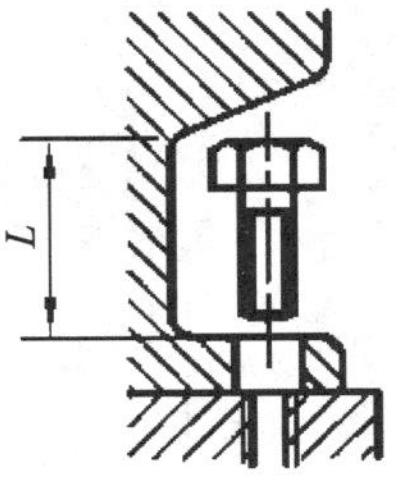
螺栓头部全部封在箱体内，将无法安装，可在箱体上开一操作手孔或采用双头螺柱的结构	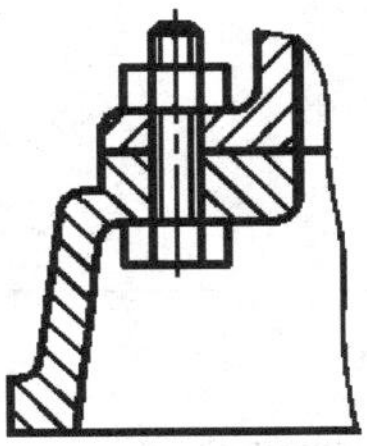	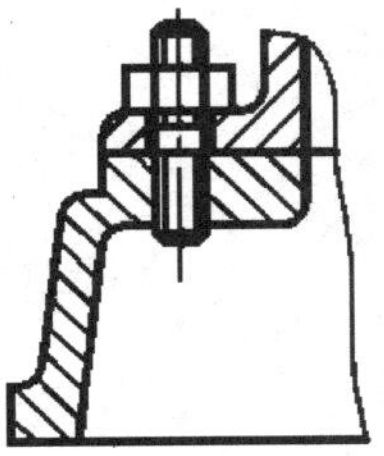 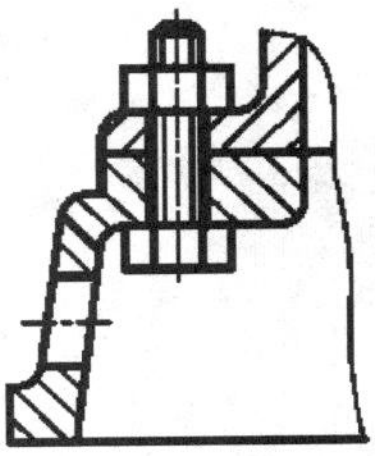

三、画装配图

(一) 确定表达方案

对现有资料进行整理、分析，然后按 6.1 节所述的方法步骤确定装配图的表达方案。

(二) 画装配图的步骤

(1) 根据齿轮油泵的大小和结构的复杂程度，选定比例和图幅。确定图幅时，应把标题栏、明细栏、序号、尺寸及技术要求所需的幅面一并计算在内。

(2) 定位布图，画出各视图的主要基准线。所谓基准线，是指装配体的对称面迹线、主要轴线、中心线，或某些零件的底面线、端面线，如齿轮油泵的主动轴轴线、泵体端面线和底面线、左右两视图中的齿轮中心线等(见图 6-17(a))。在确定基准线的位置时，应按所选比例在图纸上安排各视图的位置。

(3) 围绕主要装配干线(主动轴轴线)，按装配关系依次画出各有关零件在各视图上的图形。作图时，一般从主视图入手，几个视图可配合着画，以保证投影关系正确和提高作图速度；被剖切的零件应直接画出剖切后的图形，同时应注意解决好零件的轴向定位、接触表面及相互遮挡等问题(见图 6-17(b))。

(4) 继续完成表达方案确定的各视图和未画出的零件的视图。图 6-17(c)所示是在图 6-17(b)的基础上画出泵盖的各视图及单向阀结构。

(5) 完成装配体各零件视图的绘制并检查所画装配图底稿，注写尺寸，编写序号，填写明细栏、标题栏及技术要求，画剖面符号并按线型要求加深全图，如图 6-1 所示。

四、绘制零件工作图

根据已绘制好的装配图和零件草图，画出每个零件的工作图（省略），至此，整个齿轮油泵的测绘工作即告完成。

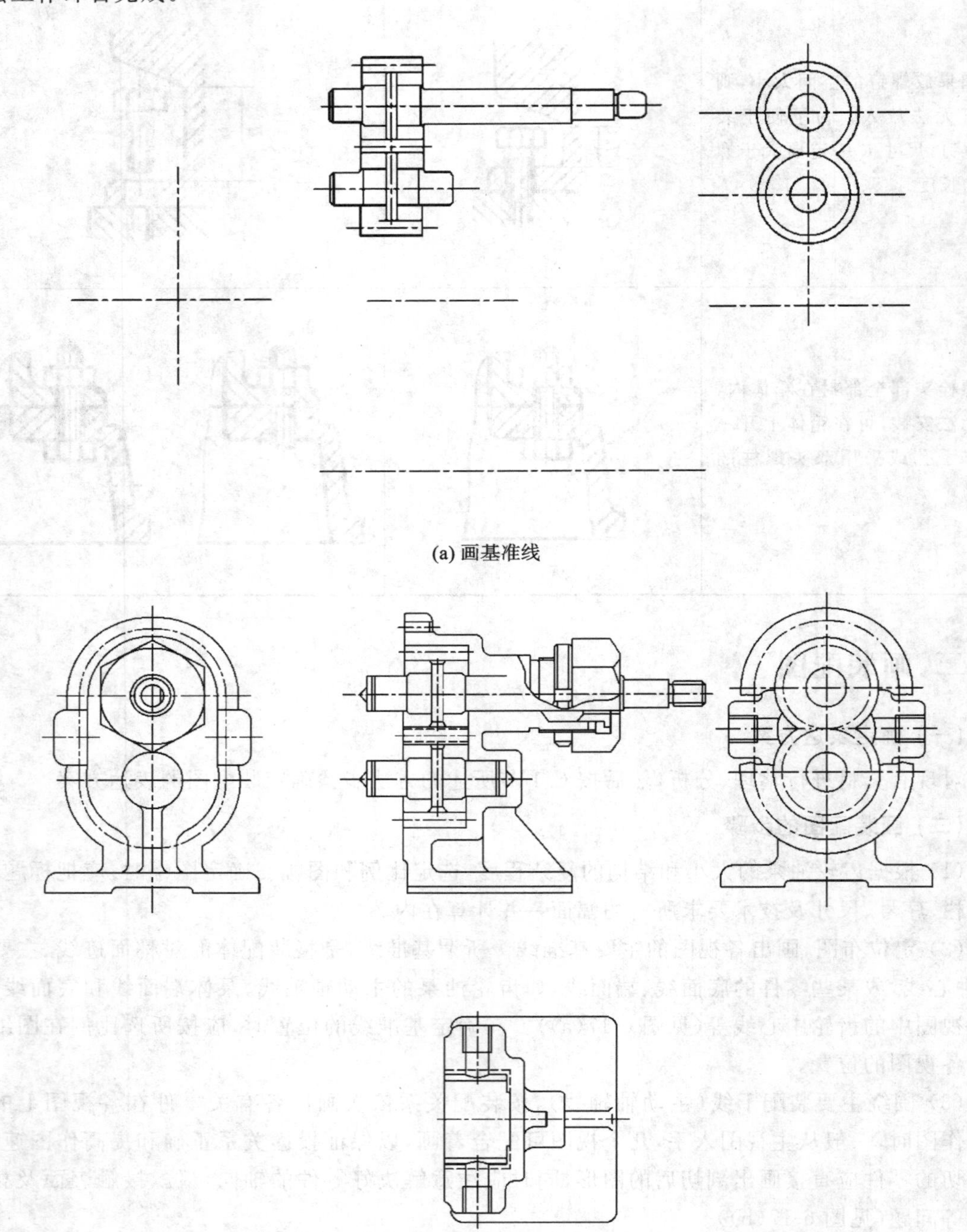

(a) 画基准线

(b) 从主视图画起，几个图配合着画，然后按主次装配干线上的各零件

图 6-17　齿轮油泵装配图的画图步骤

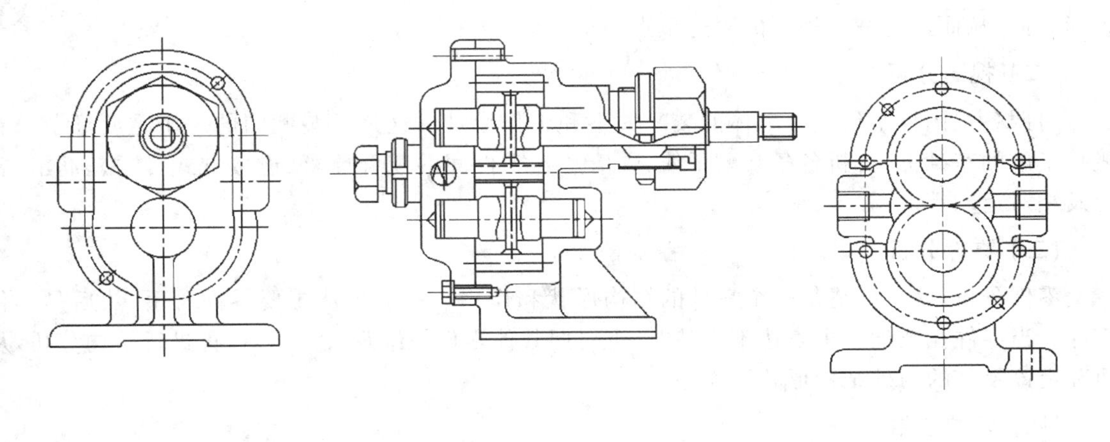

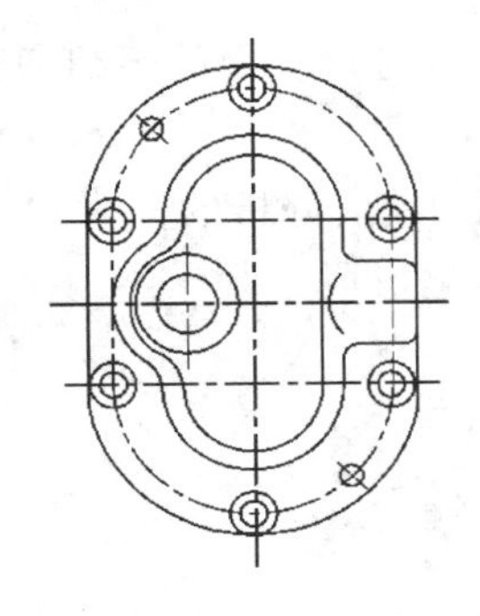

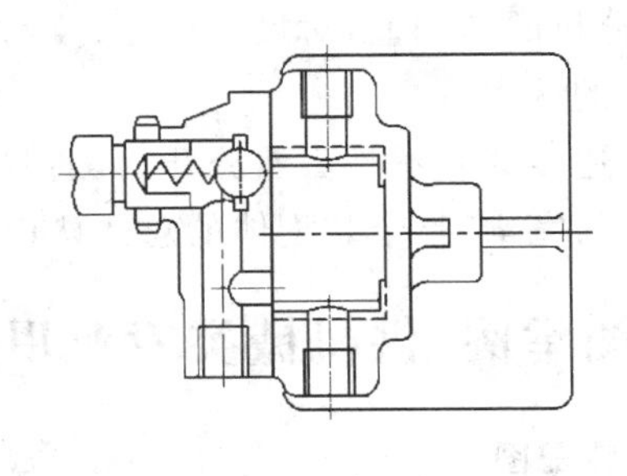

(c) 画泵体、泵盖、单向阀

续图 6-17

6.3 读装配图

画装配图是用图形、尺寸、符号或文字来表达设计意图和要求的过程;读装配图则是通过对图形、尺寸、符号、文字的分析,了解设计意图和要求的过程。在武器装备维修和学习专业课程的过程中,常遇到读装配图的问题。

读装配图的要求是:了解该机器或部件的构造、用途、工作原理,以及零件间的装配关系;看懂各零件的主要结构形状;弄清装配和拆卸顺序;分析技术要求及尺寸。

一、读装配图的方法及步骤

读装配图和读零件图一样,不能急于求成,而要由粗到精,逐渐深入地进行。读装配图的方法和步骤如下。

(一) 概括了解

(1) 了解装配体的名称和用途。这些内容可以查阅标题栏及说明书。

(2) 了解零、部件的名称与数量。阅读明细栏,对照零、部件序号,在装配图上查找这些零、部件的位置。

(3) 了解视图布局,根据装配图上的表达情况,找出各个视图、剖视、断面等配置的位置及投影方向，从而搞清楚各视图的表达重点。

(二) 视图分析

对照各视图仔细研究装配体的装配关系和工作原理。这是看装配图的一个重要环节。在概括了解的基础上，分析各条装配干线，弄清楚各零件间的配合要求、连接方式、防松、润滑、密封及相对运动等。

(三) 零件分析

零件分析，就是弄清楚每个零件的结构形状和作用。一般先从主要零件着手，然后是其他零件。当零件在装配图中表达不完整时，可对照其他零件仔细观察分析后，再进行结构分析，从而确定该零件的内外结构形状及作用。

(四) 归纳总结

在上述了解和分析的基础上，对尺寸标注、技术要求等进行全面的归纳和总结，从而对装配体有一个明确、完整的认识。

实际读图时，上述步骤并不是截然分开的，通常是在了解、分析的同时加以综合，随着各个视图、各个零件分析的完毕，整个装配体的总体认识也随之形成。

二、读装配图举例(供机械类专业用)

(一) 读平衡机装配图

平衡机装配图如图 6-18 所示。

1. 概括了解

平衡机是用来平衡火炮起落部分前后力矩的一个部件。图 6-18 所示的平衡机由机筒、护罩、护盖、运动零件(弹簧杆、左旋弹簧、右旋弹簧、隔环)等 17 种零件组成。装配图仅采用全剖的主视图表达平衡机各个零件间的装配关系及工作原理。平衡机的总体尺寸为：长 890～975，直径 ϕ89.5±0.02。

2. 视图分析

弹簧杆 7 是平衡机中的主要零件之一。它插在机筒 17 内，后端有小弹簧 4、连接环 2、垫圈 3 及衬筒 1(其中连接环 2、垫圈 3 均焊在弹簧杆 7 上)，并通过连接环 2、衬筒 1，用连接轴与起落部分摇架连接。左旋弹簧 10、右旋弹簧 8 套在弹簧杆 7 上，各节弹簧之间用隔环 9 隔开。弹簧杆 7 左端套有垫圈 11 和止推轴承 12，并用螺帽 13 固定，拧进或拧出螺帽 13 可以调整平衡力的大小。止推轴承 12 的作用是便于左、右旋弹簧压缩或伸张时扭转，防止弹簧折断。右旋弹簧 8 安在两根左旋弹簧中间，可以抵消弹簧压缩时产生的扭力，防止弹簧损坏。小弹簧 4 的作用是减小起落部分在高射角时平衡机产生的平衡力。

打低炮身时，摇架带着连接环 2 和弹簧杆 7 向后移动。弹簧杆 2 拉着螺帽 13、垫圈 11 向后压缩左、右旋弹簧，使起落部分平稳下落。

打高炮身时，弹簧伸张，推垫圈 11 向前，通过螺帽 13 带着弹簧杆 7 向前移动，使摇架向上抬起，使高低机(火炮瞄准机之一)动作轻便灵活。

3. 部分配合和尺寸的分析

在平衡机中，为了保证弹簧杆 7 与其余运动零件产生动作平稳的相对运动，隔环 9 与弹簧杆 7 之间、衬筒 6 与弹簧杆 7 之间均采用了基孔制的优先间隙配合，且配合尺寸分别是 ϕ28H11/h11、ϕ20H11/h11。

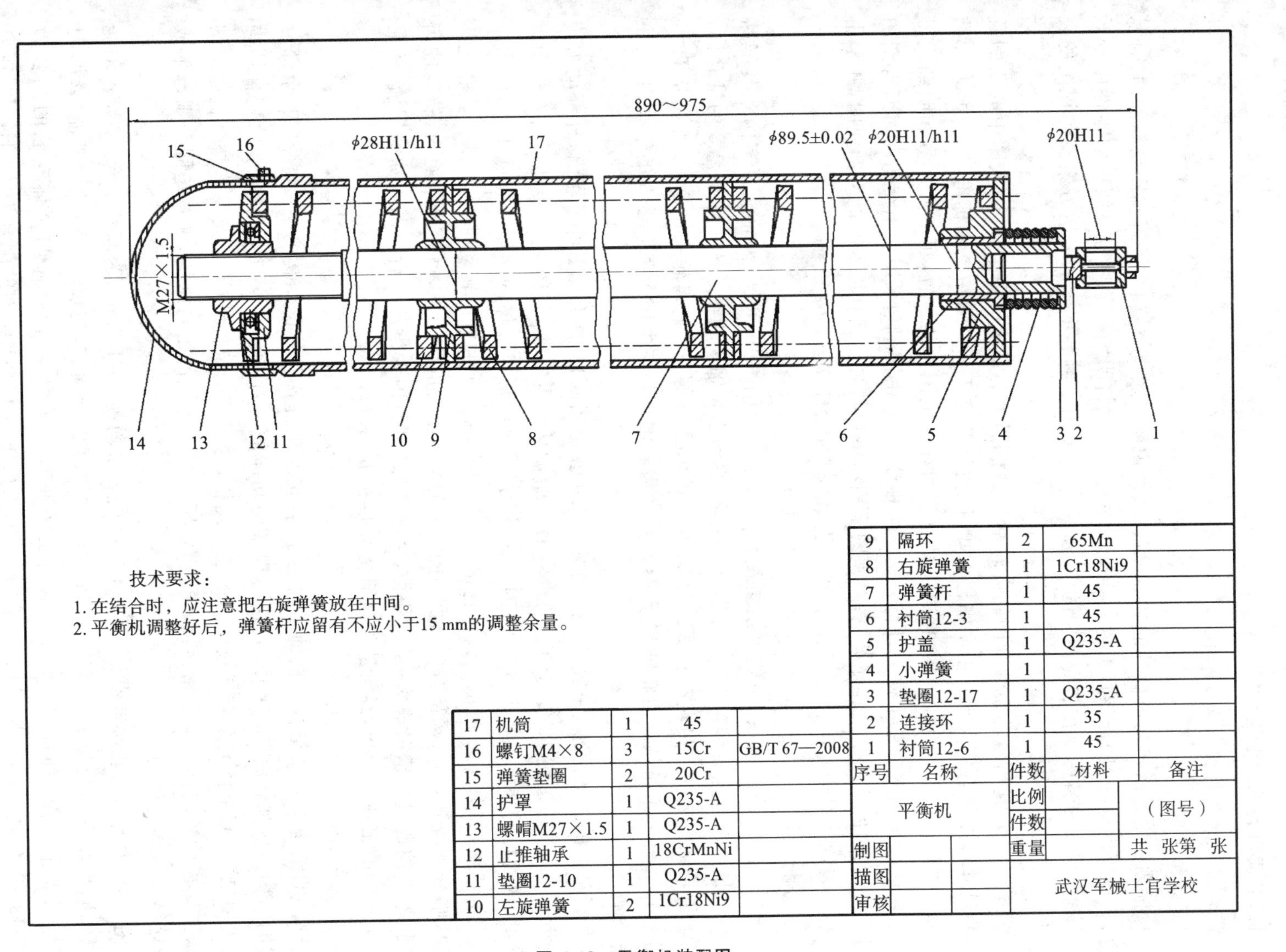

技术要求：

1. 在结合时，应注意把右旋弹簧放在中间。
2. 平衡机调整好后，弹簧杆应留有不应小于15 mm的调整余量。

序号	名称	件数	材料	备注
17	机筒	1	45	
16	螺钉M4×8	3	15Cr	GB/T 67—2008
15	弹簧垫圈	2	20Cr	
14	护罩	1	Q235-A	
13	螺帽M27×1.5	1	Q235-A	
12	止推轴承	1	18CrMnNi	
11	垫圈12-10	1	Q235-A	
10	左旋弹簧	2	1Cr18Ni9	
9	隔环	2	65Mn	
8	右旋弹簧	1	1Cr18Ni9	
7	弹簧杆	1	45	
6	衬筒12-3	1	45	
5	护盖	1	Q235-A	
4	小弹簧	1		
3	垫圈12-17	1	Q235-A	
2	连接环	1	35	
1	衬筒12-6	1	45	

平衡机		比例		（图号）
		件数		
制图		重量		共 张第 张
描图		武汉军械士官学校		
审核				

图 6-18 平衡机装配图

890～975 为平衡机的长度尺寸，由此可知弹簧杆 7 的运动极限为 975，运动的范围为 85。

(二) 读齿轮油泵装配图

齿轮油泵装配图如图 6-19 所示。

1. 概括了解

从标题栏中了解机器或部件的名称，结合阅读说明书及有关资料，了解机器或部件的比例、用途、工作原理等。根据比例，了解机器或部件的大小。将明细栏的序号与图中的零件序号对应，了解各零件的名称及在装配图中的位置，并通过读图了解装配图的表达方案及各视图的表达重点。

图 6-19 所示是齿轮油泵装配图。齿轮油泵是机器供油系统的一个部件，从图中的比例及标注的尺寸可知其总体大小。由明细栏可知，该油泵共有 14 种零件，其中标准件 5 种，非标准件 9 种。零件的名称、数量、材料、标准代号及它们在装配图中的位置，可对照序号和明细栏得知。齿轮油泵采用两个基本视图进行表达。由标注可知，主视图是采用两相交的剖切面得到的全剖视图，表达齿轮油泵的装配关系；左视图采用沿垫片与泵体结合面剖开的半剖视图，并采用局部剖视表达一对齿轮啮合和吸、压油的情况及安装孔的情况。

2. 分析装配关系及工作原理

分析部件的装配关系，一般可从装配路线入手。由图 6-19 可见，齿轮油泵有两条装配路线。一条是主动齿轮轴装配路线，为装配主线路，主动齿轮轴 5 装在泵体 1 和泵盖 3 的轴孔内，在主动齿轮轴右边的伸出端装有密封圈 8、压紧套 9、压紧螺母 10、齿轮 11、键 12、弹簧垫圈 13 及螺母 14。另一条是从动齿轮轴装配路线，从动齿轮轴 4 装在泵体 1 和泵盖 3 的轴孔内，与主动齿轮啮合。

分析部件的工作原理，一般可从运动关系入手。由图 6-19 的主视图可以看出，外部动力传递给齿轮 11，再通过键 12 传递给主动齿轮轴 5，带动从动齿轮轴 4 产生啮合传动。由左视图可以看出，两齿轮的啮合区将进、出油孔对应区域隔开，由此形成液体的高压区和低压区，画出工作原理示意图，如图 6-20 所示。当齿轮按图 6-20 中箭头所示的方向转动时，齿轮啮合区右边的轮齿从啮合到脱开，形成局部真空，油池中的油在大气压力的作用下，被吸入泵腔内，转动的齿轮将吸入的油通过齿槽沿箭头方向不断送至啮合区左侧，因轮齿的啮合阻断了油的回流，于是油便从左侧的出油口压出，经管路输送到需要供油的部位。

3. 分析部件的结构及尺寸

部件的结构有主要结构和辅助结构之分，直接实现部件功能的结构为主要结构，其余部分为辅助结构。例如：在图 6-19 中，直接实现泵油功能的一对啮合齿轮与泵体、泵盖的配合结构即为主要结构；而泵体与泵盖通过螺钉的连接结构、通过销的定位结构，以及泵体与泵盖之间的垫片、主动齿轮轴的伸出端由密封圈、压紧套、压紧螺母组成的密封结构，弹簧垫圈与螺母形成的防松结构等均为辅助结构。

图 6-19 中的两齿轮轴与泵体、泵盖上轴孔的配合均为 ϕ16H7/h6，为间隙配合，使齿轮轴能平稳转动；齿轮平面与空腔的间隙可通过垫片的厚度进行调节，使齿轮在空腔中既能转动，但又不会因齿轮端面的间隙过大而产生高压区油的渗漏回流；齿顶圆与泵体空腔的配合为 ϕ34.5H8/f7，为基孔制较小间隙的配合；运动输入齿轮与主动齿轮轴的配合为 ϕ14H7/f6，压紧套外圆柱面与泵体的配合为 ϕ22H8/f7。还有反映泵流量的油孔管螺纹尺寸 G3/8 也为输油管的安装尺寸，表明输油管的内径为 ϕ9.525 mm，两齿轮中心距为 28.76±0.016（安装尺寸），部件的安装孔尺寸为 2×ϕ6.5 和 70（中心距），部件的总长 120、总宽 85、总高 95 以及主动齿轮轴

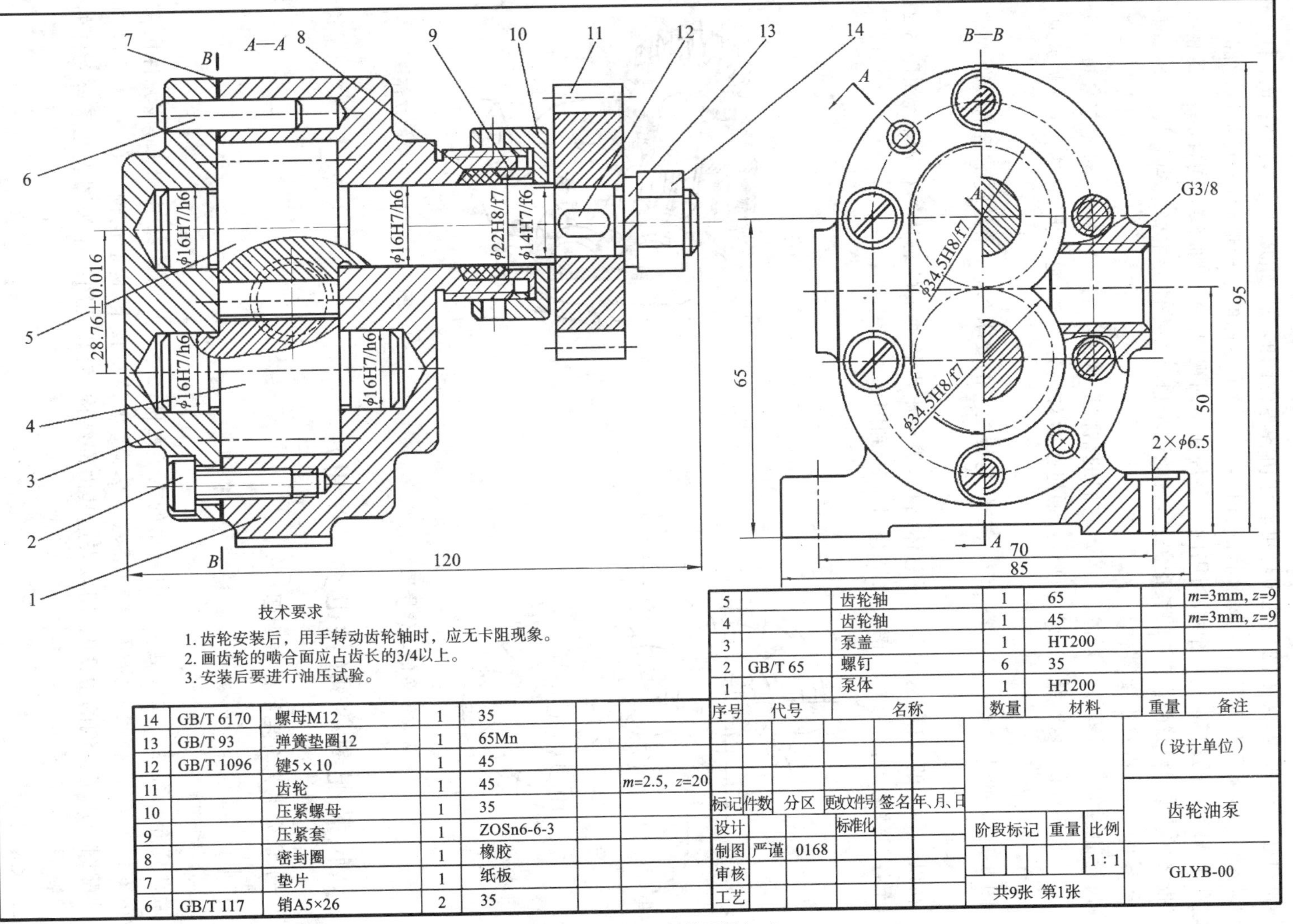

图 6-19 齿轮油泵装配图(二)

的中心高为65、油孔中心高为50。

4. 分析零件的结构形状

部件由零件构成,装配图的视图也可看作由各零件图的视图组成,因此,读懂部件的工作原理和装配关系,离不开对零件结构形状的分析,而读懂了零件的结构形状,又可加深对部件工作原理和装配关系的理解。读图时,利用同一零件在不同视图上的剖面线方向、间隔一致的规定,对照投影关系以及与相邻零件的装配关系,就能逐步想出各零件的主要结构形状。分析时一般从主要零件开始,再看次要零件。

齿轮油泵的主要零件是泵体、泵盖。它们的结构形状需要将主、左视图对照起来进行分析、想象。其余零件的形状、结构较为简单,可通过投影对应分析、功能分析和空间想象来实现。

5. 读懂技术要求

图6-19中的技术要求有三条,第一、二条是装配时的要求,第三条是装配后的检验要求。

6. 综合归纳

在以上各步的基础上,综合分析总体结构,想象出齿轮油泵的总体结构形状,如图6-21所示。而各零件的形状及结构,请大家结合图6-19和图6-21来分析。

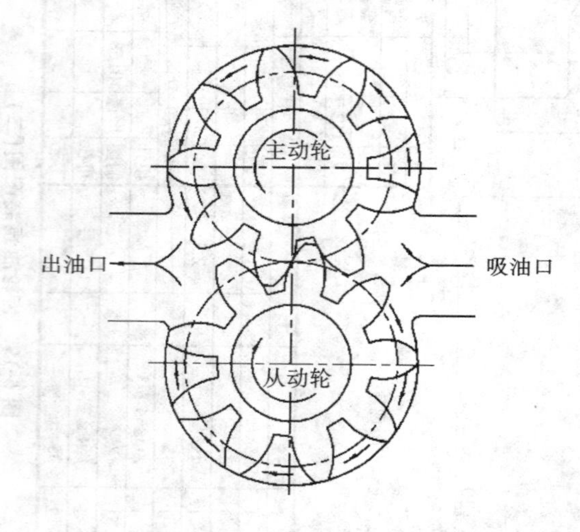

图6-20 齿轮油泵的工作原理

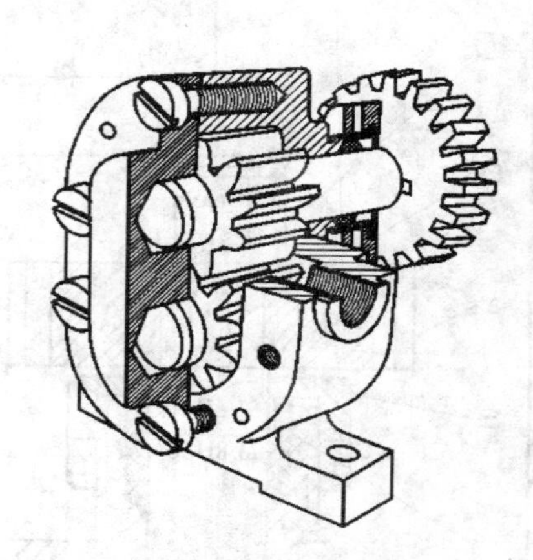

图6-21 齿轮油泵的立体图

三、读装配图举例(供电类专业用)

(一) 读微调瓷介电容器装配图

微调瓷介电容器装配图如图6-22所示。

1. 概括了解

微调瓷介电容器是无线电工业中常用的电子元件之一。从图6-22中可知,该元件由7种共7个零件组成,总体尺寸为长41±1.5、宽16、高10,体积较小,构造也较简单。

装配图采用了全剖的主视图,用以表达其内部结构,而装配图的俯视图表达了该元件的外部形状特征。

2. 视图分析

微调瓷介电容器主要由转轴5、动片3及接触簧片6等构成,利用陶瓷的绝缘性作为电容的介质,在陶瓷定片1的两面部分涂银,然后将动片3、定片1、接触簧片6、锡片4套在转轴5上

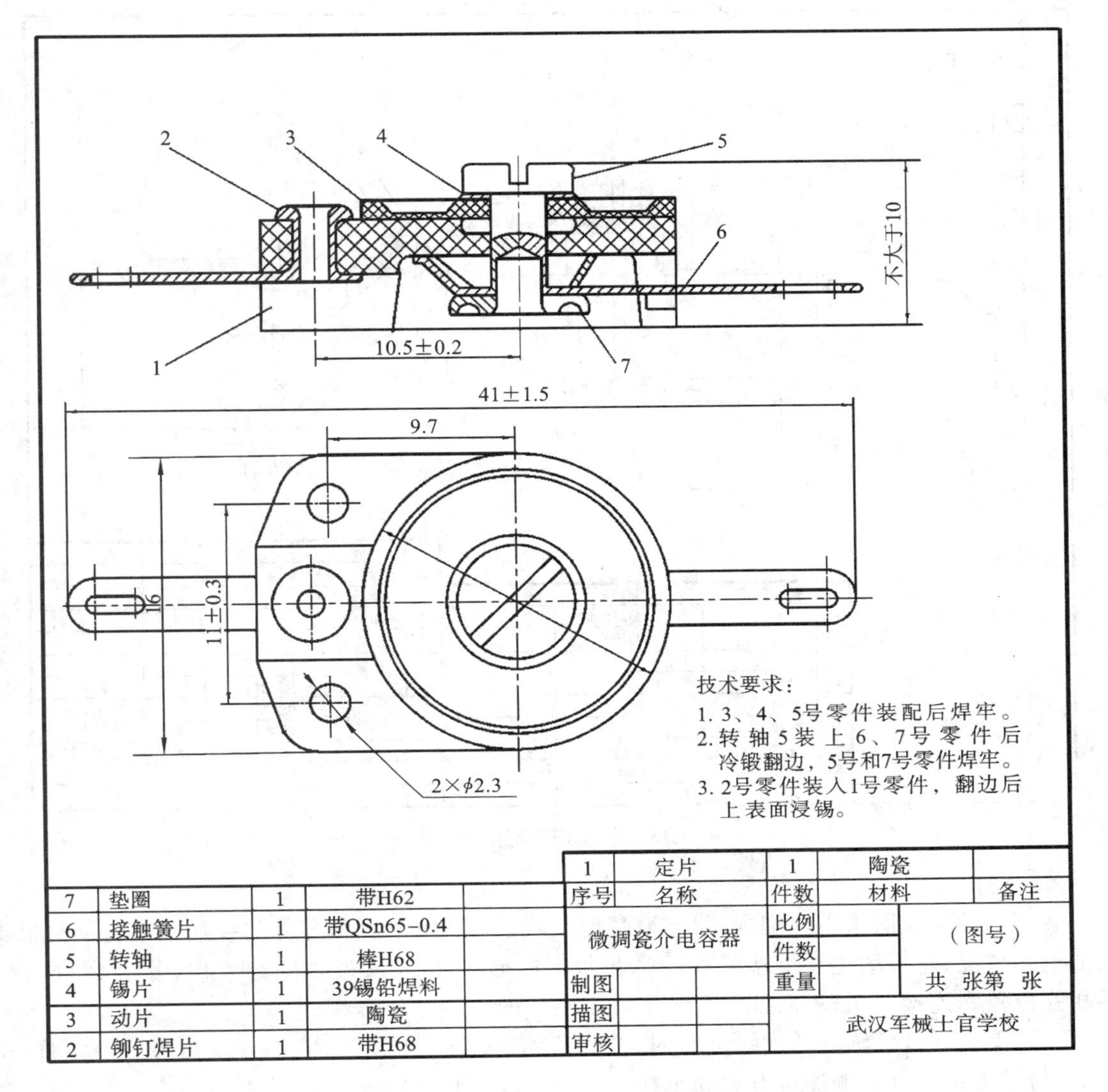

图 6-22　微调瓷介电容器装配图

并铆起来，并将动片 3 与转轴 5 焊牢，再在定片 1 上铆上铆钉焊片 2。

当旋转转轴 5 时，动片 3 就跟着旋转，从而起到增减电容的作用。

由于电子元件构造的特殊性，类似微调瓷介电容器的电子元件，在加工工艺上常采用铆接与锡焊工艺，这点从装配图中亦可知。

3. 尺寸分析

在微调瓷介电容器中，10.5±0.2、11±0.3 是两个比较重要的定位尺寸，它的精度将影响到铆钉焊片 2 与转轴 5 前后、左右的相对位置，影响到微调瓷介电容器的使用可靠性。

(二) 读波段开关定位器装配图

波段开关定位器装配图如图 6-23 所示。

1. 概括了解

图 6-23 所示的波段开关定位器是一种用于控制无线电波波段的电气元件。从图中可知，该波段开关定位器由 16 种、18 个零件组成，总体尺寸为长 41、宽 48、高 50。

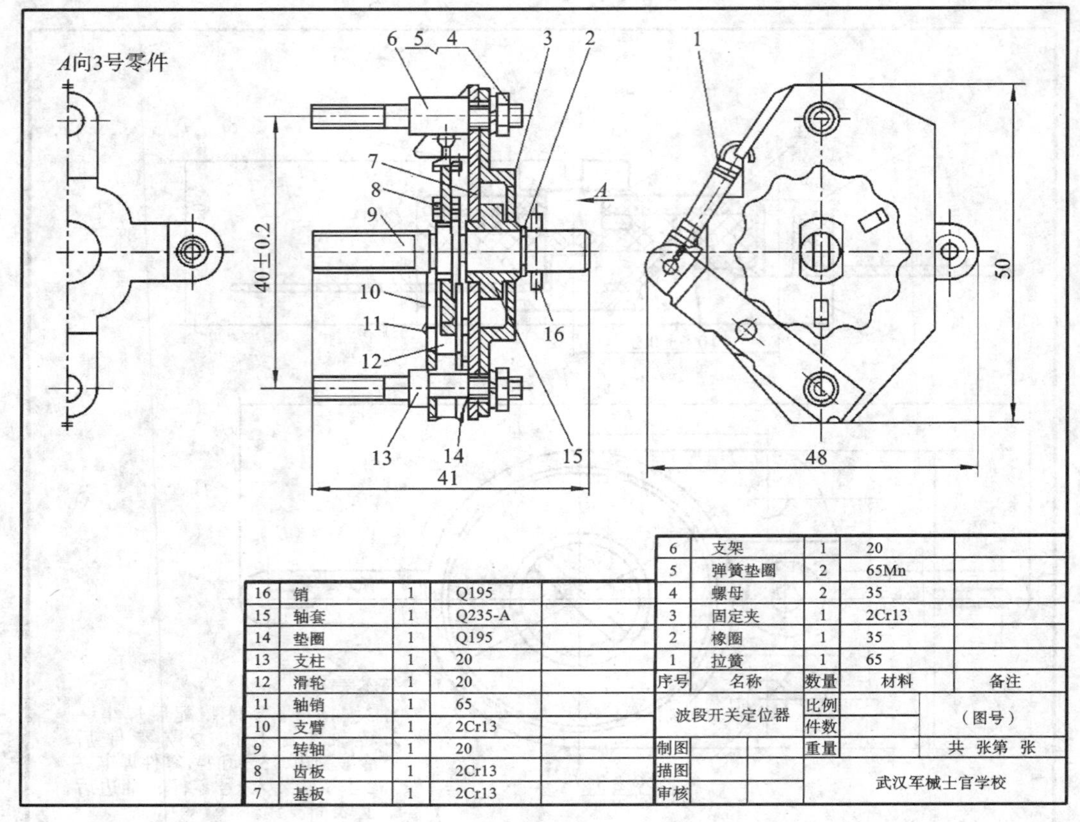

序号	名称	数量	材料	备注
16	销	1	Q195	
15	轴套	1	Q235-A	
14	垫圈	1	Q195	
13	支柱	1	20	
12	滑轮	1	20	
11	轴销	1	65	
10	支臂	1	2Cr13	
9	转轴	1	20	
8	齿板	1	2Cr13	
7	基板	1	2Cr13	
6	支架	1	20	
5	弹簧垫圈	2	65Mn	
4	螺母	2	35	
3	固定夹	1	2Cr13	
2	橡圈	1	35	
1	拉簧	1	65	

图 6-23　波段开关定位器装配图

2. 视图分析

装配图的主视图采用全剖视图，它清楚地反映了齿板 8 和其他零件的装配关系以及两根支柱的连接情况；左视图主要反映了基板 7、齿板 8 的形状，以及齿板 8 与支臂 10、滑轮 12、拉簧 1 的相互位置和连接关系；A 向视图反映了固定夹 3 的外部结构形状。

主视图是通过转轴 9 的轴线剖开的。轴上装有销 16、挡圈 2、轴套 15 及齿板 8 等零件；轴套 15 与基板 7 通过扩铆连接方式固定在一起。齿板 8 装在转轴 9 上，一端靠凸台定位，另一端亦用扩铆连接，将两零件固定在一起。因此，旋转转轴 9 时，齿板 8 随之转动。装上挡圈 2 可防止转轴 9 向右滑动；销 16 在安装旋扭时起定位作用。转轴 9 的左端伸出部分用于安装开关动片。

从主视图中可以看出，支臂 10 套在支柱 13 上，滑轮 12 通过轴销 11 安装在支臂 10 上。从左视图中可以看出，滑轮 12 和齿板 8 啮合，拉簧 1 的一端拉在支臂 10 上，另一端拉在基板 7 上。

由 A 向视图可看出固定夹 3 的外形呈十字形，上下各有一光孔，前后各有一螺孔。固定夹 3 在波段开关定位器中起固定整个开关的作用。

3. 综合归纳，了解其工作原理和结构特点

波段开关定位器在控制波段中起定位作用。转动转轴 9，带动齿板 8 旋转，拉簧 1 拉住支臂 10，使滑轮 12 紧嵌在齿间，每转一个齿，要克服拉簧 1 的拉力，为了使齿板 8 容易转动，齿板 8 的轮齿做成圆弧形。齿板 8 上相距 120°的位置冲出两个凸台，基板 7 冲出一个凸台，这样就控制齿板 8 只能转动两个齿距，即用这种波段开关定位器可以转换两个波段。

在军械专业教材中，还常常见到图 6-24 所示的武器构造轴测分解图、图 6-25 所示的武器传动机构机械线路图等。

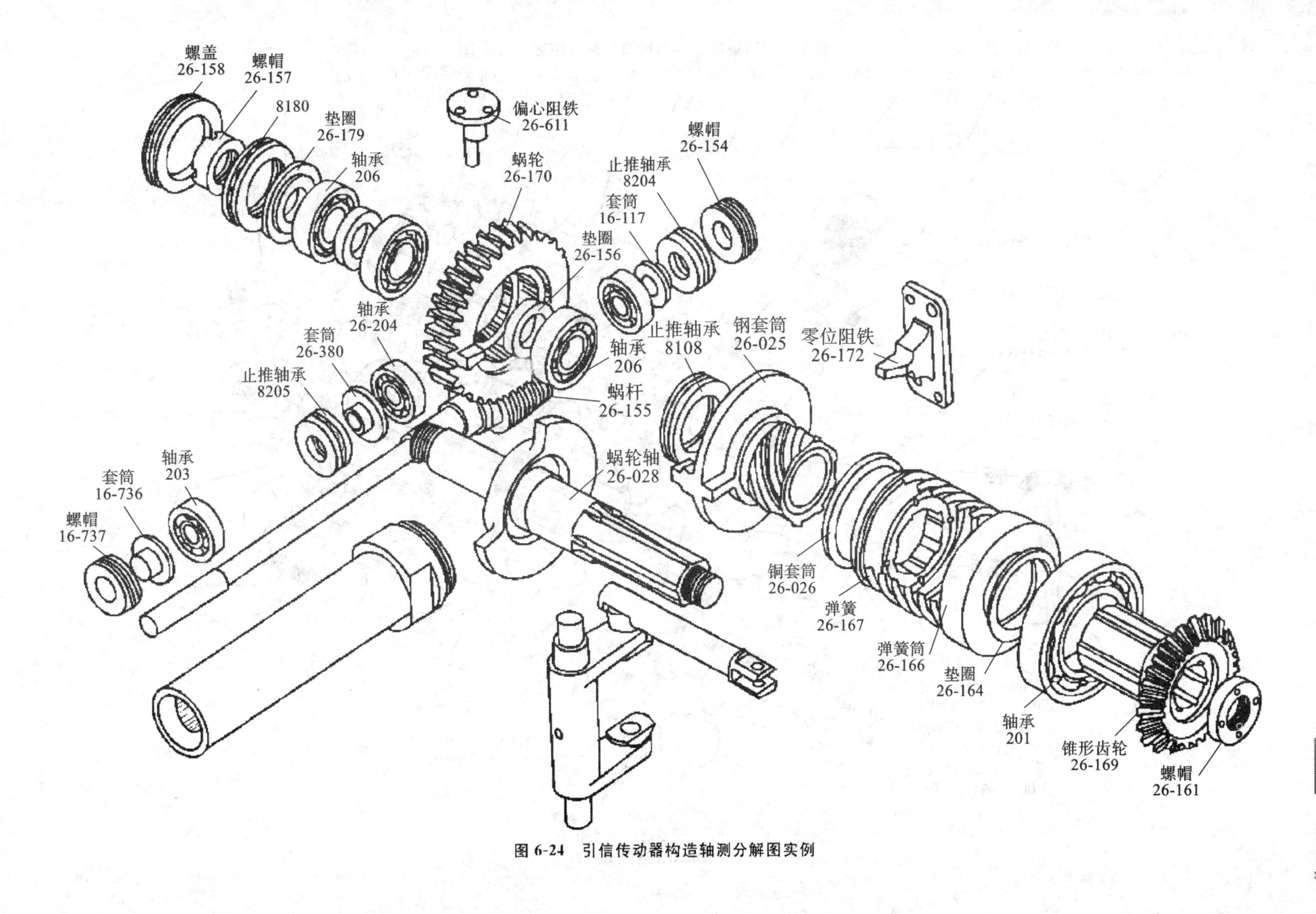

图 6-24 引信传动器构造轴测分解图实例

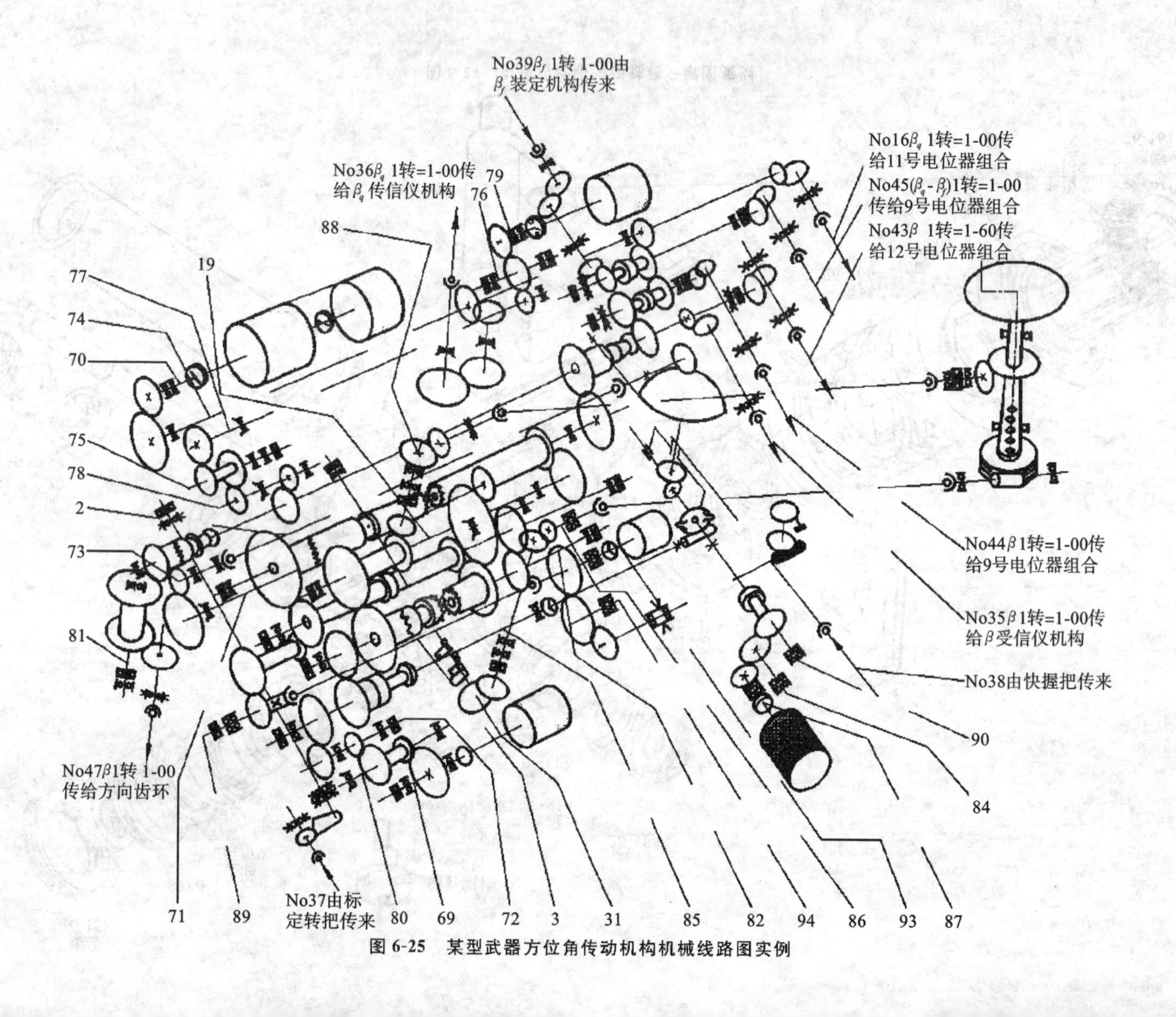

图 6-25　某型武器方位角传动机构机械线路图实例

武器构造轴测分解图将组成该武器(或部件)的各零件的位置、装配关系、连接方法表现得非常清楚。它是武器分解、结合的重要参考图。

武器传动机构机械线路图用各种示意符号来表达武器(或部件)的机械传动路线,从中能了解力的传动路线和武器(或部件)的工作原理。它在某型武器的专业教材中应用较广泛。

6.4 拆画零件图

在武器装备维修过程中,时常需要由装配图拆画零件图,简称拆图。拆图是在全面看懂装配图的基础上进行的,因而是反映看装配图水平的一个重要尺度。拆画的零件图的内容及画零件图的方法在第 5 章均已阐明,此处不再赘述。本节着重介绍拆图时应注意的问题及一般方法步骤。

一、拆图应注意的问题

1. 零件分类

拆画零件图前,应按第 5 章所述将零件进行分类。拆图的主要对象是一般零件,这类零件基本上按照装配图所体现的形状、大小及有关的技术要求来绘制零件图。

2. 补画结构

图中并未将零件的全部结构形状表达清楚,对于尚未表达清楚的结构形状,在拆图时应根据零件的作用和要求进行重新设计补画。同时,装配图中省略了的工艺结构(如铸造圆角、倒角、退刀槽等),在零件图中也应补画完全。

3. 结构合理性

拆图时,不但要从设计方面考虑零件的结构要求,还要从工艺方面考虑零件加工的可能性。

二、拆图的方法和步骤

(1) 读懂装配图,分析零件,此过程如 6.3 节中所述。

(2) 从装配图中分离出需拆画的零件,并根据此零件的作用、结构及装配关系补齐所缺的轮廓线,对装配图中未表示清楚及省略了的结构,予以设计完善。

(3) 根据零件本身结构特点重新确定视图表达方案。拆图一般不能照抄装配图中该零件的视图,零件视图的选择方法及表达要求,均应符合第 5 章所述要求。

(4) 确定零件的尺寸,所拆画零件的尺寸应按第 5 章所述要求注全,标注方法如下。

①装配图上注出的零件尺寸大多是重要尺寸,可以从装配图移到零件图上。

②零件上的标准结构,如键槽的宽度和深度、沉孔直径、螺纹直径等应查阅有关标准,按标准值标注。有些尺寸应通过计算确定,如直齿圆柱齿轮的分度圆直径,应根据模数和齿数进行计算。

③装配图上没有注出的零件各尺寸,可用分规从装配图上量取,然后按比例算出,并按标准数取整数。

(5) 技术要求的注写。

①根据装配图给出的配合代号,填写有关尺寸的公差带代号(或填写查出的上、下极限偏差值)。

②根据零件的作用，参阅装配图、同类产品图纸、有关手册等资料制定表面粗糙度、几何公差、尺寸公差、热处理等技术要求。

(6) 绘制标题栏、审核整理，完成零件工作图。

三、拆图举例

拆画零件图是一项技术性要求较高且难度较大的工作，应理论联系实际，多加练习，并不断地总结经验，以期提高拆图水平。现就拆画齿轮油泵(见图 6-19)中的泵体(1 号零件)进行综合举例分析。

(1) 分离零件，想象零件的结构、形状，如图 6-26 所示。该零件为箱体类零件，由包容轴孔和空腔的壳体和底座组成。

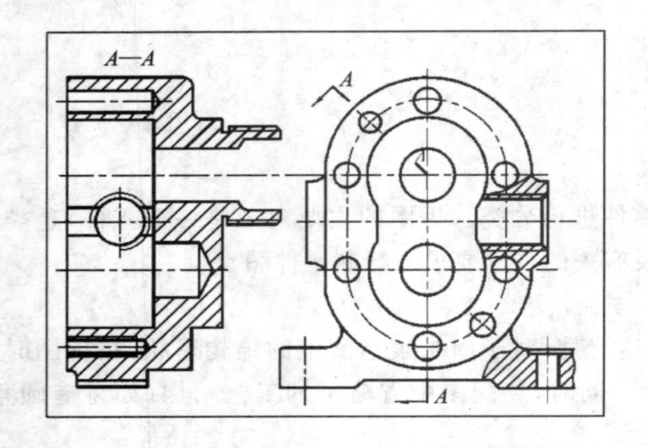

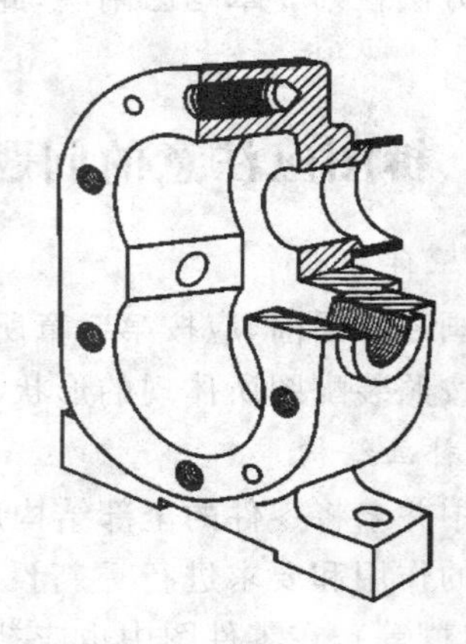

图 6-26　分离零件并想象零件的形状

(2) 重新确定零件的表达方案，如图 6-27 所示。该零件在装配图中由主、左两视图表达，它的右侧形状、底板形状及底板上安装孔的位置尚未表达清楚，需通过想象补充完整。

(3) 标注尺寸及技术要求，填写标题栏，如图 6-28 所示。

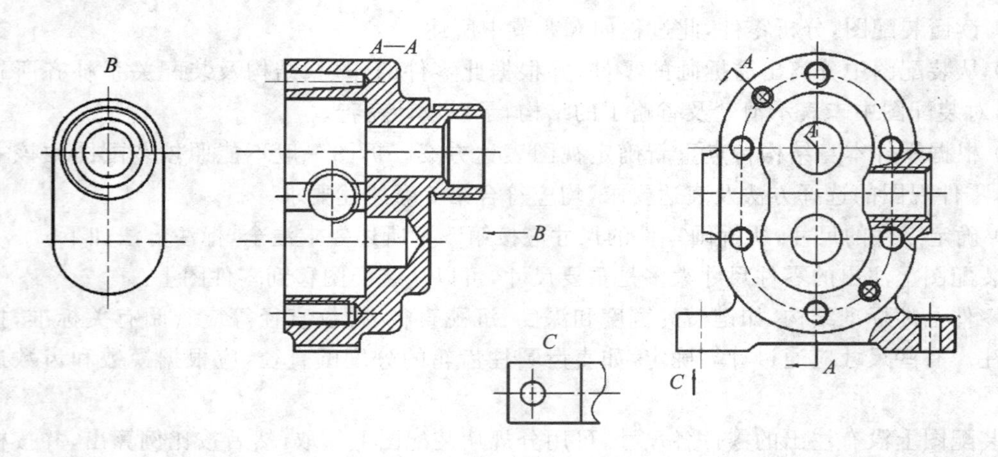

图 6-27　重新确定泵体的表达方案

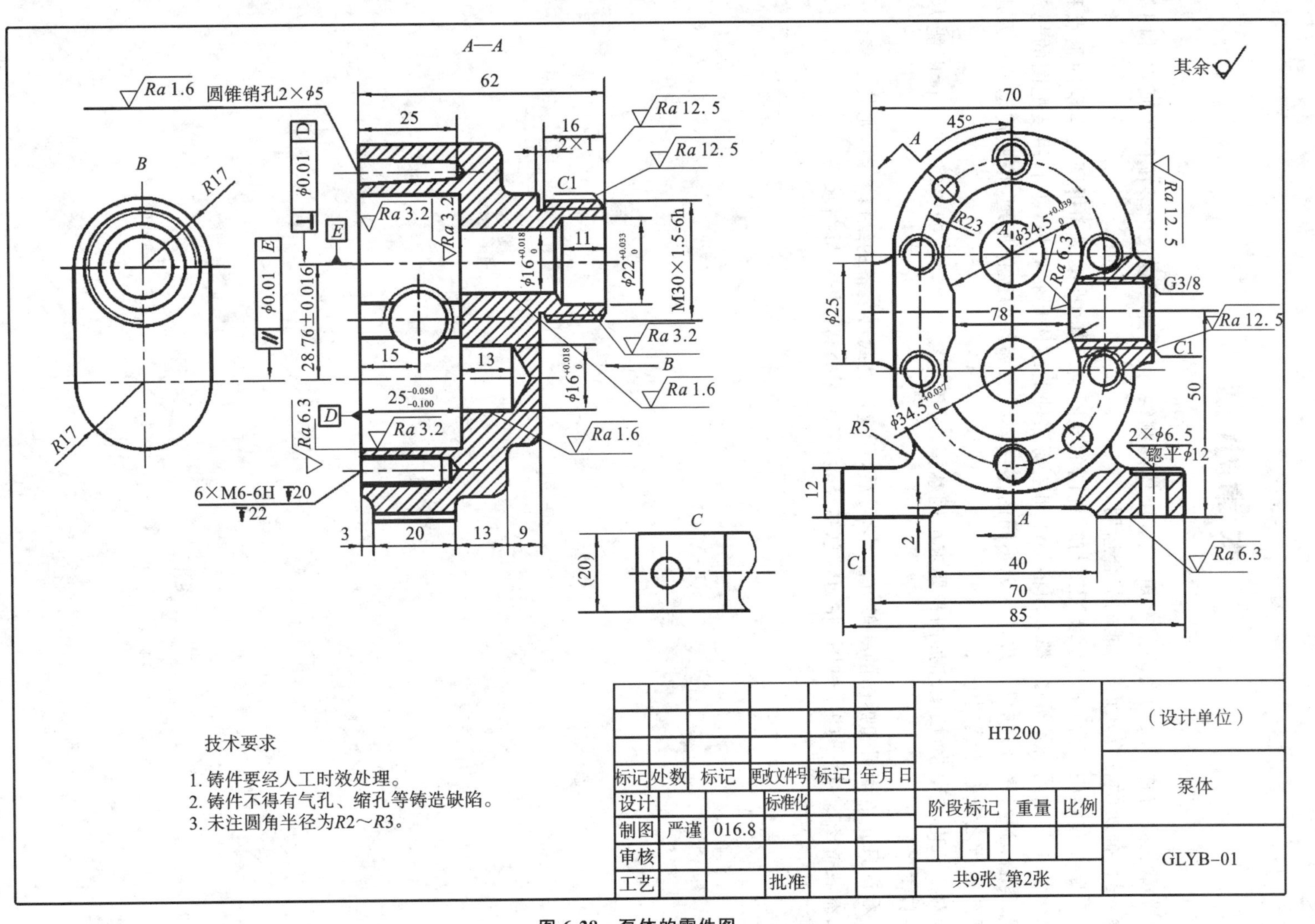
A—A
其余
圆锥销孔2×ϕ5
6×M6-6H ↧20
↧22
M30×1.5-6h
G3/8
2×ϕ6.5
锪平ϕ12
技术要求
1. 铸件要经人工时效处理。
2. 铸件不得有气孔、缩孔等铸造缺陷。
3. 未注圆角半径为R2～R3。
标记
处数
更改文件号
年月日
设计
标准化
制图
严谨
016.8
审核
工艺
批准
HT200
阶段标记
重量
比例
共9张 第2张
（设计单位）
泵体
GLYB-01

图 6-28 泵体的零件图

本章小结

本章主要讲述了装配图的基本知识、装配体的测绘、读装配图以及由装配图拆画零件图等内容，是前面所学各章知识、技能的综合运用。

在学习过程中，应注重分析装配图与零件图的异同点。其中，读图和拆图是本章的重点和难点。无论是读图还是拆图，都必须将部件和主要零件的结构形状看懂，再利用装配图的规定画法、零件编号(序号)和投影规律区分不同的零件。弄清部件的工作原理、按照传动路线及顺序读图是行之有效的读图方法。

对于机电类专业，读图和拆图都要求牢固掌握；对于电类专业，要求具备一定的读图能力，拆图只需了解。

本章只介绍读图和拆图的一般方法，学习后，还应通过武器装备的维修实践，尤其是多读一些武器装备图，多拆一些零件图，并随时总结经验，来不断提高读图和拆图水平。

附　　录

附录 A　普通螺纹基本尺寸

表 A-1　普通螺纹基本尺寸（GB/T 196—2003 摘录）　　（mm）

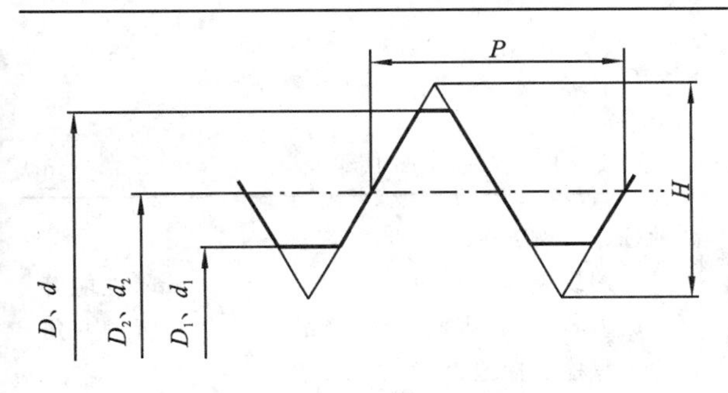

D、d—内、外螺纹大径（公称直径）

D_2、d_2—内、外螺纹中径

D_1、d_1—内、外螺纹小径

P—螺距

H—原始三角形高度

$H=0.866025404P$

$D_2=D-0.75H=D-0.6495P$

$d_2=d-0.75H=d-0.6495P$

$D_1=D-1.25H=D-1.0825P$

$d_1=d-1.25H=d-1.0825P$

公称直径 D、d		螺距	中径	小径
第一系列	第二系列	P	D_2或d_2	D_1或d_1
1.6		0.35	1.373	1.221
		0.2	1.470	1.383
	1.8	0.35	1.573	1.421
		0.2	1.670	1.583
2		0.4	1.740	1.567
		0.25	1.838	1.729
	2.2	0.45	1.908	1.713
		0.25	2.038	1.929
2.5		0.45	2.208	2.013
		0.35	2.273	2.121
3		0.5	2.675	2.459
		0.35	2.773	2.621
	3.5	(0.6)	3.110	2.850
		0.35	3.273	3.121
4		0.7	3.545	3.242
		0.5	3.675	3.459
	4.5	(0.75)	4.013	3.688
		0.5	4.175	3.959
5		0.8	4.480	4.134
		0.5	4.675	4.459
6		1	5.350	4.917
		0.75	5.513	5.188
	7	1	6.350	5.917
		0.75	6.513	6.188
8		1.25	7.188	6.647
		1	7.350	6.917
		0.75	7.513	7.188

公称直径 D、d		螺距	中径	小径
第一系列	第二系列	P	D_2或d_2	D_1或d_1
10		1.5	9.026	8.376
		1.25	9.188	8.647
		1	9.350	8.917
		0.75	9.513	9.188
12		1.75	10.863	10.106
		1.5	11.026	10.376
		1.25	11.188	10.647
		1	11.350	10.917
	14	2	12.071	11.835
		1.5	13.026	12.376
		(1.25)	13.188	12.647
		1	13.350	12.917
16		2	14.701	13.835
		1.5	15.026	14.376
		1	15.350	14.917
	18	2.5	16.376	15.294
		2	16.701	15.825
		1.5	17.026	16.376
		1	17.350	16.917
20		2.5	18.376	17.294
		2	18.701	17.835
		1.5	19.026	18.376
		1	19.350	18.917
	22	2.5	20.376	19.294
		2	20.701	19.835
		1.5	21.036	20.376
		1	21.350	20.917

续表

公称直径 D、d		螺距	中径	小径	公称直径 D、d		螺距	中径	小径
第一系列	第二系列	P	D_2或d_2	D_1或d_1	第一系列	第二系列	P	D_2或d_2	D_1或d_1
24		3	22.051	20.752		27	3	25.051	23.752
		2	22.701	21.835			2	25.701	24.835
		1.5	23.026	22.376			1.5	26.026	25.376
		1	23.350	22.917			1	26.350	25.917

注：①优先选用第一系列，其次是第二系列，第三系列（表中未列出）尽可能不用；

②括号内尺寸尽可能不用。

附录 B　常用螺纹紧固件

一、螺栓

表 B-1　六角头螺栓——A 级和 B 级（GB/T 5782—2016 摘录）　（mm）

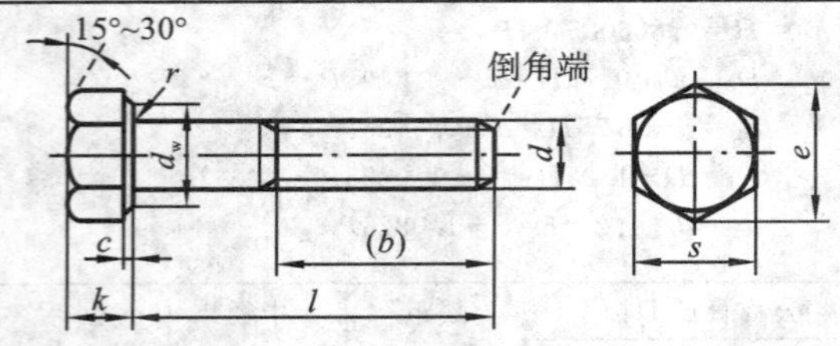

标记示例：

螺纹规格 d=12、公称长度 l=80 mm、性能等级为 8.8 级、表面氧化、产品等级为 A 级的六角头螺栓的标记为

螺栓 GB/T 5782　M12×80

螺纹规格 d			M3	M4	M5	M6	M8	M10	M12	M16	M20	M24	M30	M36
螺距 P			0.5	0.7	0.8	1	1.25	1.5	1.75	2	2.5	3	3.5	4
b 参考	l≤125		12	14	16	18	22	26	30	38	46	54	66	—
	125<l≤200		18	20	22	24	28	32	36	44	52	60	72	84
	l>200		31	33	35	37	41	45	49	57	65	73	85	97
c	max		0.4	0.4	0.5	0.5	0.6	0.6	0.6	0.8	0.8	0.8	0.8	0.8
	min		0.15	0.15	0.15	0.15	0.15	0.15	0.15	0.2	0.2	0.2	0.2	0.2
d_w	min	A	4.57	5.88	6.88	8.88	11.63	14.63	16.63	22.49	28.19	33.61	—	—
		B	4.45	5.74	6.74	8.74	11.47	14.47	16.47	22	27.7	33.25	42.75	51.11
e	min	A	6.01	7.66	8.79	11.05	14.38	17.77	20.03	26.75	33.53	39.98	—	—
		B	5.88	7.50	8.63	10.89	14.20	17.59	19.85	26.17	32.95	39.55	50.85	60.79
k	公称		2	2.8	3.5	4	5.3	6.4	7.5	10	12.5	15	18.7	22.5
r	min		0.1	0.2	0.2	0.25	0.4	0.4	0.6	0.6	0.8	0.8	1	1
s	公称		5.5	7	8	10	13	16	18	24	30	36	46	55
l 范围			20～30	25～40	25～50	30～60	40～80	45～100	50～120	65～160	80～200	90～240	110～300	140～360
l 系列			12,16,20,25,30,35,40,45,50,55,60,65,70,80,90,100,110,120,130,140,150,160,180,200,220,240,260,280,300,320,340,360,380,400,420,440,460,480,500											

注：A、B 为产品等级，A 级用于 1.6 mm≤d≤24 mm 和 l≤10d 或 l≤150 mm（按较小值）的螺栓；B 级用于 d>24 mm 或 l>10d 或 l>150 mm（按较小值）的螺栓。

二、螺钉

表 B-2　吊环螺钉(GB 825—1988 摘录)　(mm)

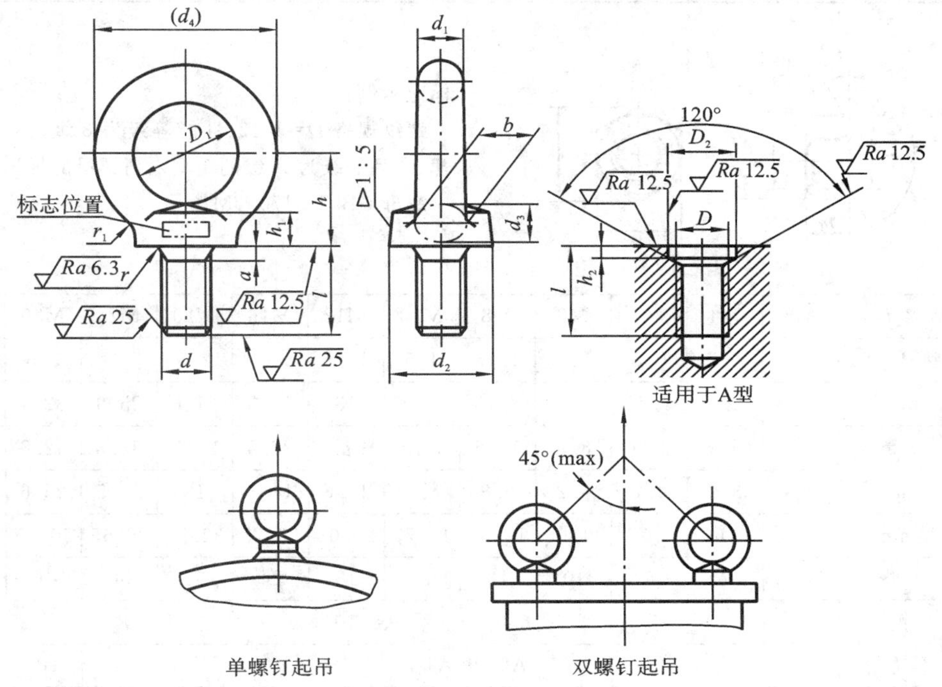

单螺钉起吊　　双螺钉起吊

标记示例：

规格为 M20 mm，材料为 20 钢，经正火处理，不经表面处理的 A 型吊环螺钉的标记为

螺钉 GB 825—1988　M20

规格(d)		M8	M10	M12	M16	M20	M24	M30	M36	M42	M48
d_1	max	9.1	11.1	13.1	15.2	17.4	21.4	25.7	30	34.4	40.7
D_1	公称	20	24	28	34	40	48	56	67	80	95
d_2	max	21.1	25.1	29.1	35.2	41.4	49.4	57.7	69	82.4	97.7
h_1	max	7	9	11	13	15.1	19.1	23.2	27.4	31.7	36.9
l	公称	16	20	22	28	35	40	45	55	65	70
d_4	参考	36	44	52	62	72	88	104	123	144	171
h		18	22	26	31	36	44	53	63	74	87
r_1		4	4	6	6	8	12	15	18	20	22
r	min	1	1	1	1	1	2	2	3	3	3
d_3	公称(max)	6	7.7	9.4	13	16.4	19.6	25	30.8	35.6	41
a	max	2.5	3	3.5	4	5	6	7	8	9	10
b		10	12	14	16	19	24	28	32	38	46
D_2	公称(min)	13	15	17	22	28	32	38	45	52	60
h_2	公称(min)	2.5	3	3.5	4.5	5	7	8	9.5	10.5	11.5
单螺钉起吊最大质量/t		0.16	0.25	0.4	0.63	1	1.6	2.5	4	6.3	8
双螺钉起吊最大质量/t		0.08	0.125	0.2	0.32	0.5	0.8	1.25	2	3.2	4

三、螺母

表 B-3　1 型六角螺母——A 和 B 级(GB/T 6170—2015 摘录)　(mm)

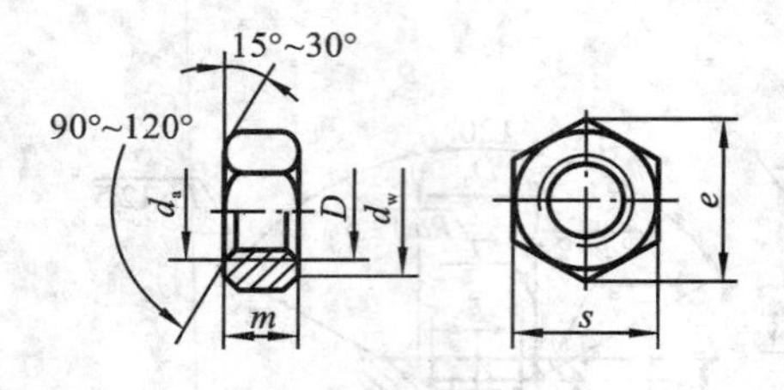

标记示例：

螺纹规格 D=M12、性能等级为 8 级、不经表面处理、产品等级为 A 级的 1 型六角螺母的标记为

螺母 GB/T 6170　M12

螺纹规格 D		M3	M4	M5	M6	M8	M10	M12	M16	M20	M24	M30	M36
螺距 P		0.5	0.7	0.8	1	1.25	1.5	1.75	2	2.5	3	3.5	4
d_a	max	3.45	4.6	5.75	6.75	8.75	10.8	13	17.3	21.6	25.9	32.4	38.9
d_w	min	4.6	5.9	6.9	8.9	11.6	14.6	16.6	22.5	27.7	33.3	42.8	51.1
m	max	2.4	3.2	4.7	5.2	6.8	8.4	10.8	14.8	18	21.5	25.6	31
e	min	6.01	7.66	8.79	11.05	14.38	17.77	20.03	26.75	32.95	39.55	50.85	60.79
s	max	5.5	7	8	10	13	16	18	24	30	36	46	55
性能等级	钢	6、8、10											
	不锈钢	A2-70、A4-70										A2-50、A4-50	
	有色金属	CU2、CU3、AL4											

注：①螺纹的公差为 6H；

②A、B 为产品等级，A 级用于 $D \leqslant 16$ mm，B 级用于 $d > 16$ mm。

四、垫圈

表 B-4　平垫圈 A 级(GB/T 97.1—2002 摘录)　(mm)

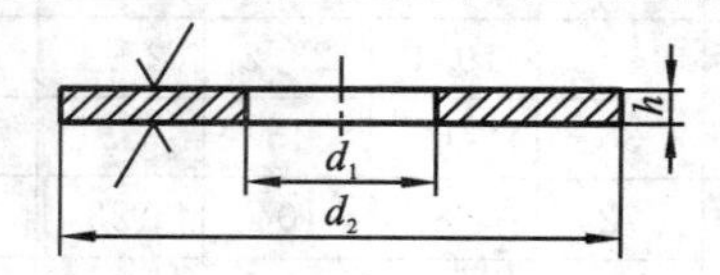

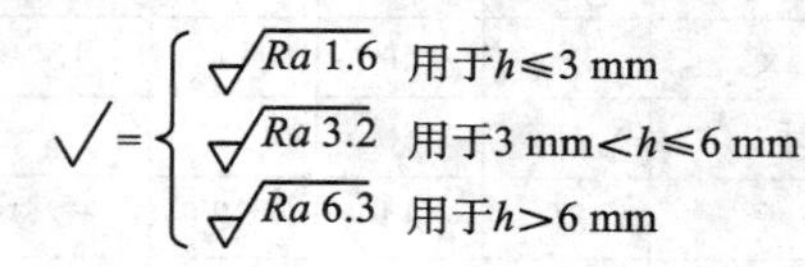

标记示例：

标准系列、公称规格 8 mm、由钢制造的硬度等级为 200HV 级、不经表面处理、产品等级为 A 级的平垫圈的标记为

垫圈 GB/T 97.1　8

公称规格(螺纹大径 d)		1.6	2	2.5	3	4	5	6	8	10	12	16	20	24	30	36
d_1	公称(min)	1.7	2.2	2.7	3.2	4.3	5.3	6.4	8.4	10.5	13	17	21	25	31	37
d_2	公称(max)	4	5	6	7	9	10	12	16	20	24	30	37	44	56	66
h	公称	0.3	0.3	0.5	0.5	0.8	1	1.6	1.6	2	2.5	3	3	4	4	5

附录C 键 连 接

一、普通平键

表 C-1 普通型平键(GB/T 1096—2003 摘录)及平键键槽的剖面尺寸(GB/T 1095—2003 摘录) (mm)

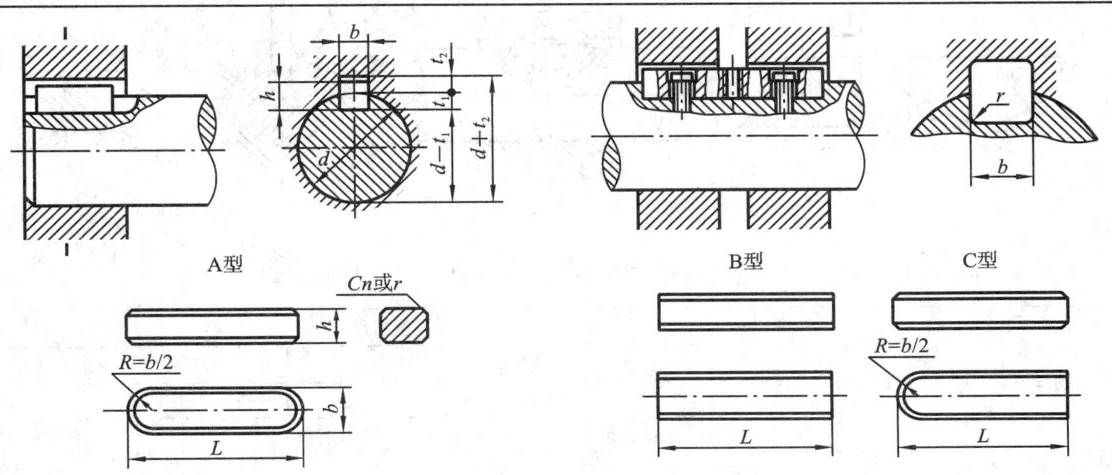

标记示例:

宽度 b=16 mm、高度 h=10 mm、长度 L=100 mm 普通 A 型平键的标记为 GB/T 1096 键 16×10×100

宽度 b=16 mm、高度 h=10 mm、长度 L=100 mm 普通 B 型平键的标记为 GB/T 1096 键 B16×10×100

宽度 b=16 mm、高度 h=10 mm、长度 L=100 mm 普通 C 型平键的标记为 GB/T 1096 键 C16×10×100

轴径 d	键尺寸		键槽尺寸											
			宽度 b						深度				半径 r	
				极限偏差					轴 t_1		毂 t_2			
				松连接		正常连接		紧密连接						
	$b\times h$	L	基本尺寸	轴 H9	毂 D10	轴 N9	毂 JS9	轴和毂 P9	基本尺寸	极限偏差	基本尺寸	极限偏差	min	max
自 6~8	2×2	6~20	2	+0.025	+0.060	−0.004	±0.0125	−0.006	1.2	+0.1	1	+0.1	0.08	0.16
>8~10	3×3	6~36	3	0	+0.020	−0.029		−0.031	1.8	0	1.4	0		
>10~12	4×4	8~45	4	+0.030	+0.078	0	±0.015	−0.012	2.5		1.8			
>12~17	5×5	10~56	5	0	+0.030	−0.030		−0.042	3.0		2.3		0.16	0.25
>17~22	6×6	14~70	6						3.5		2.8			
>22~30	8×7	18~90	8	+0.036	+0.098	0	±0.018	−0.015	4.0	+0.2	3.3	+0.2		
>30~38	10×8	22~110	10	0	+0.040	−0.036		−0.051	5.0	0	3.3	0	0.25	0.40
>38~44	12×8	28~140	12	+0.043	+0.120	0	±0.0215	−0.018	5.0		3.3			
>44~50	14×9	36~160	14	0	+0.050	−0.043		−0.061	5.5		3.8			
>50~58	16×10	45~180	16						6.0		4.3			
>58~65	18×11	50~200	18						7.0		4.4			
>65~75	20×12	56~220	20	+0.052	+0.149	0	±0.026	−0.022	7.5		4.9		0.40	0.60
>75~85	22×14	63~250	22	0	+0.065	−0.052		−0.074	9.0		5.4			
>85~95	25×14	70~280	25						9.0		5.4			
>95~110	28×16	80~320	28						10.0		6.4			
L 的系列	6,8,10,12,14,16,18,20,22,25,28,32,36,40,45,50,56,63,70,80,90,100,110,125,140,160,180,200,220,250,280,320,360,400,450,500													

注:①键尺寸的极限偏差 b 为 h8,h 矩形为 h11,方形为 h8,L 为 h14;

②在工作图中,轴槽深用 $d-t_1$ 标注,轮毂槽深用 $d+t_2$ 标注;

③$d-t_1$ 和 $d+t_2$ 两组组合尺寸的极限偏差按相应的 t_1 和 t_2 极限偏差选取,但 $d-t_1$ 极限偏差值应取负号(−);

④轴槽、轮毂槽的键槽宽度 b 上两侧面的表面粗糙度 Ra 值推荐为 1.6～3.2 μm，轴槽底面、轮毂槽底面的表面粗糙度 Ra 值为 6.3 μm。

二、半圆键

表 C-2 普通型半圆键(GB/T 1099.1—2003 摘录)、半圆键键槽的剖面尺寸(GB/T 1098—2003 摘录)

(mm)

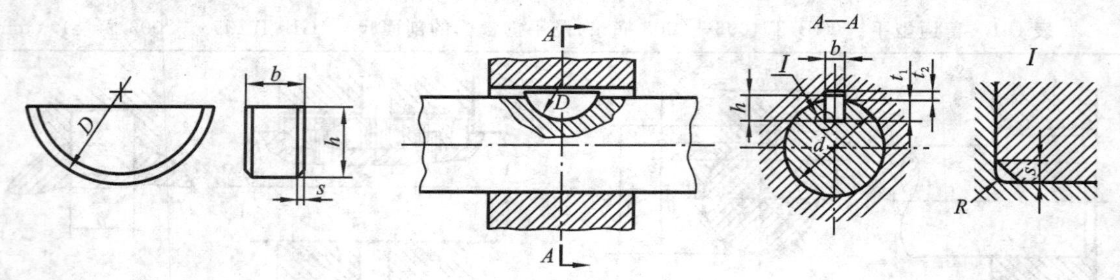

标记示例：

宽度 b=6 mm、高度 h=10 mm、直径 D=25 mm 普通型半圆键的标记为 GB/T 1099.1 键 6×10×25

轴径 d		键尺寸		键槽尺寸										
				宽度 b						深度				半径 R
				基本尺寸	极限偏差					轴 t_1		毂 t_2		
					松连接		正常连接		紧密连接					
传递转矩用	定位用	$b\times h\times D$	s		轴 H9	毂 D10	轴 N9	毂 JS9	轴和毂 P9	基本尺寸	极限偏差	基本尺寸	极限偏差	
自 3～4	自 3～4	1×1.4×4	0.16～0.25	1	+0.025 0	+0.060 +0.020	−0.004 −0.029	±0.0125	−0.006 −0.031	1.0	+0.1 0	0.6	+0.1 0	0.08～0.16
4～5	4～6	1.5×2.6×7		1.5						2.0		0.8		
5～6	6～8	2×2.6×7		2						1.8		1.0		
6～7	8～10	2×3.7×10		2						2.9		1.0		
7～8	10～12	2.5×3.7×10		2.5						2.7		1.2		
8～10	12～15	3×5×13		3						3.8	+0.2 0	1.4		
10～12	15～18	3×6.5×16		3						5.3		1.4		0.16～0.25
12～14	18～20	4×6.5×16	0.25～0.4	4	+0.030 0	+0.078 +0.030	0 −0.030	±0.015	−0.012 −0.042	5.0		1.8		
14～16	20～22	4×7.5×19		4						6.0		1.8		
16～18	22～25	5×6.5×16		5						4.5		2.3		
18～20	25～28	5×7.5×19		5						5.5		2.3		
20～22	28～32	5×9×22		5						7.0		2.3		
22～25	32～36	6×9×22		6						6.5		2.8		
25～28	36～40	6×10×25		6						7.5	+0.3 0	2.8	+0.2 0	
28～32	40	8×11×28	0.4～0.6	8	+0.036 0	+0.098 +0.040	0 −0.036	±0.018	−0.015 −0.051	8.0		3.3		0.25～0.4
32～38	—	10×13×32		10						10		3.3		

注：①键尺寸的极限偏差：b 为 $_{-0.025}^{\ 0}$，h 为 h12，D 为 h12；

②在工作图中，轴槽深用 $d-t_1$ 标注，轮毂槽深用 $d+t_2$ 标注；

③$d-t_1$ 和 $d+t_2$ 两组组合尺寸的极限偏差按相应的 t_1 和 t_2 极限偏差选取，但 $d-t_1$ 极限偏差值应取负号(−)；

④轴槽、轮毂槽的键槽宽度 b 上两侧面的表面粗糙度 Ra 值推荐为 1.6～3.2 μm，轴槽底面、轮毂槽底面的表面粗糙度 Ra 值为 6.3 μm。

附录D 销 连 接

表 D-1 圆柱销(GB/T 119.1—2000 摘录) (mm)

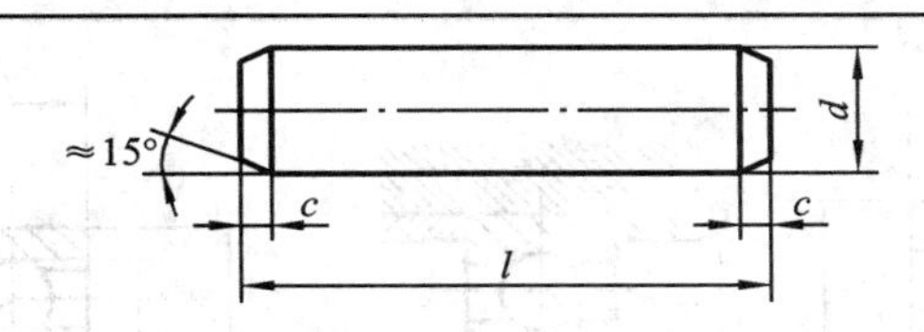

标记示例:

公称直径 d=6 mm、公差为 m6、公称长度 l=30 mm、材料为钢、不经淬火、不经表面处理的圆柱销的标记为

销 GB/T 119.1 6 m6×30

公称直径 d=6 mm、公差为 m6、公称长度 l=30 mm、材料为 A1 组奥氏体不锈钢、表面简单处理的圆柱销的标记为

销 GB/T 119.1 6 m6×30—A1

直径 d	3	4	5	6	8	10	12	16	20	25
c≈	0.5	0.63	0.8	1.2	1.6	2.0	2.5	3.0	3.5	4.0
l 的范围	8～30	8～40	10～50	12～60	14～80	18～95	22～140	26～180	35～200	50～200
l 的系列	8,10,12,14,16,18,20,22,24,26,28,30,32,35,40,45,50,55,60,65,70,75,80,85,90,95,100,120,140,160,180,200									

注:d 的公差等级有 m6 和 h8 两种,公差等级为 m6 时 Ra≤0.8 μm,公差等级为 h8 时 Ra≤1.6 μm。

表 D-2 圆锥销(GB/T 117—2000 摘录) (mm)

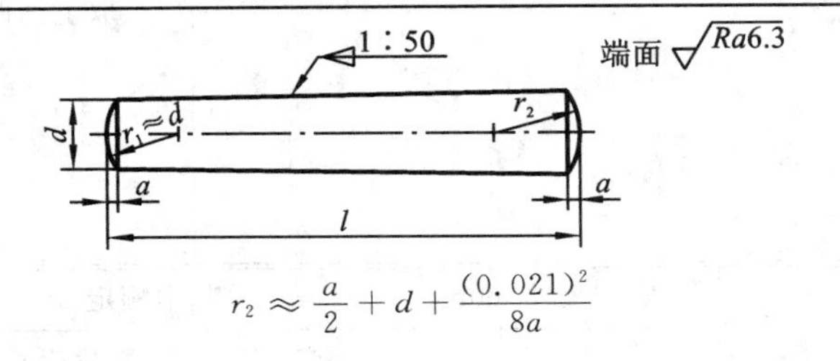

$$r_2 \approx \frac{a}{2} + d + \frac{(0.021)^2}{8a}$$

标记示例:

公称直径 d=6 mm、公称长度 l=30 mm、材料为 35 钢、热处理硬度 28～38 HRC、表面氧化处理的 A 型圆锥销的标记为

销 GB/T 117 6×30

直径 d	3	4	5	6	8	10	12	16	20	25
a≈	0.4	0.5	0.63	0.8	1.0	1.2	1.6	2.0	2.5	3.0
l 的范围	12～45	14～55	18～60	22～90	22～120	26～160	32～180	40～200	45～200	50～200
l 的系列	12,14,16,18,20,22,24,26,28,30,32,35,40,45,50,55,60,65,70,75,80,85,90,95,100,120,140,160,180,200									

注:①d 的公差等级为 h10,其他公差,如 a11、c11 和 f8,由供需双方协议;

②A 型(磨削)锥面表面粗糙度 Ra=0.8 μm,B 型(切削或冷镦)锥面表面粗糙度 Ra=3.2 μm。

附录E 轴 承

表 E-1 深沟球轴承(GB/T 276—2013 摘录)

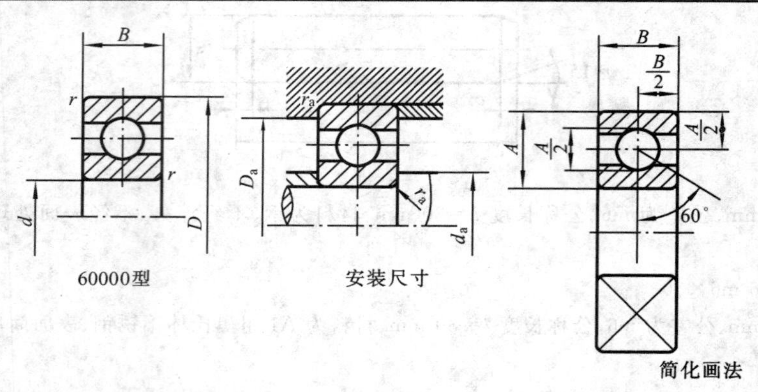

60000型　　安装尺寸　　简化画法

标记示例:滚动轴承 6210 GB/T 276—2013

F_a/C_{0r}	e	Y	径向当量动载荷	径向当量静载荷
0.014	0.19	2.30	当 $F_a/F_r \leqslant e, P_r=F_r$ 当 $F_a/F_r > e, P_r=0.56F_r+YF_a$	$P_{0r}=F_r$ $P_{0r}=0.6F_r+0.5F_a$ 取上列两式计算结果的较大值
0.028	0.22	1.99		
0.056	0.26	1.71		
0.084	0.28	1.55		
0.11	0.30	1.45		
0.17	0.34	1.31		
0.28	0.38	1.15		
0.42	0.42	1.04		
0.56	0.44	1.00		

轴承代号	基本尺寸/mm				安装尺寸/mm			基本额定		极限转速/(r/min)	
	d	D	B	r_{smin}	$d_{a\,min}$	$D_{a\,max}$	r_{asmax}	动载荷 C_r/kN	静载荷 C_{0r}/kN	脂润滑	油润滑
(1)0 尺寸系列											
6000	10	26	8	0.3	12.4	23.6	0.3	4.58	1.98	20000	28000
6001	12	28	8	0.3	14.4	25.6	0.3	5.10	2.38	19000	26000
6002	15	32	9	0.3	17.4	29.6	0.3	5.58	2.85	18000	24000
6003	17	35	10	0.3	19.4	32.6	0.3	6.00	3.25	17000	22000
6004	20	42	12	0.6	25	37	0.6	9.38	5.02	15000	19000
6005	25	47	12	0.6	30	42	0.6	10.0	5.85	13000	17000
6006	30	55	13	1	36	49	1	13.2	8.30	10000	14000
6007	35	62	14	1	41	56	1	16.2	10.5	9000	12000

续表

轴承代号	基本尺寸/mm				安装尺寸/mm			基本额定		极限转速/(r/min)	
	d	D	B	r_{smin}	$d_{a\ min}$	$D_{a\ max}$	r_{asmax}	动载荷 C_r/kN	静载荷 C_{0r}/kN	脂润滑	油润滑
6008	40	68	15	1	46	62	1	17.0	11.8	8500	11000
6009	45	75	16	1	51	69	1	21.0	14.8	8000	10000
6010	50	80	16	1	56	74	1	22.0	16.2	7000	9000
6011	55	90	18	1.1	62	83	1.1	30.2	21.8	6300	8000
6012	60	95	18	1.1	67	88	1.1	31.5	24.2	6000	7500
6013	65	100	18	1.1	72	93	1.1	32.0	24.8	5600	7000
6014	70	110	20	1.1	77	103	1.1	38.5	30.5	5300	6700
6015	75	115	20	1.1	82	108	1.1	40.2	33.2	5000	6300
6016	80	125	22	1.1	87	118	1.1	47.5	39.8	4800	6000
6017	85	130	22	1.1	92	123	1.1	50.8	42.8	4500	5600
6018	90	140	24	1.5	99	131	1.5	58.0	49.8	4300	5300
6019	95	145	24	1.5	104	136	1.5	57.8	50.0	4000	5000
6020	100	150	24	1.5	109	141	1.5	64.5	56.2	3800	4800
(0)2 尺寸系列											
6200	10	30	9	0.6	15	25	0.6	5.10	2.38	19000	26000
6201	12	32	10	0.6	17	27	0.6	6.82	3.05	18000	24000
6202	15	35	11	0.6	20	30	0.6	7.65	3.72	17000	22000
6203	17	40	12	0.6	22	35	0.6	9.58	4.78	16000	20000
6204	20	47	14	1	26	41	1	12.8	6.65	14000	18000
6205	25	52	15	1	31	[illegible]6	1	14.0	7.88	12000	16000
6206	30	62	16	1	36	56	1	19.5	11.5	9500	13000
6207	35	72	17	1.1	42	65	1.1	25.5	15.2	8500	11000
6208	40	80	18	1.1	47	73	1.1	29.5	18.0	8000	10000
6209	45	85	19	1.1	52	78	1.1	31.5	20.5	7000	9000
6210	50	90	20	1.1	57	83	1.1	35.0	23.2	6700	8500
6211	55	100	21	1.5	64	91	1.5	43.2	29.2	6000	7500
6212	60	110	22	1.5	69	101	1.5	47.8	32.8	5600	7000
6213	65	120	23	1.5	74	111	1.5	57.2	40.0	5000	6300
6214	70	125	24	1.5	79	116	1.5	60.8	45.0	4800	6000
6215	75	130	25	1.5	84	121	1.5	66.0	49.5	4500	5600
6216	80	140	26	2	90	130	2	71.5	54.2	4300	5300
6217	85	150	28	2	95	140	2	83.2	63.8	4000	5000
6218	90	160	30	2	100	150	2	95.8	71.5	3800	4800

续表

轴承代号	基本尺寸/mm				安装尺寸/mm			基本额定		极限转速/(r/min)	
	d	D	B	r_{smin}	d_{amin}	D_{amax}	r_{asmax}	动载荷 C_r/kN	静载荷 C_{0r}/kN	脂润滑	油润滑
6219	95	170	32	2.1	107	158	2	110	82.8	3600	4500
6220	100	180	34	2.1	112	168	2	122	92.8	3400	4300
(0)3 尺寸系列											
6300	10	35	11	0.6	15	30	0.6	7.65	3.48	18000	24000
6301	12	37	12	1	18	31	1	9.72	5.08	17000	22000
6302	15	42	13	1	21	36	1	11.5	5.42	16000	20000
6303	17	47	14	1	23	41	1	13.5	6.58	15000	19000
6304	20	52	15	1.1	27	45	1.1	15.8	7.88	13000	17000
6305	25	62	17	1.1	32	55	1.1	22.2	11.5	10000	14000
6306	30	72	19	1.1	37	65	1.1	27.0	15.2	9000	12000
6307	35	80	21	1.5	44	71	1.5	33.2	19.2	8000	10000
6308	40	90	23	1.5	49	81	1.5	40.8	24.0	7000	9000
6309	45	100	25	1.5	54	91	1.5	52.8	31.8	6300	8000
6310	50	110	27	2	60	100	2	61.8	38.0	6000	7500
6311	55	120	29	2	65	110	2	71.5	44.8	5300	6700
6312	60	130	31	2.1	72	118	2	81.8	51.8	5000	6300
6313	65	140	33	2.1	77	128	2	93.8	60.5	4500	5600
6314	70	150	35	2.1	82	138	2	105	68.0	4300	5300
6315	75	160	37	2.1	87	148	2	112	76.8	4000	5000
6316	80	170	39	2.1	92	158	2	122	86.5	3800	4800
6317	85	180	41	3	99	166	2.5	132	96.5	3600	4500
6318	90	190	43	3	104	176	2.5	145	108	3400	4300
6319	95	200	45	3	109	186	2.5	155	122	3200	4000
6320	100	215	47	3	114	201	2.5	172	140	2800	3600
(0)4 尺寸系列											
6403	17	62	17	1.1	24	55	1.1	22.5	10.8	11000	15000
6404	20	72	19	1.1	27	65	1.1	31.0	15.2	9500	13000
6405	25	80	21	1.5	34	71	1.5	38.2	19.2	8500	11000
6406	30	90	23	1.5	39	81	1.5	47.5	24.5	8000	10000
6407	35	100	25	1.5	44	91	1.5	56.8	29.5	6700	8500
6408	40	110	27	2	50	100	2	65.5	37.5	6300	8000
6409	45	120	29	2	55	110	2	77.5	45.5	5600	7000
6410	50	130	31	2.1	62	118	2	92.2	55.2	5300	6700

续表

轴承代号	基本尺寸/mm				安装尺寸/mm			基本额定		极限转速/(r/min)	
	d	D	B	r_{smin}	d_{amin}	D_{amax}	r_{asmax}	动载荷 C_r/kN	静载荷 C_{0r}/kN	脂润滑	油润滑
6411	55	140	33	2.1	67	128	2	100	62.5	4800	6000
6412	60	150	35	2.1	72	138	2	108	70.0	4500	5600
6413	65	160	37	2.1	77	148	2	118	78.5	4300	5300
6414	70	180	42	3	84	166	2.5	140	99.5	3800	4800
6415	75	190	45	3	89	176	2.5	155	115	3600	4500
6416	80	200	48	3	94	186	2.5	162	125	3400	4300
6417	85	210	52	4	103	192	3	175	138	3200	4000
6418	90	225	54	4	108	207	3	192	158	2800	3600
6420	100	250	58	4	118	232	3	222	195	2400	3200

注：①表中 C_r 值适用于轴承为真空脱气轴承钢材料。如为普通电炉钢，C_r 值降低；如为真空重熔或电渣重熔轴承钢，C_r 值提高；

②r_{smin} 为 r 的最小单一倒角尺寸；r_{asmax} 为 r_a 的最大单一圆角半径。

附录 F　极限与配合

表 F-1　公称尺寸至 1000 mm 的标准公差值(GB/T 1800.1—2020 摘录)　　(μm)

公称尺寸/mm		标准公差等级																	
大于	至	IT1	IT2	IT3	IT4	IT5	IT6	IT7	IT8	IT9	IT10	IT11	IT12	IT13	IT14	IT15	IT16	IT17	IT18
—	3	0.8	1.2	2	3	4	6	10	14	25	40	60	100	140	250	400	600	1000	1400
3	6	1	1.5	2.5	4	5	8	12	18	30	48	75	120	180	300	480	750	1200	1800
6	10	1	1.5	2.5	4	6	9	15	22	36	58	90	150	220	360	580	900	1500	2200
10	18	1.2	2	3	5	8	11	18	27	43	70	110	180	270	430	700	1100	1800	2700
18	30	1.5	2.5	4	6	9	13	21	33	52	84	130	210	330	520	840	1300	2100	3300
30	50	1.5	2.5	4	7	11	16	25	39	62	100	160	250	390	620	1000	1600	2500	3900
50	80	2	3	5	8	13	19	30	46	74	120	190	300	460	740	1200	1900	3000	4600
80	120	2.5	4	6	10	15	22	35	54	87	140	220	350	540	870	1400	2200	3500	5400

续表

公称尺寸/mm		标准公差等级																	
大于	至	IT1	IT2	IT3	IT4	IT5	IT6	IT7	IT8	IT9	IT10	IT11	IT12	IT13	IT14	IT15	IT16	IT17	IT18
120	180	3.5	5	8	12	18	25	40	63	100	160	250	400	630	1000	1600	2500	4000	6300
180	250	4.5	7	10	14	20	29	46	72	115	185	290	460	720	1150	1850	2900	4600	7200
250	315	6	8	12	16	23	32	52	81	130	210	320	520	810	1300	2100	3200	5200	8100
315	400	7	9	13	18	25	36	57	89	140	230	360	570	890	1400	2300	3600	5700	8900
400	500	8	10	15	20	27	40	63	97	155	250	400	630	970	1550	2500	4000	6300	9700
500	630	9	11	16	22	32	44	70	110	175	280	440	700	1100	1750	2800	4400	7000	11000
630	800	10	13	18	25	36	50	80	125	200	320	500	800	1250	2000	3200	5000	8000	12500
800	1000	11	15	21	28	40	56	90	140	230	360	560	900	1400	2300	3600	5600	9000	14000

注：①公称尺寸大于 500 mm 的 IT1～IT5 的标准公差值为试行的；

②公称尺寸小于或等于 1 mm 时，无 IT14～IT18。

表 F-2　常用及优先轴的极限偏差(GB/T 1800.2—2020 摘录)　　(μm)

公称尺寸/mm		公差带												
		a	b		c			d				e		
大于	至	11*	11*	12*	9*	10*	▲11	8*	▲9	10*	11*	7*	8*	9*
—	3	−270 −330	−140 −200	−140 −240	−60 −85	−60 −100	−60 −120	−20 −34	−20 −45	−20 −60	−20 −80	−14 −24	−14 −28	−14 −39
3	6	−270 −345	−140 −215	−140 −260	−70 −100	−70 −118	−70 −145	−30 −48	−30 −60	−30 −78	−30 −105	−20 −32	−20 −38	−20 −50
6	10	−280 −370	−150 −240	−150 −300	−80 −116	−80 −138	−80 −170	−40 −62	−40 −76	−40 −98	−40 −130	−25 −40	−25 −47	−25 −61
10 14	14 18	−290 −400	−150 −260	−150 −330	−95 −138	−95 −165	−95 −205	−50 −77	−50 −93	−50 −120	−50 −160	−32 −50	−32 −59	−32 −75
18 24	24 30	−300 −430	−160 −290	−160 −370	−110 −162	−110 −194	−110 −240	−65 −98	−65 −117	−65 −149	−65 −195	−40 −61	−40 −73	−40 −92
30	40	−310 −470	−170 −330	−170 −420	−120 −182	−120 −220	−120 −280	−80 −119	−80 −142	−80 −180	−80 −240	−50 −75	−50 −89	−50 −112
40	50	−320 −480	−180 −340	−180 −430	−130 −192	−130 −230	−130 −290							

续表

公称尺寸/mm		公差带												
		a	b		c			d				e		
大于	至	11*	11*	12*	9*	10*	▲11	8*	▲9	10*	11*	7*	8*	9*
50	65	−340 −530	−190 −380	−190 −490	−140 −214	−140 −260	−140 −330	−100 −146	−100 −174	−100 −220	−100 −290	−60 −90	−60 −106	−60 −134
65	80	−360 −550	−200 −390	−200 −500	−150 −224	−150 −270	−150 −340							
80	100	−380 −600	−200 −440	−220 −570	−170 −257	−170 −310	−170 −390	−120 −174	−120 −207	−120 −260	−120 −340	−72 −109	−72 −126	−72 −159
100	120	−410 −630	−240 −460	−240 −590	−180 −267	−180 −320	−180 −400							
120	140	−460 −710	−260 −510	−260 −660	−200 −300	−200 −360	−200 −450	−145 −208	−145 −245	−145 −305	−145 395	−85 −125	−85 −148	−85 −185
140	160	−520 −770	−280 −530	−280 −680	−210 −310	−210 −370	−210 −460							
160	180	−580 −830	−310 −560	−310 −710	−230 −330	−230 −390	−230 −480							
180	200	−660 −950	−340 −630	−340 −800	−240 −355	−240 −425	−240 −530	−170 −242	−170 −285	−170 −355	−170 −460	−100 −146	−100 −172	−100 −215
200	225	−740 −1030	−380 −670	−380 −840	−260 −375	−260 −445	−260 −550							
225	250	−820 −1110	−420 −710	−420 −880	−280 −395	−280 −465	−280 −570							
250	280	−920 −1240	−780 −800	−480 −1000	−300 −430	−300 −510	−300 −620	−190 −271	−190 −320	−190 −400	−190 −510	−110 −162	−110 −191	−110 −240
280	315	−1050 −1370	−540 −860	−540 −1060	−330 −460	−330 −540	−330 −650							
315	355	−1200 −1560	−600 −960	−600 −1170	−360 −500	−360 −590	−360 −720	−210 −299	−210 −350	−210 −440	−210 −570	−125 −182	−125 −214	−125 −265
355	400	−1350 −1710	−680 −1040	−680 −1250	−400 −540	−400 −630	−400 −760							
400	450	−1500 −1900	−760 −1160	−760 −1390	−440 −595	−440 −690	−440 −840	−230 −327	−230 −385	−230 −480	−230 −630	−135 −198	−135 −232	−135 −290
450	500	−1650 −2050	−840 −1240	−840 −1470	−480 −635	−480 −730	−480 −880							

续表

公称尺寸/mm		公差带												
		f					g			h				
大于	至	5*	6*	▲7	8*	9*	5*	▲6	7*	5*	▲6	▲7	8*	▲9
—	3	−6 −10	−6 −12	−6 −16	−6 −20	−6 −31	−2 −6	−2 −8	−2 −12	0 −4	0 −6	0 −10	0 −14	0 −25
3	6	−10 −15	−10 −18	−10 −22	−10 −28	−10 −40	−4 −9	−4 −12	−4 −16	0 −5	0 −8	0 −12	0 −18	0 −30
6	10	−13 −19	−13 −22	−13 −28	−13 −35	−13 −49	−5 −11	−5 −14	−5 −20	0 −6	0 −9	0 −15	0 −22	0 −36
10 14	14 18	−16 −24	−16 −27	−16 −34	−16 −43	−16 −59	−6 −14	−6 −17	−6 −24	0 −8	0 −11	0 −18	0 −27	0 −43
18 24	24 30	−20 −29	−20 −33	−20 −41	−20 −53	−20 −72	−7 −16	−7 −20	−7 −28	0 −9	0 −13	0 −21	0 −33	0 −52
30 40	40 50	−25 −36	−25 −41	−25 −50	−25 −64	−25 −87	−9 −20	−9 −25	−9 −34	0 −11	0 −16	0 −25	0 −39	0 −62
50 65	65 80	−30 −43	−30 −49	−30 −60	−30 −76	−30 −104	−10 −23	−10 −29	−10 −40	0 −13	0 −19	0 −30	0 −46	0 −74
80 100	100 120	−36 −51	−36 −58	−36 −71	−36 −90	−36 −123	−12 −27	−12 −34	−12 −47	0 −15	0 −22	0 −35	0 −54	0 −87
120 140 160	140 160 180	−43 −61	−43 −68	−43 −83	−43 −106	−43 −143	−14 −32	−14 −39	−14 −54	0 −18	0 −25	0 −40	0 −63	0 −100
180 200 225	200 225 250	−50 −70	−50 −79	−50 −96	−50 −122	−50 −165	−15 −35	−15 −44	−15 −61	0 −20	0 −29	0 −46	0 −72	0 −115
250 280	280 315	−56 −79	−56 −88	−56 −108	−56 −137	−56 −186	−17 −40	−17 −49	−17 −69	0 −23	0 −32	0 −52	0 −81	0 −130
315 355	355 400	−62 −87	−62 −98	−62 −119	−62 −151	−62 −202	−18 −43	−18 −54	−18 −75	0 −25	0 −36	0 −57	0 −89	0 −140
400 450	450 500	−68 −95	−68 −108	−68 −131	−68 −165	−68 −223	−20 −47	−20 −60	−20 −83	0 −27	0 −40	0 −63	0 −97	0 −155

续表

公称尺寸/mm		公差带											
		h			js			k			m		
大于	至	10*	▲11	12*	5*	6*	7*	5*	▲6	7*	5*	6*	7*
—	3	0 −40	0 −60	0 −110	±2	±3	±5	+4 0	+6 0	+10 0	+6 +2	+8 +2	+12 +2
3	6	0 −48	0 −75	0 −120	±2.5	±4	±6	+6 +1	+9 +1	+13 +1	+9 +4	+12 +4	+16 +4
6	10	0 −58	0 −90	0 −150	±3	±4.5	±7	+7 +1	+10 +1	+16 +1	+12 +6	+15 +6	+21 +6
10	14	0 −70	0 −110	0 −180	±4	±5.5	±9	+9 +1	+12 +1	+19 +1	+15 +7	+18 +7	+25 +7
14	18												
18	24	0 −84	0 −130	0 −210	±4.5	±6.5	±10	+11 +2	+15 +2	+23 +2	+17 +8	+21 +8	+29 +8
24	30												
30	40	0 −100	0 −160	0 −250	±5.5	±8	±12	+13 +2	+18 +2	+27 +2	+20 +9	+25 +9	+34 +9
40	50												
50	65	0 −120	0 −190	0 −300	±6.5	±9.5	±15	+15 +2	+21 +2	+32 +2	+24 +11	+30 +11	+41 +11
65	80												
80	100	0 −140	0 −220	0 −350	±7.5	±11	±17	+18 +3	+25 +3	+38 +3	+28 +13	+35 +13	+48 +13
100	120												
120	140	0 −160	0 −250	0 −400	±9	±12.5	±20	+21 +3	+28 +3	+43 +3	+33 +15	+40 +15	+55 +15
140	160												
160	180												
180	200	0 −185	0 −290	0 −460	±10	±14.5	±23	+24 +4	+33 +4	+50 +4	+37 +17	+46 +17	+63 +17
200	225												
225	250												
250	280	0 −210	0 −320	0 −520	±11.5	±16	±26	+27 +4	+36 +4	+56 +4	+43 +20	+52 +20	+72 +20
280	315												
315	355	0 −230	0 −360	0 −570	±12.5	±18	±28	+29 +4	+40 +4	+61 +4	+46 +21	+57 +21	+78 +21
355	400												
400	450	0 −250	0 −400	0 −630	±13.5	±20	±31	+32 +5	+45 +5	+68 +5	+50 +23	+63 +23	+86 +23
450	500												

续表

公称尺寸/mm		公差带											
		n			p			r			s		
大于	至	5*	▲6	7*	5*	▲6	7*	5*	6*	7*	5*	▲6	7*
—	3	+8 +4	+10 +4	+14 +4	+10 +6	+12 +6	+16 +6	+14 +10	+16 +10	+20 +10	+18 +14	+20 +14	+24 +14
3	6	+13 +8	+16 +8	+20 +8	+17 +12	+20 +12	+24 +12	+20 +15	+23 +15	+27 +15	+24 +19	+27 +19	+31 +19
6	10	+16 +10	+19 +10	+25 +10	+21 +15	+24 +15	+30 +15	+25 +19	+28 +19	+34 +19	+29 +23	+32 +23	+38 +23
10 14	14 18	+20 +12	+23 +12	+30 +12	+26 +18	+29 +18	+36 +18	+31 +23	+34 +23	+41 +23	+36 +28	+39 +28	+46 +28
18 24	24 30	+24 +15	+28 +15	+36 +15	+31 +22	+35 +22	+43 +22	+37 +28	+41 +28	+49 +28	+44 +35	+48 +35	+56 +35
30 40	40 50	+28 +17	+33 +17	+42 +17	+37 +26	+42 +26	+51 +26	+45 +34	+50 +34	+59 +34	+54 +43	+59 +43	+68 +43
50	65	+33 +20	+39 +20	+50 +20	+45 +32	+51 +32	+62 +32	+54 +41	+60 +41	+71 +41	+66 +53	+72 +53	+83 +53
65	80							+56 +43	+62 +43	+73 +43	+72 +59	+78 +59	+89 +59
80	100	+38 +23	+45 +23	+58 +23	+52 +37	+59 +37	+72 +37	+66 +51	+73 +51	+86 +51	+86 +71	+93 +71	+106 +71
100	120							+69 +54	+76 +54	+89 +54	+94 +79	+101 +79	+114 +79
120	140	+45 +27	+52 +27	+67 +27	+61 +43	+68 +43	+83 +43	+81 +63	+88 +63	+103 +63	+110 +92	+117 +92	+132 +92
140	160							+83 +65	+90 +65	+105 +65	+118 +100	+125 +100	+140 +100
160	180							+86 +68	+93 +68	+108 +68	+126 +108	+133 +108	+148 +108
180	200	+51 +31	+60 +31	+77 +31	+70 +50	+79 +50	+96 +50	+97 +77	+106 +77	+123 +77	+142 +122	+151 +122	+168 +122
200	225							+100 +80	+109 +80	+126 +80	+150 +130	+159 +130	+176 +130
225	250							+104 +84	+113 +84	+130 +84	+160 +140	+169 +140	+186 +140
250	280	+57 +34	+86 +34	+86 +34	+79 +56	+88 +56	+108 +56	+117 +94	+126 +94	+146 +94	+181 +158	+190 +158	+210 +158
280	315							+121 +98	+130 +98	+150 +98	+193 +170	+202 +170	+222 +170
315	355	+62 +37	+73 +37	+94 +37	+87 +62	+98 +62	+119 +62	+133 +108	+144 +108	+165 +108	+215 +190	+226 +190	+247 +190
355	400							+139 +114	+150 +114	+171 +114	+233 +208	+244 +208	+265 +208
400	450	+67 +40	+80 +40	+103 +40	+95 +68	+108 +68	+131 +68	+153 +126	+166 +126	+189 +126	+259 +232	+272 +232	+295 +232
450	500							+159 +132	+172 +132	+195 +132	+279 +252	+292 +252	+315 +252

续表

公称尺寸/mm		公差带								
		t			u		v	x	y	z
大于	至	5*	6*	7*	▲6	7*	6*	6*	6*	6*
—	3	—	—	—	+24 +18	+28 +18	—	+26 +20	—	+32 +26
3	6	—	—	—	+31 +23	+35 +23	—	+36 +28	—	+43 +35
6	10	—	—	—	+37 +28	+43 +28	—	+43 +34	—	+51 +42
10	14	—	—	—	+44 +33	+51 +33	—	+51 +40	—	+61 +50
14	18	—	—	—			+50 +39	+56 +45	—	+71 +60
18	24	—	—	—	+54 +41	+62 +41	+60 +47	+67 +54	+76 +63	+86 +73
24	30	+50 +41	+54 +41	+62 +41	+61 +48	+69 +48	+68 +55	+77 +64	+88 +75	+101 +88
30	40	+59 +48	+64 +48	+73 +48	+76 +60	+85 +60	+84 +68	+96 +80	+110 +94	+128 +112
40	50	+65 +54	+70 +54	+79 +54	+86 +70	+95 +70	+97 +81	+113 +97	+130 +114	+152 +136
50	65	+79 +66	+85 +66	+96 +66	+106 +87	+117 +87	+121 +102	+141 +122	+169 +144	+191 +172
65	80	+88 +75	+94 +75	+105 +75	+121 +102	+132 +102	+139 +120	+165 +146	+193 +174	+229 +210
80	100	+106 +91	+113 +91	+126 +91	+146 +124	+159 +124	+168 +146	+200 +178	+236 +214	+280 +258
100	120	+119 +104	+126 +104	+139 +104	+166 +144	+179 +144	+194 +172	+232 +210	+276 +254	+332 +310
120	140	+140 +122	+147 +122	+162 +122	+195 +170	+210 +170	+227 +202	+273 +248	+325 +300	+390 +365
140	160	+152 +134	+159 +134	+174 +134	+215 +190	+230 +190	+253 +228	+305 +280	+365 +340	+440 +415
160	180	+164 +146	+171 +146	+186 +146	+235 +210	+250 +210	+277 +252	+335 +310	+405 +380	+490 +465
180	200	+186 +166	+195 +166	+212 +166	+265 +236	+282 +236	+313 +284	+379 +350	+454 +425	+549 +520
200	225	+200 +180	+209 +180	+226 +180	+287 +258	+304 +258	+339 +310	+414 +385	+499 +470	+604 +575
225	250	+216 +196	+225 +196	+242 +196	+313 +284	+330 +284	+369 +340	+454 +425	+549 +520	+669 +640
250	280	+241 +218	+250 +218	+270 +218	+347 +315	+367 +315	+417 +385	+507 +475	+612 +580	+742 +710
280	315	+263 +240	+272 +240	+292 +240	+382 +350	+402 +350	+457 +425	+557 +525	+682 +650	+822 +790
315	355	+293 +268	+304 +268	+325 +268	+426 +390	+447 +390	+511 +475	+626 +590	+766 +730	+936 +900
355	400	+319 +294	+330 +294	+351 +294	+471 +435	+492 +435	+566 +530	+696 +660	+856 +820	+1036 +1000
400	450	+357 +330	+370 +330	+393 +330	+530 +490	+553 +490	+635 +595	+780 +740	+960 +920	+1140 +1100
450	500	+387 +360	+400 +360	+423 +360	+580 +540	+603 +540	+700 +660	+860 +820	+1040 +1000	+1290 +1250

注：①* 为常用公差带，▲为优先公差带；

②公称尺寸小于 1 mm 时，各级的 a 和 b 均不采用。

表 F-3　常用及优先孔的极限偏差（GB/T 1800.2—2020 摘录）　　（μm）

公称尺寸/mm		公差带												
		A	B		C	D				E		F		
大于	至	11*	11*	12*	▲11	8*	▲9	10*	11*	8*	9*	6*	7*	▲8
—	3	+330 +270	+200 +140	+240 +140	+120 +60	+34 +20	+45 +20	+60 +20	+80 +20	+28 +14	+39 +14	+12 +6	+16 +6	+20 +6
3	6	+345 +270	+215 +140	+260 +140	+145 +70	+48 +30	+60 +30	+78 +30	+150 +30	+38 +20	+50 +20	+18 +10	+22 +10	+28 +10
6	10	+370 +280	+240 +150	+300 +150	+170 +80	+62 +40	+76 +40	+98 +40	+130 +40	+47 +25	+61 +25	+22 +13	+28 +13	+35 +13
10	14	+400 +290	+260 +150	+330 +150	+205 +95	+77 +50	+93 +50	+120 +50	+160 +50	+59 +32	+75 +32	+27 +16	+34 +16	+43 +16
14	18													
18	24	+430 +300	+290 +160	+370 +160	+240 +110	+98 +65	+117 +65	+149 +65	+195 +65	+73 +40	+92 +40	+33 +20	+41 +20	+53 +20
24	30													
30	40	+470 +310	+330 +170	+420 +170	+280 +120	+119 +80	+142 +80	+180 +80	+240 +80	+89 +50	+112 +50	+41 +25	+50 +25	+64 +25
40	50	+480 +320	+340 +180	+430 +180	+290 +130									
50	65	+530 +340	+380 +190	+490 +190	+330 +150	+146 +100	+174 +100	+220 +100	+290 +100	+106 +60	+134 +60	+49 +30	+60 +30	+76 +30
65	80	+550 +360	+390 +200	+500 +200	+340 +150									
80	100	+600 +380	+400 +220	+570 +220	+390 +170	+174 +120	+207 +120	+260 +120	+340 +120	+126 +72	+159 +72	+58 +36	+71 +36	+90 +36
100	120	+630 +410	+460 +240	+590 +240	+400 +180									
120	140	+710 +460	+510 +260	+660 +260	+450 +200	+208 +145	+245 +145	+305 +145	+395 +140	+148 +85	+185 +85	+68 +43	+83 +43	+106 +43
140	160	+770 +520	+530 +280	+680 +280	+460 +210									
160	180	+830 +580	+560 +310	+710 +310	+480 +230									
180	200	+950 +660	+630 +340	+800 +340	+530 +240	+242 +170	+285 +170	+355 +170	+460 +170	+172 +100	+215 +100	+79 +50	+96 +50	+122 +50
200	225	+1030 +740	+670 +380	+840 +380	+550 +260									
225	250	+1110 +820	+710 +420	+880 +420	+570 +280									
250	280	+1240 +920	+800 +480	+1000 +480	+620 +300	+271 +190	+320 +190	+400 +190	+510 +190	+191 +110	+240 +110	+88 +56	+108 +56	+137 +56
280	315	+1370 +1050	+860 +540	+1060 +540	+650 +330									
315	355	+1560 +1200	+960 +600	+1170 +600	+720 +360	+299 +210	+350 +210	+440 +210	+570 +210	+214 +125	+265 +125	+98 +62	+119 +62	+151 +62
355	400	+1710 +1350	+1040 +680	+1250 +680	+760 +400									
400	450	+1900 +1500	+1160 +760	+1390 +760	+840 +440	+327 +230	+385 +230	+480 +230	+630 +230	+232 +135	+290 +135	+108 +68	+131 +68	+165 +68
450	500	+2050 +1650	+1240 +840	+1470 +840	+880 +480									

续表

公称尺寸/mm		公差带												
		F	G		H							JS		
大于	至	9*	6*	▲7	6*	▲7	▲8	▲9	10*	▲11	12*	6*	7*	8*
—	3	+31 +6	+8 +2	+12 +2	+6 0	+10 0	+14 0	+25 0	+40 0	+60 0	+100 0	±3	±5	±7
3	6	+40 +10	+12 +4	+16 +4	+8 0	+12 0	+18 0	+30 0	+48 0	+75 0	+120 0	±4	±6	±9
6	10	+49 +13	+14 +5	+20 +5	+9 0	+15 0	+22 0	+36 0	+58 0	+90 0	+150 0	±4.5	±7	±11
10	14	+59 +16	+17 +6	+24 +6	+11 0	+18 0	+27 0	+43 0	+70 0	+110 0	+180 0	±5.5	±9	±13
14	18													
18	24	+72 +20	+20 +7	+28 +7	+13 0	+21 0	+33 0	+52 0	+84 0	+130 0	+210 0	±6.5	±10	±16
24	30													
30	40	+87 +25	+25 +9	+34 +9	+16 0	+25 0	+39 0	+62 0	+100 0	+160 0	+250 0	±8	±12	±19
40	50													
50	65	+104 +30	+29 +10	+40 +10	+19 0	+30 0	+46 0	+74 0	+120 0	+190 0	+300 0	±9.5	±15	±23
65	80													
80	100	+123 +36	+34 +12	+47 +12	+22 0	+35 0	+54 0	+87 0	+140 0	+220 0	+350 0	±11	±17	±27
100	120													
120	140	+143 +43	+39 +14	+54 +14	+25 0	+40 0	+63 0	+100 0	+160 0	+250 0	+400 0	±12.5	±20	±31
140	160													
160	180													
180	200	+165 +50	+44 +15	+61 +15	+29 0	+46 0	+72 0	+115 +0	+185 0	+290 0	+460 0	±14.5	±23	±36
200	225													
225	250													
250	280	+186 +56	+49 +17	+69 +17	+32 0	+52 0	+81 0	+130 0	+210 0	+320 0	+520 0	±16	±26	±40
280	315													
315	355	+202 +62	+54 +18	+75 +18	+36 0	+57 0	+89 0	+140 0	+230 0	+360 0	+570 0	±18	±28	±44
355	400													
400	450	+223 +68	+60 +20	+83 +20	+40 0	+63 0	+97 0	+155 0	+250 0	+400 0	+630 0	±20	±31	±48
450	500													

续表

公称尺寸/mm		公差带										
		K			M			N			P	
大于	至	6*	▲7	8*	6*	7*	8*	6*	▲7	8*	6*	▲7
—	3	0 −6	0 −10	0 −14	−2 −8	−2 −12	−2 −16	−4 −10	−4 −14	−4 −18	−6 −12	−6 −16
3	6	+2 −6	+3 −9	+5 −13	−1 −9	0 −12	+2 −16	−5 −13	−4 −16	−9 −20	−9 −17	−8 −20
6	10	+2 −7	+5 −10	+6 −16	−3 −12	0 −15	+1 −21	−7 −16	−4 −19	−3 −25	−12 −21	−9 −24
10 14	14 18	+2 −9	+6 −12	+8 −19	−4 −15	0 −18	+2 −25	−9 −20	−5 −23	−3 −30	−15 −26	−11 −29
18 24	24 30	+2 −11	+6 −15	+10 −23	−4 −17	0 −21	+4 −29	−11 −24	−7 −28	−3 −36	−18 −31	−14 −35
30 40	40 50	+3 −13	+7 −18	+12 −27	−4 −20	0 −25	+5 −34	−12 −28	−8 −33	−3 −42	−21 −37	−17 −42
50 65	65 80	+4 −13	+9 −21	+14 −32	−5 −24	0 −30	+5 −41	−14 −33	−9 −39	−4 −50	−26 −45	−21 −51
80 100	100 120	+4 −15	+10 −25	+16 −38	−6 −28	0 −35	+6 −48	−16 −38	−10 −45	−4 −58	−30 −52	−24 −59
120 140 160	140 160 180	+4 −18	+12 −28	+20 −43	−8 −33	0 −40	+8 −55	−20 −45	−12 −52	−4 −67	−36 −61	−28 −68
180 200 225	200 225 250	+4 −21	+13 −33	+22 −50	−8 −37	0 −46	+9 −63	−22 −51	−14 −60	−5 −77	−41 −70	−33 −79
250 280	280 315	+5 −24	+16 −36	+25 −56	−9 −41	0 −52	+9 −72	−25 −57	−14 −66	−5 −86	−47 −79	−36 −88
315 355	355 400	+7 −29	+17 −40	+28 −61	−10 −46	0 −57	+11 −78	−26 −62	−16 −73	−5 −94	−51 −87	−41 −98
400 450	450 500	+8 −32	+18 −45	+29 −68	−10 −50	0 −63	+11 −86	−27 −67	−17 −80	−6 −103	−55 −95	−45 −108

续表

公称尺寸/mm		公差带						
		R		S		T		U
大于	至	6*	7*	6*	▲7	6*	7*	▲7
—	3	-10 -16	-10 -20	-14 -20	-14 -24	—	—	-18 -28
3	6	-12 -20	-11 -23	-16 -24	-15 -27	—	—	-19 -31
6	10	-16 -25	-13 -28	-20 -29	-17 -32	—	—	-22 -37
10	14	-20 -31	-16 -34	-25 -35	-21 -39	—	—	-26 -44
14	18							
18	24	-24 -37	-20 -41	-31 -44	-27 -48	—	—	-33 -54
24	30					-37 -50	-33 -54	-40 -61
30	40	-29 -45	-25 -50	-38 -54	-34 -59	-43 -59	-39 -64	-51 -76
40	50					-49 -65	-45 -70	-61 -86
50	65	-35 -54	-30 -60	-47 -66	-42 -72	-60 -79	-55 -85	-76 -106
65	80	-37 -56	-32 -62	-53 -72	-48 -78	-69 -88	-64 -94	-91 -121
80	100	-44 -66	-38 -73	-64 -86	-58 -93	-84 -106	-78 -113	-111 -146
100	120	-47 -69	-41 -76	-72 -94	-66 -101	-97 -119	-91 -126	-131 -166
120	140	-56 -81	-48 -88	-85 -110	-77 -117	-115 -140	-107 -147	-155 -195
140	160	-58 -83	-50 -90	-93 -118	-85 -125	-127 -152	-119 -159	-175 -215
160	180	-61 -86	-53 -93	-101 -126	-93 -133	-139 -164	-131 -171	-195 -235
180	200	-68 -97	-60 -106	-113 -142	-105 -151	-157 -186	-149 -195	-219 -265
200	225	-71 -100	-63 -109	-121 -150	-113 -159	-171 -200	-163 -209	-241 -287
225	250	-75 -104	-67 -113	-131 -160	-123 -169	-187 -216	-179 -225	-267 -313
250	280	-85 -117	-74 -126	-149 -181	-138 -190	-209 -241	-198 -250	-295 -347
280	315	-89 -121	-78 -130	-161 -193	-150 -202	-231 -263	-220 -272	-330 -382
315	355	-97 -133	-87 -144	-179 -215	-169 -226	-257 -293	-247 -304	-369 -426
355	400	-103 -139	-93 -150	-197 -233	-187 -244	-283 -319	-273 -330	-414 -471
400	450	-113 -153	-103 -166	-219 -259	-209 -272	-317 -357	-307 -370	-467 -530
450	500	-119 -159	-109 -172	-239 -279	-229 -292	-347 -387	-337 -400	-517 -580

注：① * 为常用公差带，▲为优先公差带；

②公称尺寸小于 1 mm 时，各级的 A 和 B 均不采用。

参考文献 CANKAOWENXIAN

[1] 刘海兰,李小平. 机械识图与制图[M]. 北京:清华大学出版社,2010.
[2] 李奉香. 工程制图与识图[M]. 北京:机械工业出版社,2011.
[3] 覃国萍,周彦云. 机械工程图样识绘[M]. 北京:中国水利水电出版社,2012.
[4] 何宁. 工程制图与机械常识[M]. 北京:电子工业出版社,2009.
[5] 夏华生,王其昌,冯秋官,等. 机械制图[M]. 北京:高等教育出版社,2004.
[6] 胥北澜,艾小玲. 机械制图[M]. 武汉:华中科技大学出版社,2000.
[7] 焦永和. 机械制图[M]. 北京:北京理工大学出版社,2001.
[8] 叶玉驹,焦永和,张彤. 机械制图手册[M]. 5 版. 北京:机械工业出版社,2021.